基金资助：① JAT190689；② 2020S2002；③ 绿色成形智能装备创新团队

机械动力学建模与仿真

王孝鹏　刘建军 ◎ 编著

西南交通大学出版社
·成　都·

图书在版编目（CIP）数据

机械动力学建模与仿真 / 王孝鹏，刘建军编著. —
成都：西南交通大学出版社，2021.6
ISBN 978-7-5643-7932-2

Ⅰ. ①机… Ⅱ. ①王… ②刘… Ⅲ. ①机械动力学－
系统建模②机械动力学－系统仿真 Ⅳ. ①TH113

中国版本图书馆 CIP 数据核字（2020）第 270881 号

Jixie donglixue jianmo yu fangzhen

机械动力学建模与仿真

王孝鹏　刘建军　编著

责 任 编 辑	陈　斌
封 面 设 计	何东琳设计工作室
出 版 发 行	西南交通大学出版社 （四川省成都市金牛区二环路北一段 111 号 西南交通大学创新大厦 21 楼）
发行部电话	028-87600564　028-87600533
邮 政 编 码	610031
网　　址	http：//www.xnjdcbs.com
印　　刷	成都中永印务有限责任公司
成 品 尺 寸	185 mm × 260 mm
印　　张	24.5
字　　数	610 千
版　　次	2021 年 6 月第 1 版
印　　次	2021 年 6 月第 1 次
书　　号	ISBN 978-7-5643-7932-2
定　　价	69.00 元

课件咨询电话：028-81435775
图书如有印装质量问题　本社负责退换

前 言

借助于系统动力学分析软件 ADAMS，对机械工程模型进行建模与精确分析是设计的必要手段和方法。与机械动力学复杂的数学模型相比，基于结构化的动力学模型更加直观。从系统级（例如整车模型，考虑轮胎、转向、制动等）模型的角度看，数学建模方法极为复杂且容易过多忽略模型细节因素（例如 14 自由度整车模型一般不考虑衬套、轮胎特性），采用 ADAMS 成熟的商业代码，可以快速、精准、系统性地建立复杂的机械模型，例如传动模型、悬架模型、整车模型以及复杂模型与控制系统耦合的机电液联合仿真模型。从产品研发、更新、优化的角度看，采用 ADAMS 对机械工程相关模型进行分析，可以提升产品质量、缩短研发周期、节约研发成本等。

该书主要包含以下几方面：① 系统性地介绍了齿轮传动、皮带传动、链条传动以及电动机模型在 ADAMS 中的建模过程及应用案例；② 系统性地介绍了有关车辆方面的建模与仿真，包括麦弗逊悬架模型、路面模型、发动模型、新型横置板簧悬架模型、平衡悬架模型、制动系统模型、三轮车整车模型及 4×2 客货车模型等；③ 系统性介绍了联合仿真模型（多体动力模型与控制系统的耦合模型），包括主动悬架控制、商用车主动驾驶室控制；④ 系统性介绍了多目标优化案例，包括双 A 臂悬架前束角优化、运载火箭模型优化、推杆式悬架外倾角优化等。

《机械动力学建模与仿真》一书是从事机械、车辆相关专业工作的人员，高等院校高年级本科生以及研究生学习机械、车辆系统动力学建模与仿真的较好资料，书中不同章节提供仿真模型。

由于编著者水平及时间所限，本书难免存在疏漏和不足之处，敬请广大读者批评指正。

最后，感谢三明学院车辆工程系教学与科研团队给予的支持与帮助。

王孝鹏　刘建军

2021 年 1 月于三明学院

本书仿真模型资源包

目 录 CONTENTS

第1章 齿轮传动

Adams/Machinery 机械传动系统可评估并管理与运动、结构、驱动及控制有关的复杂系统部件间的相互作用，以便更好地优化产品设计的性能；Adams/Machinery 可充分整合到 Adams/View 环境中。它包含多个建模模块，与只具备通用标准 Adams/View 模型构建功能的软件相比，它能让用户更加快速地创建通用机械部件。Adams/Machinery 通过几何形状创建、子系统连接等自动化动作来引导用户进行预处理，使用户能够更加高效地创建一些通用的机械部件，同时还为通常所需的输出通道提供自动绘制图形及分析报告，提升用户进行后处理效率。机械传动系统包括齿轮、皮带、链条、轴承、缆索、电机、凸轮轴等模块。

学习目标

- ✧ 直齿轮传动。
- ✧ 锥齿轮传动。
- ✧ 蜗轮蜗杆齿轮传动。
- ✧ 齿轮齿条传动。
- ✧ 准双曲面齿轮传动。
- ✧ 行星齿轮组传动。

齿轮模块是为那些需要预测齿轮副的设计和行为（例如齿轮比、齿间隙预测）对整体系统性能的影响的工程师而设计；通过选择正齿轮（内部/外部）、螺旋齿轮（内部/外部）、锥形齿轮（直线和螺旋）、双曲线齿轮、蜗轮齿轮及齿条齿轮来选择齿轮类型；根据实际工作中心距和齿厚，采用接触建模方法来研究齿间隙；通过行星齿轮向导创建行星齿轮组；在后处理器中生成与齿轮有关的输出，采用自动模型参数化作为参考来进行设计探查。

1.1 直齿轮传动

- 启动 Adams/View；
- 单击 Machinery > Gear > Create Gear Pair 命令，弹出创建齿轮副对话框如图 1-1 所示；
- 选择 Type；
- Gear Type：Spur（直齿轮）；

Gear Type 下拉菜单包含以下典型齿轮副：

（1）Spur（直齿轮）：正齿轮也是已知的直齿轮，在这个齿轮中，两个轴的轴线是平行的，齿是直的并且平行于两个轴的旋转轴线。

（2）Helical（斜齿轮）：当负载较重、速度较高或噪声必须较低时，主要使用斜齿轮。在斜齿轮中，齿的纵轴相对于轴的轴线倾斜。

（3）Bevel（锥齿轮）：通常在轴的轴线相交时使用锥齿轮，它们的俯仰面是锥形，其锥轴与两个旋转轴相匹配。尽管锥齿轮通常在轴之间形成 90°的角度，但它们几乎可以设计成任何角度。

（4）Worm（涡轮蜗杆传动）：当不交叉的交叉轴之间需要大的减速比时使用蜗轮蜗杆传动，装置由大直径蜗轮组成，蜗杆与蜗轮外齿啮合。

（5）Rack（齿轮齿条传动）：把齿轮的旋转运动转换为齿条的直线运动，齿轮可以为直齿轮或者斜齿轮，例如齿轮齿条转向系统。

（6）Hypoid（准双曲面齿轮）：准双曲面齿轮的特征在于小齿轮轴线偏离齿轮轴线的中心，它比螺旋锥齿轮更平稳、更安静地传递旋转。

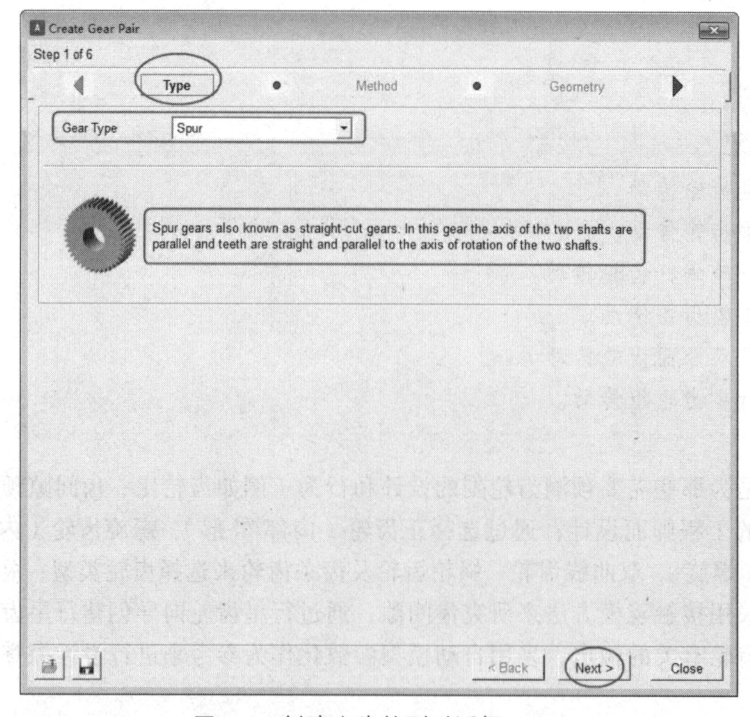

图 1-1　创建直齿轮副对话框/Type

- 完成 Type 界面的设置，单击 Next；
- Method：3D Contact（3D 接触），如图 1-2 所示。

3D Contact：该方法采用基于几何的接触，支持壳-壳三维几何接触，根据实际工作中心距离和齿厚计算出真实齿隙，该方法考虑了齿轮副内的平面外运动。

Simplified：这种方法可以分析计算齿轮副之间的齿轮力和齿隙。当忽略摩擦时，这种方法非常有用。基于其分析方法，接触力计算很快。

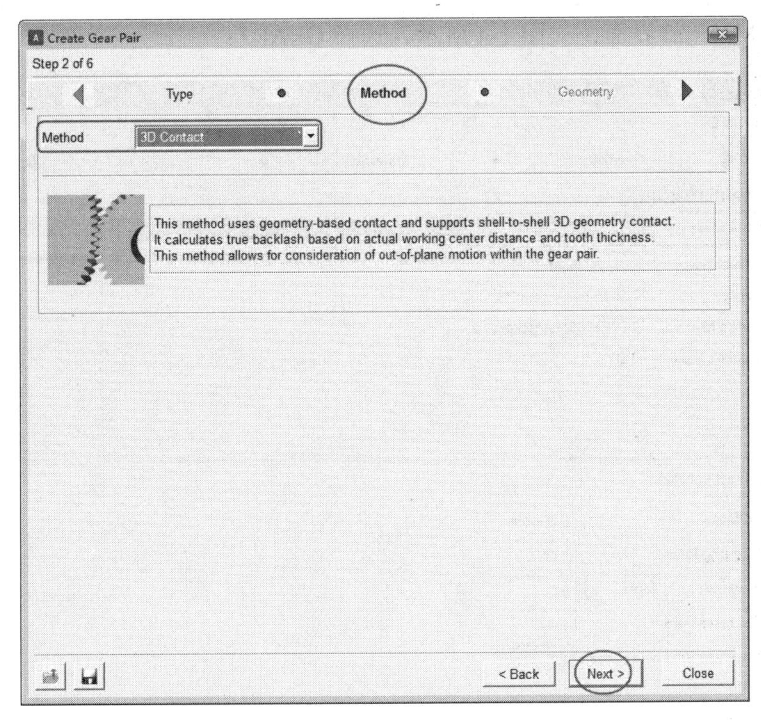

图 1-2　创建直齿轮副对话框/Method

- 完成 Method 界面的设置，单击 Next。
- Geometry 界面保持默认设置，如图 1-3 所示，根据实际需求可以更改几何面板中的参数，单击 Next。

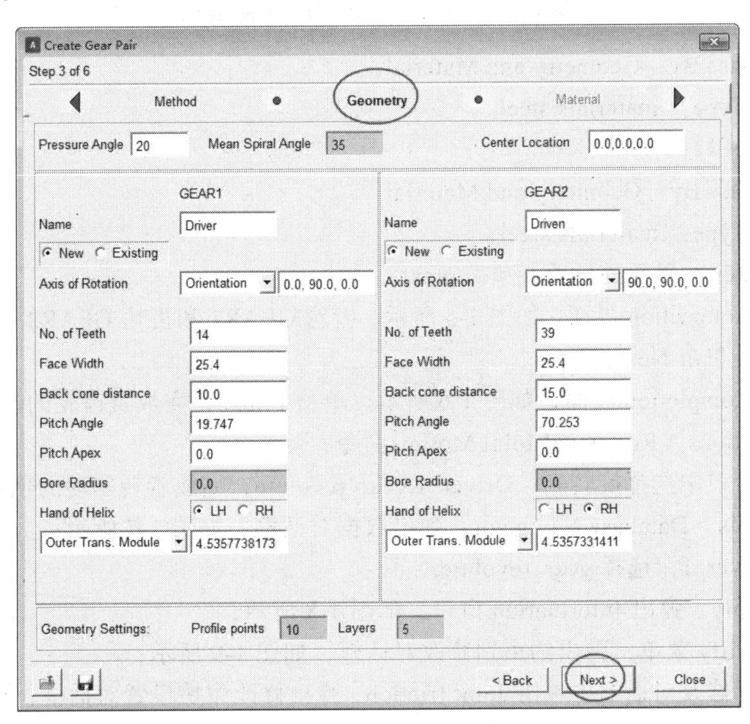

图 1-3　创建直齿轮副对话框/Geometry

• 切换到 Material 界面，如图 1-4 所示，选择 GEAR1：

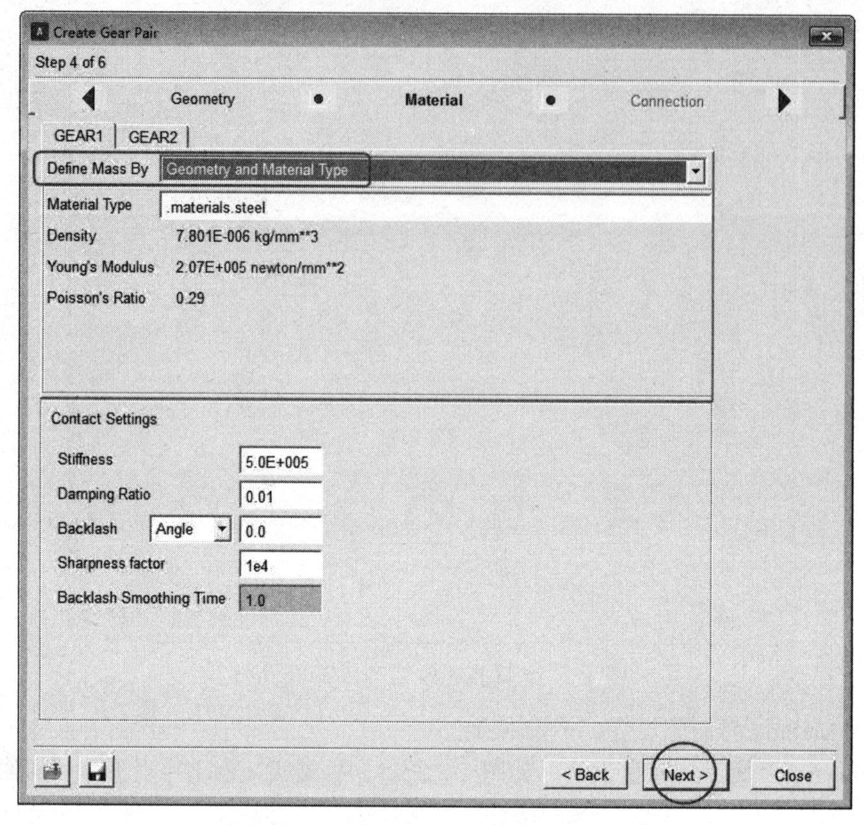

图 1-4　创建直齿轮副对话框/Material

• Define Mass By：Geometry and Material；

• Material Type：.materials.steel。

• 选择 GEAR2：

• Define Mass By：Geometry and Material；

• Material Type：.materials.steel；

• 完成 Material 界面的设置，单击 Next；

• 切换到 Connection 界面，如图 1-5 所示，齿轮 GEAR1 和齿轮 GEAR2 分别与大地之间用旋转副约束，单击 Next；

• 切换到 Completion 界面，如图 1-6 所示，单击 Finish，完成直齿轮的创建；

• 单击 Motions > Rotational Joint Motion 命令；

• 在图形窗口中选择旋转副：Driver_1.gear_revolute，完成旋转驱动的创建；

• 单击 Tools > Database Navigator，弹出数据对话框，如图 1-7 所示；

• 单击 Driver_1，选择 gear_revolute;

• 单击 Apply，弹出 Information 窗口，如图 1-8 所示；

• 单击 Modify 菜单，弹出约束副修改对话框，如图 1-9 所示；

• 在约束副修改对话框中单击 Joint friction，弹出修改摩擦设置对话框，如图 1-10 所示；

• Mu Static：0.2；

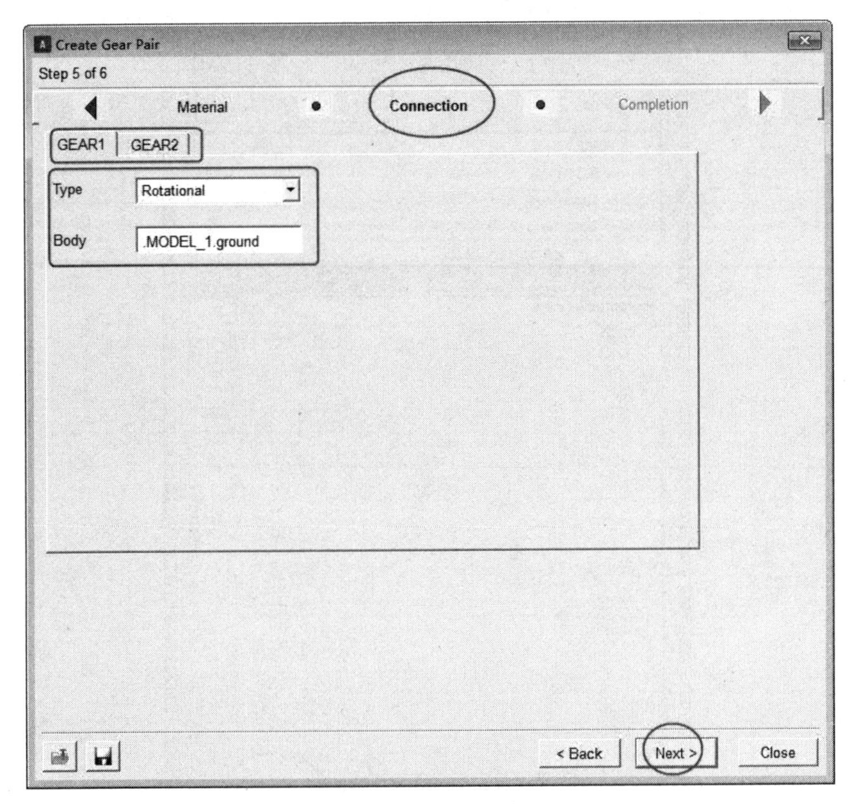

图 1-5　创建直齿轮副对话框/Connection

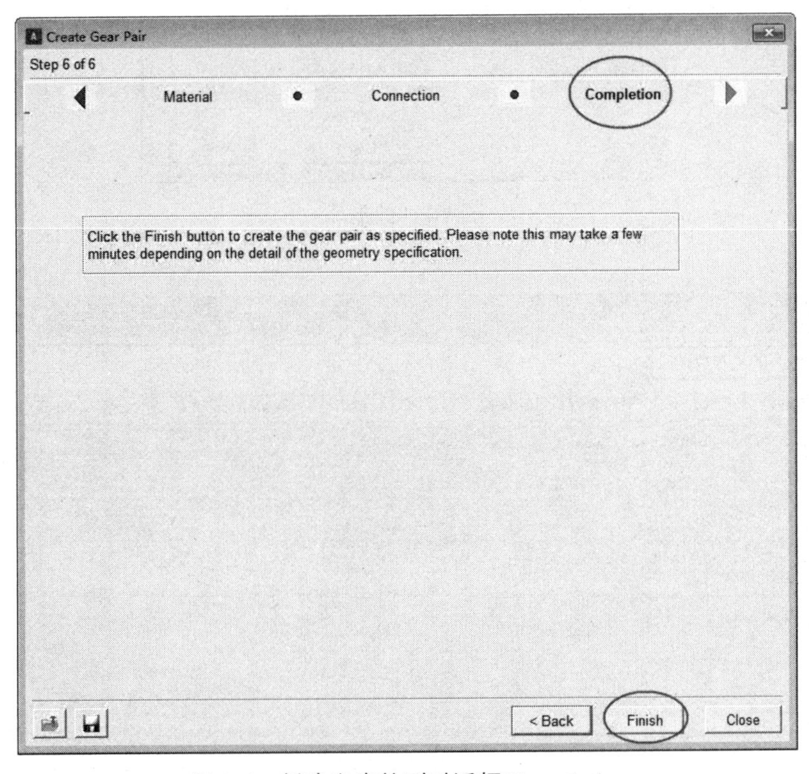

图 1-6　创建直齿轮副对话框/Completion

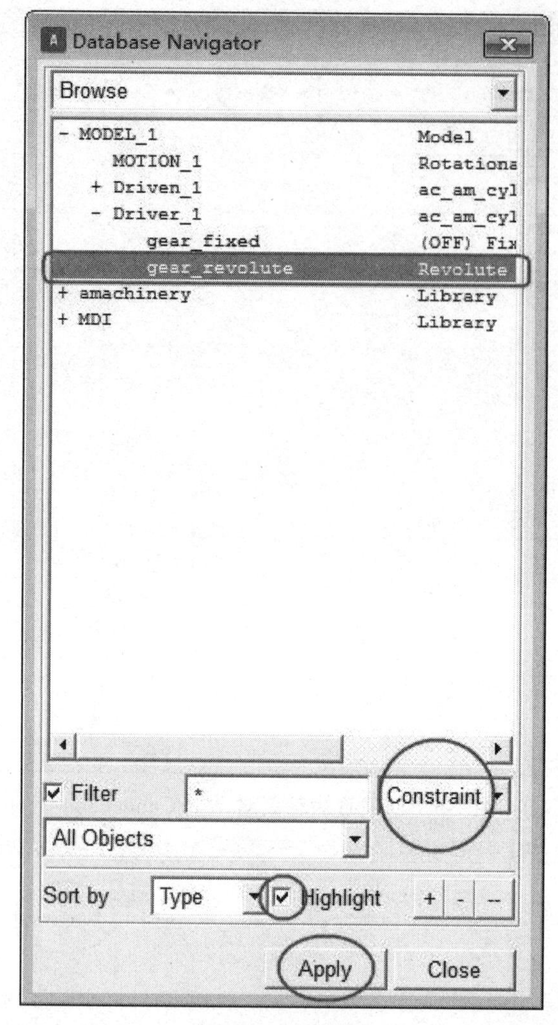

图 1-7　数据库

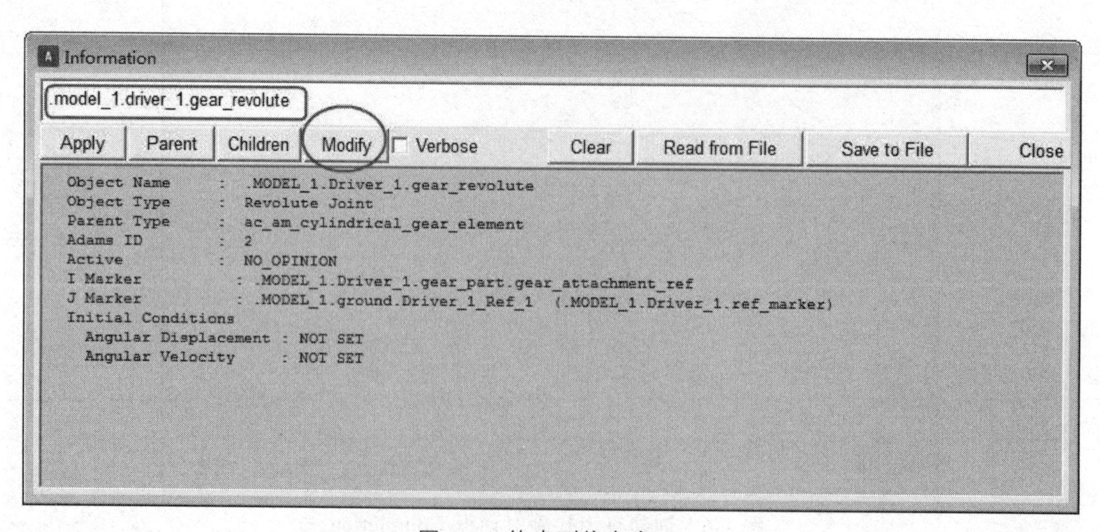

图 1-8　约束副信息窗口

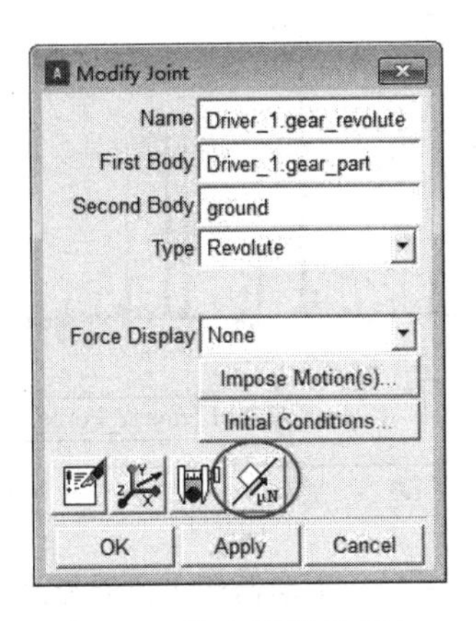

图 1-9　约束副修改窗口

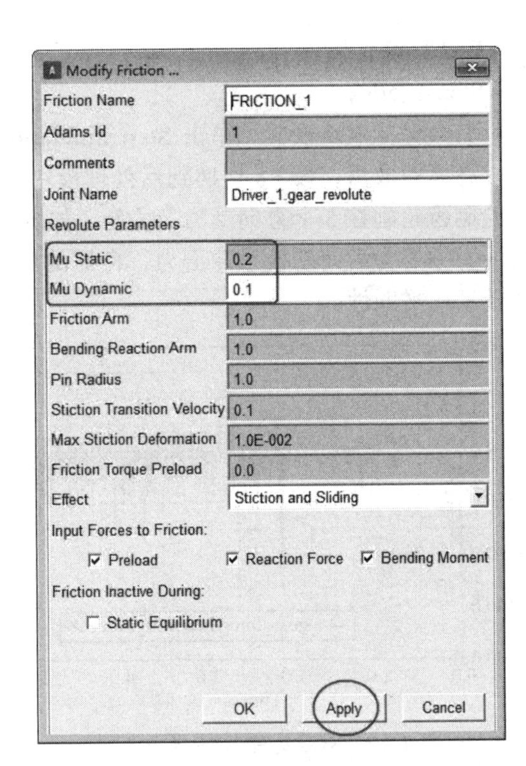

图 1-10　摩擦系数修改窗口

- Mu Dynamic：0.1；
- Modify Frication 中单击 OK；
- Modify Joint 中单击 OK；此时模型创建并设置完成，创建好的直齿轮副模型如图 1-11 所示。

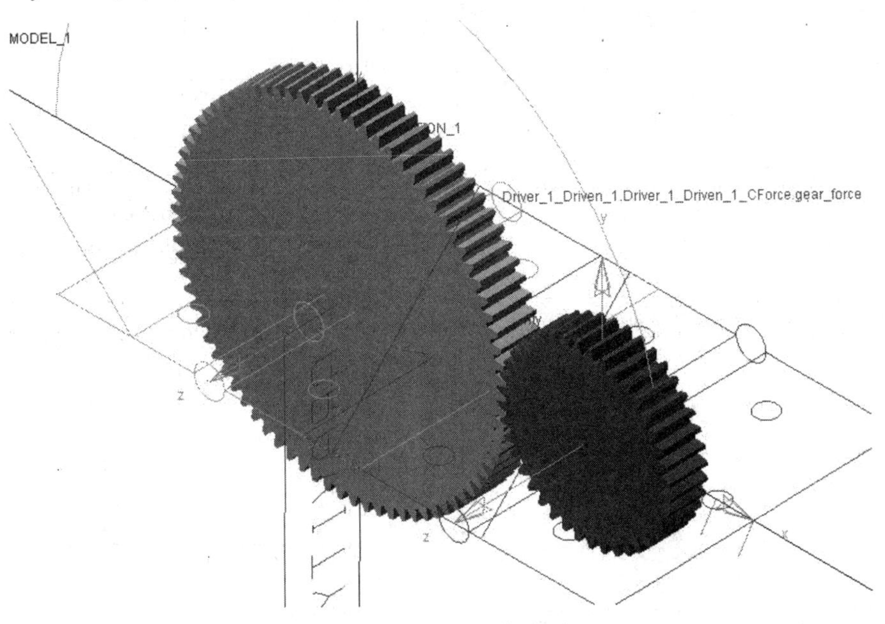

图 1-11　直齿轮传动副

- 单击 Simulation > Simulate 命令；

• End Time：5；

• Steps：500；

• 其余保持默认设置，单击 Start simulation；

• 计算完成后，按 F8 切换到后处理模块。

绘制齿轮副在 3 个方向受力及力矩，如图 1-12 ~ 图 1-17 所示。从计算结果可以看出，齿轮的受力主要为齿间的接触冲击力，良好的加工精度及动平衡可以有效地抑制齿间的冲击，改善传动的平顺性。

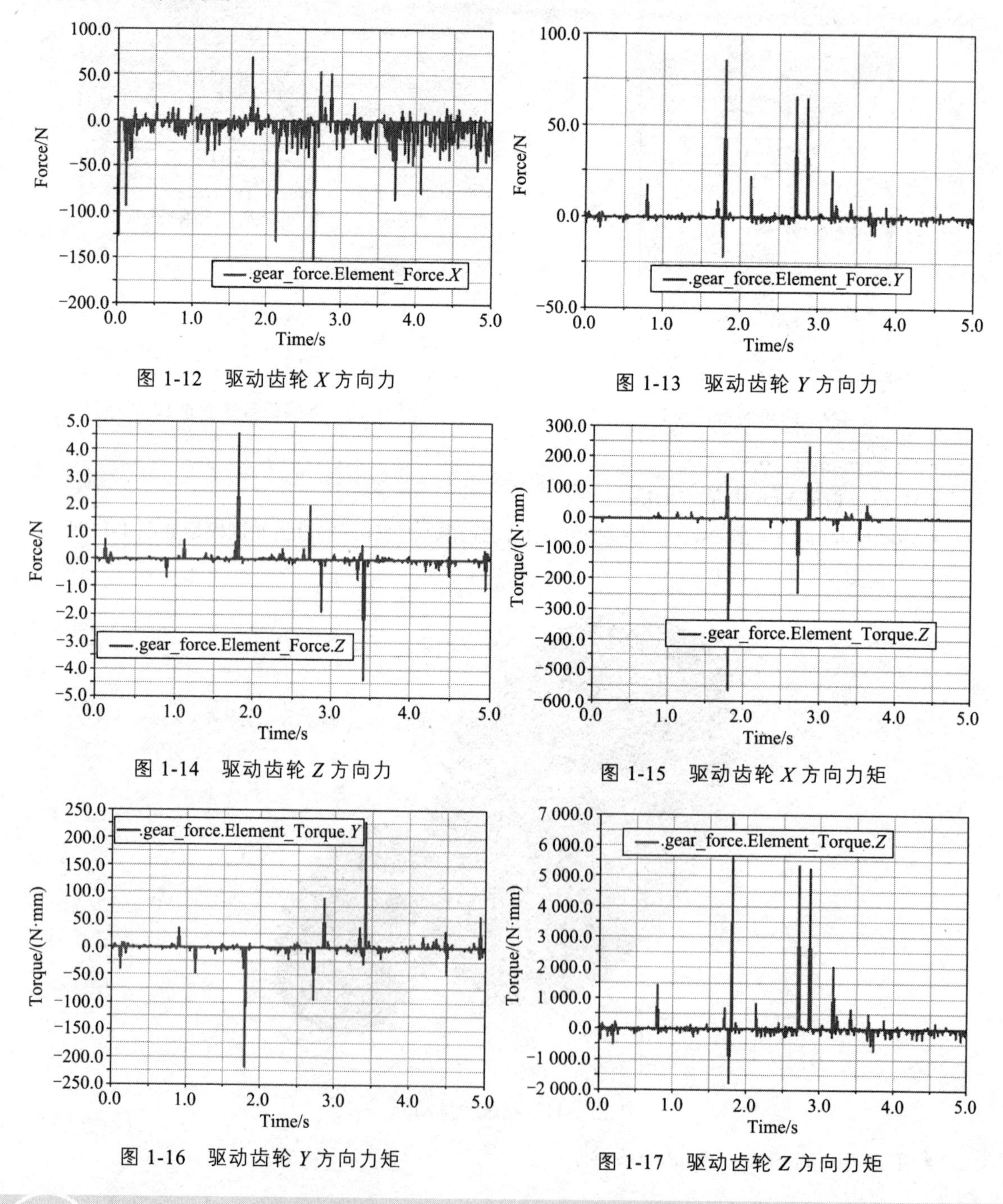

图 1-12　驱动齿轮 X 方向力

图 1-13　驱动齿轮 Y 方向力

图 1-14　驱动齿轮 Z 方向力

图 1-15　驱动齿轮 X 方向力矩

图 1-16　驱动齿轮 Y 方向力矩

图 1-17　驱动齿轮 Z 方向力矩

1.2 锥齿轮传动

锥齿轮用来传递两相交轴之间的运动和动力，在一般机械中，锥齿轮两轴之间的交角等于 90°（可以不等于 90°）；与圆柱齿轮类似，锥齿轮有分度圆锥、齿顶圆锥、齿根圆锥和基圆锥；圆锥体有大端和小端，其对应大端的圆分别称为分度圆、齿顶圆、齿根圆和基圆。一对锥齿轮的运动相当于一对节圆锥做纯滚动。锥齿轮的创建方法参考直齿轮，创建好的锥齿轮副如图 1-18 所示，后处理显示旋转角度如图 1-19、1-20 所示。

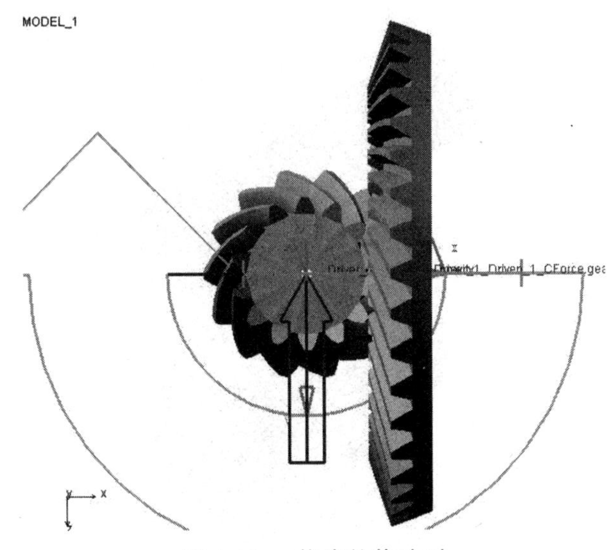

图 1-18　锥齿轮传动副

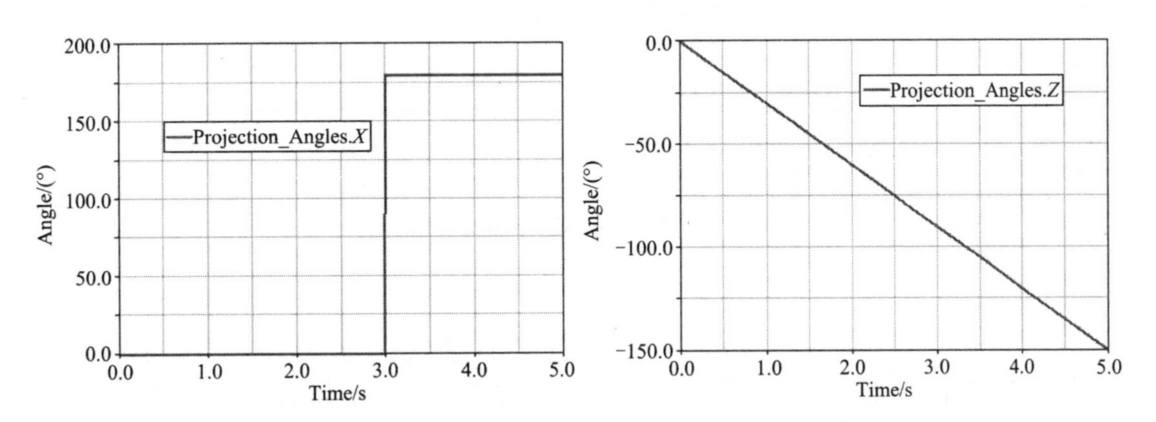

图 1-19　Driver_1 转动副 X 轴旋转投影角度

图 1-20　Driver_1 转动副 Z 轴旋转投影角度

1.3 蜗轮蜗杆齿轮传动

蜗轮蜗杆机构常用来传递两交错轴之间的运动和动力。蜗轮与蜗杆在其中间平面内相当于齿轮与齿条，蜗杆又与螺杆形状相似。蜗轮蜗杆机构的特点是传动比大，比交错轴斜齿轮机构紧凑，两轮啮合齿面间为线接触，其承载能力远大于交错轴斜齿轮机构；蜗杆传动相当于螺旋传动，为多齿啮合传动，故传动平稳、噪声很小，具有自锁性。当蜗杆的导程角小于啮合轮齿间的当量摩擦角时，机构具有自锁性，可实现反向自锁，即只能蜗杆带动蜗轮，而不能由蜗轮带动蜗杆，如在起重机械中使用的自锁蜗杆机构，其反向自锁性可起安全保护作用；传动效率较低，磨损较严重，蜗轮蜗杆啮合传动时，啮合轮齿间的相对滑动速度大，故摩擦损耗大、效率低；蜗杆轴向力较大；主要应用于蜗轮及蜗杆机构，常被用于两轴交错、传动比大、传动功率不大或间歇工作的场合。蜗轮蜗杆传动副的创建方法参考直齿轮，创建好的蜗轮蜗杆传动副如图 1-21 所示，后处理显示力、力矩如图 1-22、1-23 所示。

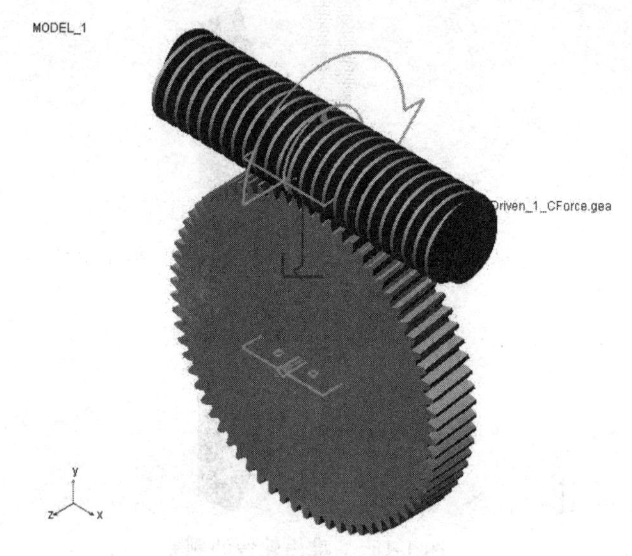

图 1-21　蜗轮蜗杆传动副

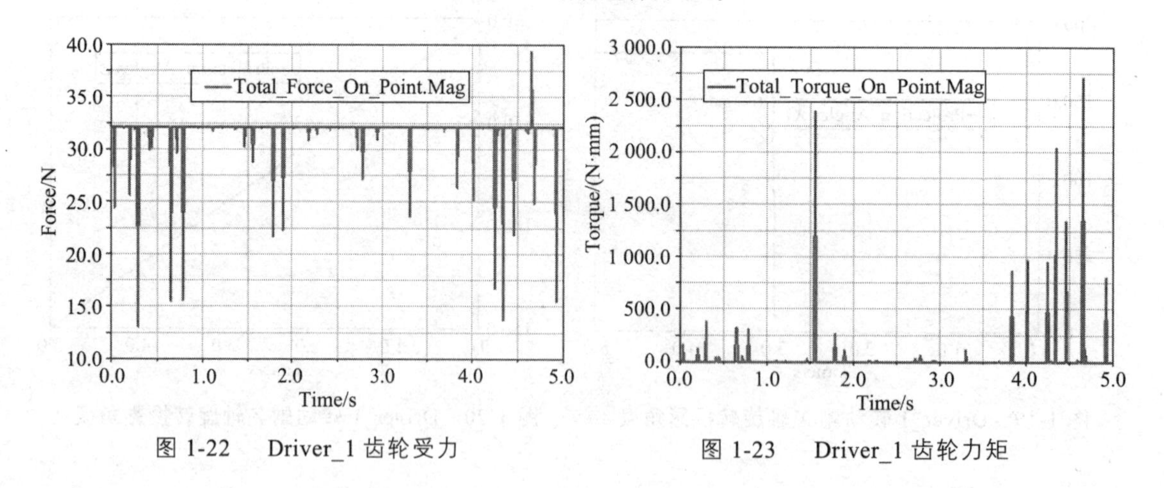

图 1-22　Driver_1 齿轮受力　　图 1-23　Driver_1 齿轮力矩

1.4　齿轮齿条传动副

齿轮齿条在传动过程中会有自己所独有的运动特点：齿轮传动用来传递任意两轴间的运

动和动力，其圆周速度可达到 300 m/s，传递功率可达 105 kW，齿轮直径可从不到 1 mm 到 150 m 以上，是现代机械中应用最广的一种机械传动。丝杆传动的精度高，成本也高。但是在长距离重负载下，丝杆易导致弯曲，而齿条不存在这些情况。齿轮齿条传动与带传动相比主要有以下优点：① 传递动力大、效率高；② 寿命长，工作平稳，可靠性高；③ 能保证恒定的传动比，能传递任意夹角两轴间的运动。齿轮传动与带传动相比主要缺点有：① 制造、安装精度要求较高，因而成本也较高；② 不宜做远距离传动。

齿轮齿条传动副的创建方法参考直齿轮，创建好的齿轮齿条传动副如图 1-24 所示，后处理显示力和力矩如图 1-25、1-26 所示。

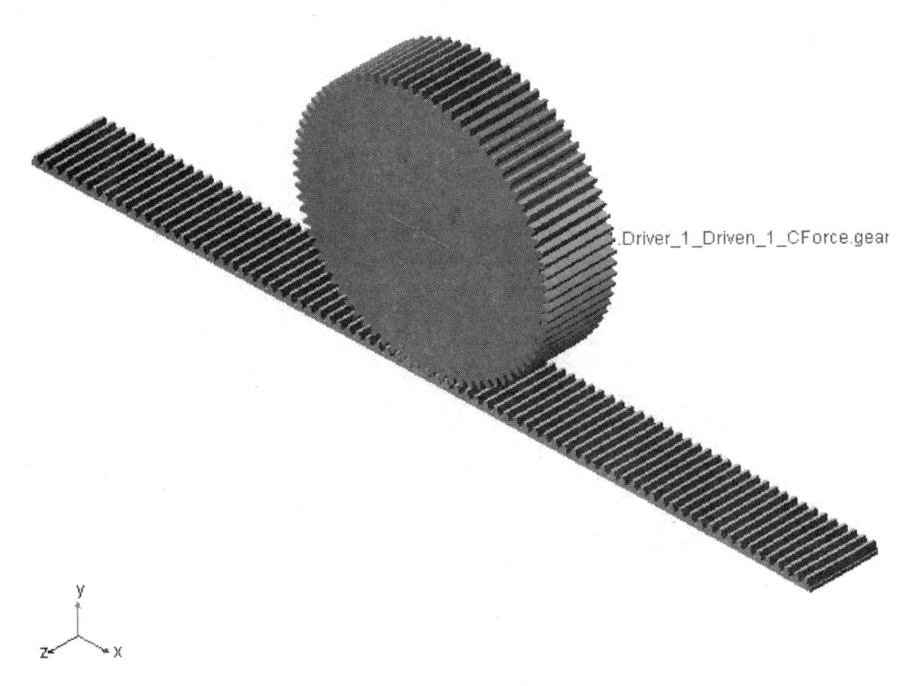

图 1-24　齿轮齿条传动副

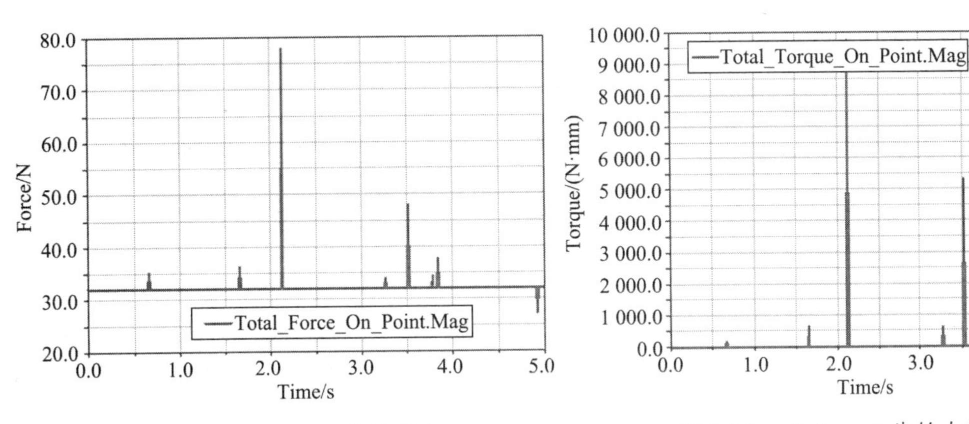

图 1-25　Driven_1 齿轮受力

图 1-26　Driven_1 齿轮力矩

1.5 准双曲面齿轮传动副

准双曲面齿轮指轴线偏置的锥齿轮，习惯称“双曲线齿轮”“准双曲面齿轮”或“准双曲线齿轮”。准双曲面齿轮在汽车后桥总成开发中的重要性越来越受到开发者的重视，对齿轮的质量、传动的平稳性、承载能力以及寿命方面的要求也越来越高。准双曲面齿轮，由于齿面是复杂的曲面，很难得到比较精确的有限元模型，而要较准确地模拟分析这种复杂的曲面接触过程，对有限元模型的精确性要求是很高的，比较准确的有限元模型有六面体有限元模型。

准双曲面齿轮传动副的创建方法参考直齿轮，创建好的准双曲面齿轮传动副如图 1-27 所示；后处理显示力、力矩如图 1-28、1-29 所示，从计算结果可以看出，准双曲面齿轮传动最大的优点是传动过程中平顺性极好，齿间的接触冲击振动小，有利于提升零部件系统的疲劳特性及耐久特性。

图 1-27 准双曲面齿轮传动副

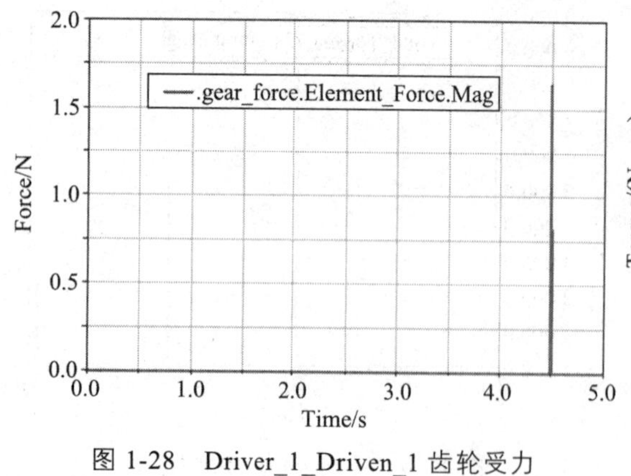

图 1-28 Driver_1_Driven_1 齿轮受力

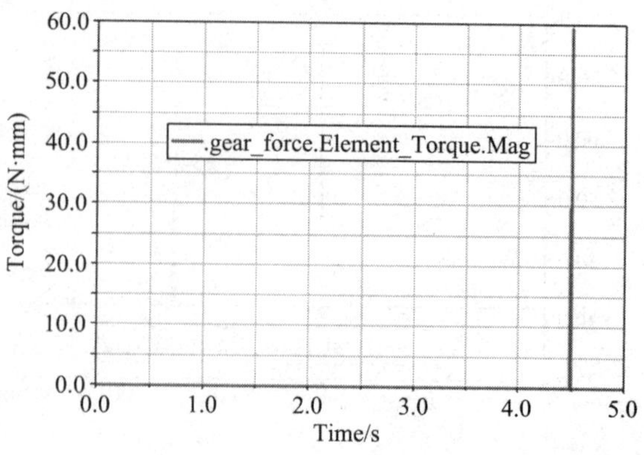

图 1-29 Driver_1_Driven_1 齿轮力矩

1.6　行星齿轮传动副

行星齿轮传动与普通齿轮传动相比，具有许多独特优点，最显著的特点是在传递动力时可以进行功率分流，并且输入轴和输出轴处在同一水平线上。所以行星齿轮传动现已被广泛应用于各种机械传动系统中的减速器、增速器和变速装置。尤其是因其具有“高载荷、大传动比”的特点而在飞行器和车辆（特别是重型车辆）中得到大量应用。行星齿轮在发动机的扭矩传递上也发挥了很大的作用。由于发动机的转速扭矩等特性与路面行驶需求大相径庭，要把发动机的功率适当地分配到驱动轮，可以利用行星齿轮的上述特性来进行转换。汽车中的自动变速器，也是利用行星齿轮的这些特性，通过离合器和制动器改变各个构件的相对运动关系而获得不同的传动比。行星齿轮的结构和工作状态复杂，其振动和噪声问题也比较突出，极易发生轮齿疲劳点蚀、齿根裂纹乃至轮齿或轴断裂等失效现象，从而影响到设备的运行精度、传递效率和使用寿命。

在包含行星齿轮的齿轮系统中，传动原理与定轴齿轮不同。由于存在行星架，因此可以有三条转动轴允许动力输入/输出，还可以用离合器或制动器之类的手段，在需要的时候限制其中一条轴的转动，只剩下两条轴进行传动。因此，互相啮合的齿轮之间的关系可以有多种组合：

（1）动力从太阳轮输入，从外齿圈输出，行星架通过机构锁死；

（2）动力从太阳轮输入，从行星架输出，外齿圈锁死；

（3）动力从行星架输入，从太阳轮输出，外齿圈锁死；

（4）动力从行星架输入，从外齿圈输出，太阳轮锁死；

（5）动力从外齿圈输入，从行星架输出，太阳轮锁死；

（6）动力从外齿圈输入，从太阳轮输出，行星架锁死；

（7）两股动力分别从太阳轮和外齿圈输入，合成后从行星架输出；

（8）两股动力分别从行星架和太阳轮输入，合成后从外齿圈输出；

（9）两股动力分别从行星架和外齿圈输入，合成后从太阳轮输出；

（10）动力从太阳轮输入，分两路从外齿圈和行星架输出；

（11）动力从行星架输入，分两路从太阳轮和外齿圈输出；

（12）动力从外齿圈输入，分两路从太阳轮和行星架输出。

行星齿轮传动副的创建方法参考直齿轮，其中创建过程中 Geometry 界面稍有不同，设置如图 1-30 所示。界面分太阳轮、行星架、行星轮三块。

- Sun Gear：下方设置保持默认；
- Ring Gear：下方设置保持默认；
- Planet Gear：默认为 3，更改为 5，即行星齿轮传动副包含 5 个行星轮；
- 单击 Next，其余保持默认直至完成行星齿轮组的创建，如图 1-31 所示；
- 单击 Motions > Rotational Joint Motion 命令；
- 黄色行星轮 planet_1_gear.gear_revolute 添加驱动；
- 单击 Simulation > Simulate 命令；
- End Time：5；
- Steps：500；
- 其余保持默认设置，单击 Start simulation；

• 计算完成后，按 F8 切换到后处理模块，行星齿轮 planet_1、太阳轮、行星架受力及力矩变化特性曲线如图 1-32 ~ 图 1-41 所示。

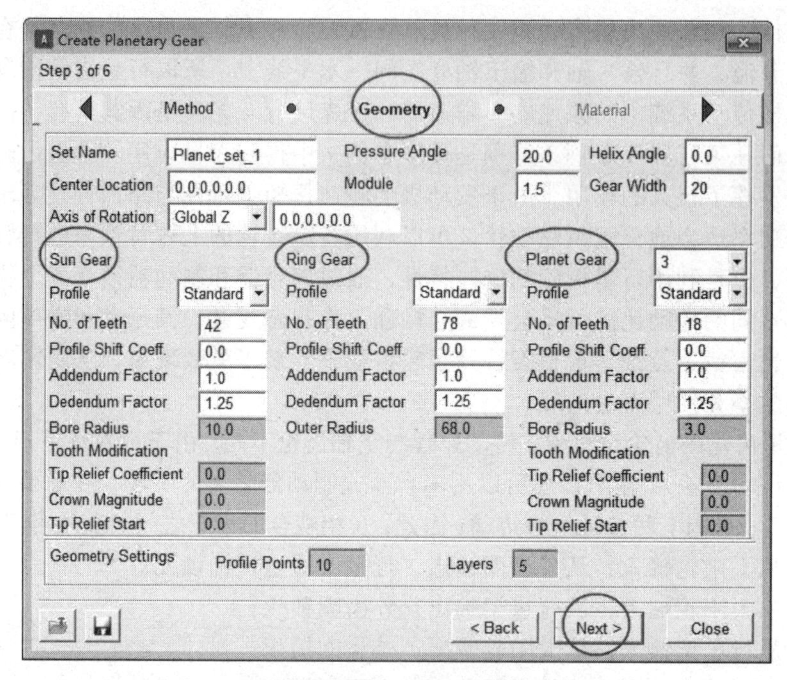

图 1-30　创建行星齿轮副对话框/Geometry

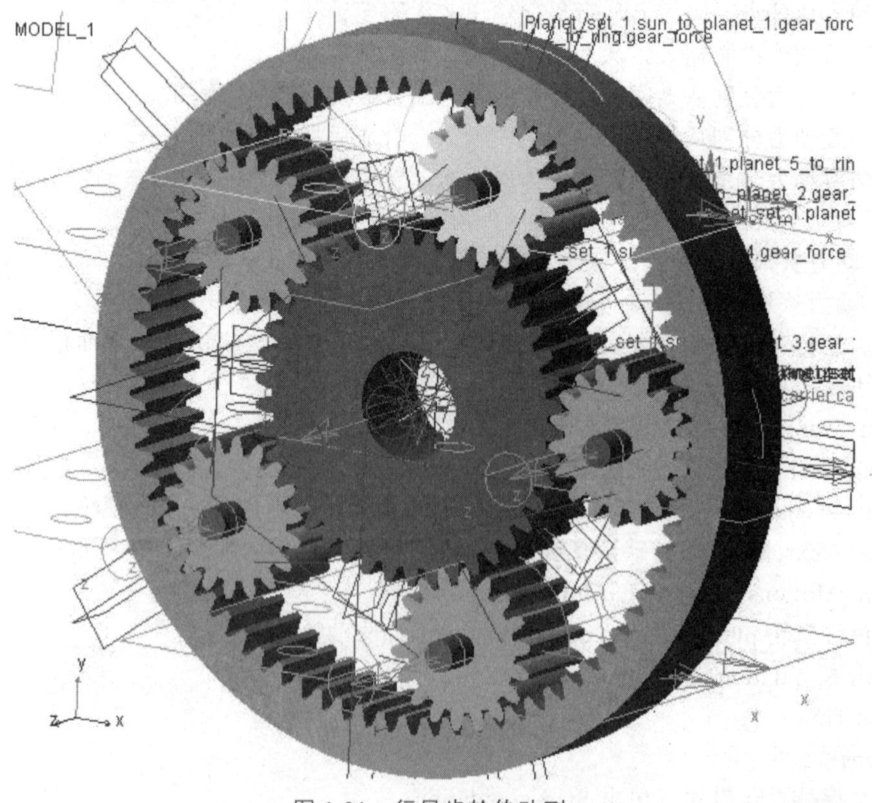

图 1-31　行星齿轮传动副

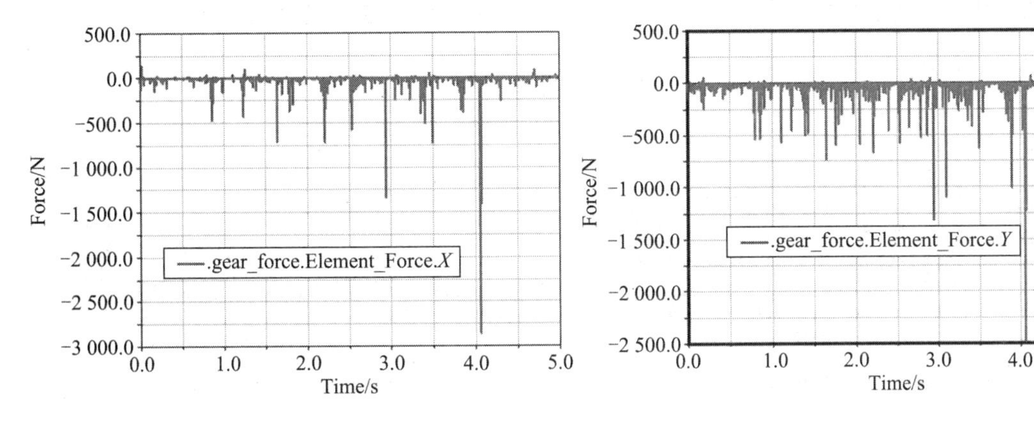

图 1-32 planet_1_to_ring *X* 方向受力

图 1-33 planet_1_to_ring *Y* 方向受力

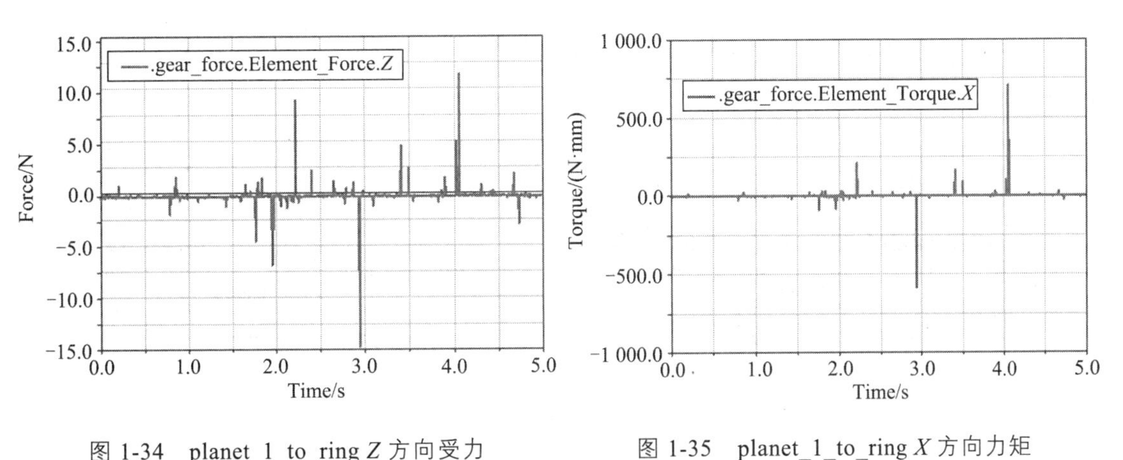

图 1-34 planet_1_to_ring *Z* 方向受力

图 1-35 planet_1_to_ring *X* 方向力矩

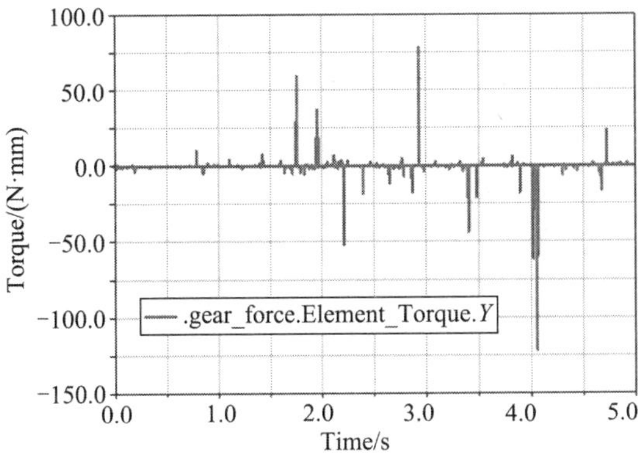

图 1-36 planet_1_to_ring *Y* 方向力矩

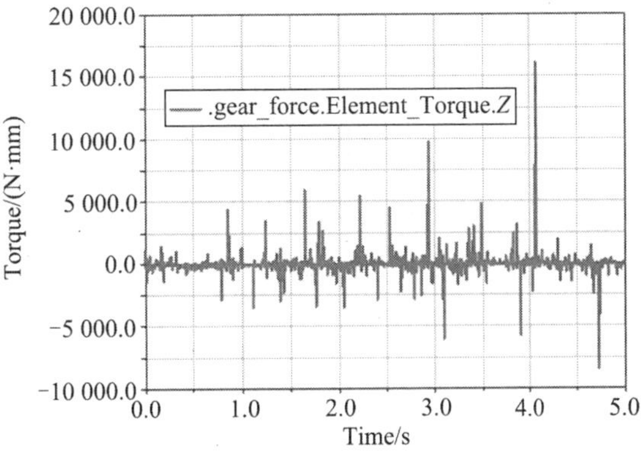

图 1-37 planet_1_to_ring *Z* 方向力矩

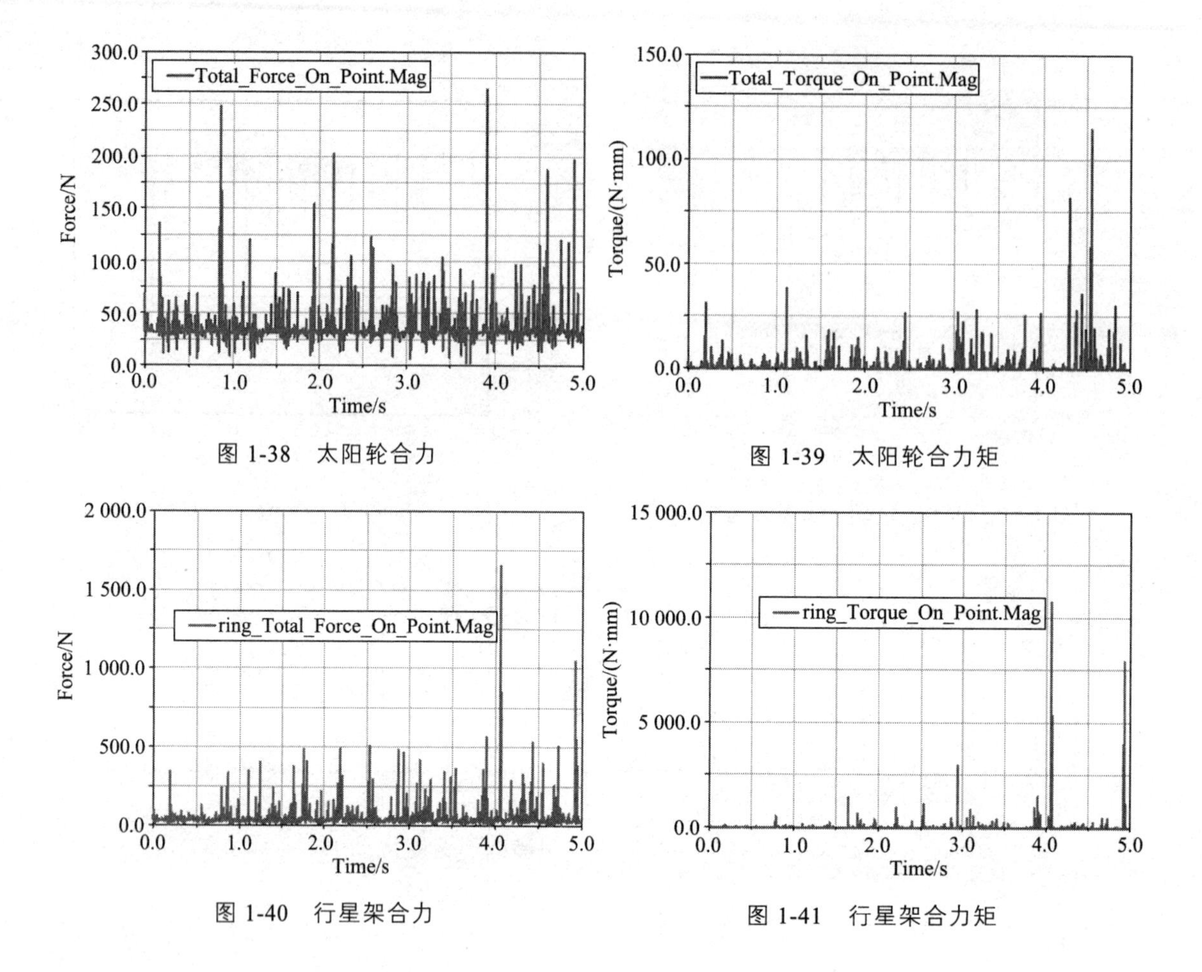

图 1-38　太阳轮合力

图 1-39　太阳轮合力矩

图 1-40　行星架合力

图 1-41　行星架合力矩

第 2 章 皮带传动

皮带模块可以预测皮带轮-皮带系统的设计和动态行为（例如传动比、应变与载荷预测、合规性研究或者履带动力学）。通过选择多 V 形槽皮带、梯形带齿皮带及平滑带来选择皮带类型；采用二维联结建模方法来计算当旋转轴与全局轴（绝对坐标系）之一平行时段节与皮带轮之间的接触力；采用几何形状设置值来定义皮带轮的位置和几何参数；将张紧滑轮应用到皮带系统上，以便张紧额外的松弛度并控制皮带的走行；使用驱动元将作用力或者运动施加到皮带系统的任意皮带轮上。皮带传动是一种依靠摩擦力来传递运动和动力的机械传动。它的特点主要表现在：① 皮带有良好的弹性，在工作中能缓和冲击和振动，运动平稳无噪声；② 载荷过大时皮带在轮上打滑，因而可以防止其他零件损坏，起安全保护作用；③ 皮带是中间零件，它可以在一定范围内根据需要来选定长度，以适应中心距要求较大的工作条件；④ 结构简单，制造容易，安装和维修方便，成本较低。皮带传动的缺点是：① 靠摩擦力传动，不能传递大功率；② 传动中有滑动，不能保持准确的传动比，效率较低；③ 在传递同样大的圆周力时，外廓尺寸和轴上受力都比齿轮传动等啮合传动大，皮带磨损较快，寿命较短。皮带传动如图 2-1 所示。

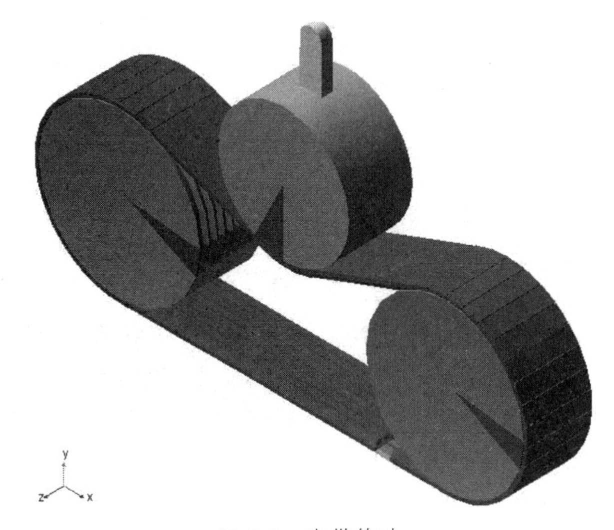

图 2-1　皮带传动

学习目标

- ✧ 滑轮。
- ✧ 张紧轮。
- ✧ 皮带。
- ✧ 驱动元。
- ✧ 双轴皮带轮传动。
- ✧ 五轴皮带轮传动。

2.1　滑　轮

- 启动 Adams/view；
- 单击 Machinery > Belt > Create Pulley（创建滑轮），创建滑轮界面如图 2-2 所示，创建滑轮共包含 11 个子菜单界面，此时为 Type 界面；

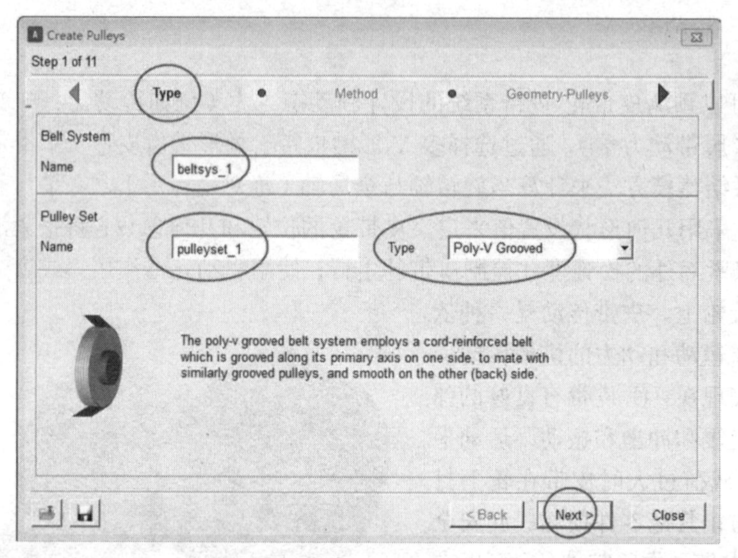

图 2-2　创建滑轮/Type

- Belt System / Name：beltsys_1（默认皮带传动系统名称，可更改）；
- Pully Set / Name：pullyset_1（默认滑轮部件名称，可更改）；
- Type：Poly-V Grooved（多 V 形槽皮带）、Trapezoidal Toothed（梯形齿或同步带）、Smooth（光滑），此处选择 Poly-V Grooved（V 形槽）；
- 单击 Next，切换到 Method 界面，如图 2-3 所示；

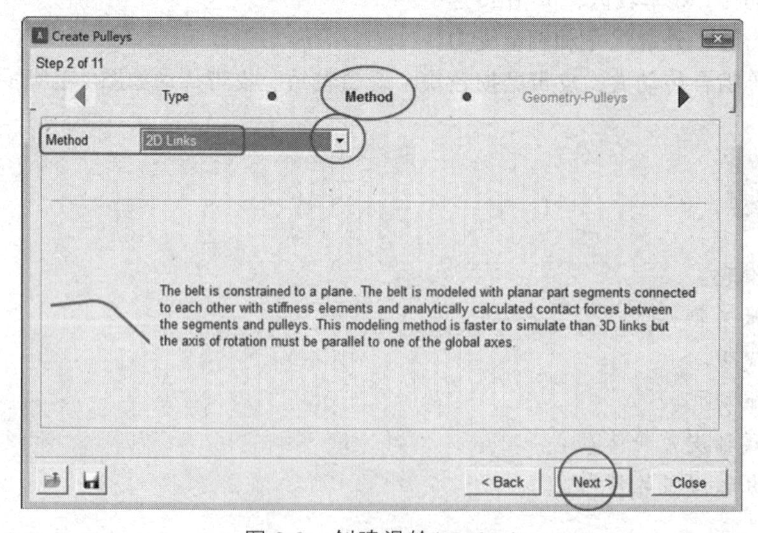

图 2-3　创建滑轮/Method

- Method：2D links；

（1）Constraint：此方法较简单，用于通过一个比率传输速度。当忽略了所涉及的力和分量，只考虑减速或乘法时，使用该方法。因为它是一个理想的模型，所以滑轮只能表示为简单的圆盘。

（2）2D links：皮带被约束到平面上。用刚性单元相互连接的平面零件段对皮带进行建模，并分析计算了段与滑轮之间的接触力。这种建模方法比三维链接要快，但旋转轴必须与全局轴之一平行。

（3）3D links：皮带被约束到平面上。皮带采用刚性单元相互连接的三维零件段建模，并通过分析计算段与滑轮之间的接触力。当旋转轴与全局轴不平行时使用此方法。

（4）3D links Nonplanar（非平面三维连接）：皮带采用刚性元件相互连接的三维零件段进行建模，并分析计算段与皮带轮之间的接触力。皮带可以横向穿过皮带轮，并适应皮带轮中的少量平面外偏移和错位。

（5）3D Simplified（三维简化）：代替大量的离散元件，皮带由一组具有创造性的零件、约束和力来表示，以重新呈现皮带的轴向柔度、皮带弯曲、滚动和质量运输效果；当皮带质量和阻力的影响可以忽略时使用该方法，因为它比离散化方法求解速度快得多；这种方法不支持模拟连续、不受限制的闭环系统；对于往复系统或某些闭环系统模拟效果更好，其中包括了最大滚子距离不超过几个跨度的带运动。

- 单击 Next，切换到 Gemetry-Pulleys 滑轮几何参数界面，如图 2-4 所示；

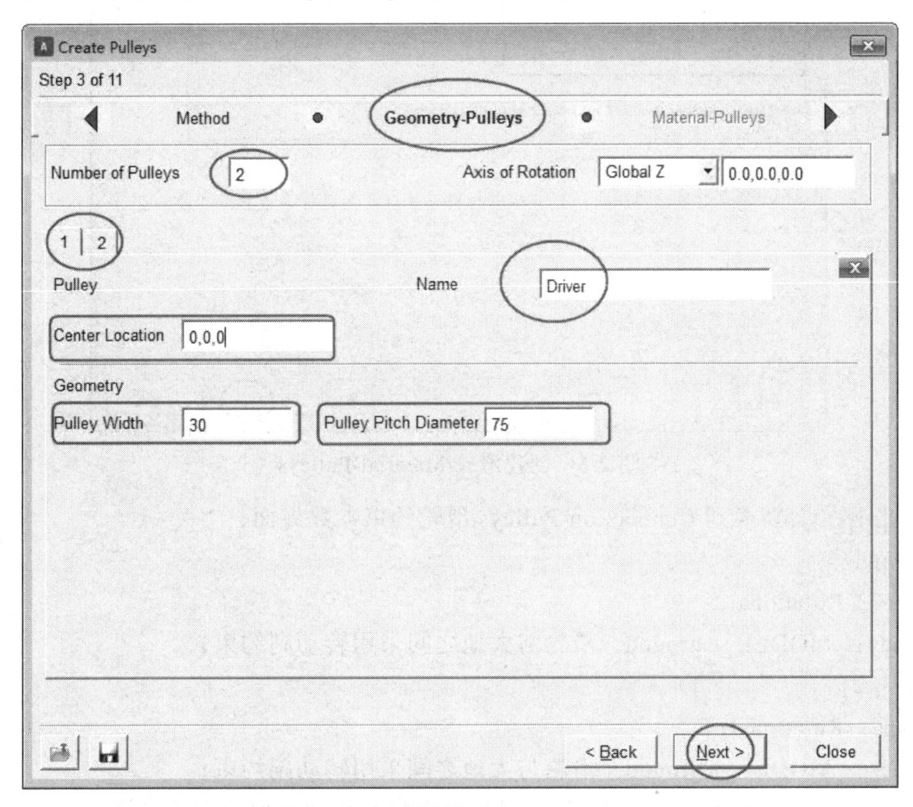

图 2-4　创建滑轮/Gemetry-Pulleys

- Number of Pulleys（滑轮数量）：2，皮带轮传动系统中包含两个滑轮，滑轮数量与下面的滑轮几何参数设置保持数量一致；
- 单击 1；
- Name：Driver；
- Center Location：0，0，0，此处可以先建立参考点，然后依次选取；
- Pulley Width（滑轮厚度）：30；
- Pulley Pitch Diameter（滑轮旋转直径）：75；
- 单击 2；
- Name：Driven；
- Center Location：150，0，0；
- Pulley Width（滑轮厚度）：30；
- Pulley Pitch Diameter（滑轮旋转直径）：75；
- 单击 Next，切换到 Material-Pulleys 滑轮材料参数界面，如图 2-5 所示，保持默认设置；

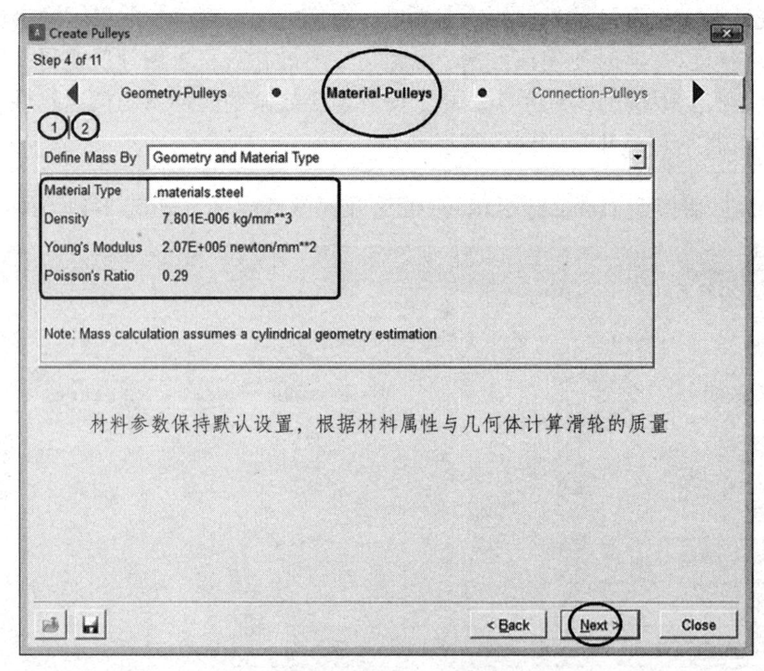

图 2-5　创建滑轮/Material-Pulleys

- 单击 Next，切换到 Connection-Pulleys 滑轮约束参数界面；
- 单击 1；
- Type：Rotational；
- Body：.MODEL_1.ground，滑轮与大地之间采用转动副约束；
- 单击 2；
- Type：Rotational；
- Body：.MODEL_1.ground，滑轮与大地之间采用转动副约束；
- 单击 Next，切换到 Output-Pulleys 滑轮输出参数界面，保持默认设置；

• 单击 Next，切换到 Completion-Pulleys 滑轮完成参数界面，保持默认设置；

• 单击 Next，切换到 Gemetry-Tensioners 张紧器参数界面，如图 2-6 所示；

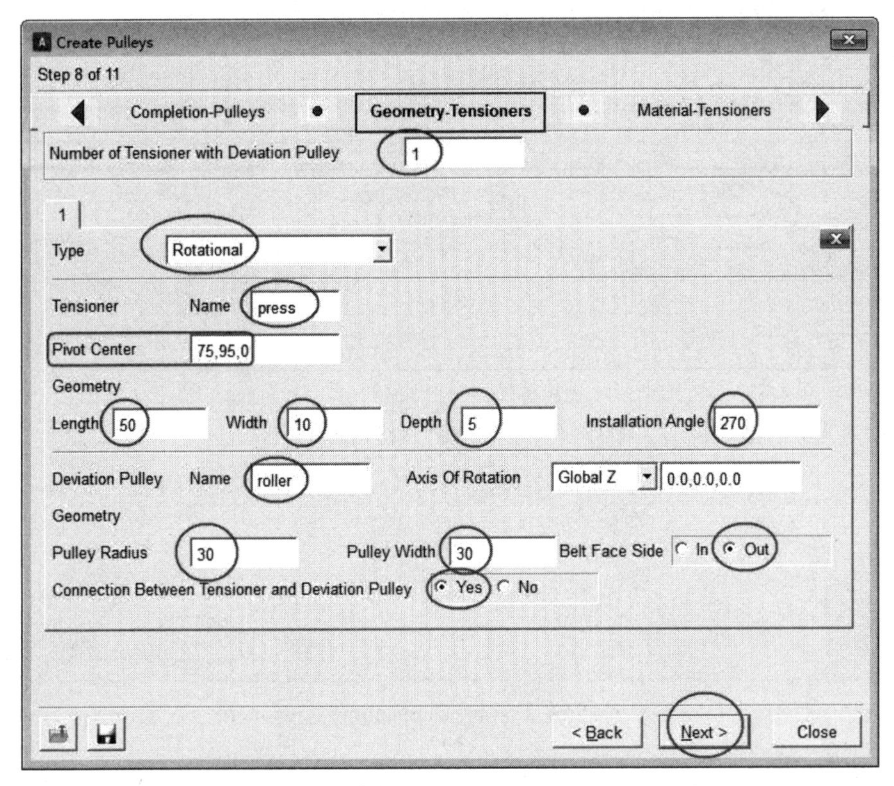

图 2-6　创建张紧轮/ Gemetry- Tensioners

• Number of Tensioners with Deviation Pulley（带偏差滑轮的张紧器数量）：1；

• Type：Rotational；

• Tensioner/Name：press；

• Pivot Center：75，95，0；

• Length：50；

• Width：10；

• Depth：5；

• Installation Angle：270；

• Deviation Pully/Name：roller；

• Pulley Radius：30；

• Pulley Width：30；

• Belt Face Side（皮带轮与张紧器内侧还是外侧接触）：Out；

• Connection Between Tensioner and Deviation Pulley（是否用转动副连接张紧器与偏心滑轮）：Yes；

• 单击 Next，切换到 Material-Tensioners 张紧器材料参数界面，保持默认设置；

• 单击 Next，切换到 Connection-Tensioners 张紧器约束参数界面，如图 2-7 所示；

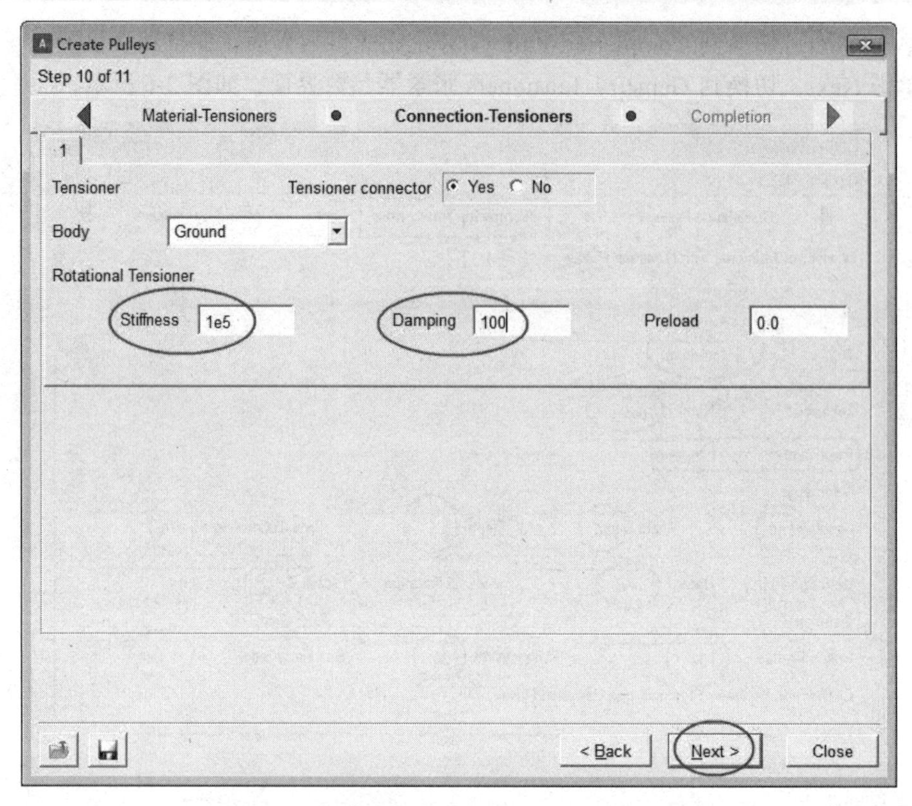

图 2-7　创建张紧轮/ Connection-Tensioners

- Stiffness（刚度）：1E5；
- Damping（阻尼）：100；
- Preload（预载荷）：0；
- 单击 Next，切换到 Completion 参数设置；
- 单击 Finish，完成滑轮、张紧器的建模，如图 2-8 所示。

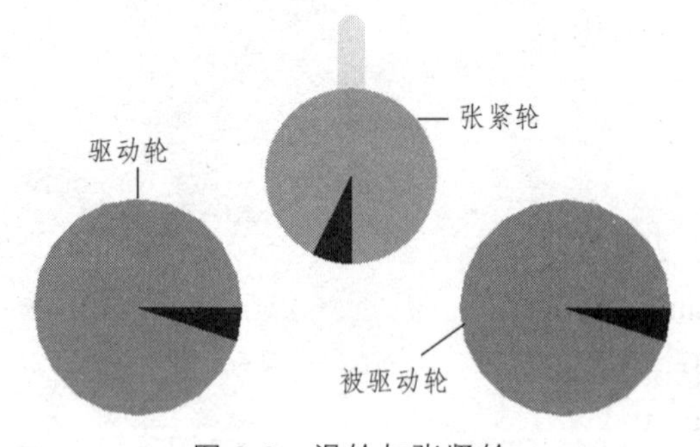

图 2-8　滑轮与张紧轮

2.2　皮　带

- 单击 Machinery > Belt > Create Belt（创建皮带），创建皮带界面如图 2-9 所示，创建皮

带共包含 7 个子菜单界面，此时为 Type 界面；

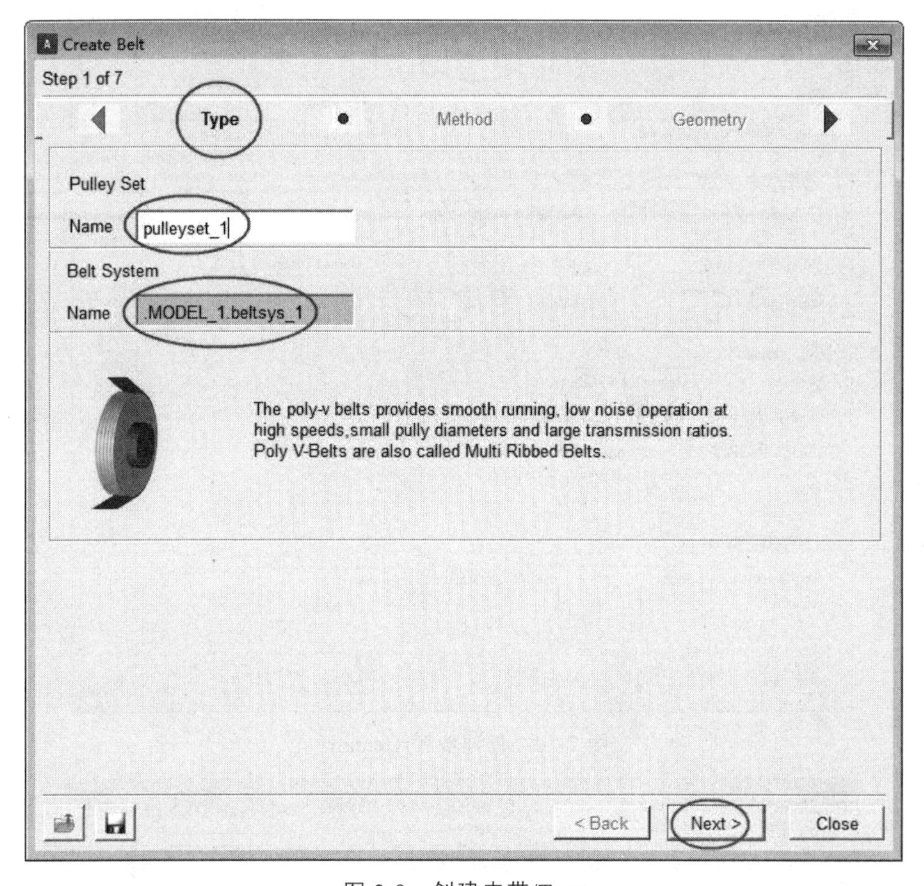

图 2-9　创建皮带/Type

- Pulley Set/Name：pulleyset_1，通过 Pulley Set > Guesses 选取已经创建好的滑轮；
- Belt System/Name：.MODEL_1.beltsys_1，系统自动默认命名；
- 单击 Next，切换到 Method 界面，如图 2-3 所示；
- Method：2D links；
- 单击 Next，切换到 Gemetry 皮带几何参数界面，如图 2-10 所示；
- Belt Width（皮带宽度）：30；
- Segment Area（皮带段块面积）：30；
- 单击 Next，切换到 Contant and Mass 皮带接触与质量参数界面，如图 2-11 所示，所有参数保持默认设置；
- 单击 Next，切换到 Wrapping Order 皮带包裹顺序参数界面；
- Wrapping Order：1）pulleyset_1_Driver；2）pulleyset_1dev_roller；3）pulleyset_1_Drven，注意输入顺序不能乱；

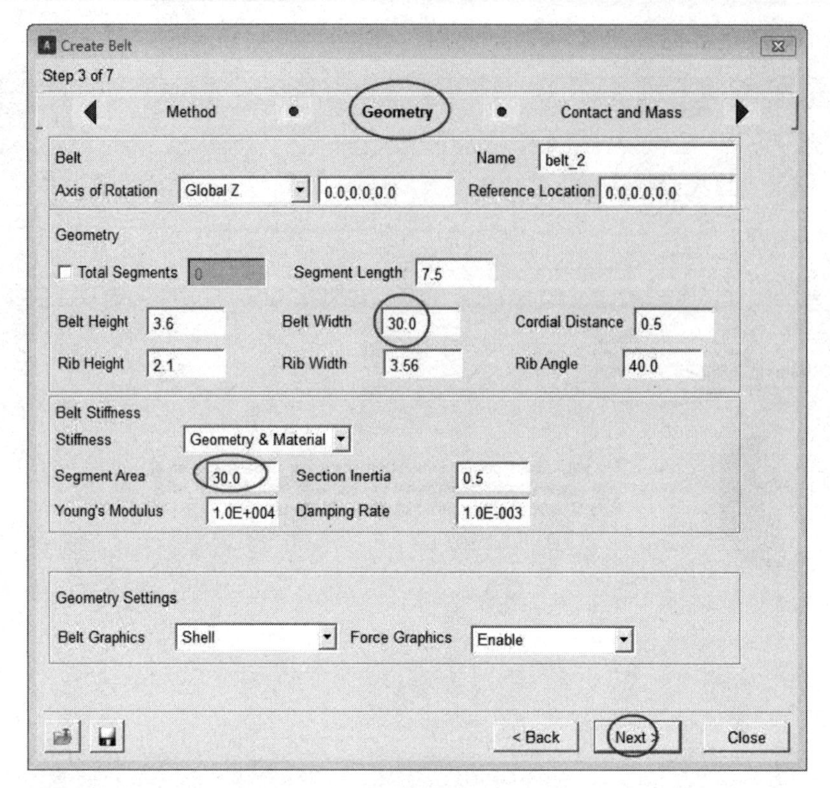

图 2-10 创建皮带/Gemetry

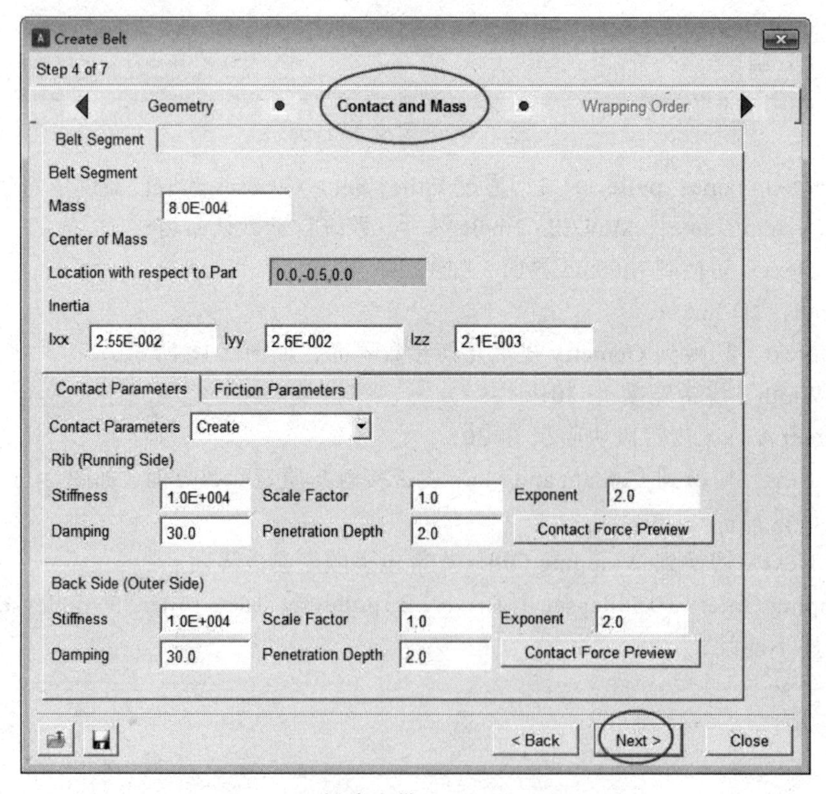

图 2-11 创建皮带/Contant and Mass

• 单击 Next，弹出问题提示框（见图 2-12），皮带共包含 72 个段块，单击 Yes，继续包裹皮带，皮带包裹完成后切换到 Output Request 输出请求界面；

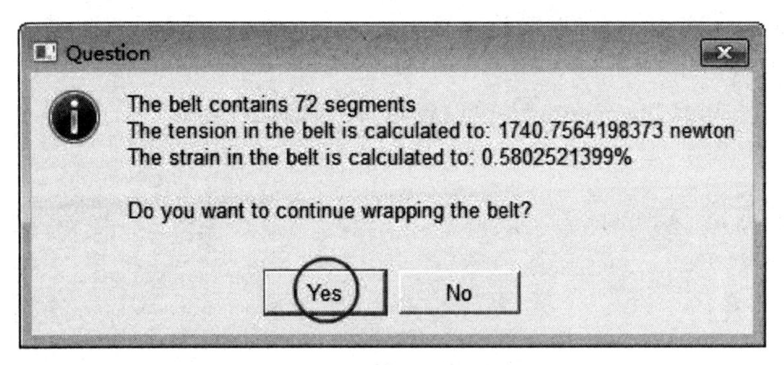

图 2-12 皮带创建问题提示框

• 勾选 Segment Request；
• Link Part（s）：segment_57（皮带中第 57 个段块）；
• 单击 Next，切换到 Completion 参数设置；
• 单击 Finish，完成皮带的建模，如图 2-1 所示。

2.3 驱动元

• 单击 Machinery > Belt > Belt Actuation Input（皮带驱动输入或称为动力元），创建动力元界面，如图 2-13 所示，创建动力元共包含 5 个子菜单界面，此时为 Actuator 界面；

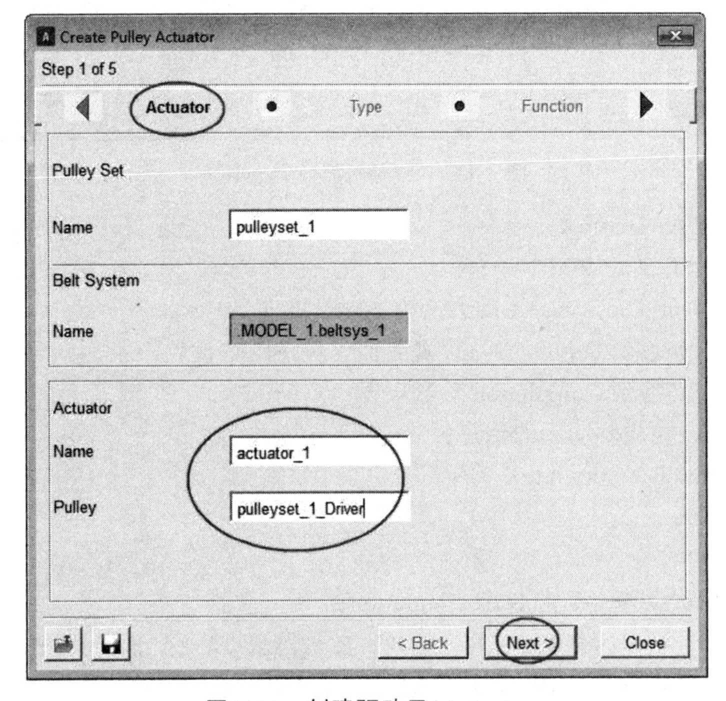

图 2-13 创建驱动元/ Actuator

- Actuator / Name：actuator_1；
- Pulley：pulleyset_1_Driver；
- 单击 Next，切换到 Type 参数设置界面；
- Type：Motion；
- 单击 Next，切换到 Function 参数设置界面，如图 2-14 所示；

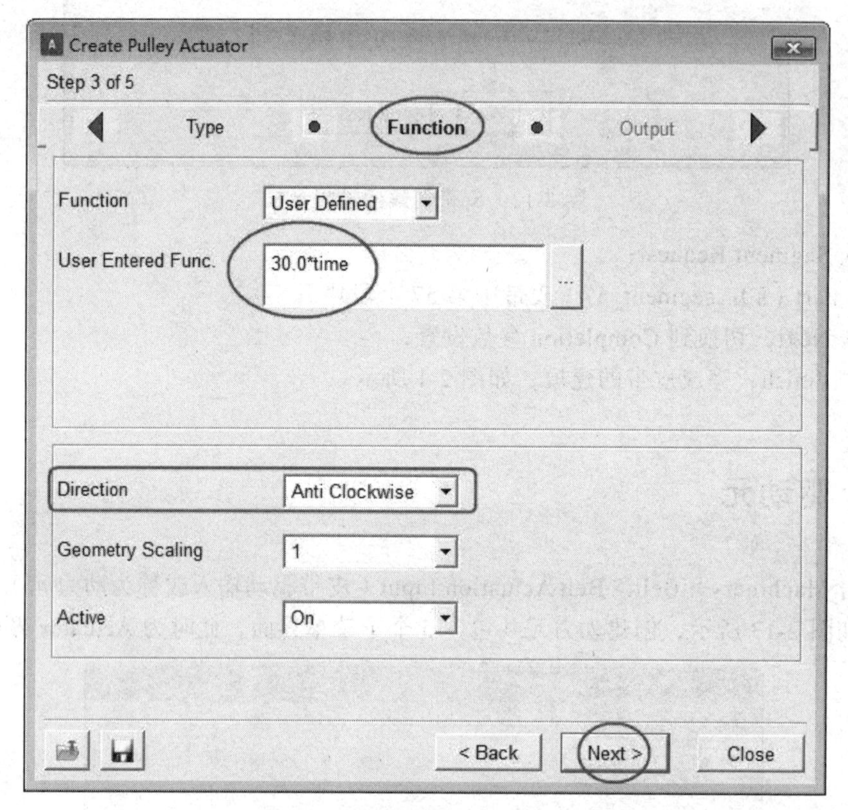

图 2-14　创建驱动元/ Function

- Function：User Defined；
- User Entered Func.：30.0*time；
- Direction：Anti Clockwise（动力元为逆时针方向）；
- 单击 Next，切换到 Output 参数设置界面，保持默认设置；
- 单击 Next，切换到 Completion 参数设置；
- 单击 Finish，完成驱动元的创建；
- 单击 Simulation > Simulate 命令；
- End Time：5；
- Steps：500；
- 其余保持默认设置，单击 Start simulation；
- 计算完成后，按 F8 切换到后处理模块，皮带段块 57 所受轴向及法向接触力、驱动元转动角度及角速度如图 2-15 ~ 图 2-18 所示。

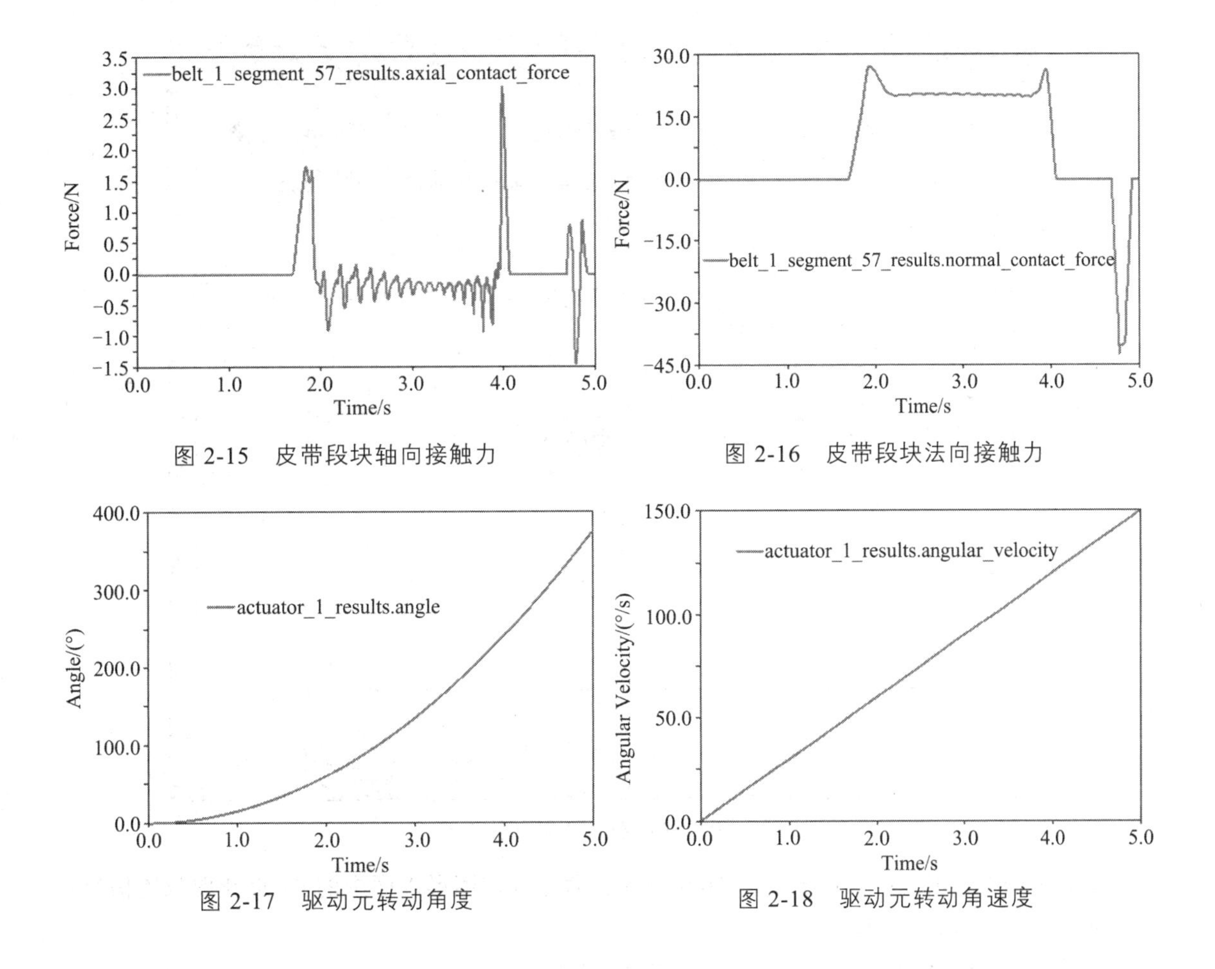

图 2-15　皮带段块轴向接触力

图 2-16　皮带段块法向接触力

图 2-17　驱动元转动角度

图 2-18　驱动元转动角速度

2.4　五轴皮带轮传动

- 工具条中选择参考点创建快捷方式，方向保持默认，创建 6 个参考点：
- 参考点 P1：－1400.0，550.0，0.0；
- 参考点 P2：－850.0，800.0，0.0；
- 参考点 P3：－300.0，750.0，0.0；
- 参考点 P4：0.0，500.0，0.0；
- 参考点 P5：－400.0，150.0，0.0；
- 参考点 T1：－850.0，350.0，0.0；
- 创建滑轮与张紧器共包含 11 个界面，Step 1 of 11、Step 2 of 11 保持默认设置；
- 切换到 Step 3 of 11 界面，如图 2-19 所示；
- Number of Pulleys（滑轮数量）：5，皮带轮传动系统中包含 5 个滑轮，滑轮数量与下面的滑轮几何参数设置保持数量一致；
- 单击 1；
- Name：d1；

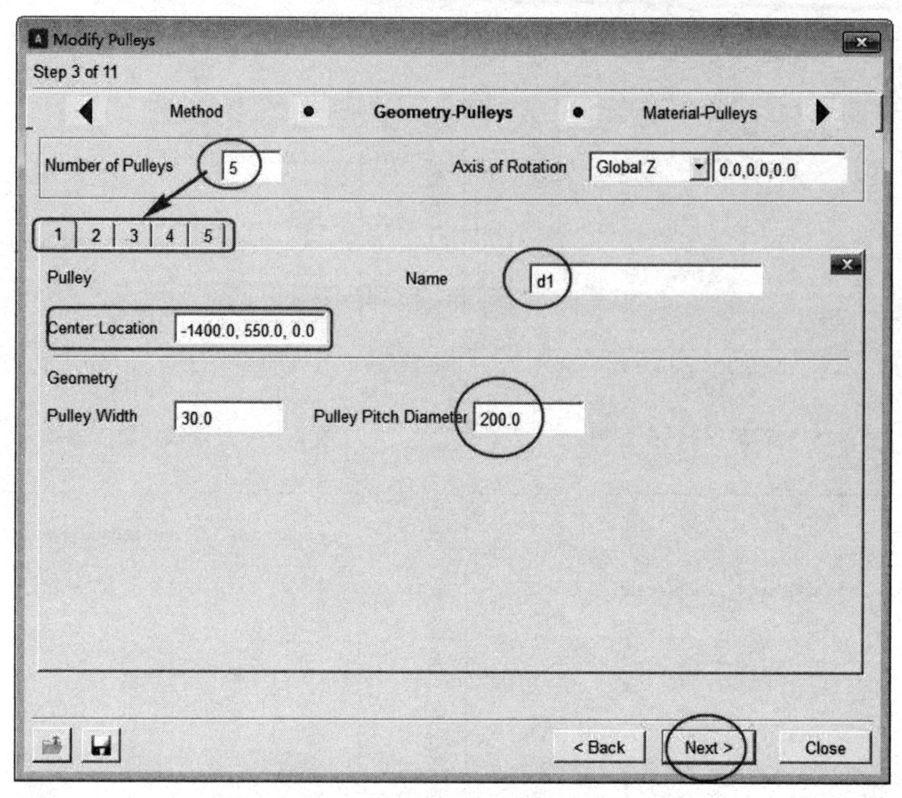

图 2-19 五轴滑轮几何参数设置

- Center Location：– 1400.0，550.0，0.0，通过选取图形界面中的 P1 点获取位置信息；
- Pulley Width（滑轮厚度）：30；
- Pulley Pitch Diameter（滑轮旋转直径）：200；
- 单击 2；
- Name：d2；
- Center Location：– 850.0，800.0，0.0，通过选取图形界面中的 P2 点获取位置信息；
- Pulley Width（滑轮厚度）：30；
- Pulley Pitch Diameter（滑轮旋转直径）：200；
- 单击 3；
- Name：d3；
- Center Location：– 300.0，750.0，0.0，通过选取图形界面中的 P3 点获取位置信息；
- Pulley Width（滑轮厚度）：30；
- Pulley Pitch Diameter（滑轮旋转直径）：200；
- 单击 4；
- Name：d4；
- Center Location：0.0，500.0，0.0，通过选取图形界面中的 P4 点获取位置信息；
- Pulley Width（滑轮厚度）：30；
- Pulley Pitch Diameter（滑轮旋转直径）：300；
- 单击 5；

• Name：d5；
• Center Location：－400.0，150.0，0.0，通过选取图形界面中的 P5 点获取位置信息；
• Pulley Width（滑轮厚度）：30；
• Pulley Pitch Diameter（滑轮旋转直径）：250；
• 单击 Next，切换到 Step 8 of 11 参数设置；
• 张紧器与偏心滑轮几何建模参考图 2-6；
• Pivot Center：－850.0，350.0，0.0，通过选取图形界面中的 T1 点获取位置信息；
• Pulley Radius：200；
• 单击 Next，直至完成剩余所有界面默认设置。

皮带与驱动元创建同上述两轴系皮带传动一致，皮带包裹依次按顺序选取 5 个滑轮和 1 个张紧轮，选择第 20 个皮带段块作为输出，建立好的五轴系皮带传动如图 2-20 所示，段块轴向力与法向力如图 2-21、2-22 所示，皮带张力如图 2-23 所示，驱动元转角与力矩如图 2-24、2-25 所示。模型存储于章节文件中。

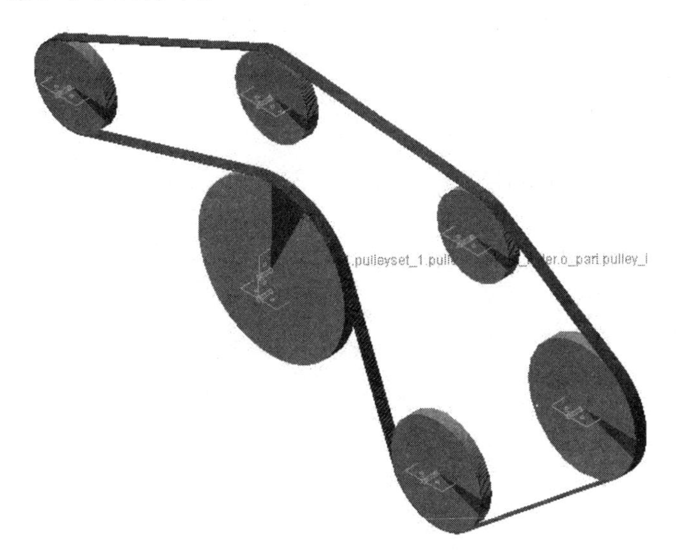

图 2-20　五轴系皮带轮传动

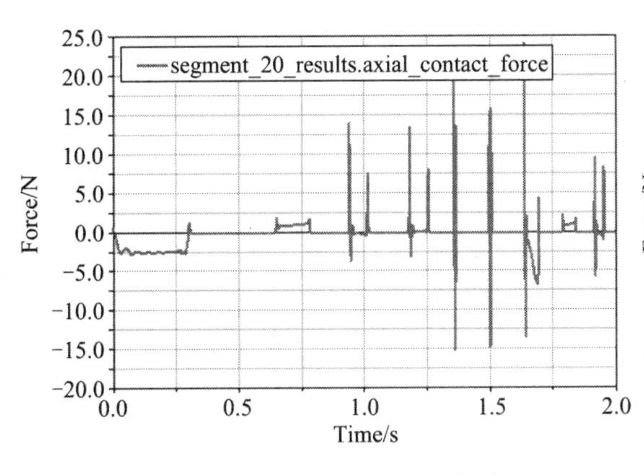

图 2-21　皮带段块轴向接触力

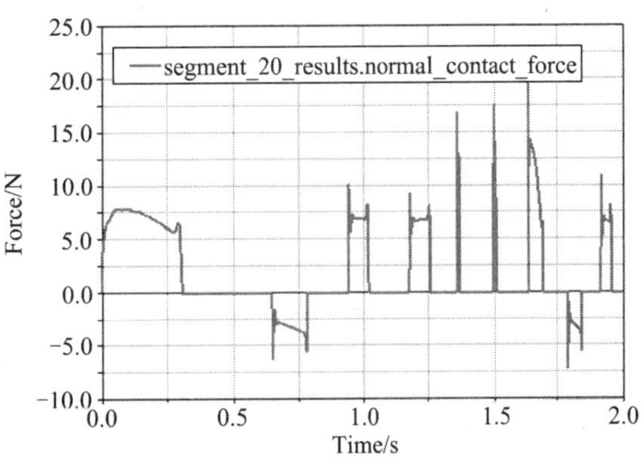

图 2-22　皮带段块法向接触力

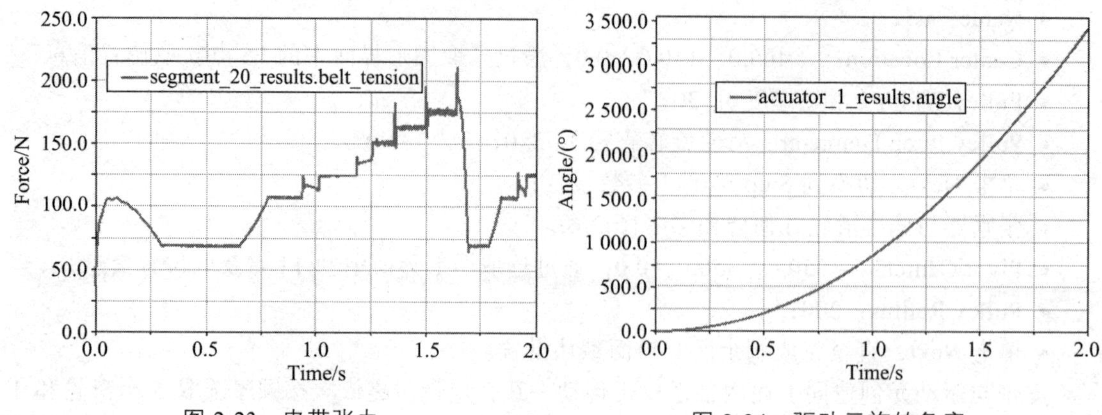

图 2-23　皮带张力

图 2-24　驱动元旋转角度

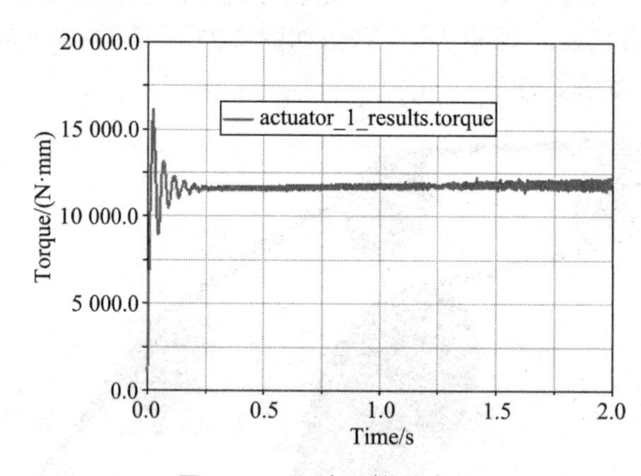

图 2-25　驱动元旋转力矩

第3章 链条传动

链传动是通过链条将具有特殊齿形的主动链轮的运动和动力传递到从动链轮的一种传动方式。与带传动相比，链传动无弹性滑动和打滑现象，平均传动比准确，工作可靠，效率高；传递功率大，过载能力强，相同工况下的传动尺寸小；所需张紧力小，作用于轴上的压力小；能在高温、潮湿、多尘、有污染等恶劣环境中工作。链传动的缺点是仅能用于两平行轴间的传动；成本高，易磨损，易伸长，传动平稳性差，运转时会产生附加动载荷、振动、冲击和噪声，不宜用在急速反向的传动中。链传动仿真特点：① 通过选择滚子链和无声链来选择链类型；② 采用二维联结建模方法来计算当旋转轴与全局轴之一平行时链节与链轮之间的接触力；③ 将线性、非线性或高级合规性应用到滚子链上；④ 将枢轴、平移或固定导板应用到链系统上；⑤ 使用作用向导将作用力或者运动施加到链系统的任意链轮上。建立好的五轴系链传动模型如图 3-1 所示。

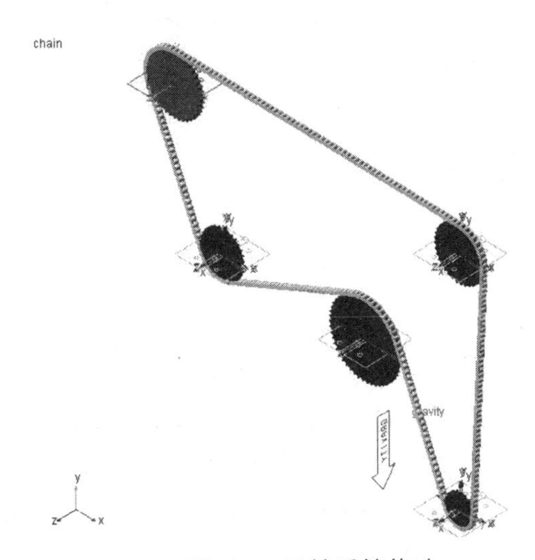

图 3-1　五轴系链传动

学习目标

- ✧ 链轮。
- ✧ 张紧轮。
- ✧ 链条。
- ✧ 驱动元。
- ✧ 五轴链轮传动。

3.1 链　轮

- 启动 Adams/view；
- 单击 Machinery > Chain > Create Cloed Loop Sprockets（创建链轮），创建链轮界面如图 3-2 所示，创建链轮共包含 11 个子菜单界面，此时为 Type 界面；

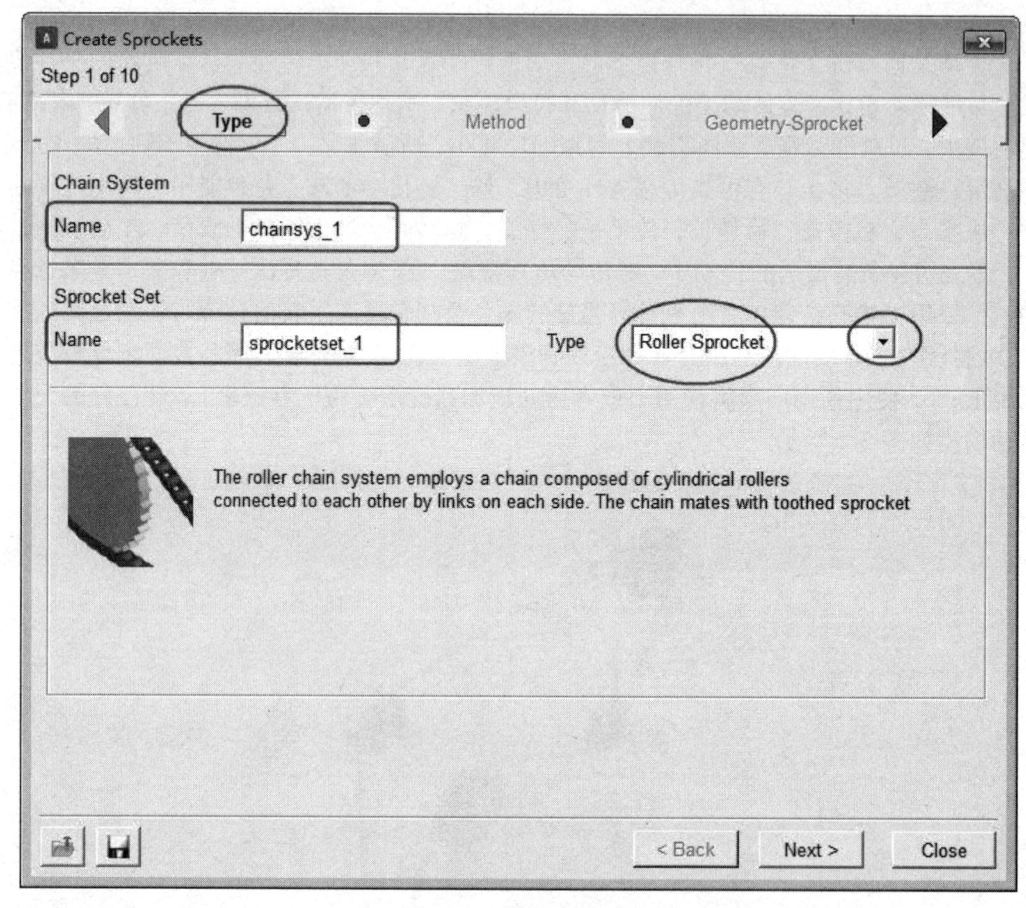

图 3-2　创建链轮/Type

- Chain System / Name：chainsys_1（默认链轮传动系统名称，可更改）；
- Chain Set / Name：pullyset_1（默认链轮部件名称，可更改）；
- Type：Roller Sprocket（滚子链轮）、Silent Sprocket（无声链轮），此处选择 Roller Sprocket（滚子链轮）；

（1）Roller Sprocket：滚子链系统采用由圆柱滚子组成的链条，每侧通过连杆相互连接。链条与带齿链轮配合。

（2）Silent Sprocket：无声链条系统，也称为渐开链，采用由圆柱滚子组成的链条，圆柱滚子通过具有齿形轮廓的每个轴上的链节相互连接。链条与带齿链轮配合。

- 单击 Next，切换到 Method 界面，如图 3-3 所示；

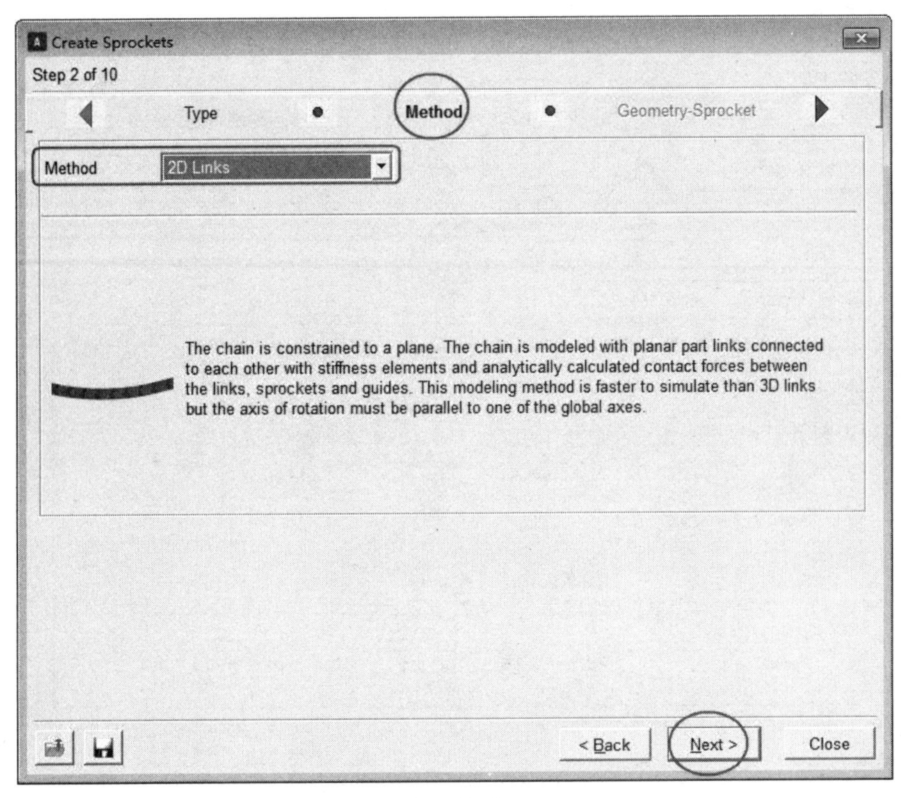

图 3-3　创建链轮/Method

- Method：2D links；

（1）Constraint：这是一种用于通过比率传递速度的简单方法，当忽略所涉及的力和分量并且仅关注减速或乘法时，使用此方法。

（2）2D Llinks：链被约束到平面，该链条采用刚性单元相互连接的平面零件连杆进行建模，并对连杆、链轮和导轨之间的接触力进行分析计算。这种建模方法比三维链接模拟快，但旋转轴必须与全局轴之一平行。

（3）3D Links：链被约束到平面，该链条采用刚性元件相互连接的三维零件连杆进行建模，并通过分析计算得出连杆、链轮和导轨之间的接触力。当旋转轴与全局轴之一不平行时使用此方法。

- 单击 Next，切换到 Gemetry-Pulleys 链轮几何参数界面，如图 3-4 所示；
- Number of Pulleys（链轮数量）：5，链轮传动系统中包含 5 个链轮，链轮数量与下面的链轮几何参数设置保持数量一致；
- 单击 1；
- Name：d1；
- Center Location：－450.0，350.0，0.0，此处可以先建立参考点，然后依次选取；
- Sprocket Width：8；
- Number of Teeth：40；
- In/Out Chain：勾选 In，其余参数保持默认设置；

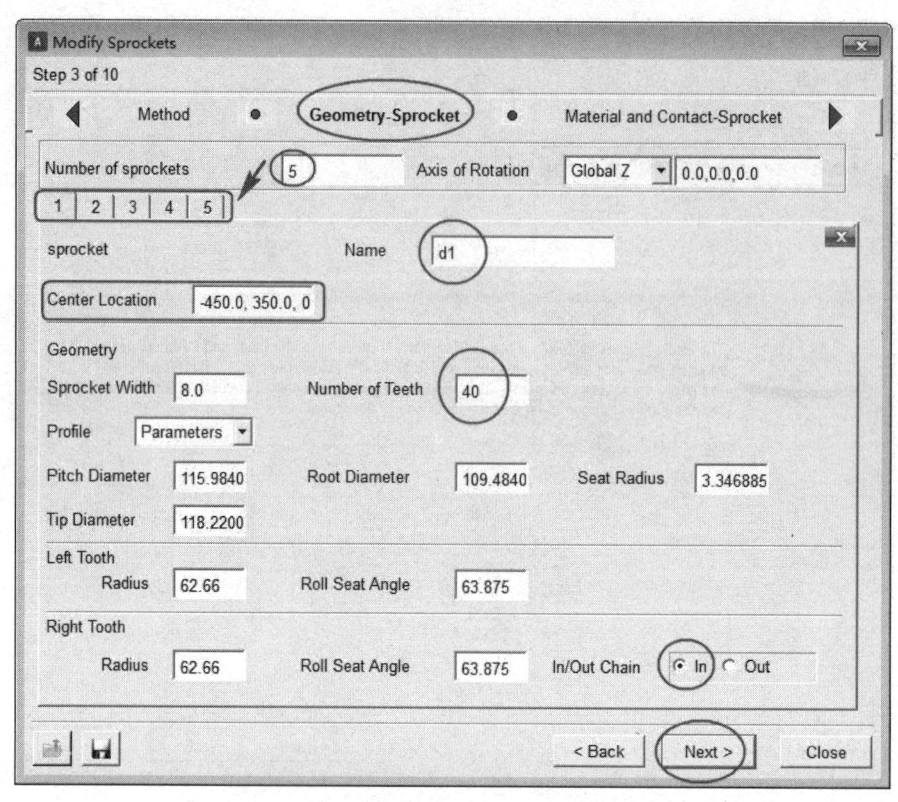

图 3-4 创建链轮/Gemetry-Sprocket

- 单击 2；
- Name：d2；
- Center Location：150.0，350.0，0.0；
- Sprocket Width：8；
- Number of Teeth：35；
- In/Out Chain：勾选 In，其余参数保持默认设置；
- 单击 3；
- Name：d3；
- Center Location：150.0，－100.0，0.0；
- Sprocket Width：8；
- Number of Teeth：20；
- In/Out Chain：勾选 In，其余参数保持默认设置；
- 单击 4；
- Name：d4；
- Center Location：－50.0，100.0，0.0；
- Sprocket Width：8；
- Number of Teeth：50；
- In/Out Chain：勾选 Out，其余参数保持默认设置；
- 单击 5；

- Name：d5；
- Center Location：－350.0，100.0，0.0；
- Sprocket Width：8；
- Number of Teeth：30；
- In/Out Chain：勾选 In，其余参数保持默认设置；
- 单击 Next，切换到 Material and Contact-Sprocket 链轮材料参数界面，如图 3-5 所示，保持默认设置；

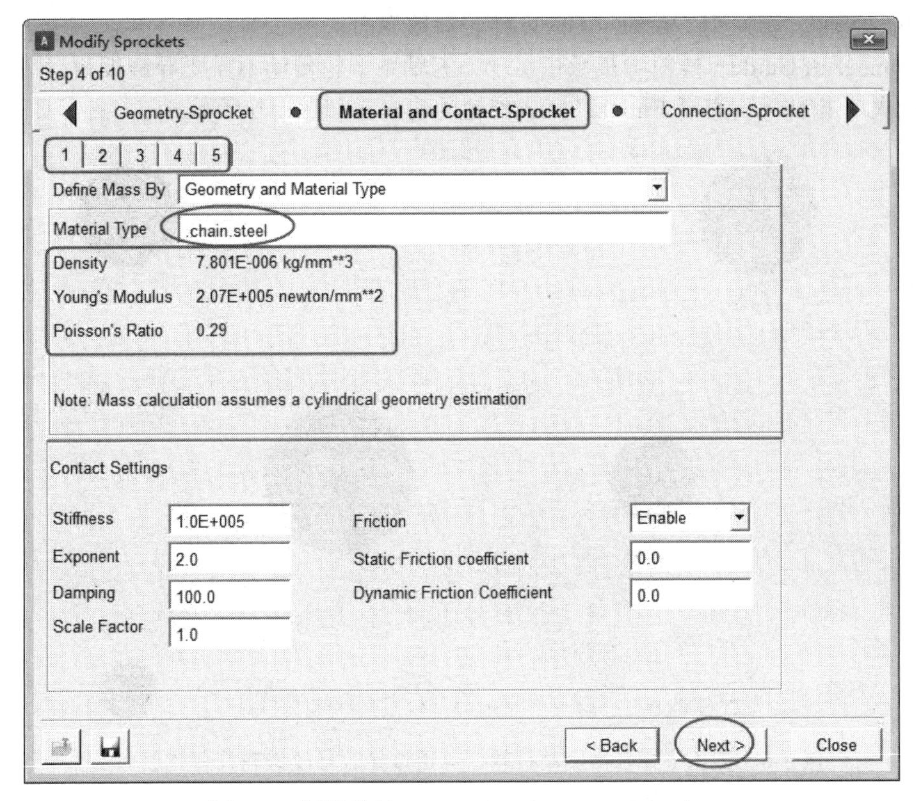

图 3-5　创建链轮/Material and Contact-Sprocket

- 单击 Next，切换到 Connection-Sprocket 链轮约束参数界面；
- 单击 1；
- Type：Rotational；
- Body：.MODEL_1.ground，链轮与大地之间采用转动副约束；
- 单击 2；
- Type：Rotational；
- Body：.MODEL_1.ground；
- 单击 3；
- Type：Rotational；
- Body：.MODEL_1.ground；
- 单击 4；

- Type：Rotational；
- Body：.MODEL_1.ground；
- 单击 5；
- Type：Rotational；
- Body：.MODEL_1.ground；
- 单击 Next，切换到 Output-Sprocket 链轮输出参数界面，保持默认设置；
- 单击 Next，切换到 Completion-Sprocket 链轮完成参数界面，保持默认设置；
- 单击 Next，切换到 Gemetry-Guide 链轮参数界面；
- Number of Guide（链轮导板数量）：0，五轴系链轮传动不需要导链板；
- 依次单击 Next，直至 Finish，完成链轮的建模，如图 3-6 所示.

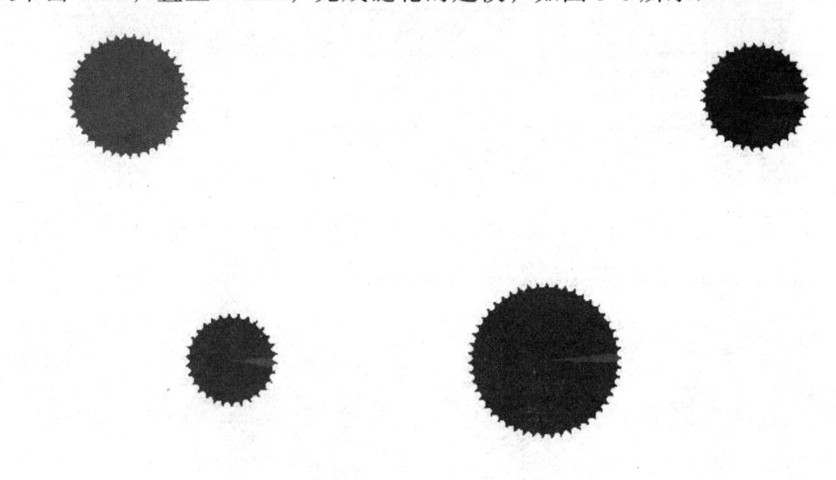

图 3-6　链轮（红色为驱动链轮，可通过参数修改链轮几何体颜色）

3.2　链　条

- 单击 Machinery > Chain > Create Chain（创建链条），创建链条界面如图 3-7 所示，创建链条共包含 8 个子菜单界面，此时为 Type 界面；
- Sprocket Set / Name：sprocketset_1，选取已经创建好的链轮系统名称；
- Chain System / Name：.chain.chainsys_1，系统默认链条名称；
- 单击 Next，切换到 Method 界面；
- Method：2D links；
- 单击 Next，切换到 Gemetry 链条几何参数界面，如图 3-8 所示，保持默认设置；
- 单击 Next，切换到 Mass 链条质量参数界面，所有参数保持默认设置；
- 单击 Next，切换到 Wrapping Order 链条包裹链轮顺序参数界面；

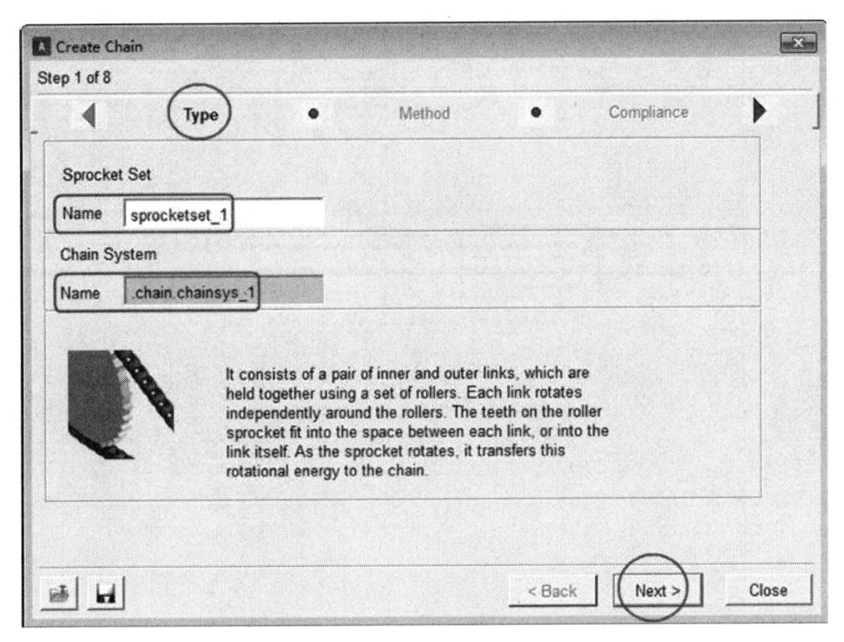

图 3-7　创建链条/Type

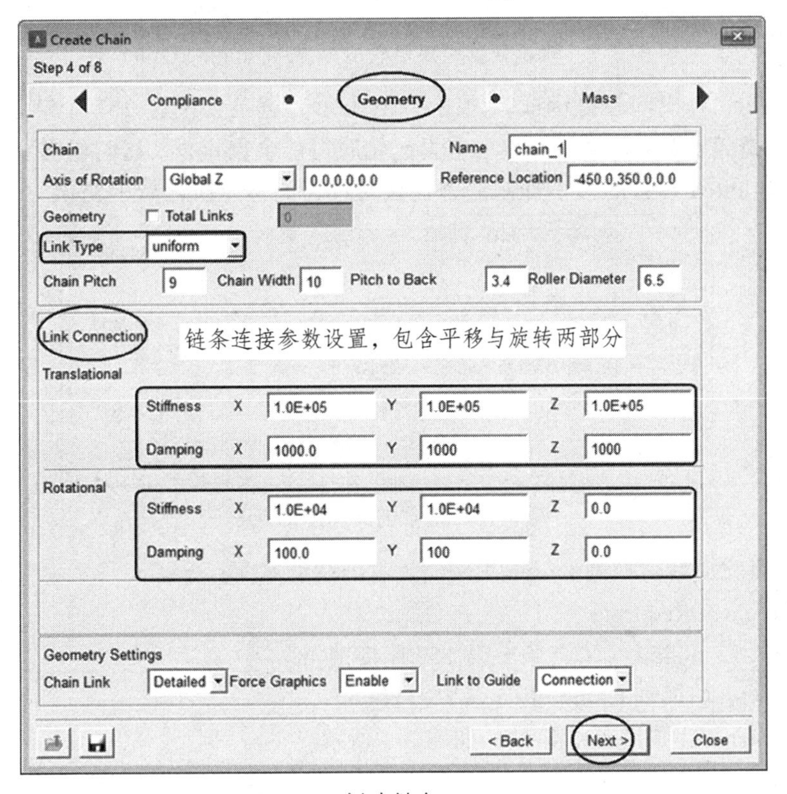

图 3-8　创建链条/Gemetry

- Wrapping Order：1）sprocketset_1_d1；2）sprocketset_1_d2；3）sprocketset_1_d3；4）sprocketset_1_d4；5）sprocketset_1_d5；注意输入顺序不能乱，如图 3-9 所示；

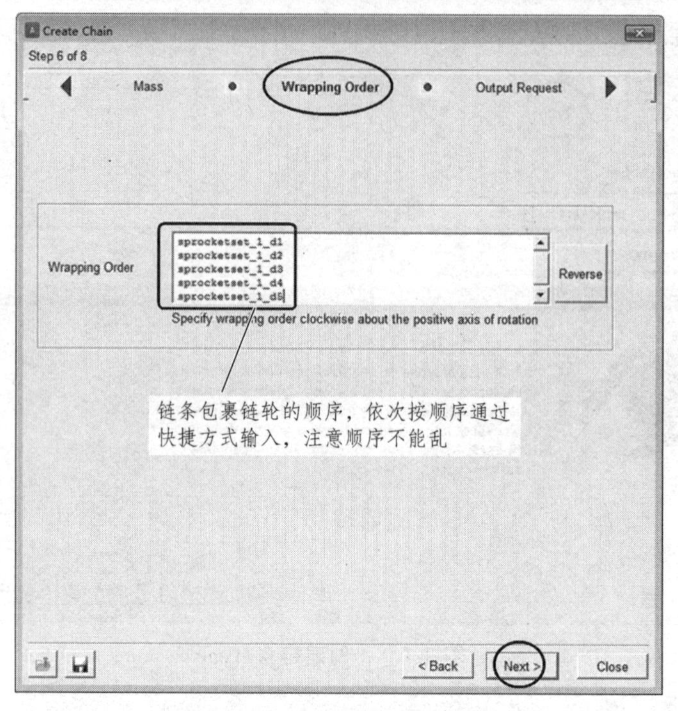

图 3-9　创建链条包裹链轮的顺序/Wrapping Order

• 单击 Next，弹出问题提示框，如图 3-10 所示，链条共包含 257 个链条连接销，单击 Yes，继续包裹链轮（需要注意的是：在包裹链轮时可能会出错误，这时候需要调节 Geometry 界面中的 Chain Pitch 参数的大小抑制链条连接时过大的误差所导致的错误）；

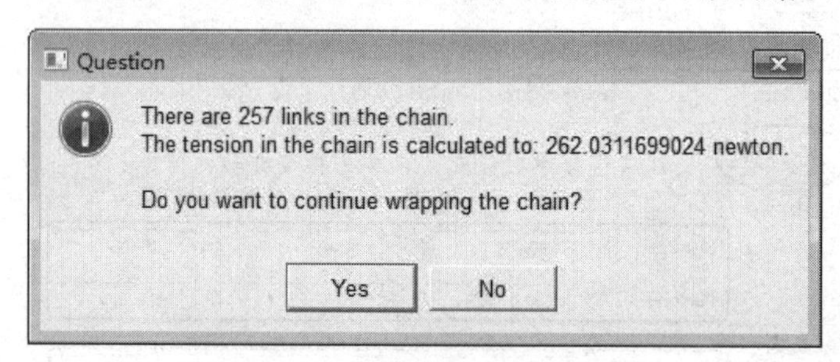

图 3-10　链条创建问题对话框

• 皮带包裹完成后切换到 Output Request 输出请求界面；
• 勾选 Segment Request；
• Link Part（s）：link_1（链条中第 157 连接销）；
• 单击 Next，切换到 Completion 参数设置；
• 单击 Finish，完成链条的建模，如图 3-1 所示。

3.3　链条驱动元

• 单击 Machinery > Chain > Create Sprocket Actuation Input，创建链条驱动元界面，如图

3-11 所示，创建动力元共包含 5 个子菜单界面，此时为 Actuator 界面；

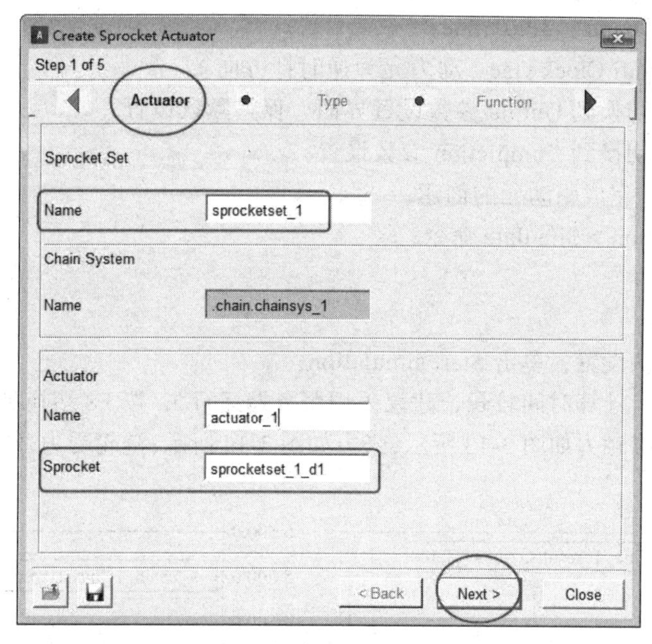

图 3-11　创建驱动元/ Actuator

- Actuator / Name：actuator_1；
- Sprocket：sprocketset_1_d1；
- 单击 Next，切换到 Type 参数设置界面；
- Type：Motion；
- 单击 Next，切换到 Function 参数设置界面，如图 3-12 所示；

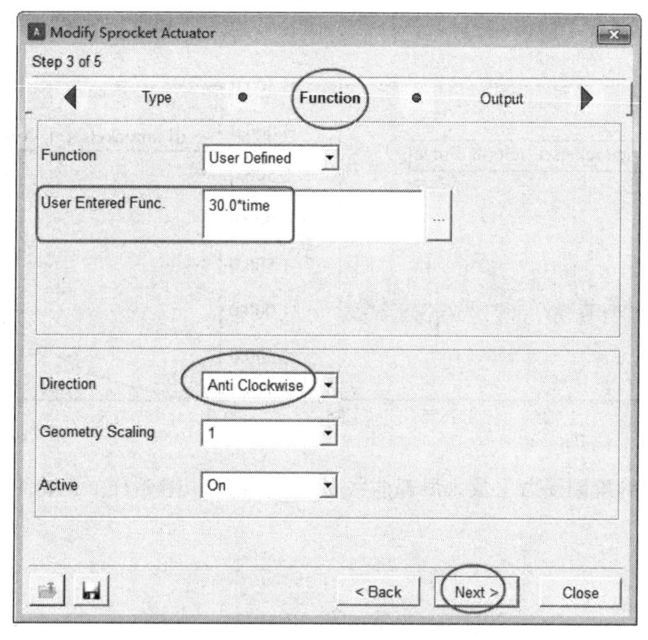

图 3-12　创建驱动元/ Function

- Function：User Defined；
- User Entered Func.：30.0*time；
- Direction：Anti Clockwise（动力元为逆时针方向）；
- 单击 Next，切换到 Output 参数设置界面，保持默认设置；
- 单击 Next，切换到 Completion 参数设置；
- 单击 Finish，完成驱动元的创建；
- 单击 Simulation > Simulate 命令；
- End Time：2；
- Steps：2 000；
- 其余保持默认设置，单击 Start simulation；
- 计算完成后（计算时间较长，建议采用服务器运行），按 F8 切换到后处理模块，链条连接销段块 1 所受接触力如图 3-13 所示，张力如图 3-14 所示；链轮受力及旋转参数如图 3-15、3-16 所示。

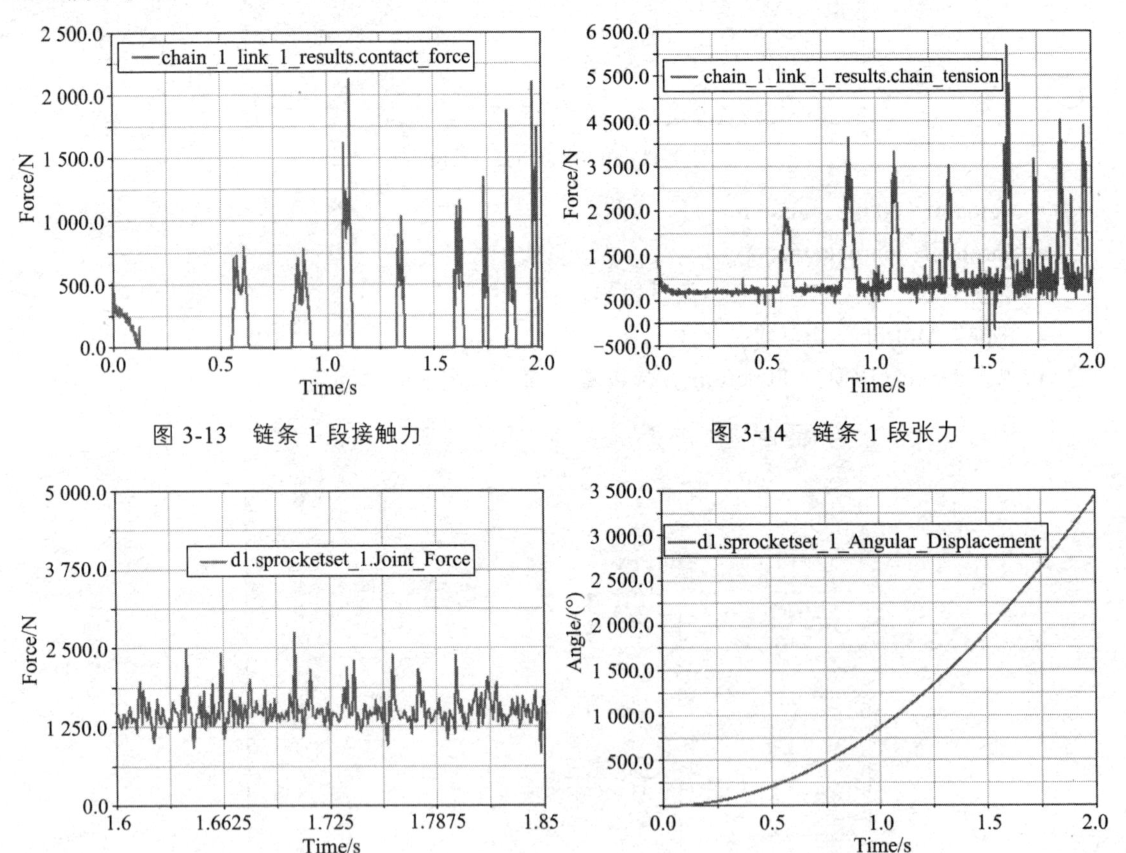

图 3-13　链条 1 段接触力

图 3-14　链条 1 段张力

图 3-15　链轮 1 转动约束副受力（放大局部曲线）

图 3-16　链轮 1 转动角度

第 4 章　电动机

电动机（Motor）是把电能转换成机械能的一种设备。它是利用通电线圈（定子绕组）产生旋转磁场并作用于转子形成磁电动力旋转扭矩。电动机按使用电源不同分为直流电动机和交流电动机，电力系统中的电动机大部分是交流电机，可以是同步电机或者是异步电机（电机定子磁场转速与转子旋转转速不保持同步速）。电动机主要是由定子与转子组成，通电导线在磁场中受力运动的方向跟电流方向和磁感线（磁场方向）方向有关。电动机工作原理是磁场对电流受力的作用，使电动机转动。Adams/Machinery 电机模块使工程师能够更加精密而轻松地表征电机。针对不同的应用选择不同的建模方法；使用分析方法时可从 DDC（并联或串联）、直流无刷电机、步进电机及交流同步电机中进行选择；可采用外部方法，由 Easy5 或 MATLAB Simulink 来定义电机扭矩；计算所需的电机尺寸；预测电机扭矩对系统的影响；进行精密的位置控制；为其他机器部件获取真实驱动信号。建立好的电动机模型如图 4-1 所示。

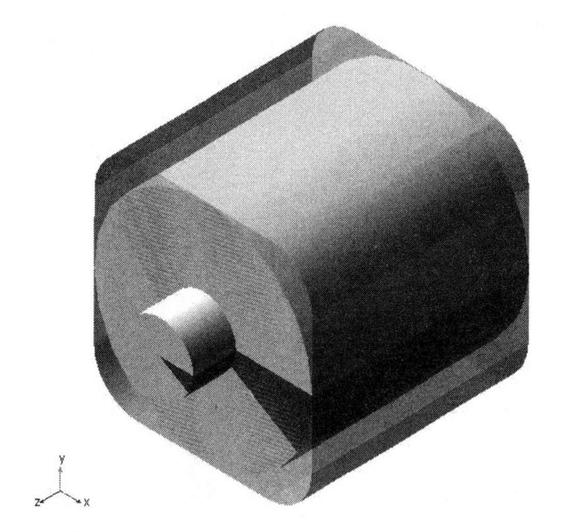

图 4-1　电动机模型

学习目标

- ✧ 电动机——Curve Based。
- ✧ 电动机——Analytical。
- ✧ 连杆传动。
- ✧ 电动-链条-皮带耦合传动。

4.1　电动机——Curve Based

- 启动 Adams/View；
- 单击 File > Import…；
- File Type：选择 Adams/View Command File（*.cmd）；

• File To Read：D：\MSC.Software\Adams_x64\2015\amachinery\examples\motor\Motor_Start.cmd，Motor_Start.cmd 具体在 Adams 软件安装的硬盘目录中，此处采用直接导入，也可以直接在图形窗口中建立相关的连杆机构；建立电动机过程中，首先建立被驱动机构，然后才能建立电动机模型，文件导入如图 4-2 所示，导入后的连杆机构如图 4-3 所示；曲柄一端与大地通过转动副连接，另一端与连杆采用球形副连接；摇臂一端与大地通过转动副连接，另一端与连杆通过万向节连接。

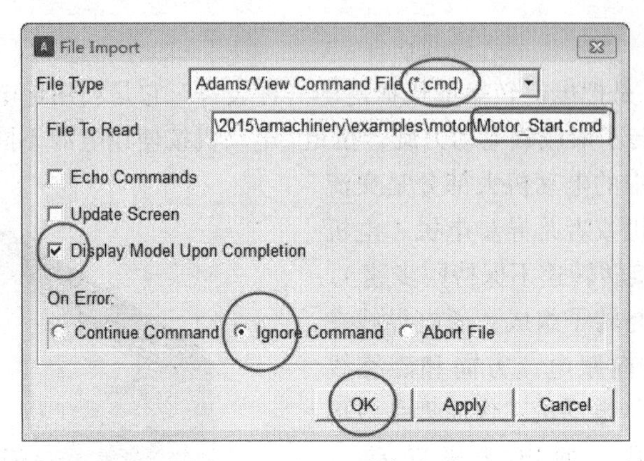

图 4-2　导入四连杆机构

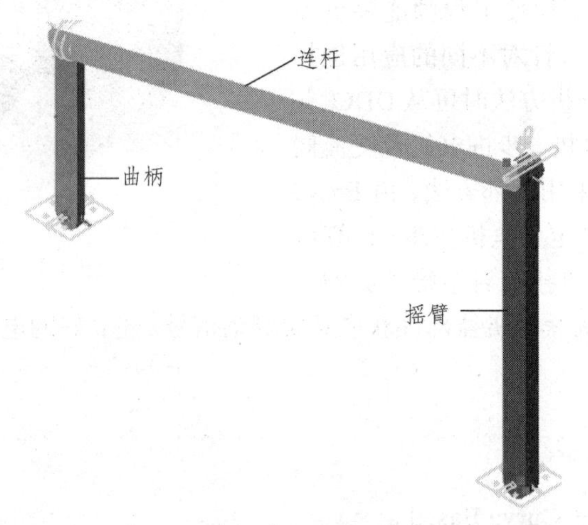

图 4-3　连杆机构

• 单击 Machinery > Motor > Create Motor 命令，弹出创建电动机对话框，如图 4-4 所示，创建电动机包含 6 个界面，此时为 Method 界面；

• Method：Curve Based；

• Curve Based：电机转矩由用户提供的转矩-速度曲线定义。

• Analytical：电机扭矩由下一个 PAG 上所选电机类型的特定方程式集定义。

• External：电机在 Adams / Controls 支持的任何软件外部建模。它通过外部系统库（ESL）导入模式或纳入 Adams 分析协同仿真模式。

• 单击 Next，切换到 Motor Type 参数界面，保持默认设置；

• 单击 Next，切换到 Motor Connections 参数界面，如图 4-5 所示；

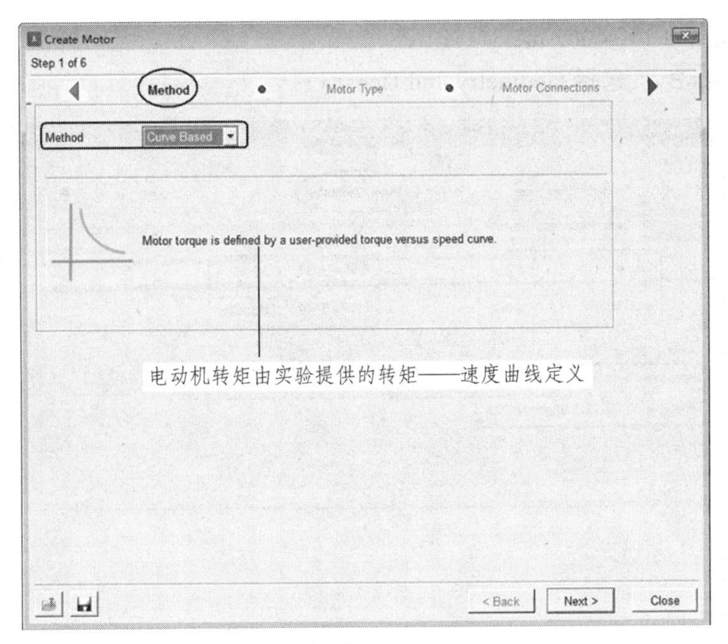

图 4-4　创建电动机/Method

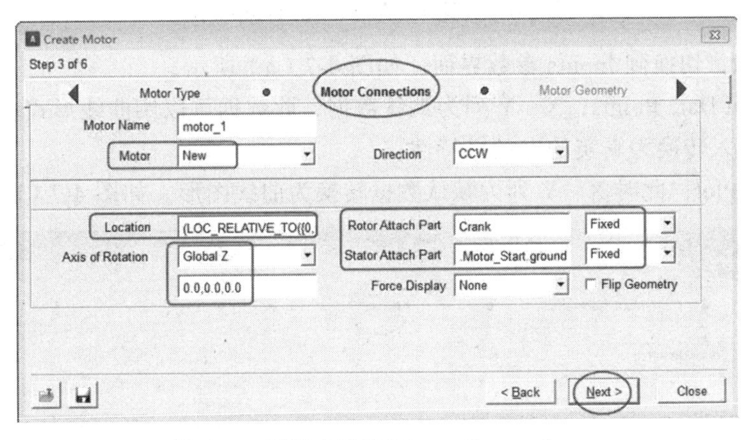

图 4-5　创建电动机/Motor Connections

- Motor：选择 New；
- Location：通过快捷方式选取（LOC_RELATIVE_TO（{0，0，0}，POINT_1）），也可以输入 Point1 点坐标 – 35，0，0；
- Axis of Rotation：Global Z；
- Rotor Attach Part：Crank/Fixed，即曲柄与电动机转子通过固定副连接；
- Stator Attach Part：ground/Fixed，定子（即电动机壳体）与大地之间采用固定副连接；
- 单击 Next，切换到 Motor Geometry 电动机几何参数界面，如图 4-6 所示；
- 勾选 Creat Rotor Stator Parts，创建电动机定子与转子几何体；
- Rotor Length：1.0E – 002 m；
- Rotor Radius：5.0E – 003 m；
- Stator Length：1.0E – 002 m；

• Stator Width：1.0E – 002 m；

• Define Mass By：选择 Geometry and Density；

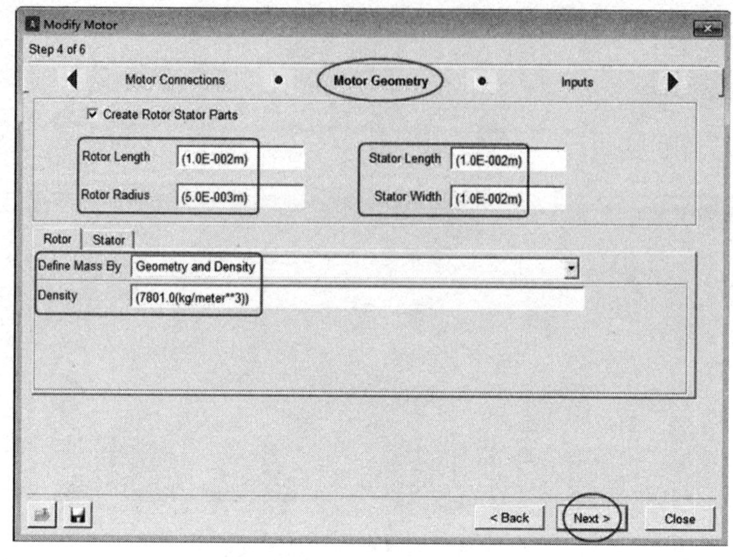

图 4-6　创建电动机/Motor Geometry

• 单击 Next，切换到 Inputs 参数界面，如图 4-7（a）所示；

• 选择 Creat Date Points；X、Y 列为默认数据，此数据可以用曲线形式表示，数据可以通过实验获取输入转换为真实的电动机特性；

• View as：Plot；此时 X、Y 列为默认数据转换为曲线图形，如图 4-7（b）所示；

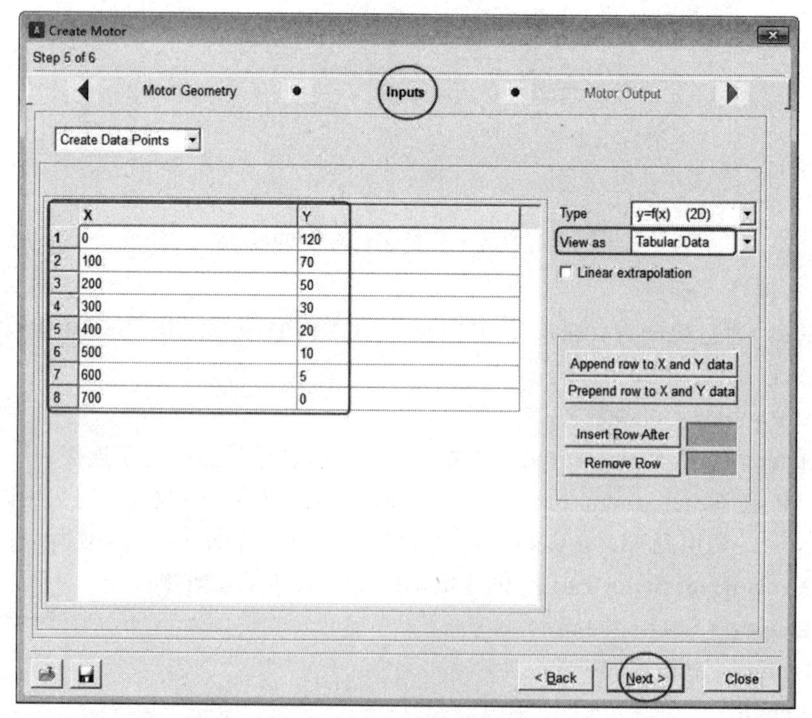

（a）创建电动机/Inputs

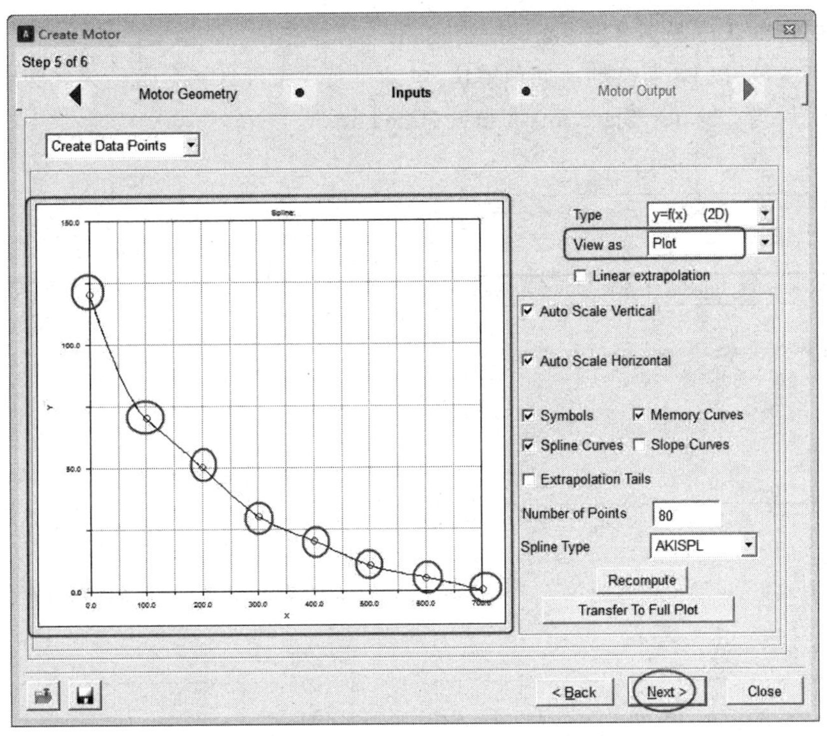

（b）创建电动机/Inputs

图 4-7

- 单击 Next，切换到 Motor Output 参数界面，保持默认设置；
- 单击 Finish，完成电动机创建，创建好的电动机驱动连杆模型如图 4-8 所示。

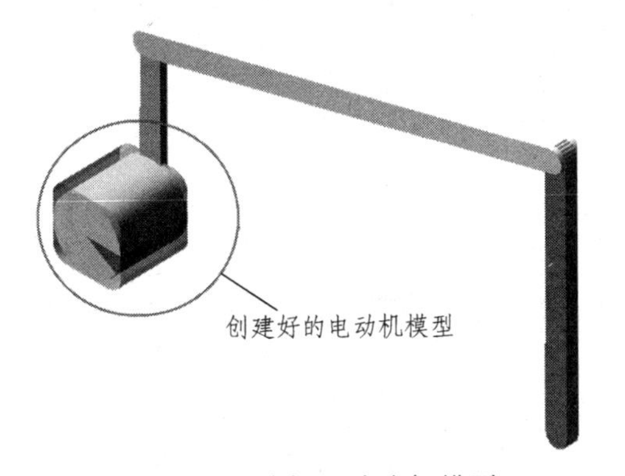

图 4-8　电动机驱动连杆模型

4.2　连杆驱动仿真

- 单击 Simulation > Simulate 命令；
- End Time：25；
- Steps：2 500；

• 其余保持默认设置，单击 Start simulation；

• 计算完成后，按 F8 切换到后处理模块，电动机及约束副计算参数结果如图 4-9 ~ 图 4-16 所示。保存文件为：Motor_Start_link_Curve Based.bin。

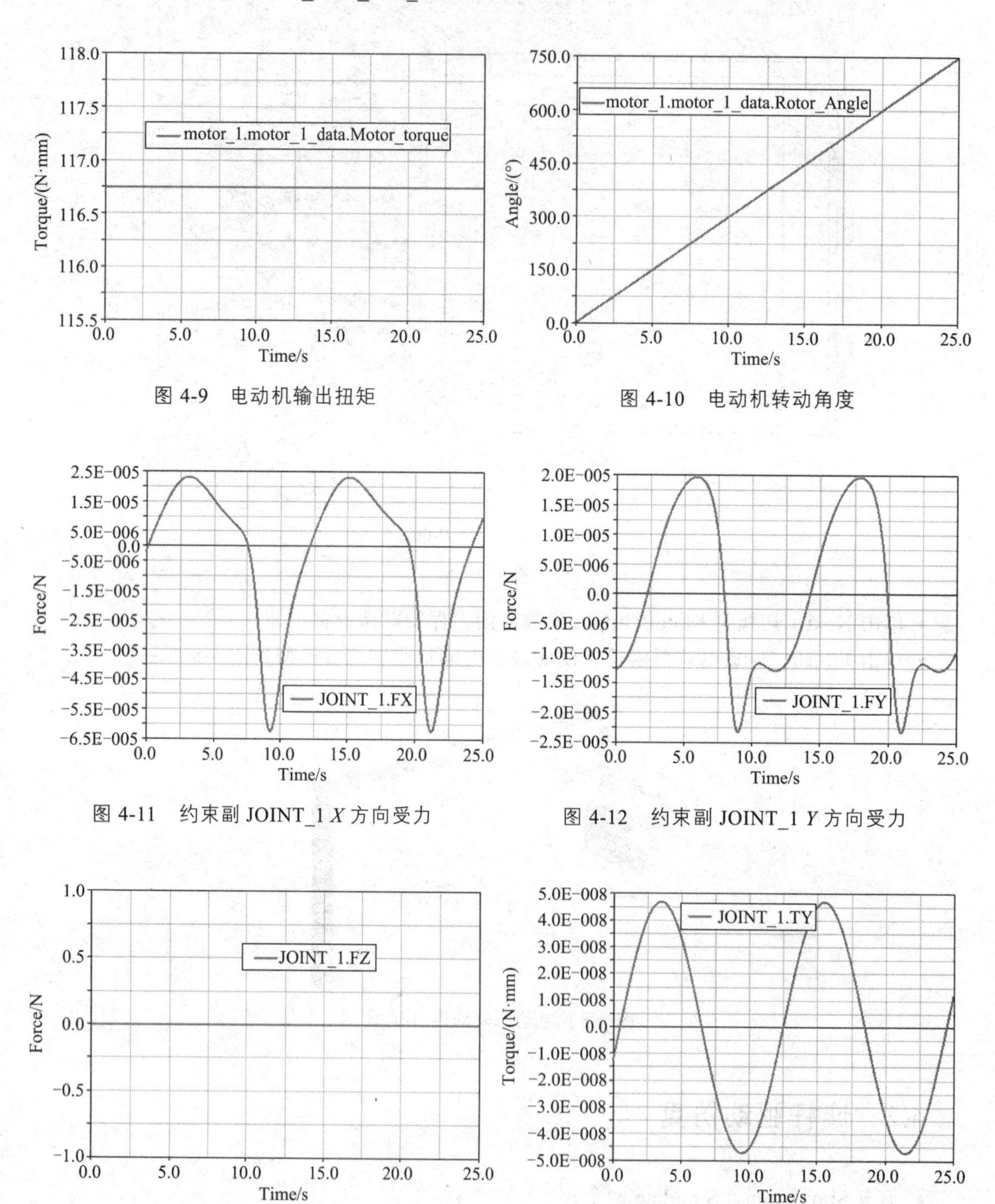

图 4-9　电动机输出扭矩

图 4-10　电动机转动角度

图 4-11　约束副 JOINT_1 *X* 方向受力

图 4-12　约束副 JOINT_1 *Y* 方向受力

图 4-13　约束副 JOINT_1 *Z* 方向受力

图 4-14　约束副 JOINT_1 *X* 方向扭矩

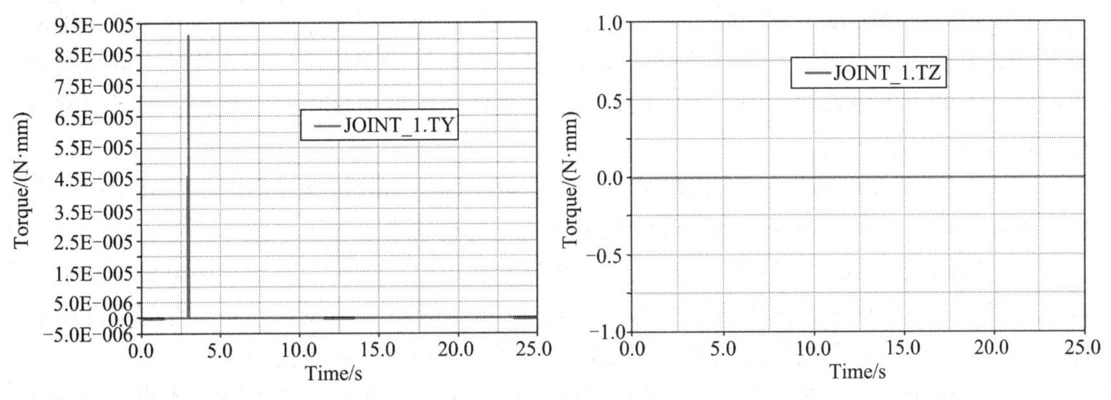

图 4-15　约束副 JOINT_1 *Y* 方向扭矩　　　图 4-16　约束副 JOINT_1 *Z* 方向扭矩

4.3　电动机——Analytical

- 打开：Motor_Start_link_Curve Based .bin；
- 删除电动机模型，保留连杆机构：
- 单击 Machinery > Motor > Create Motor 命令，弹出创建电动机对话框；
- Method：Analytical；
- 单击 Next，切换到 Motor Type 参数界面，保持默认设置；
- Motor Type：选择 DC 直流电机，如图 4-17 所示；

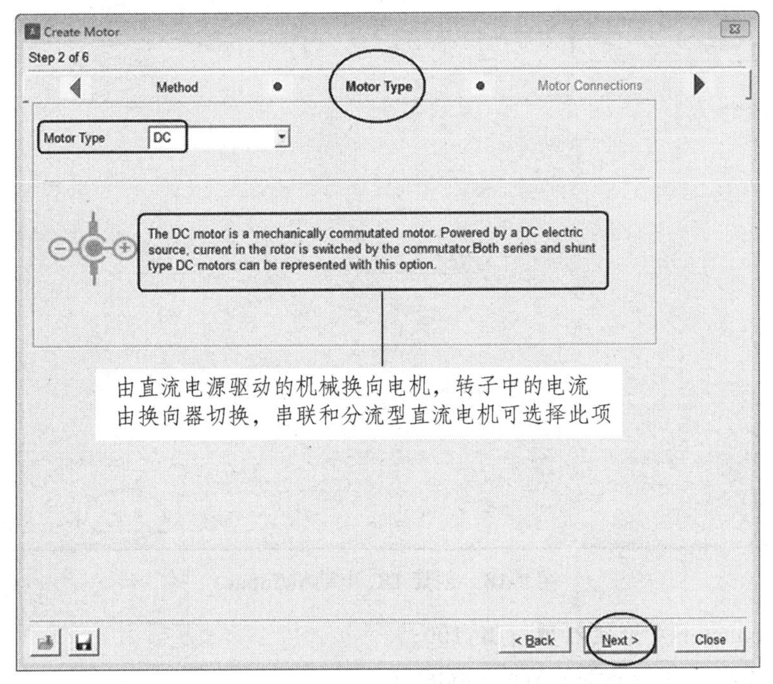

图 4-17　创建 DC 电动机/Motor Type

（1）AC synchronous（交流同步电动机）：交流同步电动机是一种在稳定状态下，轴的旋转与供电电流的频率同步的电动机。旋转周期精确地等于交流循环的整数倍。同步电动机的定子上装有电磁铁，产生一个磁场，该磁场随线电流的振荡而及时旋转。转子与磁场以相同的速度同步转动。

（2）DC（直流电动机）：直流电动机是由直流电源驱动的机械换向电机，转子中的电流由换向器切换。串联和分流型直流电机都可以用此选项表示。

（3）Brushless DC（无刷直流电动机）：无刷直流电机也被称为电子换向电机。它是同步电动机，由直流电源通过集成开关电源供电，产生交流电信号驱动。对于专门设计用于转子经常停止在规定角度位置的模式下运行的电机，使用步进电机选项代替。

（4）Stepper（步进电动机）：步进电机是一种无刷同步电机，它将数字脉冲转换为机械轴旋转。步进电机每转一圈，分成若干步，每转一步，电机必须发出单独的脉冲。步进电机提供了一种不使用反馈传感器的精确定位和速度控制方法。

- 单击 Next，切换到 Motor Connections 参数界面设置，参考图 4-5；
- 单击 Next，切换到 Motor Geometry 参数界面，保持默认设置；
- 单击 Next，切换到 Input 参数界面设置，参考图 4-18；

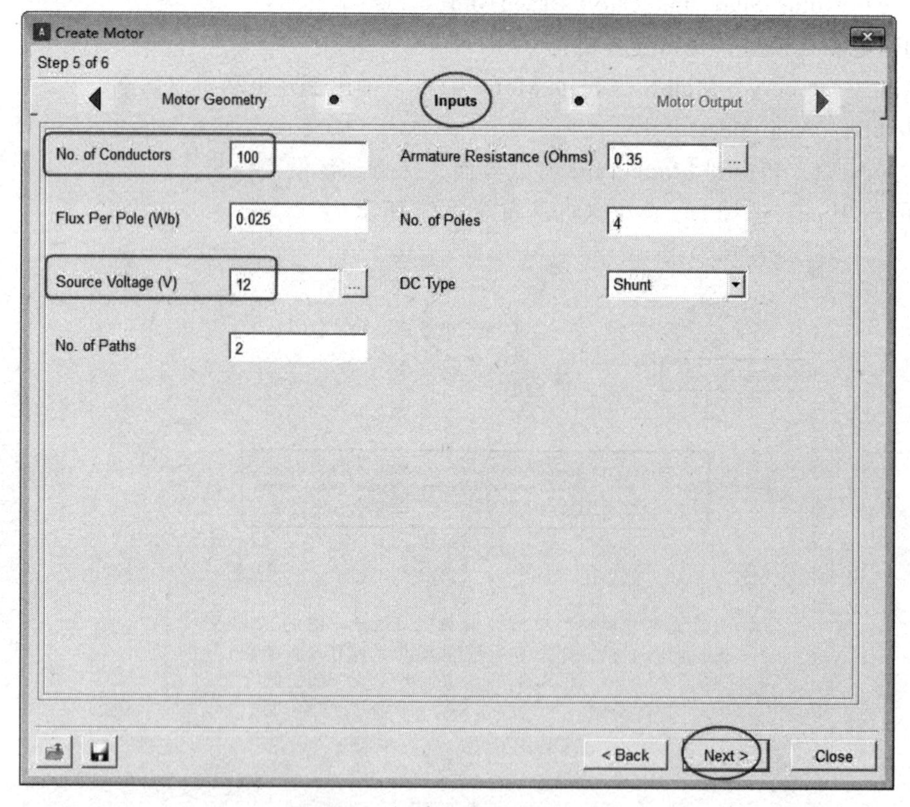

图 4-18　创建 DC 电动机/Input

- No. of Conuctors（连接器数量）：100；
- Flux Per Pole（每极磁通：Wb）：0.025；
- Source Voltage（电压：V）：110；

- No. of Paths：100；
- Armature Resistance（电枢电阻：Ω）：0.35；
- No. of Poles：4；
- DC Type：Shunt（分流器）；
- 单击 Next，切换到 Motor Output 参数界面，保持默认设置；
- 单击 Finish，完成电动机创建，创建好的电动机（DC）驱动连杆模型参考图 4-8；
- 单击 Simulation > Simulate 命令；
- End Time：1；
- Steps：1 000；
- 其余保持默认设置，单击 Start simulation；
- 计算完成后，按 F8 切换到后处理模块，电动机计算参数结果如图 4-19 ~ 图 4-22 所示。保存文件为：Motor_Start_link_Analytical_DC.bin。

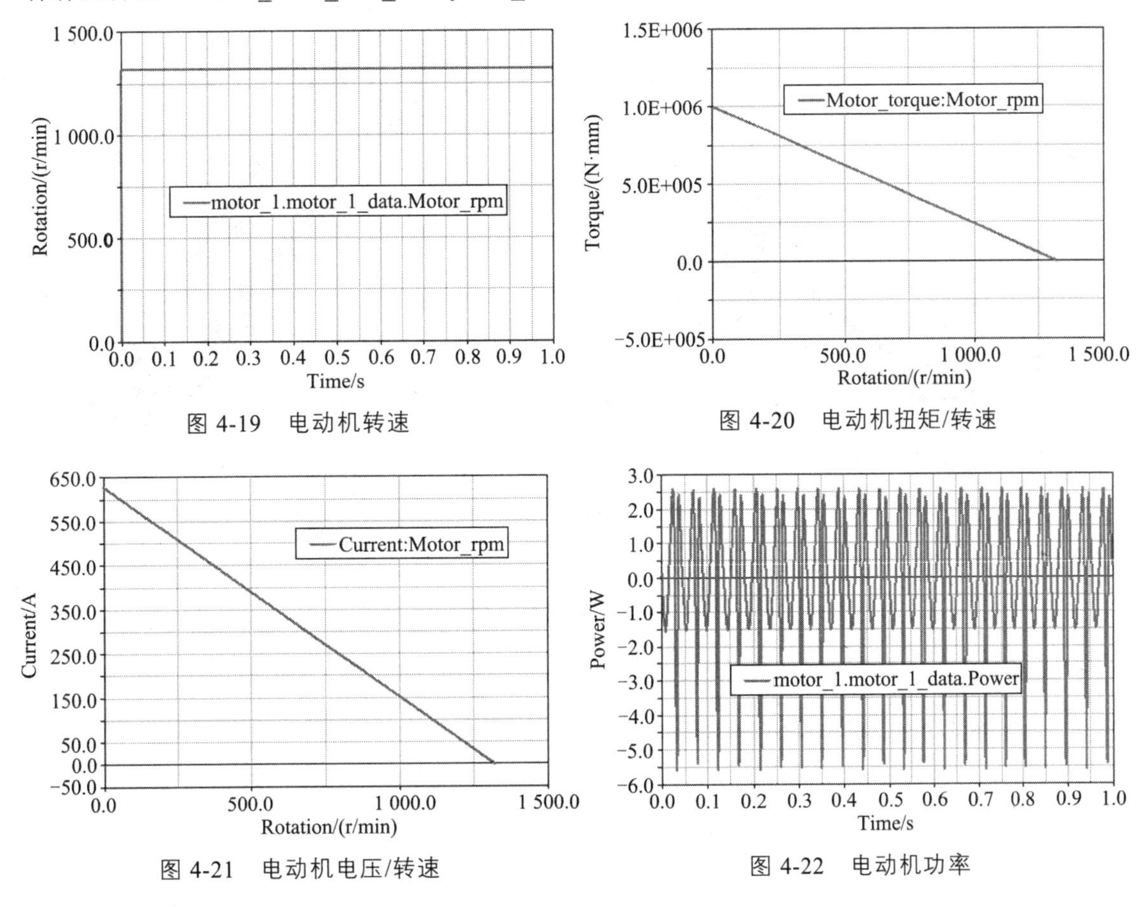

图 4-19　电动机转速

图 4-20　电动机扭矩/转速

图 4-21　电动机电压/转速

图 4-22　电动机功率

4.4　电动-链条-皮带耦合传动

工程上单一传动的案例相对较少，大多是不同传动副之间的耦合，例如链条齿轮、皮带齿轮以及多种传动副之间的耦合。皮带传动与链条传动看似模型简单，其实非常复杂，属于接触范畴；皮带与链条包含多个皮带段块连接、链条销连接，传动距离越大，连接及接触的规模就越大，计算速度极为缓慢，有条件推荐使用服务器计算。

电动-链条-皮带耦合传动建立好的模型如图 4-23 所示。建模过程中，先建立链轮、皮带轮及电动机定位的参考点，然后依次通过传动副模型建立链轮传动模型、皮带传动模型。链轮与皮带之间、电动机与链轮之间通过胡可副连接，最终建立电动机模型，仿真设置时长为 1 秒，步数为 1 000，仿真结束后切换到后处理模型，链条、皮带、电动机计算参数如图 4-24 ~ 图 4-32 所示，模型文件 ouhechuandong.bin 存储于章节文件中。

图 4-23　电动机-链条-皮带传动模型

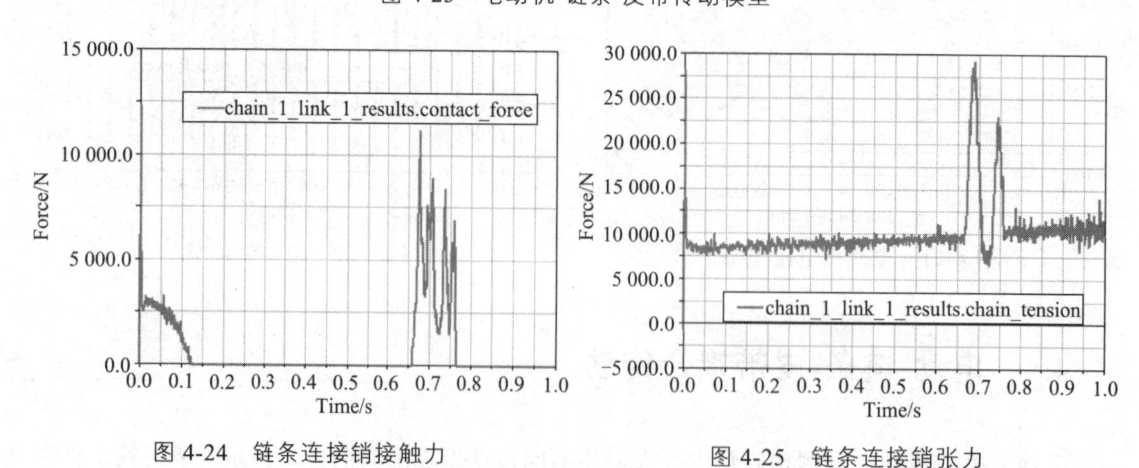

图 4-24　链条连接销接触力

图 4-25　链条连接销张力

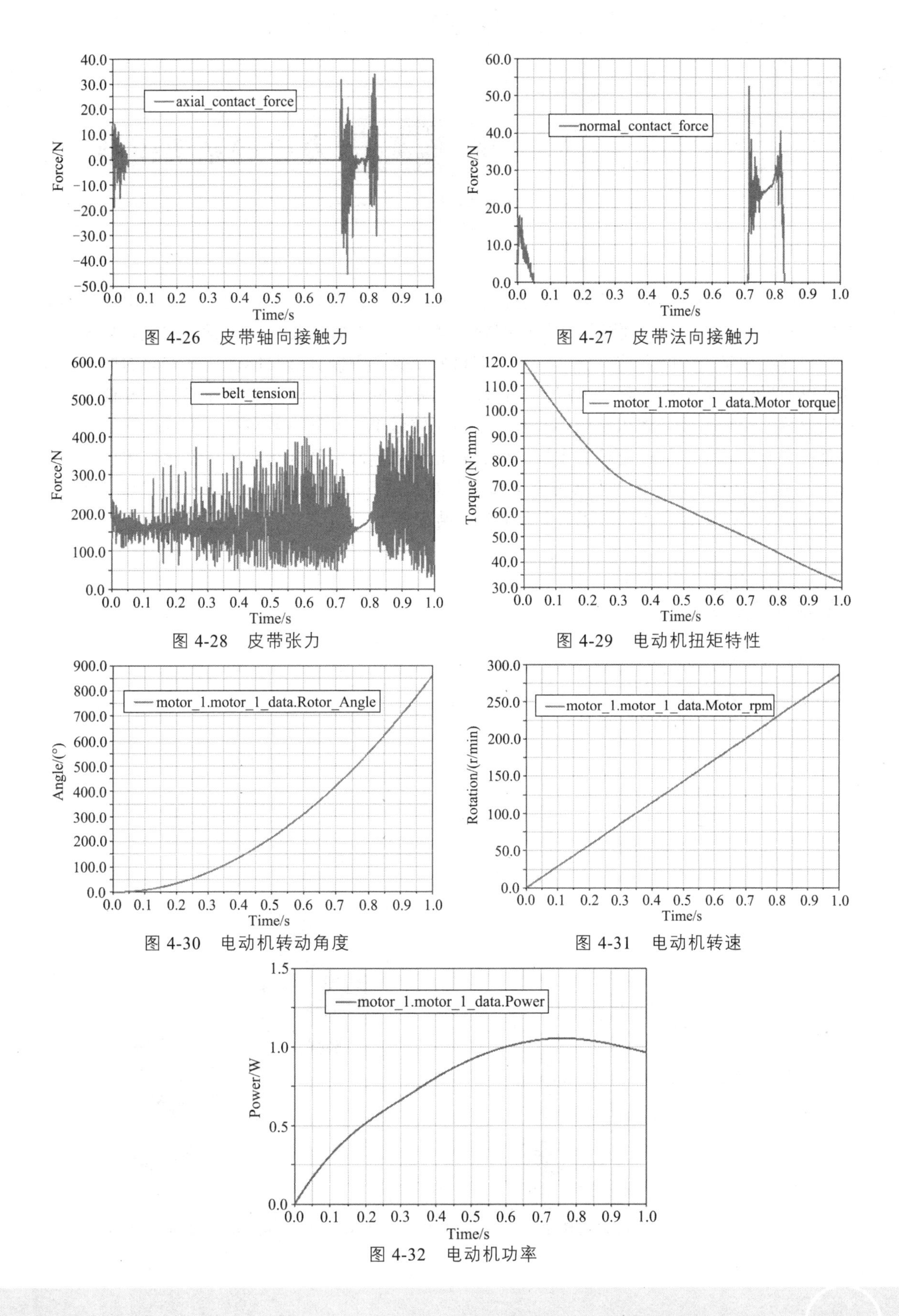

图 4-26　皮带轴向接触力

图 4-27　皮带法向接触力

图 4-28　皮带张力

图 4-29　电动机扭矩特性

图 4-30　电动机转动角度

图 4-31　电动机转速

图 4-32　电动机功率

第5章　麦弗逊悬架模型

麦弗逊（Macpherson）悬架，是现在非常常见的一种独立悬架形式，大多应用在车辆的前轮。麦弗逊式悬架的主要结构即是由螺旋弹簧加上减震器以及A字下摆臂组成，减震器可以避免螺旋弹簧受力时向前、后、左、右偏移的现象，限制弹簧只能做上下方向的振动，并且可以通过对减震器的行程、阻尼以及搭配不同硬度的螺旋弹簧对悬架性能进行调校。麦弗逊悬架最大的特点就是体积比较小，有利于对比较紧凑的发动机舱布局。不过也正是由于结构简单，对侧向不能提供足够的支撑力度，因此转向侧倾以及刹车点头现象比较明显。采用Adams多体动力学软件建立麦弗逊悬架模型并对其进行仿真分析，研究其运动特性，图5-1为麦弗逊悬架仿真模型，图5-2为麦弗逊悬架装配模型。

学习目标

- ✧ Macpherson悬架多体模型建立。
- ✧ 通讯器匹配。
- ✧ 驱动轴激活抑制。
- ✧ 变量参数。
- ✧ Macpherson悬架装配模型。
- ✧ 车轮激振分析。
- ✧ 仿真错误探讨。

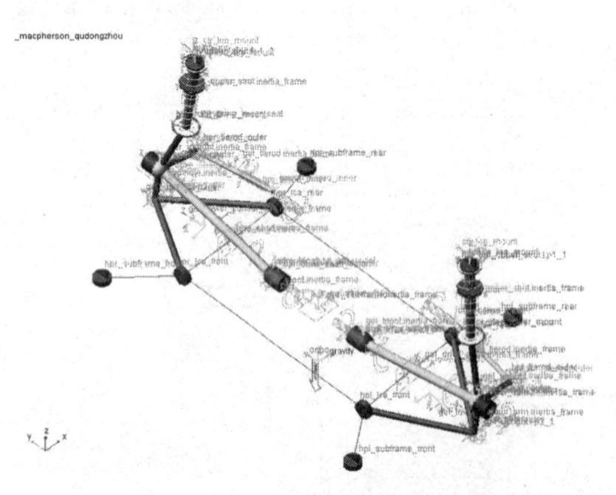

图5-1　Macpherson悬架模型

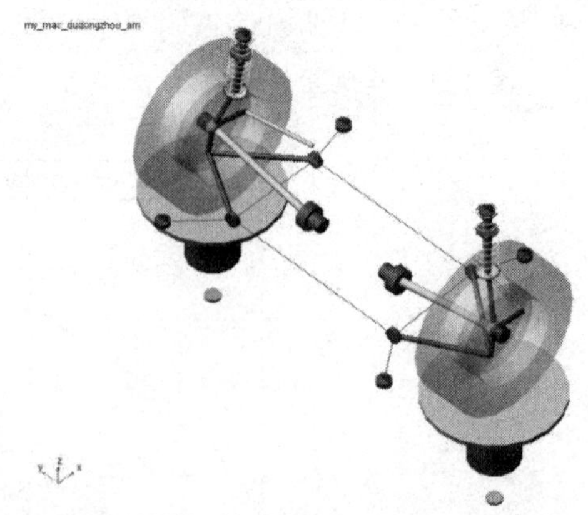

图5-2　Macpherson悬架装配模型

5.1 麦弗逊悬架多体模型

在 CAR 专业模块建立模型依据从下而上的建模规则，建模顺序依次为：硬点、部件、几何体、连接关系、属性文件等。在建模过程中要理解部件与几何体的依附关系，在同一个部件下可以有多个几何体构成；结构框和方向点不仅可以定位，同时可以表示方向，通常在建立部件和相关几何体的过程中有定向的需要。在连接建立过程中，需要考虑运动学和弹塑性运动学的区别。通讯器的建立是建模过程中的重点，通讯器通常有两层含义：① 在物理结构层面上把系统装配成一个整体；② 在系统之间及试验台之间进行相关数据传递。

- 启动 Adams/CAR，选择专家模块进入建模界面；
- 单击 File > New 命令，弹出建模对话框，如图 5-3 所示；
- 在模板名称里输入：my_machperson，主特征选择 suspension，单击 OK。

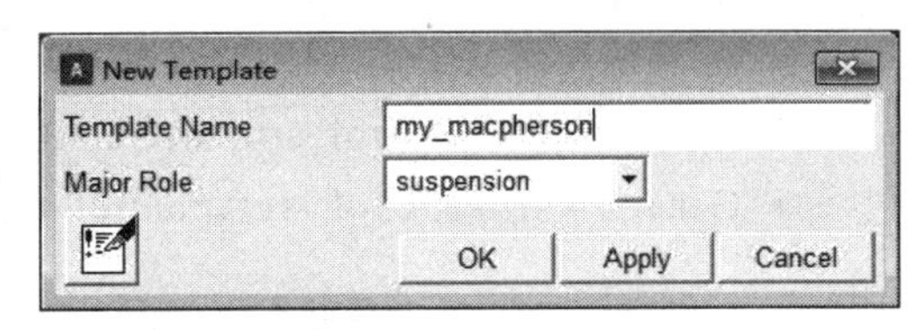

图 5-3　模板框

5.1.1 悬架硬点

- 单击 Build > Hardpoint > New 命令，弹出创建硬点对话框，如图 5-4 所示；

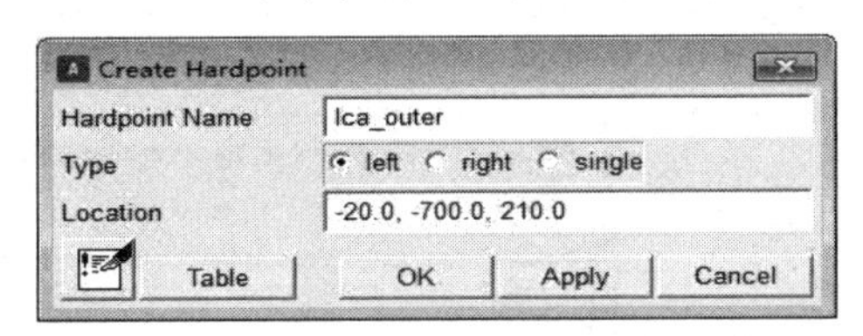

图 5-4　硬点创建对话框

- 在硬点名称里输入：lca_outer，类型选择：left；在位置文本框输入：－20.0，－700.0，210.0；
- 单击 Apply，完成 lca_outer 硬点的创建，此时在屏幕上显示出左右对称的两个硬点；
- 以此类推，重复上述步骤完成图 5-5 中硬点的创建。图 5-5 中硬点为共享数据库麦弗逊悬架子系统中的硬点参数（并非专家模块共享数据库）。

Hardpoint Modification Table

	loc x	loc y	loc z	remarks
hpl_drive_shaft_inner	0.0	-200.0	225.0	(none)
hpl_lca_front	-200.0	-400.0	225.0	(none)
hpl_lca_outer	-20.0	-700.0	210.0	(none)
hpl_lca_rear	200.0	-390.0	240.0	(none)
hpl_spring_lower_seat	40.0	-625.0	525.0	(none)
hpl_strut_lower_mount	40.0	-625.0	525.0	(none)
hpl_subframe_front	-400.0	-550.0	250.0	(none)
hpl_subframe_rear	400.0	-450.0	225.0	(none)
hpl_tierod_inner	200.0	-400.0	300.0	(none)
hpl_tierod_outer	150.0	-690.0	300.0	(none)
hpl_top_mount	57.5	-603.8	790.0	(none)
hpl_wheel_center	0.0	-700.0	325.0	(none)

Display: Single and ● Left ○ Right ○ Both　Filter: *　Apply　Close

图 5-5　麦弗逊悬架硬点数据

5.1.2 悬架部件

部件具有位置和方向属性，也有质量和惯量。在建立部件过程中需要预设定部件的相关质量和惯量，由于部件没有确定的几何尺寸，因此质量和惯量不能自动更新。当部件中的几何形状确定后，Adams 软件会自动计算部件的质量和惯量的相关参数，同时复杂的材料也可以进行相关的选择。部件建立过程中，默认使用的材料为钢材。

5.1.3 控制臂部件

- 单击 Build > Part > General Part > New 命令，弹出创建部件对话框；
- 在新建对话框中输入图 5-6 所示的相关参数；图 5-6 为已经建立好的麦弗逊悬架模型，通过右击 gel_lower_control_arm 部件，在弹出的快捷菜单中单击 Modify 弹出的对话框；
- General Part 输入：lower_control_arm。

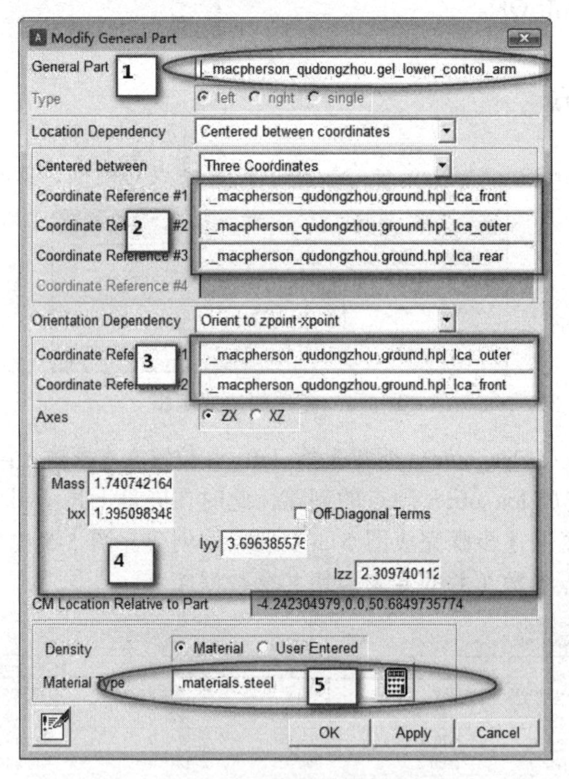

图 5-6 下控制臂对话框

下控制臂创建对话框中，2 号框为定位框，定位方式为在坐标中间，可最多选择 4 个坐标系，在 2 号定位框中按顺序输入以下参考坐标：

- Coordinate Reference #1（参考坐标）：._macpherson_qudongzhou.ground.hpl_lca_front；
- Coordinate Reference #2（参考坐标）：._macpherson_qudongzhou.ground.hpl_lca_outer；
- Coordinate Reference #3（参考坐标）：._macpherson_qudongzhou.ground.hpl_lca_rear。

3 号框为定向框，定位方式为在 zpoint-xpoint，在 3 号定位框中按顺序输入以下参考坐标：

- Coordinate Reference #1（参考坐标）：._macpherson_qudongzhou.ground.hpl_lca_outer；
- Coordinate Reference #2（参考坐标）：._macpherson_qudongzhou.ground.hpl_lca_front。
- 4 号框为质量和惯量参数，预输入全部为 1；下控制臂几何部件确定后会自动更新为图 5-6 中的参数；
- 5 号框为部件材料选择，在此默认选择为钢材 steel，单击 OK。

➢ 控制臂几何体创建：

- 单击 Build > Geometry > Link > New 命令，弹出创建部件对话框，如图 5-7 所示；

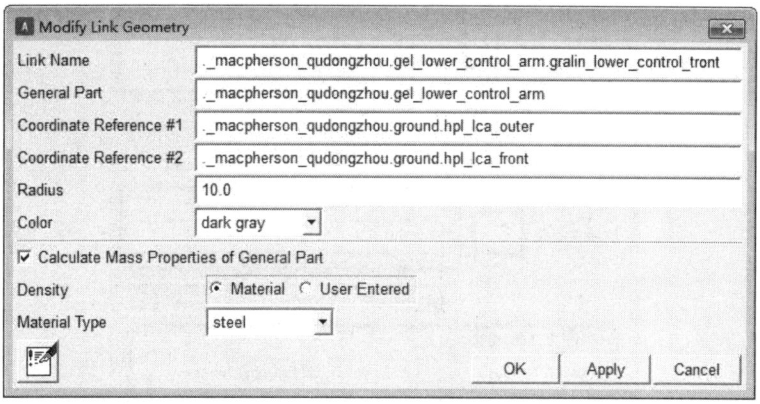

图 5-7　下控制臂前连杆

- Link Name（连杆名称）输入几何名称：lower_control_tront；
- General Part 输入：._macpherson_qudongzhou.gel_lower_control_arm；
- Coordinate Reference #1（参考坐标）：._macpherson_qudongzhou.ground.hpl_lca_outer；
- Coordinate Reference #2（参考坐标）：._macpherson_qudongzhou.ground.hpl_lca_front；
- Radius（半径）：10；
- 选择 Calculate Mass Properties of General Part 复选框，当几何体建立好之后会更新对应部件的质量和惯量参数；单击 Apply，完成 lower_control_front 几何体的创建；
- 同理，按图 5-8 中参数输入，单击 OK，完成 lower_control_arm_rear 几何体的创建，至此，下控制臂部件及几何体创建完成。右击 lower_control_arm 部件，在弹出的菜单中选择 Modify，此时弹出的对话框与图 5-6 对应的参数完全一致。

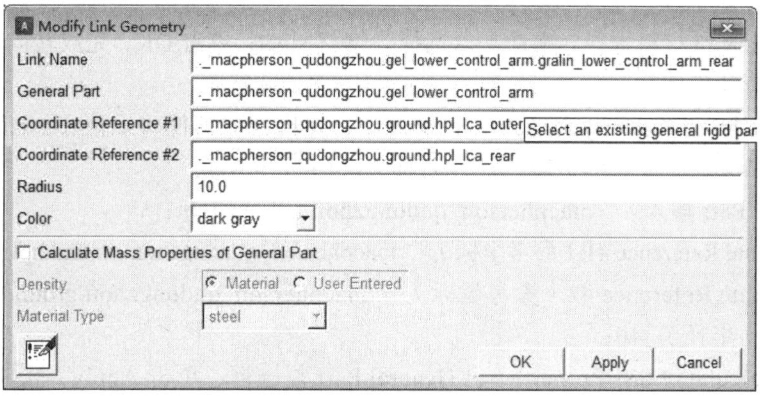

图 5-8　下控制臂后连杆

5.1.4 转向节部件

• 单击 Build > Part > General Part > New 命令，弹出创建部件对话框，如图 5-9 所示；

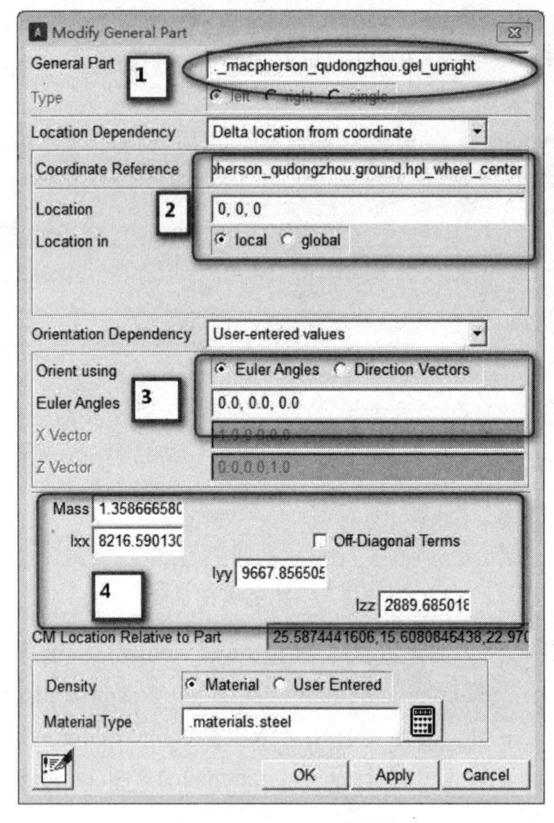

图 5-9　转向节部件

• General Part 输入：upright；

• Coordinate Reference（参考坐标）：._macpherson_qudongzhou.ground.hpl_wheel_center，位置坐标输入：0，0，0；坐标系采用局部坐标系；

• 3 号定向框采用欧拉角输入：0，0，0；原则为 313 原则；

• 4 号框为质量和惯量参数，预输入全部为 1；

• 5 号框为部件材料选择，在此默认选择为钢材 steel，单击 OK，完成转向节部件的创建。

➢ 转向节几何体

• 单击 Build > Geometry > Link > New 命令，弹出创建部件对话框，如图 5-10 所示；

• Link Name（连杆名称）输入几何名称：upright_lower；

• General Part 输入：._macpherson_qudongzhou.gel_upright；

• Coordinate Reference #1（参考坐标）：._macpherson_qudongzhou.ground.hpl_wheel_center；

• Coordinate Reference #2（参考坐标）：._macpherson_qudongzhou.ground.hpl_lca_outer；

• Radius（半径）：10；

• 选择 Calculate Mass Properties of General Part 复选框，单击 Apply，完成 upright_lower 几何体的创建。

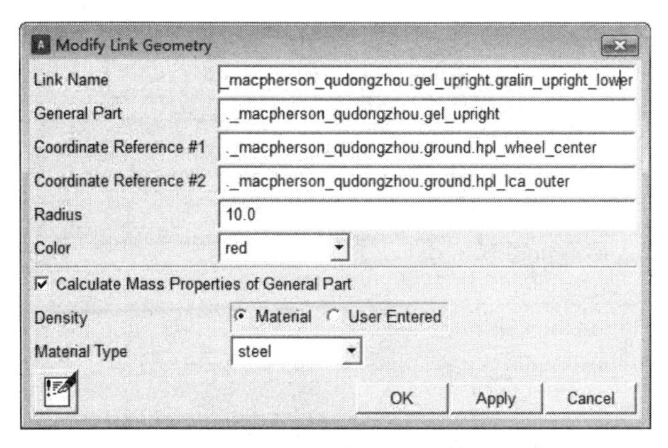

图 5-10　转向节几何体

- Link Name（连杆名称）输入几何名称：upright_up；
- General Part 输入：._macpherson_qudongzhou.gel_upright；
- Coordinate Reference #1（参考坐标）：._macpherson_qudongzhou.ground.hpl_wheel_center；
- Coordinate Reference #2（参考坐标）：._macpherson_qudongzhou.ground.hpl_strut_lower_mount；
- Radius（半径）：10；
- 选择 Calculate Mass Properties of General Part 复选框，单击 Apply，完成 upright_up 几何体的创建。
- Link Name（连杆名称）输入几何名称：upright_tierod；
- General Part 输入：._macpherson_qudongzhou.gel_upright；
- Coordinate Reference #1（参考坐标）：._macpherson_qudongzhou.ground.hpl_wheel_center；
- Coordinate Reference #2（参考坐标）：._macpherson_qudongzhou.ground.hpl_tierod_outer；
- Radius（半径）：10；
- 选择 Calculate Mass Properties of General Part 复选框，单击 OK，完成 upright_tierod 几何体的创建；至此，转向节部件包含的几何体全部创建完成。

5.1.5　滑柱部件

- 单击 Build > Part > General Part > New 命令，弹出创建部件对话框，如图 5-11 所示；
- 1 号框中 General Part 输入：upper_strut；
- Coordinate Reference #1（参考坐标）：._macpherson_qudongzhou.ground.hpl_top_mount；
- Coordinate Reference #2（参考坐标）：._macpherson_qudongzhou.ground.hpl_strut_lower_mount；
- Relative Location（%）：50；2 号框为定位框，部件参考点位于指定两点的连线上，相对位置百分比指相对于第一个参考点的位置，0%就指的是第一点，100%指的是第二个参考点，150%则位于第二点之外。
- 3 号定向框中 Coordinate Reference（参考坐标）：._macpherson_qudongzhou.ground.hpl_top_mount，选中 Z 轴；Axis：指定结构框中的 Z 轴或者 X 轴指向一点。
- 4 号框为质量和惯量参数，预输入为 5、1、1、1。
- 5 号框为部件材料选择，在此默认选择为钢材 steel，单击 OK，完成滑柱部件的创建。

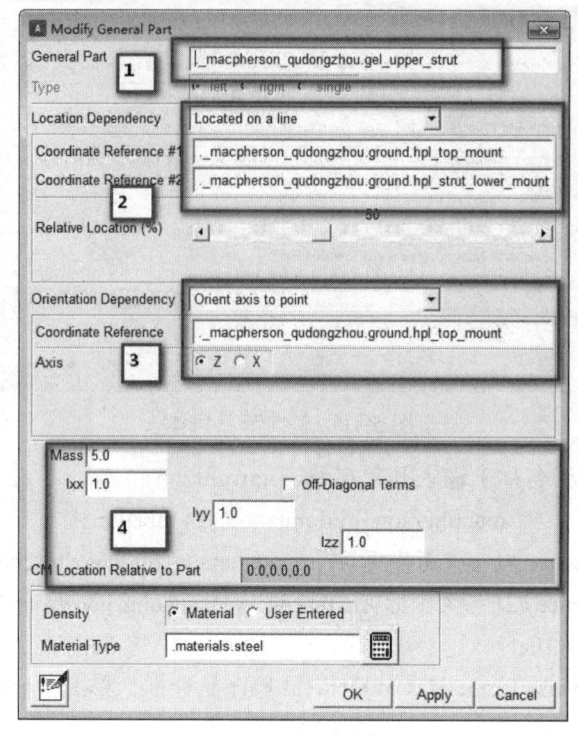

图 5-11　滑柱部件

5.1.6　减震器

减震器的主要作用是快速消除路面或者其他因素对车身造成的冲击，减震器主要用来抑制弹簧吸震后反弹时的震荡及来自路面的冲击。在经过不平路面时，虽然吸震弹簧可以过滤路面的震动，但弹簧自身还会有往复运动，而减震器就是用来抑制这种弹簧跳跃的。减震器太软，车身就会上下跳跃；减震器太硬，就会带来太大的阻力，妨碍弹簧正常工作。在关于悬挂系统的改装过程中，硬的减震器要与硬的弹簧相搭配，而弹簧的硬度又与车重息息相关，因此较重的车一般采用较硬的减震器。

在被动悬架的基础上分析主动悬架，建模过程中在 I Part 和 J Part 施加主动力，此力在控制系统中主要通过相关的控制率（控制算法）实现控制，改变被动悬架的现有特性，实现主动控制，其在后续的工程应用章节中做相关介绍。

- 单击 Build > Force > Damper > New 命令，弹出创建部件对话框，如图 5-12 所示；
- Damper Name（减震器名称）：damper；
- I Part：._macpherson_qudongzhou.gel_upper_strut；
- J Part：._macpherson_qudongzhou.gel_upright；
- I Coordinate Reference（参考坐标）：._macpherson_qudongzhou.ground.hpl_top_mount；
- J Coordinate Reference（参考坐标）：._macpherson_qudongzhou.ground.hpl_strut_lower_mount；
- Property File（属性文件）：mdids：//acar_shared/dampers.tbl/mdi_0001.dpr；
- Damper Diameter（减震器直径）：拖动滑块选择 13 mm；

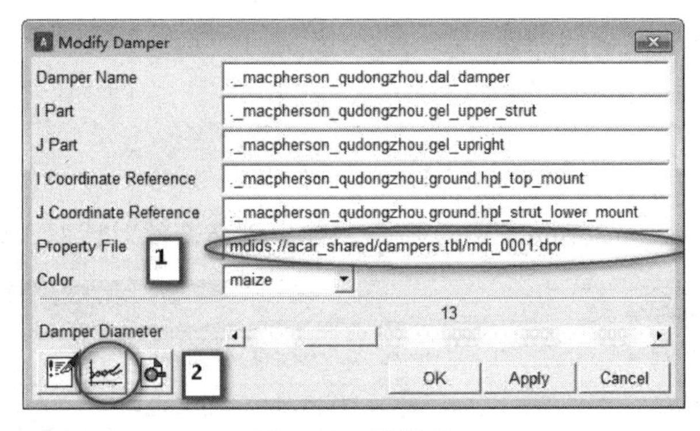

图 5-12　减震器

• 单击图 5-12 中的方框 2，弹出如图 5-13 所示的减震器阻力-速度特性曲线，此曲线可以在编辑器中进行相关的数据编辑更改；在真实建模过程中，减震器的特性曲线需要通过实验测出，再把相关数据输入到编辑器中，或者直接在 mdi_0001.dpr 文件中修改后保存。在共享数据库找到 mdi_0001.dpr 文件，右击打开记事本，如图 5-14 所示，其中方框 1 为减震器属性文件标题，方框 2 为属性文件相关单位，方框 3 为通过实验获取的阻力-速度阻尼参数，直接更改数据即可。

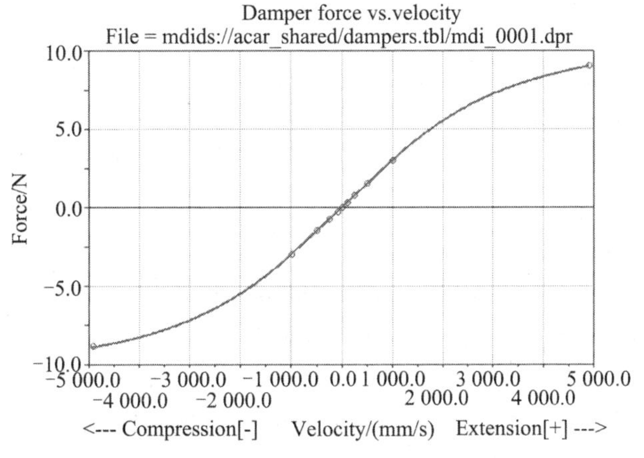

图 5-13　减震器阻力-速度特性图

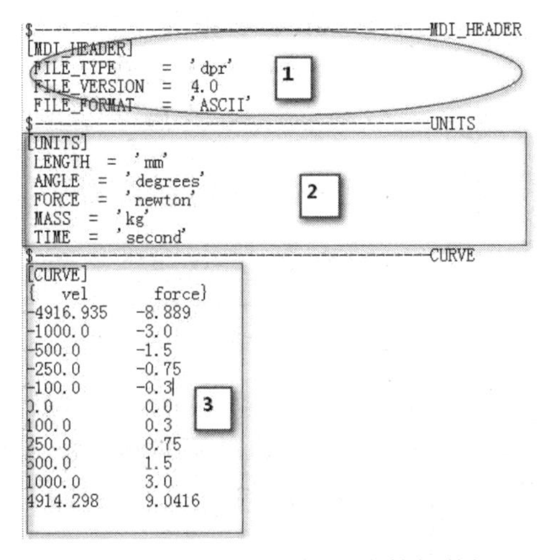

```
$---------------------------------------------MDI_HEADER
[MDI_HEADER]
 FILE_TYPE     =  'dpr'
 FILE_VERSION  =  4.0
 FILE_FORMAT   =  'ASCII'
$---------------------------------------------UNITS
[UNITS]
 LENGTH  =  'mm'
 ANGLE   =  'degrees'
 FORCE   =  'newton'
 MASS    =  'kg'
 TIME    =  'second'
$---------------------------------------------CURVE
[CURVE]
{   vel        force}
-4916.935    -8.889
-1000.0      -3.0
-500.0       -1.5
-250.0       -0.75
-100.0       -0.3
0.0           0.0
100.0         0.3
250.0         0.75
500.0         1.5
1000.0        3.0
4914.298      9.0416
```

图 5-14　减震器阻力-速度特性数据

• 单击 OK，完成减震器的创建。

5.1.7 弹　簧

• 单击 Build > Force > Spring > New 命令，弹出创建部件对话框，如图 5-15 所示；

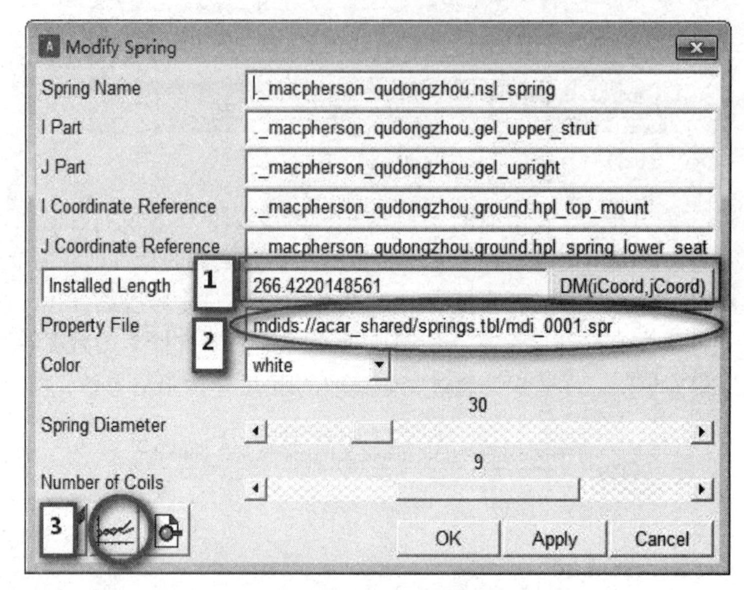

图 5-15　螺旋弹簧

• Spring Name（减震器名称）：spring；
• I Part：._macpherson_qudongzhou.gel_upper_strut；
• J Part：._macpherson_qudongzhou.gel_upright；
• I Coordinate Reference（参考坐标）：._macpherson_qudongzhou.ground.hpl_top_mount；
• J Coordinate Reference（参考坐标）：._macpherson_qudongzhou.ground.hpl_spring_lower_seat。
• Installed Length（安装长度）：单击 DM（iCoord，jCoord）自动计算弹簧的安装长度并填入方框中，如图 5-16 所示。此模型的安装长度为：266.422，弹簧安装长度指的是 I Coordinate Reference 与 J　Coordinate Reference 之间的距离。

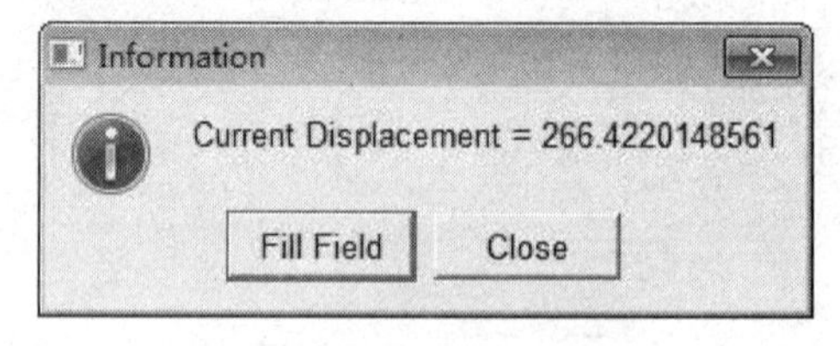

图 5-16　螺旋弹簧安装

• Property File（属性文件）：mdids：//acar_shared/springs.tbl/mdi_0001.spr；单击方框 3，弹出如图 5-17 所示的弹簧刚度曲线；通过实验测出弹簧的实际刚度参数，在属性文件 mdi_0001.spr 中直接修改。在共享数据库中用记事本打开 mdi_0001.spr 属性文件，如图 5-18 所示。

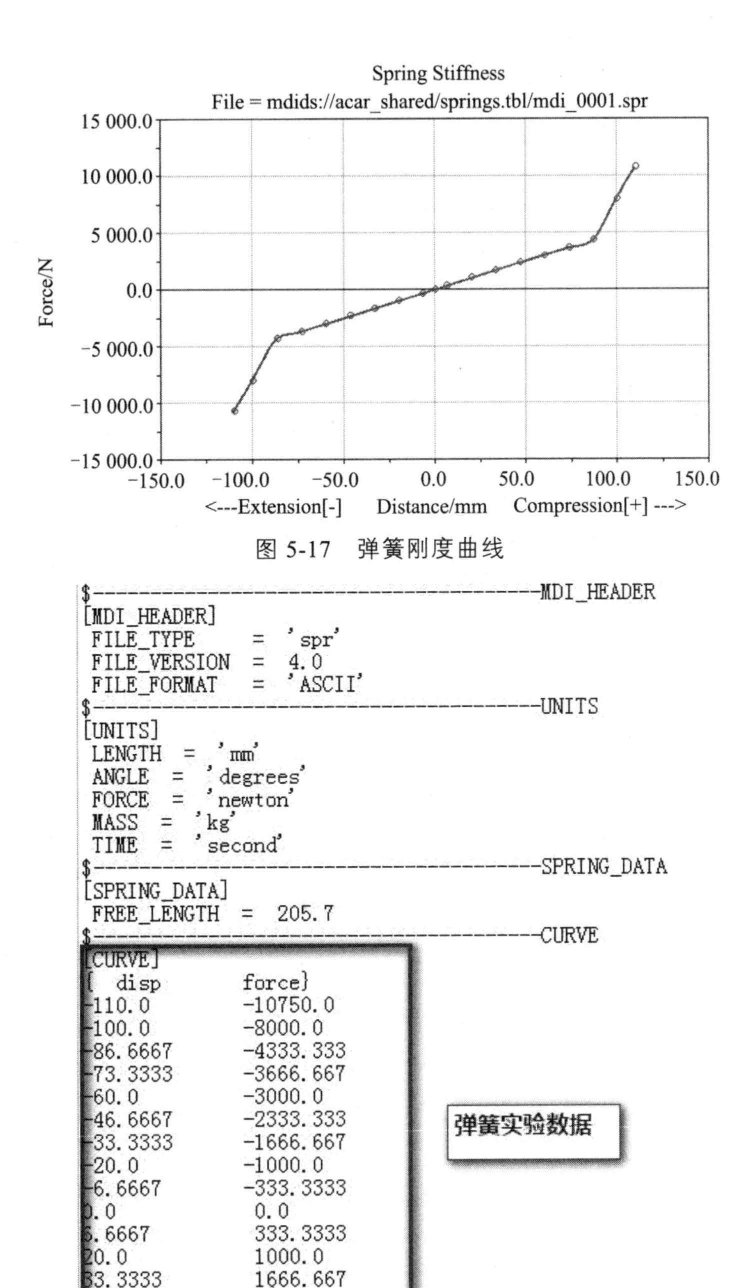

图 5-17　弹簧刚度曲线

```
$-----------------------------------------MDI_HEADER
[MDI_HEADER]
 FILE_TYPE     =  'spr'
 FILE_VERSION  =  4.0
 FILE_FORMAT   =  'ASCII'
$-----------------------------------------UNITS
[UNITS]
 LENGTH  =  'mm'
 ANGLE   =  'degrees'
 FORCE   =  'newton'
 MASS   =  'kg'
 TIME   =  'second'
$-----------------------------------------SPRING_DATA
[SPRING_DATA]
 FREE_LENGTH  =  205.7
$-----------------------------------------CURVE
[CURVE]
{ disp          force}
-110.0          -10750.0
-100.0          -8000.0
-86.6667        -4333.333
-73.3333        -3666.667
-60.0           -3000.0
-46.6667        -2333.333
-33.3333        -1666.667
-20.0           -1000.0
-6.6667         -333.3333
0.0              0.0
6.6667           333.3333
20.0             1000.0
33.3333          1666.667
```


图 5-18　弹簧刚度数据

- Spring Diameter（弹簧直径）：拖动滑块选择 30 mm；
- Spring of Coils（弹簧圈数）：拖动滑块选择 9；
- 单击 OK，完成弹簧的创建。

5.1.8　转向横拉杆部件

- 单击 Build > Part > General Part > New 命令，弹出创建部件对话框，如图 5-19 所示；

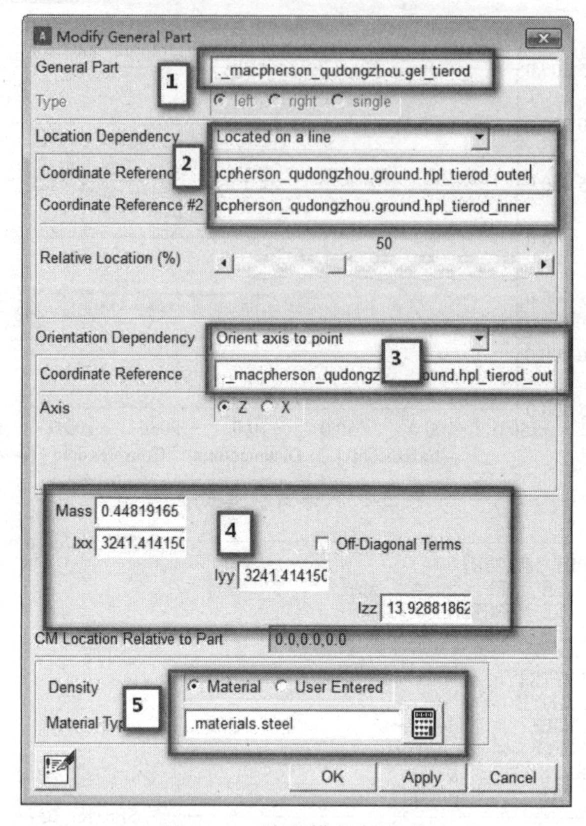

图 5-19　转向横拉杆部件

- 1 号框中 General Part 输入：tierod；
- Coordinate Reference #1（参考坐标）：._macpherson_qudongzhou.ground.hpl_tierod_outer；
- Coordinate Reference #2（参考坐标）：._macpherson_qudongzhou.ground.hpl_tierod_inner。
- Relative Location（%）：50；2 号框为定位框，部件参考点位于指定两点的连线上，相对位置百分比指相对于第一个参考点的位置，0%就指的是第一点，100%指的是第二个参考点，150%则位于第二点之外。
- 3 号定向框中 Coordinate Reference（参考坐标）：._macpherson_qudongzhou.ground.hpl_tierod_outer，选中 *Z* 轴；Axis：指定结构框中的 *Z* 轴或者 *X* 轴指向一点。
- 4 号框为质量和惯量参数，预输入为 1；
- 5 号框为部件材料选择，在此默认选择为钢材 steel，单击 OK，完成转向横拉杆部件的创建。

➢ 转向横拉杆几何体创建：

- 单击 Build > Geometry > Link > New 命令，弹出创建部件对话框，如图 5-20 所示；
- Link Name（连杆名称）输入几何名称：tierod；
- General Part 输入：._macpherson_qudongzhou.gel_tierod；
- Coordinate Reference #1（参考坐标）：._macpherson_qudongzhou.ground.hpl_tierod_outer；
- Coordinate Reference #2（参考坐标）：._macpherson_qudongzhou.ground.hpl_tierod_inner；
- Radius（半径）：8；

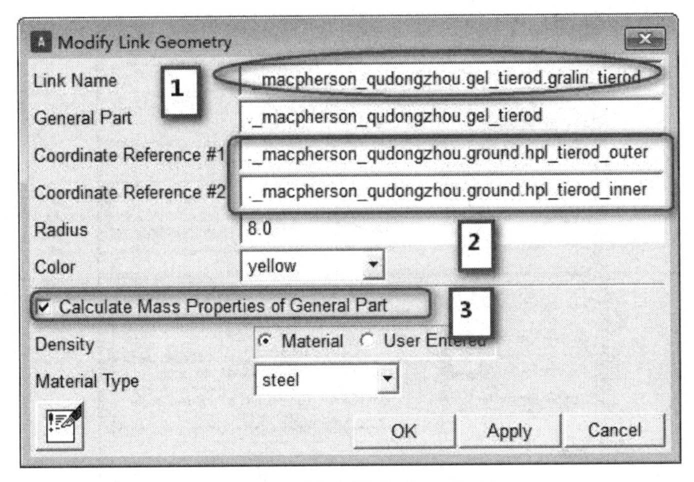

图 5-20　转向横拉杆几何体

• 选择 Calculate Mass Properties of General Part 复选框，单击 OK，完成 tierod 几何体的创建。

5.1.9　轮毂部件

轮毂是与轮胎连接的部件，轮毂的参数与轮胎的定位参数必须相同，轮胎的定位参数包括前轮前束、前轮外倾。轮毂的运动必须在结构框的基础定位方向，因此在建立轮毂过程中，首先需要定位轮胎的参数，以轮胎的参数为基础创建结构框，在结构框的基础上再创建轮毂部件及几何体。

• 单击 Build > Suspension Parameters > Toe/Camber Values> Set 命令，弹出悬架参数对话框，如图 5-21 所示，前束角与外倾角分别输入：0；单击 OK，完成参数创建；与此同时系统自动建立两个输出通讯器：col[r]_toe_angle、col[r]_camber_angle。

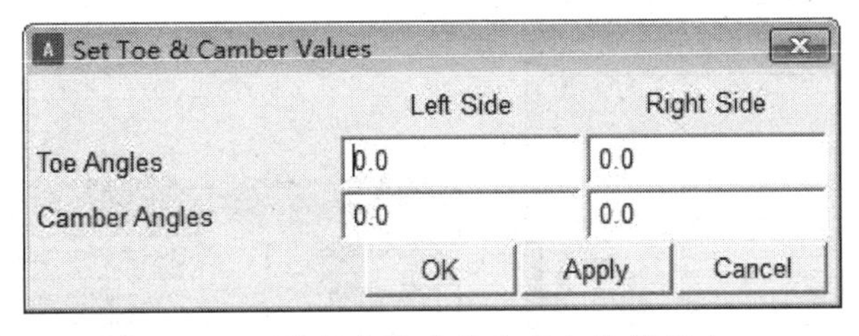

图 5-21　悬架参数（前束角与外倾角）

• 单击 Build > Construction Frame > New 命令，弹出创建结构框，如图 5-22 所示；
• Construction Frame（结构框名称）：wheel_center；
• Coordinate Reference（参考坐标）：._macpherson_qudongzhou.ground.hpl_wheel_center；
• 2 号方框 Variable Type（变量类型）：Parameter Variable（参数变量）；
• Toe Parameter Values（前束变量值）：._macpherson_qudongzhou.pvl_toe_angle；
• Camber Parameter Values（外倾变量值）：._macpherson_qudongzhou.pvl_camber_angle；
• 单击 OK，完成 wheel_center 结构框的创建。

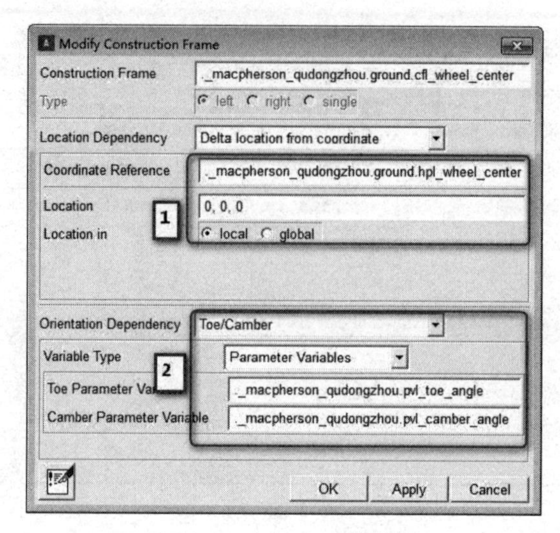

图 5-22　车轮中心结构框

- 单击 Build > Part > General Part > New 命令，弹出创建部件对话框，如图 5-23 所示；
- General Part（部件名称）输入：spindle；
- Location values（位置）输入：0，－700，325；
- 2 号方框 Construction Frame：._macpherson_qudongzhou.ground.cfl_wheel_center；
- 3 号框为质量和惯量参数，预输入为 1；
- 单击 OK，完成轮毂部件的创建。

➢ 轮毂几何体创建

- 单击 Build > Geometry > Cylinder（圆柱体）> New 命令，弹出创建部件对话框，如图 5-24 所示；

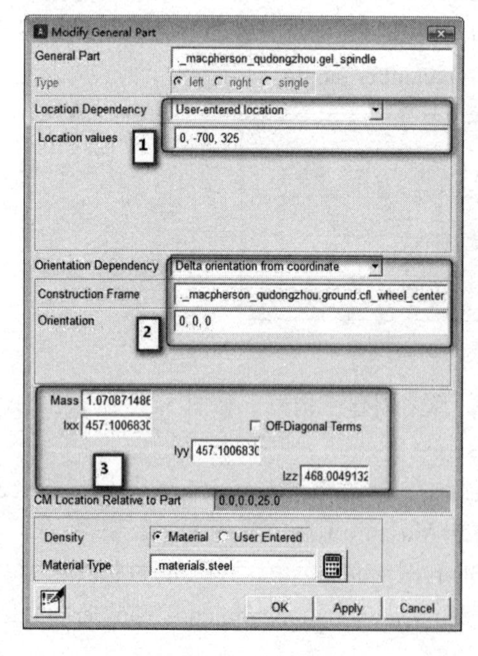

图 5-23　轮毂部件

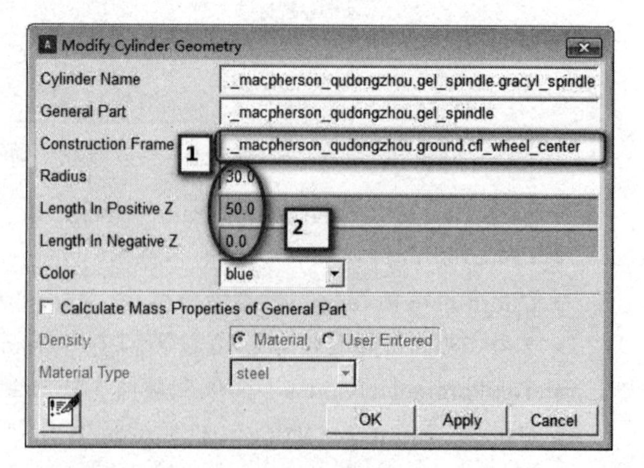

图 5-24　轮毂几何体

- Cylinder Name（连杆名称）输入几何名称：spindle；
- General Part 输入：._macpherson_qudongzhou.gel_spindle；
- Radius（半径）：30；
- Length In Positive *Z*（*Z* 轴正方向长度）：50；
- Length In Negative *Z*（*Z* 轴负方向长度）：0；
- 选择 Calculate Mass Properties of General Part 复选框，单击 OK，完成 spindle 几何体的创建。

5.1.10 驱动轴部件

- 单击 Build > Part > General Part > New 命令，弹出创建部件对话框，如图 5-25 所示；

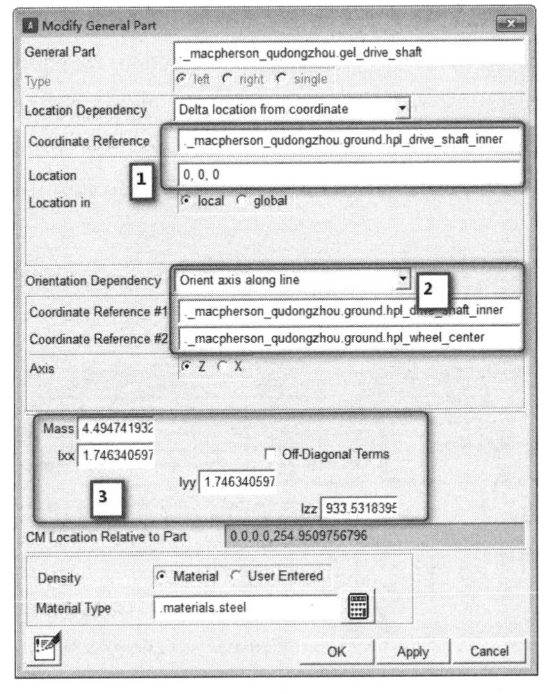

图 5-25 驱动轴部件

- General Part（部件名称）输入：drive_shaft；
- Coordinate Reference(参考坐标)：._macpherson_qudongzhou.ground.hpl_drive_shaft_inner。

➢ 2 号定向方框输入：

- Coordinate Reference #1：._macpherson_qudongzhou.ground.hpl_drive_shaft_inner；
- Coordinate Reference #2：._macpherson_qudongzhou.ground.hpl_wheel_center。
- 3 号框为质量和惯量参数，预输入为 1；
- 单击 OK，完成驱动轴 drive_shaft 部件的创建。

➢ 驱动轴几何体创建

- 单击 Build > Geometry > Link > New 命令，弹出驱动轴几何体创建对话框，如图 5-26 所示；

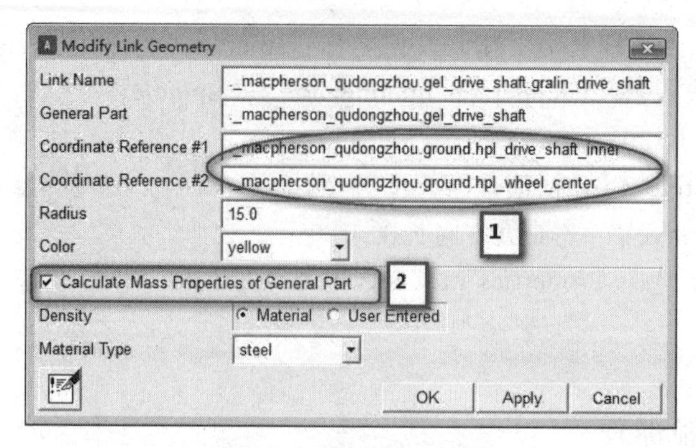

图 5-26　驱动轴几何体

- Link Name（连杆名称）输入几何名称：drive_shaft;
- General Part 输入：._macpherson_qudongzhou.gel_drive_shaft;
- Coordinate Reference #1(参考坐标)：._macpherson_qudongzhou.ground.hpl_drive_shaft_inner;
- Coordinate Reference #2（参考坐标）：._macpherson_qudongzhou.ground.hpl_wheel_center;
- Radius（半径）：15；
- 选择 Calculate Mass Properties of General Part 复选框，单击 OK，完成 drive_shaft 几何体的创建；
- 单击 Build > Geometry > Ellipsoid > New 命令，弹出等速副椭圆体创建对话框，如图 5-27 所示。

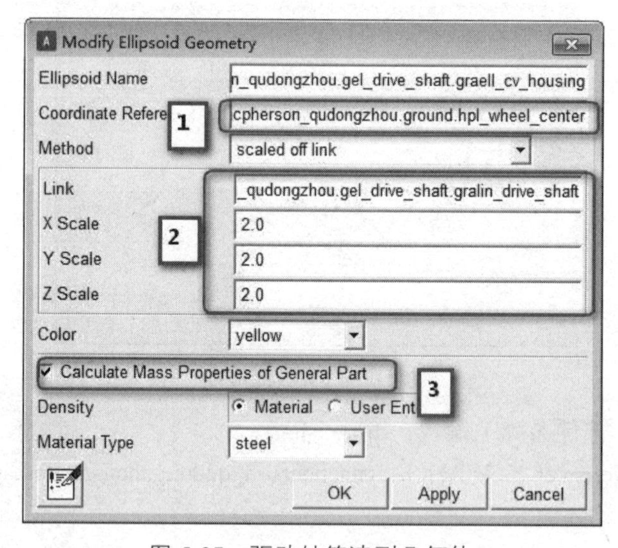

图 5-27　驱动轴等速副几何体

➢ 2 号定向方框输入：

- Ellipsoid Name（椭圆体名称）输入几何名称：cv_housing;
- Coordinate Reference（参考坐标）：._macpherson_qudongzhou.ground.hpl_wheel_center;
- Link：._macpherson_qudongzhou.gel_drive_shaft.gralin_drive_shaft;
- X Scale：2；

• Y Scale：2；
• Z Scale：2；
• 选择 Calculate Mass Properties of General Part 复选框，单击 Apply，完成 cv_housing 几何体的创建；
• Ellipsoid Name（椭圆体名称）输入几何名称：tripot_housing；
• Coordinate Reference（参考坐标）：._macpherson_qudongzhou.ground.hpl_drive_shaft_inner；
• Link：._macpherson_qudongzhou.gel_drive_shaft.gralin_drive_shaft；
• X Scale：2；
• Y Scale：2；
• Z Scale：2；
• 选择 Calculate Mass Properties of General Part 复选框；
• 单击 OK，完成 tripot_housing 几何体的创建。

5.1.11 三枢轴式等速万向节部件

• 单击 Build > Parameter Variable > New 命令，弹出创建结构框，如图 5-28 所示；
• Parameter Variable name（变量名称）：drive_shaft_offset；
• 1 号方框中选择实变量，数值输入：50；
• 2 号方框选择 NO，指在标准用户界面可以显示；
• 单击 OK，完成 drive_shaft_offset 变量的创建。

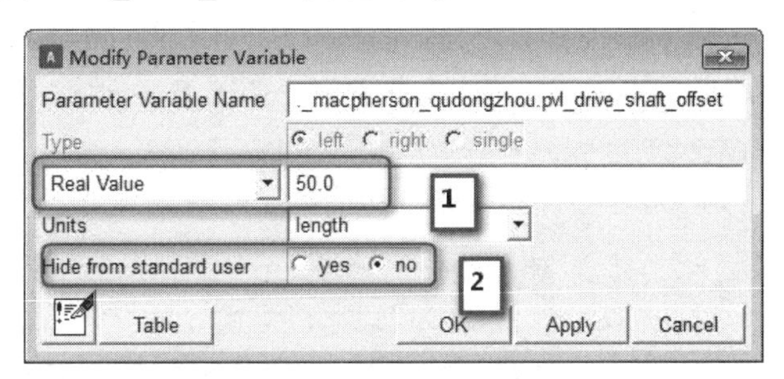

图 5-28 变量参数对话框

• 单击 Build > Construction Frame > New 命令，弹出创建结构框，如图 5-29 所示；
• Construction Frame（结构框名称）：drive_shaft_inr；
• Coordinate Reference（参考坐标）：._macpherson_qudongzhou.ground.hpl_drive_shaft_inner。
• 2 号方框 Orientation Dependency：Oriented in plane（平面方向）；结构框 *X* 轴或者 *Z* 轴在 3 点屏幕上，*ZX*=*Z*、轴沿 1 号坐标系指向 2 号坐标系，*XZ*=*X*、轴沿 1 号坐标系指向 2 号坐标系。
• Coordinate Reference #1：._macpherson_qudongzhou.ground.hpl_drive_shaft_inner；
• Coordinate Reference #2：._macpherson_qudongzhou.ground.hpr_drive_shaft_inner；
• Coordinate Reference #3：._macpherson_qudongzhou.ground.cfl_wheel_center；
• 单击 Apply，完成 drive_shaft_inr 结构框的创建；

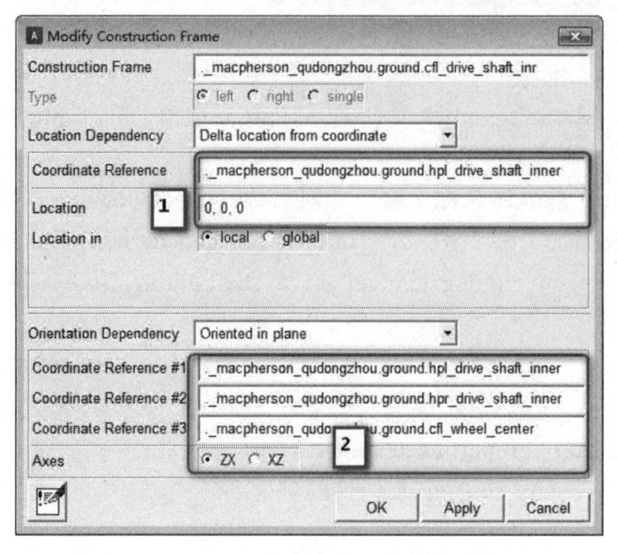

图 5-29　驱动轴内点结构框

- Construction Frame（结构框名称）：drive_shaft_otr；
- Coordinate Reference（参考坐标）：._macpherson_qudongzhou.ground.cfl_wheel_center。
- Location（位置）：0.0，0.0，(-1.0 * ._macpherson_qudongzhou.pvl_drive_shaft_offset)；

drive_shaft_offset 为驱动轴参数变量。此处必须以变量的形式存在，否则在后续测悬架试验台架的仿真中会出现相关的错误，错误点在三脚架与输出通讯器 tripot_to_differential 之间的移动副。把驱动轴从悬架系统中抑制后，悬架系统仿真正确。具体解决方案在后续讨论。

- 2 号方框 Coordinate Reference #1：._macpherson_qudongzhou.ground.hpl_wheel_center；
- 单击 OK，完成 drive_shaft_otr 结构框的创建，如图 5-30 所示。

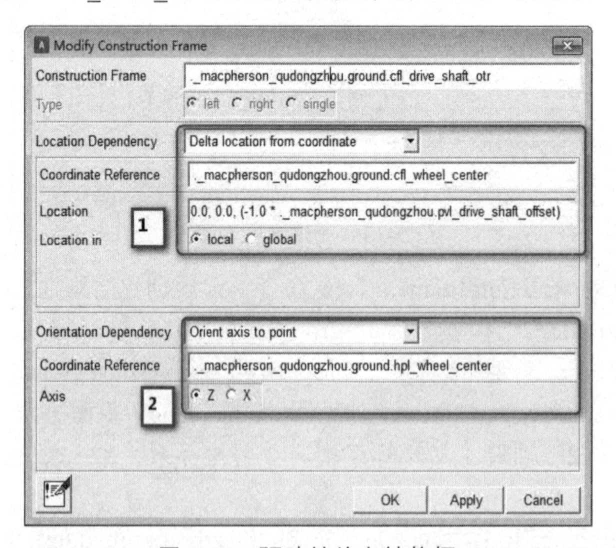

图 5-30　驱动轴外点结构框

- 单击 Build > Part > General Part > New 命令，弹出创建部件对话框，如图 5-31 所示；
- General Part（部件名称）输入：tripot；
- Coordinate Reference（参考坐标）：._macpherson_qudongzhou.ground.hpl_drive_shaft_inner。

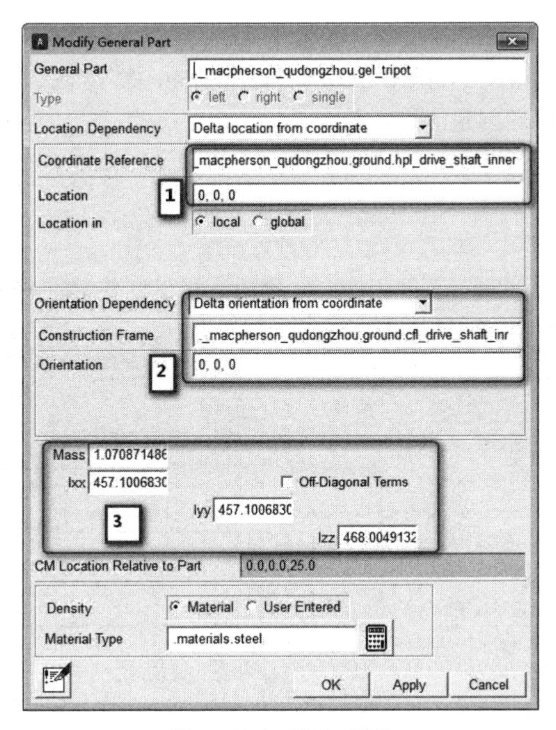

图 5-31　三脚架部件

➢ 2 号定向方框输入：

• Construction Frame：._macpherson_qudongzhou.ground.cfl_drive_shaft_inr；

• 3 号框为质量和惯量参数，预输入为 1；

• 单击 OK，完成驱动轴 tripot 部件的创建。

• 单击 Build > Geometry > Cylinder（圆柱体）> New 命令，弹出创建部件对话框，如图 5-32 所示；

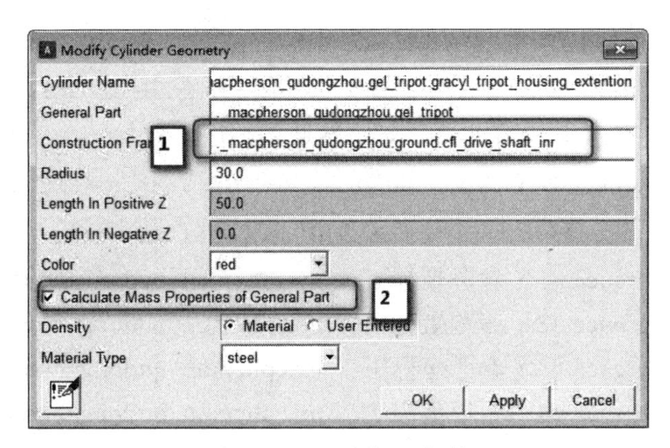

图 5-32　三脚架几何体

• Cylinder Name（连杆名称）输入几何名称：tripot_housing_extention；

• General Part 输入：._macpherson_qudongzhou.gel_tripot；

• Radius（半径）：30；

• Length In Positive *Z*（Z 轴正方向长度）：50；

- Length In Negative *Z*（*Z* 轴负方向长度）：0；
- 选择 Calculate Mass Properties of General Part 复选框，单击 OK，完成 tripot_housing_extention 几何体的创建。

5.1.12 副车架

- 单击 Build > Part > General Part > New 命令，弹出创建部件对话框，如图 5-33 所示；

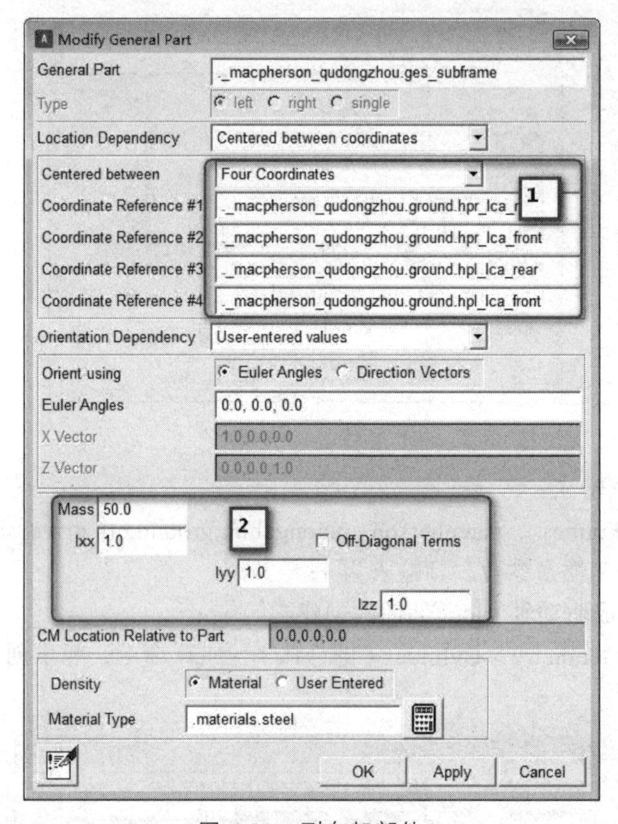

图 5-33 副车架部件

- General Part（部件名称）输入：subframe；
- 1 号方框中 Centered between（坐标系之中）：Four Coordinates（四个坐标系）；
- Coordinate Reference #1（参考坐标）：._macpherson_qudongzhou.ground.hpr_lca_rear；
- Coordinate Reference #2（参考坐标）：._macpherson_qudongzhou.ground.hpr_lca_front；
- Coordinate Reference #3（参考坐标）：._macpherson_qudongzhou.ground.hpl_lca_rear；
- Coordinate Reference #4（参考坐标）：._macpherson_qudongzhou.ground.hpl_lca_front；
- 2 号框为质量和惯量参数，预输入分别为 50、1、1、1；
- 单击 OK，完成驱动轴 subframe 部件的创建。

➢ 副车架轮廓线的创建

- 单击 Build > Geometry > Outline > New 命令，弹出创建副车架轮廓线对话框，如图 5-34 所示；

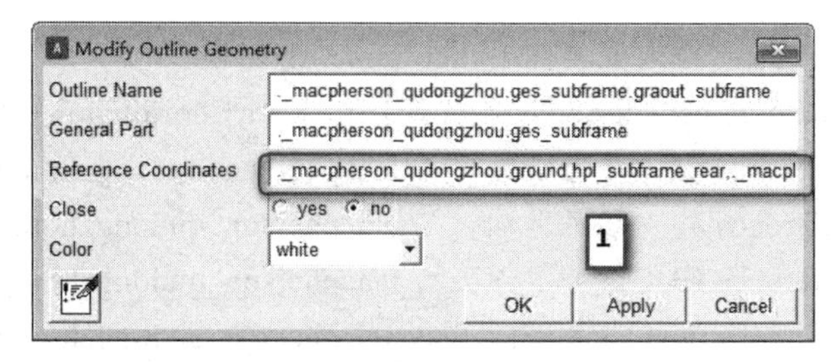

图 5-34　副车架轮廓线

1 号定向方框输入：

- Outline Name（椭圆体名称）输入几何名称：subframe；
- General Part：._macpherson_qudongzhou.ges_subframe；
- Reference Coordinates（参考坐标系）：按以下顺序输入，次序不能乱。

（1）._macpherson_qudongzhou.ground.hpl_subframe_rear；

（2）._macpherson_qudongzhou.ground.hpl_lca_rear；

（3）._macpherson_qudongzhou.ground.hpl_lca_front；

（4）._macpherson_qudongzhou.ground.hpl_subframe_front；

（5）._macpherson_qudongzhou.ground.hpl_lca_front；

（6）._macpherson_qudongzhou.ground.hpr_lca_front；

（7）._macpherson_qudongzhou.ground.hpr_subframe_front；

（8）._macpherson_qudongzhou.ground.hpr_lca_front；

（9）._macpherson_qudongzhou.ground.hpr_lca_rear；

（10）._macpherson_qudongzhou.ground.hpr_subframe_rear；

（11）._macpherson_qudongzhou.ground.hpr_lca_rear；

（12）._macpherson_qudongzhou.ground.hpl_lca_rear；

- 单击 OK，完成副车架 subframe 轮廓线的创建。

➢ 副车架、top_mount 结构框的创建

- 单击 Build > Construction Frame > New 命令，弹出创建结构框，如图 5-35 所示；

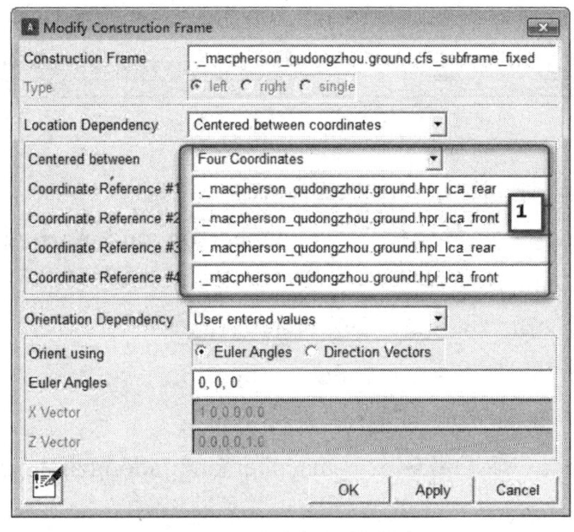

图 5-35　副车架结构框

- Construction Frame（结构框名称）：subframe_fixed；
- 1 号方框中 Centered between（坐标系之中）：Four Coordinates（四个坐标系）；
- Coordinate Reference #1（参考坐标）：._macpherson_qudongzhou.ground.hpr_lca_rear；
- Coordinate Reference #2（参考坐标）：._macpherson_qudongzhou.ground.hpr_lca_front；
- Coordinate Reference #3（参考坐标）：._macpherson_qudongzhou.ground.hpl_lca_rear；
- Coordinate Reference #4（参考坐标）：._macpherson_qudongzhou.ground.hpl_lca_front；
- Euler Angles（欧拉角）：0，0，0；
- 单击 Apply，完成 subframe_fixed 结构框的创建。
- Construction Frame（结构框名称）：top_mount；
- Coordinate Reference（参考坐标）：._macpherson_qudongzhou.ground.hpl_top_mount；
- location（位置）：0，0，50；
- Euler Angles（欧拉角）：0，0，0；
- 单击 OK，完成 top_mount 结构框的创建。

5.1.13 安装件

安装件是用于模型内的部件与其他子系统、试验台或地面的连接。安装件的作用是确定在本模型中的某位置与其他子系统中某个部件相连接。安装件名称不能随意命名，在创建安装件的同时会自动建立输入通讯器。在系统模型装配时，ADAMS/CAR 会寻找识别名称相同的输出通讯器并进行匹配，如果符合匹配条件，就会把匹配的通讯器连接在一起；如果不符合，输入通讯器对应的安装件连接到大地。

➢ 滑柱与车体之间的安装（strut_to_body）

- 单击 Build > Part > Mount > New 命令，弹出创建部件对话框，如图 5-36 所示；

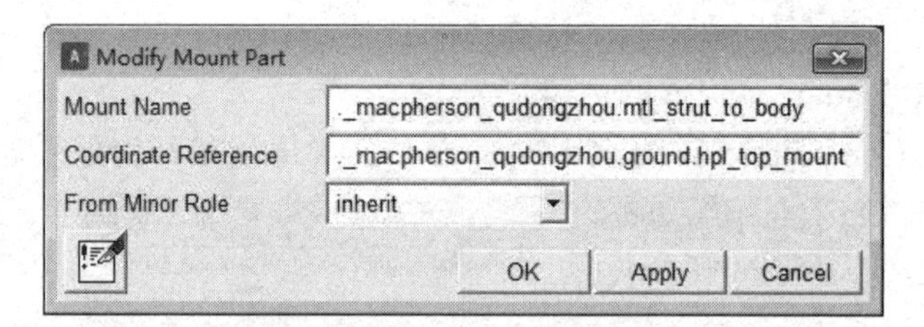

图 5-36 安装件创建

- Mount name（安装件名称）：strut_to_body；
- Coordinate Reference（参考坐标）：._macpherson_qudongzhou.ground.hpl_top_mount；
- 安装件特征选择：inherit（继承特性）；
- 单击 Apply，完成 strut_to_body 安装件的创建。

➢ 副车架与车体之间的安装（subframe_to_body）

- Mount name（安装件名称）：subframe_to_body；
- Coordinate Reference（参考坐标）：._macpherson_qudongzhou.ground.cfs_subframe_fixed；
- 安装件特征选择：inherit（继承特性）；
- 单击 Apply，完成 subframe_to_body 安装件的创建。

➢ 转向横拉杆与转向器之间的安装（tierod_to_steering）

- Mount name（安装件名称）：tierod_to_steering；
- Coordinate Reference（参考坐标）：._macpherson_qudongzhou.ground.hpr_tierod_inner；
- 安装件特征选择：inherit（继承特性）；
- 单击 Apply，完成 tierod_to_steering 安装件的创建。

➢ 三脚架与变速箱之间的安装（tripot_to_differential）

- Mount name（安装件名称）：tripot_to_differential；
- Coordinate Reference（参考坐标）：._macpherson_qudongzhou.ground.hpl_drive_shaft_inner；
- 安装件特征选择：inherit（继承特性）；
- 单击 OK，完成 tripot_to_differential 安装件的创建。

5.1.14　Joint 连接

对于子系统，模型的连接分为两部分：内部连接与外部连接。外部连接主要针对单个子系统与外部连接的时候需要安装件或者通讯器作为中介，当系统与其他子系统装配时，系统内部会自动检测相同名称的安装件和通讯器并进行相关对接。通讯器是各个子系统建模的核心，主要担负两方面的作用：一是在物理层面上连接各个子系统；二是要保证系统间数据准备的传输。

- 单击 Build > Attachments > Joint > New 命令，弹出创建约束副对话框，如图 5-37 所示；

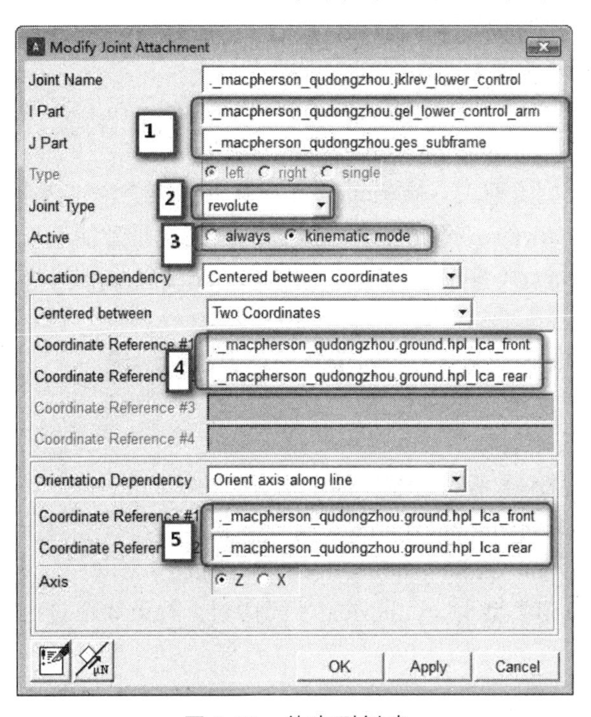

图 5-37　约束副创建

➢ 下控制臂与副车架之间的转动副

- Joint Name（约束副名称）：lower_control；
- 1 号方框（约束副连接不同的部件）中输入：

• I Part：._macpherson_qudongzhou.gel_lower_control_arm；

• J Part：._macpherson_qudongzhou.ges_subframe。

• Joint Type（约束副类型）：revolute（转动副，约束 5 个自由度）；下控制臂与副车架之间采用旋转副进行约束，需要注意的是只有一个约束副，并非按头脑中直观感觉在下控制臂前后连杆上分别与副车架进行约束；例如门和门框之间采用上下两个约束副，但在 Adams 软件中建模时只建立一个约束副，否则会产生过约束导致系统部件之间的连接错误。

• Active（激活）：kinematic mode（运动学模式）；麦弗逊悬架仿真分为运动学和动力学仿真，运动学仿真采用的是约束副，动力学仿真某些部件连接采用轴套连接，除此之外其他部件的连接不论是运动学还是动力学，全部采用柔性套约束连接。采用柔性套连接时需注意其属性文件的相关参数，某具体系统是，数据以实验测量为主，然后输入到属性文件保存。

• 4 号方框为定位框，选择在两个参考坐标系之间：

• Coordinate Reference #1（参考坐标）：._macpherson_qudongzhou.ground.hpl_lca_front；

• Coordinate Reference #2（参考坐标）：._macpherson_qudongzhou.ground.hpl_lca_rear；

• 5 号方框为定向框，选择 Orient axis along line（在一条坐标轴 2 点连线）：

• Coordinate Reference #1（参考坐标）：._macpherson_qudongzhou.ground.hpl_lca_front；

• Coordinate Reference #2（参考坐标）：._macpherson_qudongzhou.ground.hpl_lca_rear；

• 单击 Apply，完成下控制臂与副车架之间转动副的创建。

➢ 下控制臂与转向节之间的球形副

• Joint Name（约束副名称）：lca_outer；

• 1 号方框（约束副连接不同的部件）中输入：

• I Part：._macpherson_qudongzhou.gel_lower_control_arm；

• J Part：._macpherson_qudongzhou.gel_upright；

• Joint Type（约束副类型）：spherical（球形副，约束 3 个自由度）；

• Active（激活）：always（不论哪种模式，约束副总是激活）；

• Coordinate Reference（参考坐标）：._macpherson_qudongzhou.ground.hpl_lca_outer，其他参数界面保持默认；

• 单击 Apply，完成下控制臂与转向节之间球形副的创建。

➢ 转向节与滑柱之间的圆柱副

• Joint Name（约束副名称）：strut；

• 1 号方框（约束副连接不同的部件）中输入：

• I Part：._macpherson_qudongzhou.gel_upright；

• J Part：._macpherson_qudongzhou.gel_upper_strut；

• Joint Type（约束副类型）：cylindrical（圆柱副，约束 4 个自由度，两部件在相对移动的同时可以旋转）；

• Active（激活）：always；

• 4 号方框为定位框，选择在两个参考坐标系之间：

• Coordinate Reference #1（参考坐标）：._macpherson_qudongzhou.ground.hpl_top_mount；

• Coordinate Reference #2（参考坐标）：._macpherson_qudongzhou.ground.hpl_strut_lower_mount；

• 5 号方框为定向框，选择 Orient axis to point：

• Coordinate Reference（参考坐标）：._macpherson_qudongzhou.ground.hpl_top_mount；
• 单击 Apply，完成转向节与滑柱之间的圆柱副的创建。
➢ 转向横拉杆与转向节之间的球形副
• Joint Name（约束副名称）：tierod_outer；
• 1 号方框（约束副连接不同的部件）中输入：
• I Part：._macpherson_qudongzhou.gel_tierod；
• J Part：._macpherson_qudongzhou.gel_upright；
• Joint Type（约束副类型）：spherical（球形副，约束 3 个自由度）；
• Active（激活）：always（不论哪种模式，约束副总是激活）；
• Coordinate Reference（参考坐标）：._macpherson_qudongzhou.ground.hpl_tierod_outer，其他参数界面保持默认；
• 单击 Apply，完成转向横拉杆与转向节之间球形副的创建。
➢ 转向横拉杆与安装部件 mtl_tierod_to_steering 之间的恒速副
• Joint Name（约束副名称）：tierod_inner；
• 1 号方框（约束副连接不同的部件）中输入：
• I Part：._macpherson_qudongzhou.gel_tierod；
• J Part：._macpherson_qudongzhou.mtl_tierod_to_steering；
• Joint Type（约束副类型）：convel（球形副，约束 3 个自由度）；
• Active（激活）：always（不论哪种模式，约束副总是激活）；
• Coordinate Reference（参考坐标）：._macpherson_qudongzhou.ground.hpl_tierod_inner；
• I-Part Axis：._macpherson_qudongzhou.ground.hpl_tierod_outer；
• J-Part Axis：._macpherson_qudongzhou.ground.hpr_tierod_inner；
• 单击 Apply，完成转向横拉杆与转向系统安装部件之间的恒速副的创建。
➢ 副车架与安装件 mts_subframe_to_body 之间的固定副
• Joint Name（约束副名称）：subframe_rigid；
• 1 号方框（约束副连接不同的部件）中输入：
• I Part：_macpherson_qudongzhou.ges_subframe；
• J Part：._macpherson_qudongzhou.mts_subframe_to_body；
• Joint Type（约束副类型）：fix（固定副，约束 6 个自由度）；
• Active（激活）：kinematic mode（运动学模式）；
• Coordinate Reference（参考坐标）：._macpherson_qudongzhou.ground.cfs_subframe_fixed，其他参数界面保持默认；
• 单击 Apply，完成副车架与安装件 mts_subframe_to_body 之间的固定副的创建。
➢ 滑柱与安装部件 mtl_strut_to_body 之间的胡可副
• Joint Name（约束副名称）：top_mount；
• 1 号方框（约束副连接不同的部件）中输入：
• I Part：._macpherson_qudongzhou.gel_upper_strut；
• J Part：._macpherson_qudongzhou.mtl_strut_to_body；
• Joint Type（约束副类型）：hooke（胡克副，约束 3 个自由度）；

- Active（激活）：kinematic mode（运动学模式）；
- Coordinate Reference（参考坐标）：._macpherson_qudongzhou.ground.hpl_top_mount；
- I-Part Axis：._macpherson_qudongzhou.ground.hpl_strut_lower_mount；
- J-Part Axis：._macpherson_qudongzhou.ground.cfl_top_mount;
- 单击 Apply，完成滑柱与安装部件 mtl_strut_to_body 之间的胡可副的创建。

➢ 轮毂与转向节之间的转动副

- Joint Name（约束副名称）：wheel_center；
- 1 号方框（约束副连接不同的部件）中输入：
- I Part：._macpherson_qudongzhou.gel_spindle；
- J Part：._macpherson_qudongzhou.gel_upright；
- Joint Type（约束副类型）：revolute（转动副，约束 5 个自由度）；
- Active（激活）：always；
- Coordinate Reference（参考坐标）：._macpherson_qudongzhou.ground.cfl_wheel_center；
- Construction Frame（参考结构框）：._macpherson_qudongzhou.ground.cfl_wheel_center；
- 单击 Apply，完成轮毂与转向节之间的转动副的创建。

➢ 驱动轴与三脚架之间的恒速副

- Joint Name（约束副名称）：drive_shaft_inner；
- 1 号方框（约束副连接不同的部件）中输入：
- I Part：._macpherson_qudongzhou.gel_tripot；
- J Part：._macpherson_qudongzhou.gel_drive_shaft；
- Joint Type（约束副类型）：convel（球形副，约束 3 个自由度）；
- Active（激活）：always（不论哪种模式，约束副总是激活）；
- Coordinate Reference（参考坐标）：._macpherson_qudongzhou.ground.hpl_drive_shaft_inner；
- I-Part Axis：._macpherson_qudongzhou.ground.hpr_drive_shaft_inner；
- J-Part Axis：._macpherson_qudongzhou.ground.hpl_wheel_center;
- 单击 Apply，完成驱动轴与三脚架之间的恒速副的创建。

➢ 驱动轴与轮毂之间的恒速副

- Joint Name（约束副名称）：shaft_outer；
- 1 号方框（约束副连接不同的部件）中输入：
- I Part：._macpherson_qudongzhou.gel_drive_shaft；
- J Part：._macpherson_qudongzhou.gel_spindle；
- Joint Type（约束副类型）：convel（球形副，约束 3 个自由度）；
- Active（激活）：always（不论哪种模式，约束副总是激活）；
- Coordinate Reference（参考坐标）：._macpherson_qudongzhou.ground.hpl_wheel_center；
- I-Part Axis：._macpherson_qudongzhou.ground.hpl_drive_shaft_inner；
- J-Part Axis：._macpherson_qudongzhou.gel_spindle.inertia_frame;
- 单击 Apply，完成驱动轴与轮毂之间的恒速副的创建。

➢ 三脚架与安装件 tripot_to_differential 之间的移动副

- Joint Name（约束副名称）：tripot_to_differential；

- 1 号方框（约束副连接不同的部件）中输入：
- I Part：._macpherson_qudongzhou.gel_tripot；
- J Part：._macpherson_qudongzhou.mtl_tripot_to_differential；
- Joint Type（约束副类型）：translation（移动副，约束 5 个自由度）；
- Active（激活）：always（不论哪种模式，约束副总是激活）；
- 4 号方框为定位框，选择在两个参考坐标系之间：
- Coordinate Reference（参考坐标）：._macpherson_qudongzhou.ground.hpl_drive_shaft_inner；
- 5 号方框为定向框，选择 Orient axis along line（在一条坐标轴 2 点连线）：
- Coordinate Reference #1(参考坐标)：._macpherson_qudongzhou.ground.hpr_drive_shaft_inner；
- Coordinate Reference #2（参考坐标）：._macpherson_qudongzhou.ground.cfl_drive_shaft_otr；
- 单击 OK，完成三脚架与安装件 tripot_to_differential 之间移动副的创建。

5.1.15 Bushing 连接

轴套定义 6 个自由度状态连接（包括 *X*、*Y*、*Z* 三个方向的平移与旋转）。轴套通过属性文件定义其三个方向的线性刚度和三个方向旋转的扭转刚度，刚度可以是线性数据，也可以为非线性数据。需要强调的是，轴套属性文件中数据曲线参考的是局部坐标系而非全局坐标系。

- 单击 Build > Attachments > Bushing > New 命令，弹出创建轴套对话框，如图 5-38 所示；

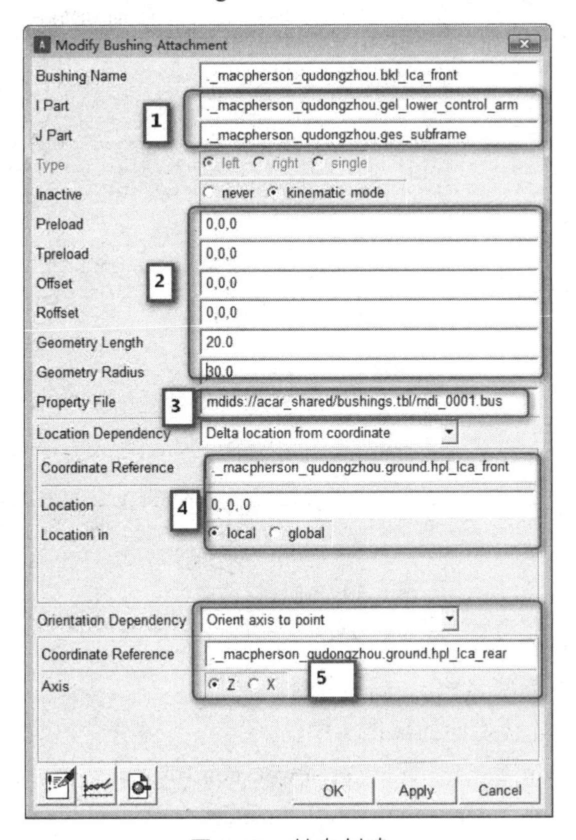

图 5-38 轴套创建

➢ 下控制前拉杆与副车架之间的轴套

• Bushing Name（约束副名称）：lca_front；

• 1 号方框（约束副连接不同的部件）中输入：

• I Part：._macpherson_qudongzhou.gel_lower_control_arm；

• J Part：._macpherson_qudongzhou.ges_subframe；

• Inactive（激活）：kinematic mode（运动学模式）；麦弗逊悬架仿真分为运动学和动力学仿真，运动学仿真采用的是约束副，动力学仿真某些部件连接采用轴套连接。除此之外，其他部件的连接不论是运动学还是动力学全部采用柔性套约束连接。采用柔性套连接时需注意其属性文件的相关参数，具体某系统是，数据以实验测量为主，然后输入到属性文件保存。

• 2 号方框为轴套预紧力设置和几何尺寸，保持默认设置。

• 3 号方框输入属性文件：mdids：//acar_shared/bushings.tbl/mdi_0001.bus；点击左下角曲线显示编辑图标，弹簧衬套属性曲线如图 5-39 所示，在此界面可以对曲线进行相关修改编辑；或者直接在属性文件 mdi_0001.bus 修改实验数据保存后直接引用，推荐采用此方法。

• Coordinate Reference（参考坐标）：._macpherson_qudongzhou.ground.hpl_lca_front；

• 5 号方框为定向框，选择 Orient axis to point：

• Coordinate Reference（参考坐标）：._macpherson_qudongzhou.ground.hpl_lca_rear；

• 单击 Apply，完成下控制前拉杆与副车架之间轴套的创建。

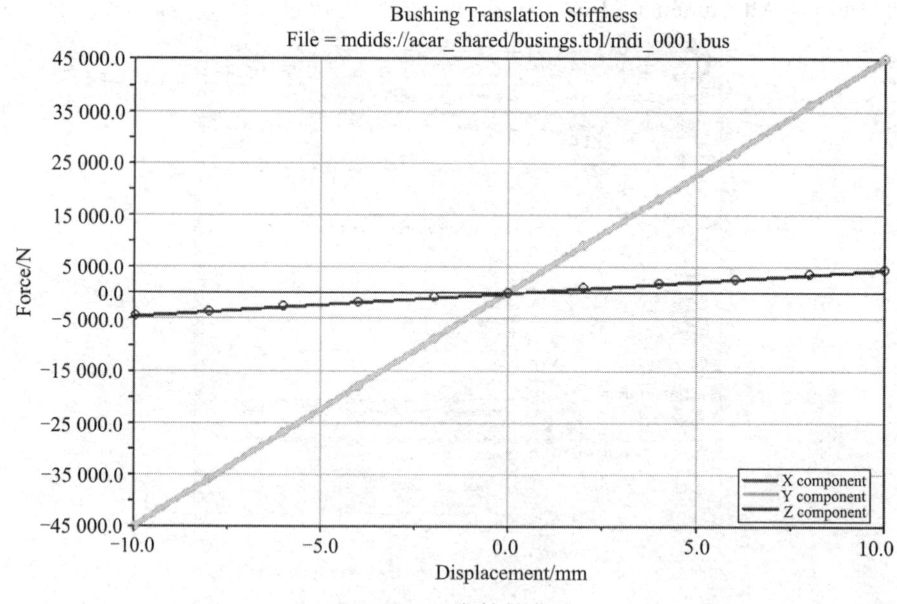

图 5-39 轴套特性曲线

➢ 下控制后拉杆与副车架之间的轴套

• Bushing Name（约束副名称）：lca_rear；

• 1 号方框（约束副连接不同的部件）中输入：

• I Part：._macpherson_qudongzhou.gel_lower_control_arm；

• J Part：._macpherson_qudongzhou.ges_subframe；

• Inactive（激活）：kinematic mode（运动学模式）；

- 2 号方框为轴套预紧力设置和几何尺寸，保持默认设置；
- 3 号方框输入属性文件：mdids：//acar_shared/bushings.tbl/mdi_0001.bus；
- Coordinate Reference（参考坐标）：._macpherson_qudongzhou.ground.hpl_lca_rear；
- 5 号方框为定向框，选择 Orient axis to point：
- Coordinate Reference（参考坐标）：._macpherson_qudongzhou.ground.hpl_lca_front；
- 单击 Apply，完成下控制后拉杆与副车架之间轴套的创建。

➢ 副车架前端与安装件 subframe_to_body 之间的轴套

- Bushing Name（约束副名称）：subframe_front；
- 1 号方框（约束副连接不同的部件）中输入：
- I Part：_macpherson_qudongzhou.ges_subframe；
- J Part：._macpherson_qudongzhou.mts_subframe_to_body；
- Inactive（激活）：kinematic mode（运动学模式）；
- 2 号方框为轴套预紧力设置和几何尺寸，保持默认设置；
- 3 号方框输入属性文件：mdids：//acar_shared/bushings.tbl/mdi_0001.bus；
- Coordinate Reference（参考坐标）：._macpherson_qudongzhou.ground.hpl_subframe_front；
- 5 号方框为定向框，选择 User entered values：
- Euler Angles：0，0，0（313 原则）；
- 单击 Apply，完成副车架与安装件 subframe_to_body 之间轴套的创建；

➢ 副车架后端与安装件 subframe_to_body 之间的轴套

- Bushing Name（约束副名称）：subframe_rear；
- 1 号方框（约束副连接不同的部件）中输入：
- I Part：_macpherson_qudongzhou.ges_subframe；
- J Part：._macpherson_qudongzhou.mts_subframe_to_body；
- Inactive（激活）：kinematic mode（运动学模式）；
- 2 号方框为轴套预紧力设置和几何尺寸，保持默认设置；
- 3 号方框输入属性文件：mdids：//acar_shared/bushings.tbl/mdi_0001.bus；
- Coordinate Reference（参考坐标）：._macpherson_qudongzhou.ground.hpl_subframe_rear；
- 5 号方框为定向框，选择 User entered values：
- Euler Angles：0，0，0（313 原则）；
- 单击 Apply，完成副车架后端与安装件 subframe_to_body 之间轴套的创建。

➢ 上滑柱与安装件 strut_to_body 之间的轴套

- Bushing Name（约束副名称）：top_mount；
- 1 号方框（约束副连接不同的部件）中输入：
- I Part：._macpherson_qudongzhou.gel_upper_strut；
- J Part：._macpherson_qudongzhou.mtl_strut_to_body；
- Inactive（激活）：kinematic mode（运动学模式）；
- 2 号方框为轴套预紧力设置和几何尺寸，保持默认设置；
- 3 号方框输入属性文件：mdids：//acar_shared/bushings.tbl/mdi_0001.bus；
- Coordinate Reference（参考坐标）：._macpherson_qudongzhou.ground.hpl_top_mount；

- 5 号方框为定向框，选择 User entered values；
- Euler Angles：0，0，0（313 原则）；
- 单击 OK，完成上滑柱与安装件 strut_to_body 之间轴套的创建。

5.2 麦弗逊悬架变量参数

参数变量提供了快速调节参数的方法，在模型组织后仍可以进行修改，主要用于系统的优化设计。参数变量的类型包括：String（字符串）、Integer（整数）、Real（实数）三种类型。

- 单击 Build > Parameter Variable > New 命令，弹出参数变量对话框，如图 5-40 所示；
- Parameter Variable Name：kinematic_flag;
- 参数类型：Integer（整数），数值为 0；
- Hide from standard user（是否从标准界面隐藏）：yes;
- 单击 Apply，完成变量 kinematic_flag 的创建；
- Parameter Variable Name：_driveline_active;
- 参数类型：Integer（整数），数值为 0；
- Hide from standard user（是否从标准界面隐藏）：yes;
- 单击 OK，完成变量_driveline_active 的创建。

参数变量._macpherson_qudongzhou.pvl_toe_angle、._macpherson_qudongzhou.pvl_camber_angle 在设置悬架参数的同时会自动创建，同时系统还会自动创建相关的输出通讯器，包括：._macpherson_qudongzhou.col_toe_angle、._macpherson_qudongzhou.col_camber_angle、._macpherson_ qudongzhou.cos_suspension_parameters_ARRAY；驱动轴偏移变量._macpherson_ qudongzhou.pvl_drive_shaft_offset 在创建驱动轴时已经创建，此处不再重复。

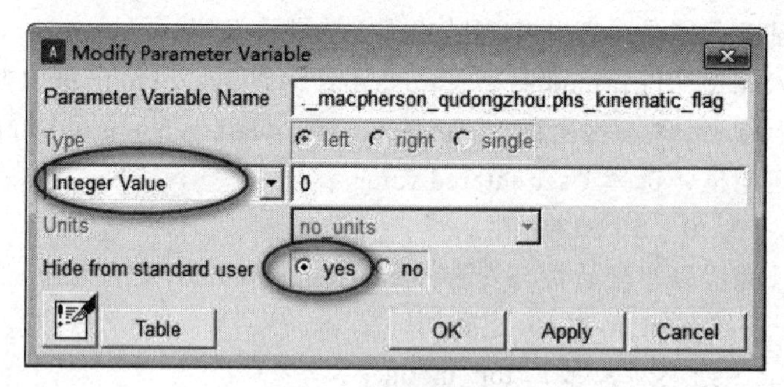

图 5-40　参数变量对话框

5.3 显示组建

在模型树栏，点击 Group 菜单，在模型树栏右击鼠标 New Group，弹出显示组件对话框，如图 5-41 所示。此显示组件的主要作用是进行驱动轴组件的激活与抑制。同时需要注意的是，显示组件能否正确建立直接关系到悬架系统能否正确仿真。具体问题在后续进行讨论。

- Group Name（约束副名称）：driveline_active；
- Object In Group（显示组件包括的部件、几何体、约束等对象）：顺序输入 1 ~ 26 对象。在输入过程中需要注意的是 21、22 号对象，这两对象指驱动轴的安装件与地面之间的固定副，此处的对象并没有在模型中显示，需要在 Database Navigator（数据库导航）中查找。
- 在 3 号方框中输入变量表达式：[(._macpherson_qudongzhou.phs_driveline_active || ._macpherson_qudongzhou.model_class == "template" ? 1：0）&& DB_ACTIVE（._macpherson_qudongzhou）]；
- 单击 Apply，完成组件 driveline_active 的创建；
- Group Name（约束副名称）：driveline_inactive；
- 在 3 号方框中输入变量表达式：[(! ._macpherson_qudongzhou.phs_driveline_active || ._macpherson_qudongzhou.model_class == "template" ? 1:0)&& DB_ACTIVE(._macpherson_qu dongzhou)]；
- 单击 OK，完成组件 driveline_inactive 的创建。

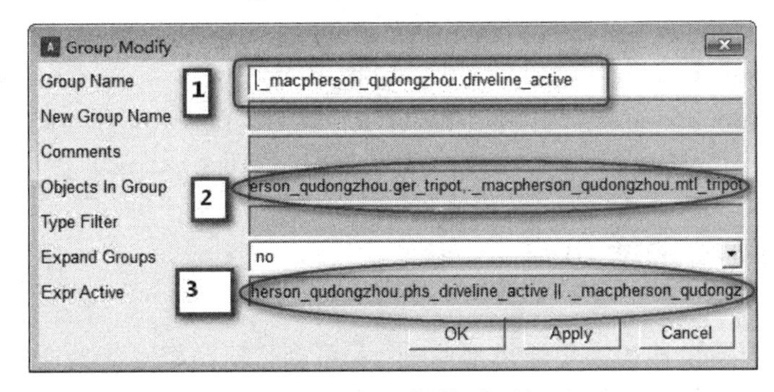

图 5-41　显示组件对话框

- 下列为麦弗逊悬挂中显示组件包含的 26 个对象（包含对应的部件、约束、变量、几何体）：

Object Name：._macpherson_qudongzhou.driveline_active

Object Type：Group

Parent Type：Model

Objects：

1）._macpherson_qudongzhou.gel_drive_shaft　（Part）

2）._macpherson_qudongzhou.gel_tripot　（Part）

3）._macpherson_qudongzhou.ger_drive_shaft　（Part）

4）._macpherson_qudongzhou.ger_tripot　（Part）

5）._macpherson_qudongzhou.mtl_tripot_to_differential　（Part）

6）._macpherson_qudongzhou.mtr_tripot_to_differential　（Part）

7）._macpherson_qudongzhou.jolcon_drive_shaft_inner　（Convel Joint）

8）._macpherson_qudongzhou.jorcon_drive_shaft_inner　（Convel Joint）

9）._macpherson_qudongzhou.cil_tripot_to_differential　（Variable）

10）._macpherson_qudongzhou.cir_tripot_to_differential （Variable）
11）._macpherson_qudongzhou.col_tripot_to_differential （Variable）
12）._macpherson_qudongzhou.cor_tripot_to_differential （Variable）
13）._macpherson_qudongzhou.gel_drive_shaft.gralin_drive_shaft （Cylinder）
14）._macpherson_qudongzhou.gel_drive_shaft.graell_cv_housing （Ellipsoid）
15）._macpherson_qudongzhou.gel_drive_shaft.graell_tripot_housing （Ellipsoid）
16）._macpherson_qudongzhou.gel_tripot.gracyl_tripot_housing_extention （Cylinder）
17）._macpherson_qudongzhou.ger_drive_shaft.gralin_drive_shaft （Cylinder）
18）._macpherson_qudongzhou.ger_drive_shaft.graell_cv_housing （Ellipsoid）
19）._macpherson_qudongzhou.ger_drive_shaft.graell_tripot_housing （Ellipsoid）
20）._macpherson_qudongzhou.ger_tripot.gracyl_tripot_housing_extention （Cylinder）
21）._macpherson_qudongzhou.mtl_fixed_3 （Fixed Joint）
22）._macpherson_qudongzhou.mtr_fixed_3 （Fixed Joint）
23）._macpherson_qudongzhou.jolcon_shaft_outer （Convel Joint）
24）._macpherson_qudongzhou.jorcon_shaft_outer （Convel Joint）
25）._macpherson_qudongzhou.joltra_tripot_to_differential （Translational Joint）
26）._macpherson_qudongzhou.jortra_tripot_to_differential （Translational Joint）

5.4 麦弗逊悬架通讯器

通讯器包括输入通讯器和输出通讯器两种。麦弗逊悬架模型对应的通讯器如表 5-1 所示。在创建悬架模型时，没有必要在悬架模型上添加全部的通讯器。比如在不考虑横向稳定杆时，横向稳定杆输入通讯器 ci[lr]_ARB_pickup 没有必要建立，在仿真时也不会影响悬架模型，在系统与试验台或者其他子系统装配时，系统在未检测到对应的输入或者输出同名的通讯器时会自动与大地连接。在创建安装部件的同时，系统会自动创建同名的输入通讯器：本 Macperson 悬架模型中输入通讯器包括（在创建安装部件时自动创建）：

1）._macpherson_qudongzhou.cil_strut_to_body；
2）._macpherson_qudongzhou.cis_subframe_to_body；
3）._macpherson_qudongzhou.cir_tierod_to_steering；
4）._macpherson_qudongzhou.cil_tripot_to_differential；

表 5-1 麦弗逊悬架模型对应的通讯器

ci[lr]_ARB_pickup	location	inherit
ci[lr]_strut_to_body	mount	inherit
ci[lr]_tierod_to_steering	mount	inherit
ci[lr]_tripot_to_differential	mount	inherit
cis_subframe_to_body	mount	inherit
co[lr]_arb_bushing_mount	mount	inherit

续表

co[lr]_camber_angle	parameter_real	inherit
co[lr]_droplink_to_ suspension	mount	inherit
co[lr]_suspension_mount	mount	inherit
co[lr]_suspension_upright	mount	inherit
co[lr]_toe_angle	parameter_real	inherit
co[lr]_tripot_to_differential	location	inherit
co[lr]_wheel_center	location	inherit
cos_driveline_active	parameter_integer	inherit
cos_rack_housing_to_ suspension_subframe	mount	inherit
cos_suspension_parameters_ARRAY	array	inherit

通讯器主要存在两种作用：① 在系统物理层面上对系统进行装配；② 系统之间的数据进行传递。输出通讯器的建立与输入通讯器类似，比较特殊的是输出通讯器是基于模型中存在的实体创建的，因此需要输入部件的名称。

• 单击 Build > Communicator > Output >New 命令，弹出输出通讯器对话框，如图 5-42 所示。

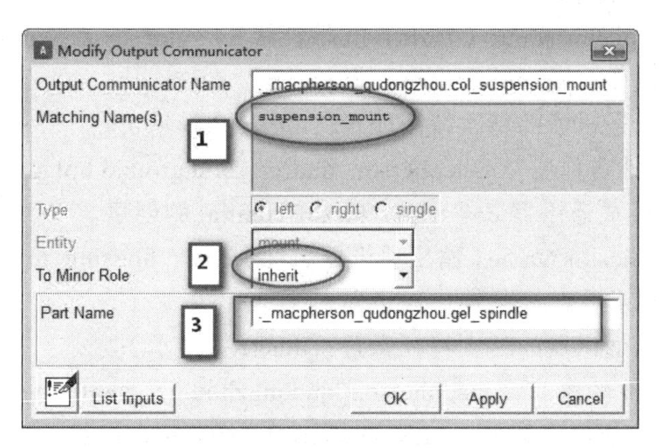

图 5-42　输出通讯器对话框

为保证麦弗逊悬架与悬架试验台架或者整车实验台架进行正确的装配，需要通过定义通讯器把麦弗逊悬架轮毂中心即车轮中心位置（其他类型的悬架系统，包括非独立悬架模型也使用）和实验台连接起来。当悬架进行静载分析时，必须将轮毂与转向节锁定，否则会导致悬架仿真发散，即系统存在自由度倒真系统计算不能收敛。与此相关的 3 个输出通讯器如下：

1）._macpherson_qudongzhou.col_suspension_mount；

2）._macpherson_qudongzhou.col_suspension_upright；

3）._macpherson_qudongzhou.col_wheel_center。

➢ 建立麦弗逊悬架的输出通讯器如下，在图 5-41 中：

• Output Communicator Name（输出通讯器名称）：suspension_mount；

• 1 号方框为与试验台匹配的输出通讯器；

• 2 号方框为输出通讯器的特次特征悬置：inherit（继承）；

• 3 号方框为通讯器基于部件的名称，Part Name：._macpherson_qudongzhou.gel_spindle;
• 单击 Apply，完成通讯器 cos_suspension_mount 的创建。

此通讯器 col_suspension_mount 的作用包括两个：① 指出与试验台连接的部件为：._macpherson_qudongzhou.gel_spindle（及轮毂部件）；② 对静态锁止器定义被锁定的部件：._macpherson_qudongzhou.gel_spindle（轮毂部件）。

• Output Communicator Name（输出通讯器名称）：suspension_upright;
• 1 号方框为与试验台匹配的输出通讯器；
• 2 号方框为输出通讯器的特次特征悬置：inherit（继承）；
• Part Name（部件名称）：._macpherson_qudongzhou.gel_upright;
• 单击 Apply，完成通讯器 cos_suspension_upright 的创建。

此通讯器 col_suspension_mount 的主要作用：指定被锁定的部件：._macpherson_qudongzhou.gel_upright（转向节部件）。

• Output Communicator Name（输出通讯器名称）：wheel_center;
• 1 号方框为与试验台匹配的输出通讯器；
• 2 号方框为输出通讯器的特次特征悬置：inherit（继承）；
• Part Name（部件名称）：._macpherson_qudongzhou.ground.hpl_wheel_center;
• 单击 Apply，完成通讯器 cos_wheel_center 的创建。
• Output Communicator Name（输出通讯器名称）：tripot_to_differential;
• 1 号方框为与试验台匹配的输出通讯器；
• 2 号方框为输出通讯器的特次特征悬置：inherit（继承）；
• Part Name（部件名称）：._macpherson_qudongzhou.ground.hpl_drive_shaft_inner;
• 单击 Apply，完成通讯器 cos_tripot_to_differential 的创建。
• Output Communicator Name（输出通讯器名称）：rack_housing_to_suspension_subframe;
• 1 号方框为与试验台匹配的输出通讯器；
• 2 号方框为输出通讯器的特次特征悬置：inherit（继承）；
• Part Name（部件名称）：._macpherson_qudongzhou.ges_subframe;
• 单击 Apply，完成通讯器 cos_rack_housing_to_suspension_subframe 的创建。
• Output Communicator Name（输出通讯器名称）：driveline_active;
• 1 号方框为与试验台匹配的输出通讯器；
• 2 号方框为输出通讯器的特次特征悬置：inherit（继承）；
• Part Name（部件名称）：._macpherson_qudongzhou.phs_driveline_active;
• 单击 OK，完成通讯器 cos_driveline_active 的创建。

至此完成麦弗逊悬架模板里所有通讯器的创建，接下来对悬架里包含的通讯器与悬架试验台（或其他要转配的系统是试验台）进行匹配测试，保证通讯器的正确性。

• 单击 Build > Communicator > Test 命令，弹出输出通讯器测试对话框，如图 5-43 所示；
• 1 号方框中输入要匹配的系统，可以多个输入；此处输入刚建立的麦弗逊悬架和悬架试验台：._macpherson_qudongzhou；.__MDI_SUSPENSION_TESTRIG;
• 2 号方框为特征类型，特征框中对应输入 any，麦弗逊悬架也可以输入 front，在此两个都可以。

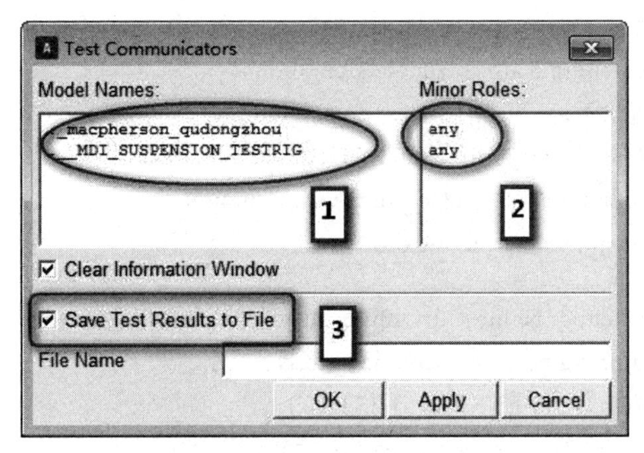

图 5-43 通讯器测试对话框

- 点击勾选 3 号方框对匹配结果进行保存；
- 单击 OK，完成麦弗逊悬架和悬架试验台._macpherson_ qudongzhou、.__MDI_SUSPENSION_ TESTRIG 的匹配测试。

!-------------- -------- Matched communicators：-----------------------! 匹配通讯器

Communicator Matching Name：tripot_to_differential
Input Communicator Name：ci[lr]_tripot_to_differential
Located in：_macpherson_qudongzhou
Output Communicator Name：co[lr]_tripot_to_differential
Output from：__MDI_SUSPENSION_TESTRIG

Communicator Matching Name：camber_angle
Input Communicator Name：ci[lr]_camber_angle
Located in：__MDI_SUSPENSION_TESTRIG
Output Communicator Name：co[lr]_camber_angle
Output from：_macpherson_qudongzhou

Communicator Matching Name：toe_angle
Input Communicator Name：ci[lr]_toe_angle
Located in：__MDI_SUSPENSION_TESTRIG
Output Communicator Name：co[lr]_toe_angle
Output from：_macpherson_qudongzhou

Communicator Matching Name：wheel_center
Input Communicator Name：ci[lr]_wheel_center
Located in：__MDI_SUSPENSION_TESTRIG
Output Communicator Name：co[lr]_wheel_center
Output from：_macpherson_qudongzhou

Communicator Matching Name：suspension_mount
Input Communicator Name：ci[lr]_suspension_mount
Located in：__MDI_SUSPENSION_TESTRIG
Output Communicator Name：co[lr]_suspension_mount
Output from：_macpherson_qudongzhou

Communicator Matching Name：driveline_active
Input Communicator Name：cis_driveline_active
Located in：__MDI_SUSPENSION_TESTRIG
Output Communicator Name：cos_driveline_active
Output from：_macpherson_qudongzhou

Communicator Matching Name：suspension_parameters_array
Input Communicator Name：cis_suspension_parameters_ARRAY
Located in：__MDI_SUSPENSION_TESTRIG
Output Communicator Name：cos_suspension_parameters_ARRAY
Output from：_macpherson_qudongzhou

Communicator Matching Name：tripot_to_differential
Input Communicator Name：ci[lr]_diff_tripot
Located in：__MDI_SUSPENSION_TESTRIG
Output Communicator Name：co[lr]_tripot_to_differential
Output from：_macpherson_qudongzhou

Communicator Matching Name：suspension_upright
Input Communicator Name：ci[lr]_suspension_upright
Located in：__MDI_SUSPENSION_TESTRIG
Output Communicator Name：co[lr]_suspension_upright
Output from：_macpherson_qudongzhou

!--------- ------- Unmatched input communicators：-----------! 不匹配的输入通讯器
Input Communicator Name：ci[lr]_strut_to_body
Class：mount
From Minor Role：any
Matching Name（s）：strut_to_body
In Template：_macpherson_qudongzhou

Input Communicator Name：cis_subframe_to_body
Class：mount

From Minor Role：any
Matching Name（s）：subframe_to_body
In Template：_macpherson_qudongzhou

Input Communicator Name：ci[lr]_tierod_to_steering
Class：mount
From Minor Role：any
Matching Name（s）：tierod_to_steering
In Template：_macpherson_qudongzhou

Input Communicator Name：ci[lr]_jack_frame
Class：mount
From Minor Role：any
Matching Name（s）：jack_frame
In Template：__MDI_SUSPENSION_TESTRIG

Input Communicator Name：cis_leaf_adjustment_steps
Class：parameter_integer
From Minor Role：any
Matching Name（s）：leaf_adjustment_steps
In Template：__MDI_SUSPENSION_TESTRIG

Input Communicator Name：cis_powertrain_to_body
Class：mount
From Minor Role：any
Matching Name（s）：powertrain_to_body
In Template：__MDI_SUSPENSION_TESTRIG

Input Communicator Name：cis_steering_rack_joint
Class：joint_for_motion
From Minor Role：any
Matching Name（s）：steering_rack_joint
In Template：__MDI_SUSPENSION_TESTRIG

Input Communicator Name：cis_steering_wheel_joint
Class：joint_for_motion
From Minor Role：any
Matching Name（s）：steering_wheel_joint
In Template：__MDI_SUSPENSION_TESTRIG

!----------------- Unmatched output communicators：------------!不匹配的输出通讯器

Output Communicator Name：cos_rack_housing_to_suspension_subframe

Class：mount

To Minor Role：any

Matching Name（s）：rack_housing_to_suspension_subframe

In Template：_macpherson_qudongzhou

Output Communicator Name：cos_leaf_adjustment_multiplier

Class：array

To Minor Role：any

Matching Name（s）：leaf_adjustment_multiplier

In Template：__MDI_SUSPENSION_TESTRIG

Output Communicator Name：cos_characteristics_input_ARRAY

Class：array

To Minor Role：any

Matching Name（s）：characteristics_input_array

In Template：__MDI_SUSPENSION_TESTRIG

通过通讯器测试，与悬架实验台架匹配的以及不匹配的通讯器全部被检测出来，通过测试发现：._macpherson_qudongzhou.col_suspension_mount、._macpherson_qudongzhou.col_suspension_upright、._macpherson_qudongzhou.col_wheel_center 三个通讯器与悬架保持正确匹配，因此悬架可以进行正常仿真。不匹配的通讯器则自动与大地相连，不影响麦弗逊悬架系统的正常仿真。

- 单击 File > Save As 命令，弹出保存模板对话框，如图 5-44 所示；

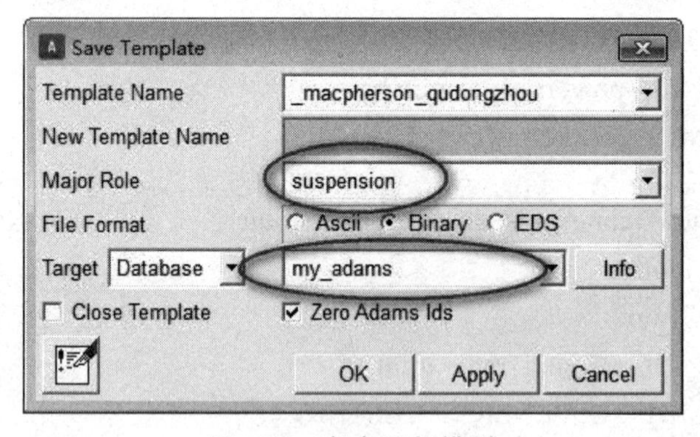

图 5-44　保存悬架模型

- Major Role（主特征）：suspension；
- Database（保存数据库）：my_adams；
- 单击 OK，完成麦弗逊悬架模板的保存。

至此，麦弗逊悬架建立基本完成。如果研究得比较深入，比如半主动、主动悬架模型及空气悬架模型，可以在麦弗逊悬架模型的基础上添加相关函数，实现被动麦弗逊悬架模型变为主动悬架模型。

5.5 悬架子系统建立

• 把模板转换到标准模式，单击 File > New > Suspension 命令，弹出子系统对话框，如图 5-45 所示；

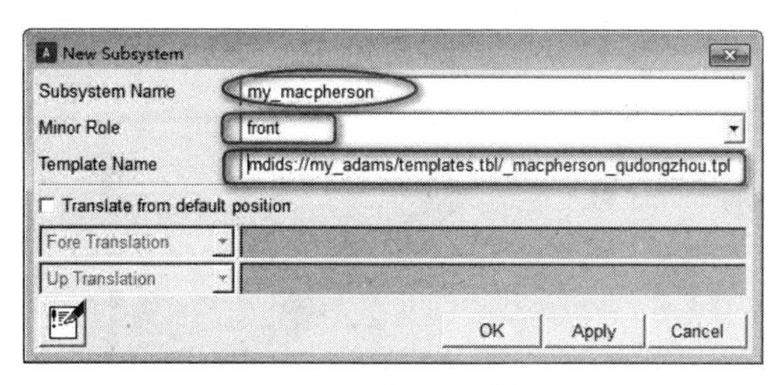

图 5-45 悬架子系统创建

• Subsystem Name（系统名称）：my_macpherson；
• Minor Role（副特征）：front（指悬架为前悬架）；
• Template Name（模板路径）：mdids：//my_adams/templates.tbl/_macpherson_qudongzhou.tpl；
• 单击 OK，完成麦弗逊悬架子系统 my_macpherson 的创建；
• 点击 Adjust > Kinematic Toggle，弹出 K & C 模式转换对话框，如图 5-46 所示；图 5-47、5-48 分别为 K、C 模式悬架子系统；

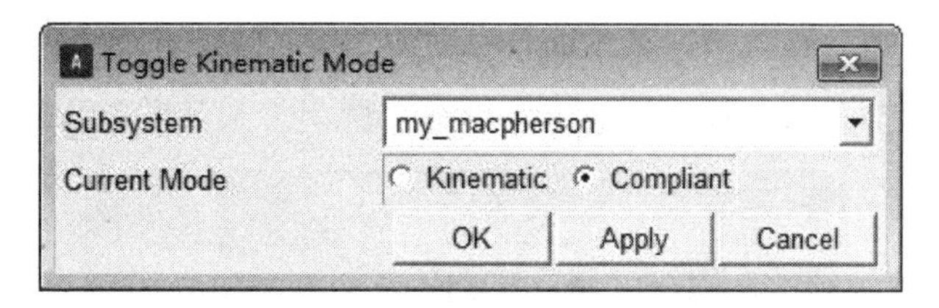

图 5-46 K & C 模式转换对话框

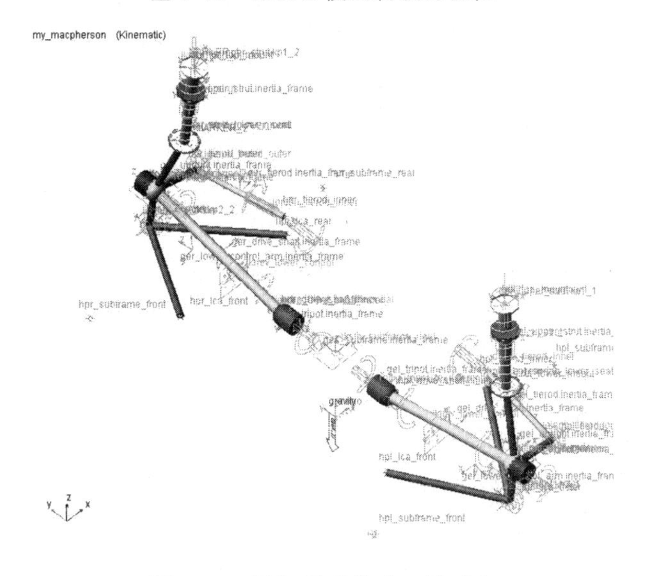

图 5-47 悬架子系统（K 模式）

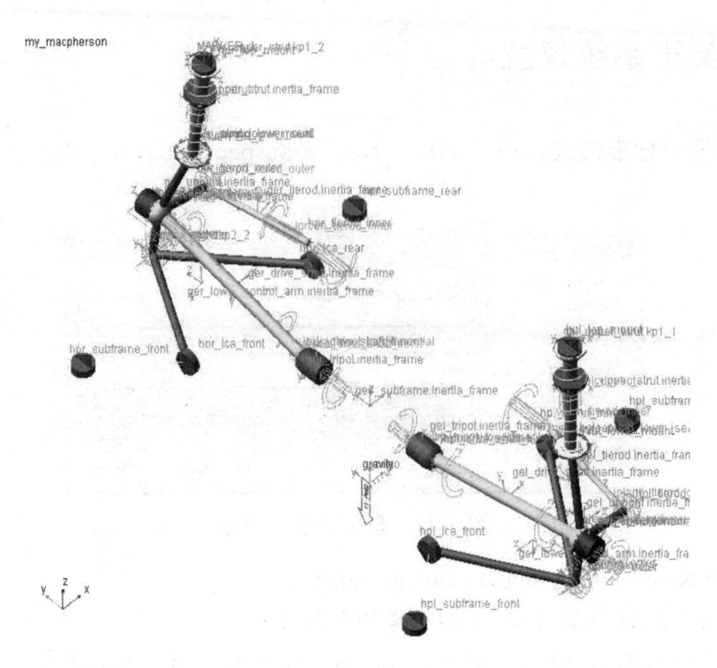

图 5-48　悬架子系统（C 模式）

5.6　悬架装配

- 单击 File > New > Suspension Assembly 命令，弹出悬架装配对话框，如图 5-49 所示；

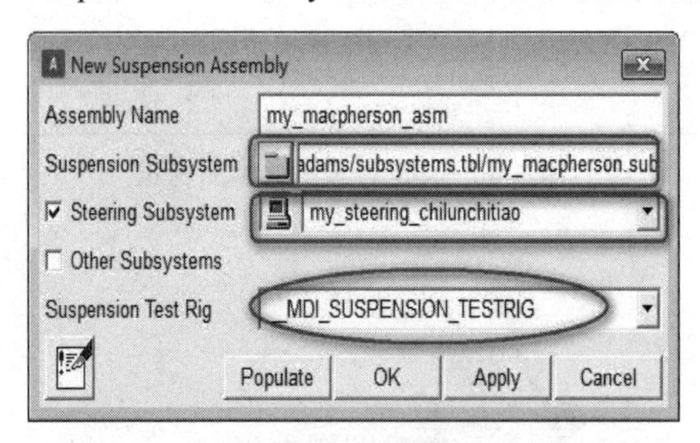

图 5-49　悬架装配

- Assembly Name（系统名称）：my_macpherson_asm；
- Suspension Subsystem（悬架子系统）：mdids：//my_adams/subsystems.tbl/my_macpherson.sub；
- Steering Subsystem（转向子系统）：mdids：//my_adams/subsystems.tbl/my_steering_chilunchitiao.sub；
- Suspension Test Rig：MDI_SUSPENSION_TESTRIG（悬架试验台）；
- 单击 OK，完成麦弗逊悬架、转向系统、试验台架的装配创建，如图 5-50 所示。

在创建悬架装配过程中，系统弹出如下提示信息：从提示信息中可以看出，悬架装配中包括悬架 my_macpherson 子系统、转向 my_steering_chilunchitiao 子系统。在装配过程中，没有匹配的通讯器自动连接到地面，更加详细的装配信息可以查看装配文件 my_macpherson_asm（用记事本方式可以打开）。

Creating the suspension assembly：'my_macpherson_asm'...

Opening the front suspension subsystem：'my_macpherson'...

Moving the front steering subsystem：'my_steering_chilunchitiao'...

Assembling subsystems...

Assigning communicators...

WARNING：The following input communicators were not assigned during assembly：以下为不匹配的通讯器：

my_steering_chilunchitiao.cis_steering_column_to_body（attached to ground）

my_steering_chilunchitiao.cis_rack_to_body（attached to ground）

testrig.cil_jack_frame（attached to ground）

testrig.cir_jack_frame（attached to ground）

testrig.cis_leaf_adjustment_steps

testrig.cis_powertrain_to_body（attached to ground）

my_macpherson.cil_strut_to_body（attached to ground）

my_macpherson.cir_strut_to_body（attached to ground）

my_macpherson.cis_subframe_to_body（attached to ground）

Assignment of communicators completed.

Assembly of subsystems completed.

Suspension assembly ready.

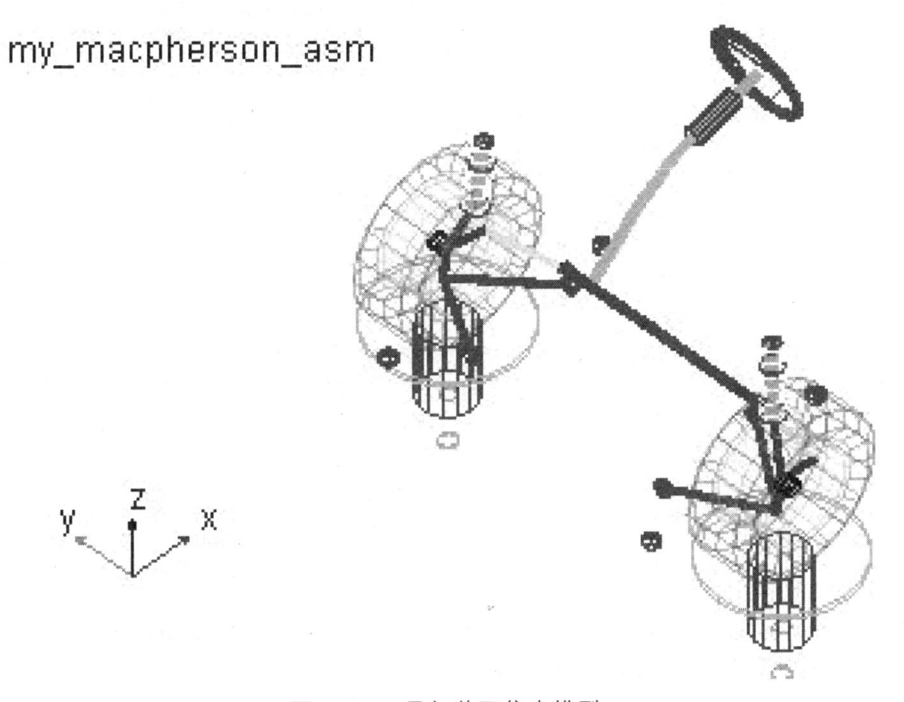

图 5-50　悬架装配仿真模型

➢ 定义悬架载荷

• 在悬架装配仿真模型上，右击弹簧选择修改，弹出弹簧修改对话框，如图 5-51 所示；

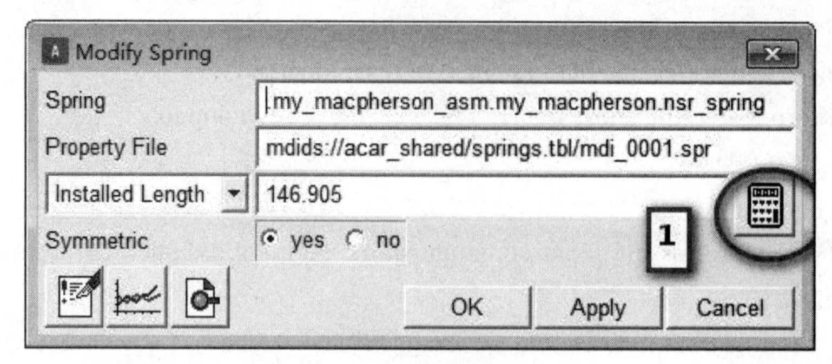

图 5-51　弹簧修改对话框

• 点击 1 号圆圈图标，在弹出的菜单中输入预载荷 2 940 牛，弹簧安装长度会自动更新为 146.905；

• 单击 OK，麦弗逊悬架载荷定义完成。

➢ 悬架参数设置

• 单击 Simulate > Suspension Analysis > Set Suspension Parametes 命令，弹出悬架参数设置对话框，如图 5-52 所示。

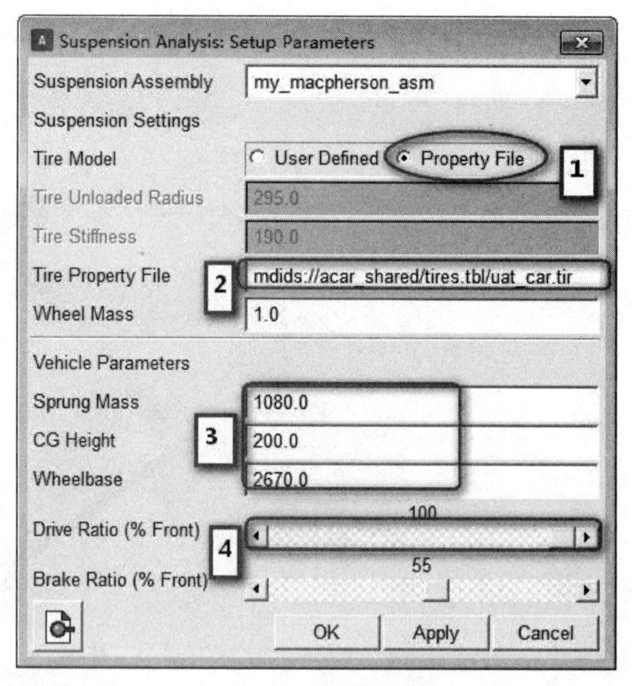

图 5-52　悬架参数设置对话框

• Tire Model（轮胎模型）：Property File（轮胎以属性文件方式给出）。

• Tire Property File（轮胎属性文件）：mdids：//acar_shared/tires.tbl/uat_car.tir；轮胎的相关参数可以在属性文件 uat_car.tir 修改后保存再引入。

• 3 号方框为簧载质量、质心高度及轴距参数，分别输入：1 080、200、2 670。

• Drive Ratio（% Front）：拖动滚动条为 100，车辆为前轮驱动；如果为后轮驱动汽车，则此时拖动滚动条为 0；如果为四轮驱动汽车，具体根据实际的驱动力进行分配。

• 单击 OK，完成麦弗逊悬架参数相关设置。

至此，悬架装配模型的相关参数全部设置完成，之后可以进行麦弗逊悬架模型的各种性能仿真实验。

5.7 车轮激振分析

车轮激振分析包括双轮同向车轮激振、双轮反向车轮激振、单轮激振三种仿真实验。车轮激振指悬架系统通过悬架实验台架施加垂直方向的运动来获取悬架定位参数随悬架运动行程变化的关系；在仿真过程中，可以添加转向系统。

同向激振指双轮保持相同的高度，在设置的参数范围内上调和回弹运动。

• 单击 Simulate > Suspension Analysis > Parallel Wheel Travel 命令，弹出双轮同向激振对话框，如图 5-53 所示；

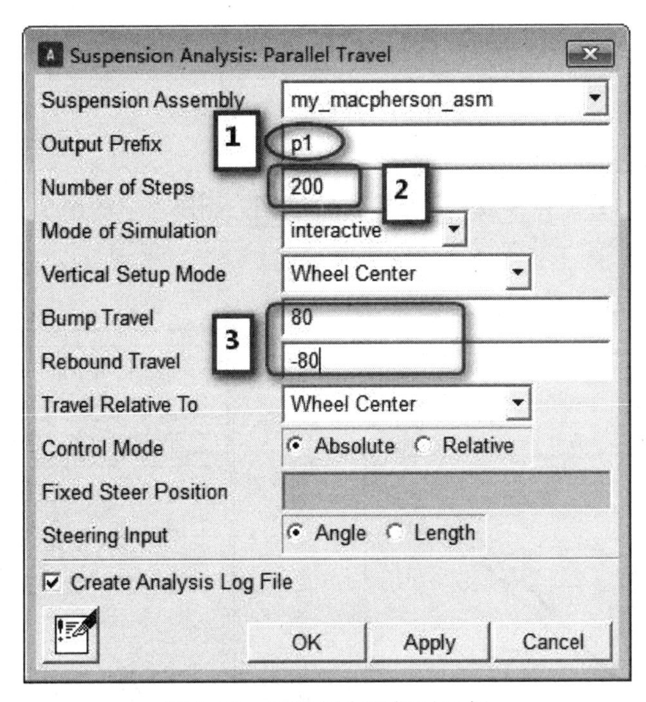

图 5-53　双轮同向激振对话框

• 在 1 号方框中 Output Prefix（输出别名）：p1；

• Number of Steps（仿真步数）：200；

• 3 号方框中分别输入：80、－80，分别指上跳行程与回弹行程，其余参数保持默认；

• 单击 Apply，完成麦弗逊悬架在 C 模式下的仿真；

• 按 F8，此时从标准进入后处理模块；

• Plot > Create Plots，弹出标准绘图对话框；

• Plot Configuration File（绘图配置文件）: mdids://acar_shared/plot_configs.tbl/mdi_suspension_parallel_travel.plt；

• 单击 OK，标准绘图配置文件导入完成；

• 点击 Adjust > Kinematic Toggle，弹出 K & C 模式转换对话框，选择 K 模式，如图 5-46 所示；

• 在 1 号方框中 Output Prefix（输出别名）：p2；

• 单击 OK，完成麦弗逊悬架在 K 模式下的仿真；

• 按 F8，此时从标准进入后处理模块；

• Plot > Create Plots，弹出标准绘图对话框，如图 5-54 所示；

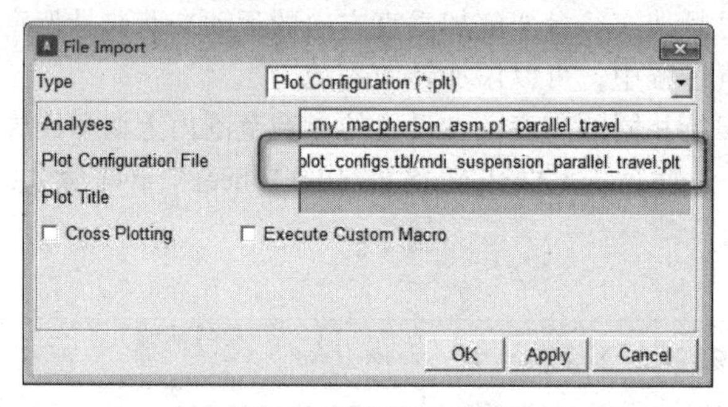

图 5-54　标准绘图对话框

• 勾选 Cross Plotting（交叉绘图）；

• 单击 OK，此时 K & C 仿真结果 p1 和 p2 在同一副图上显示出来，图 5-55、5-56 分别为主销后倾、主销内倾随车轮跳动变化的曲线。

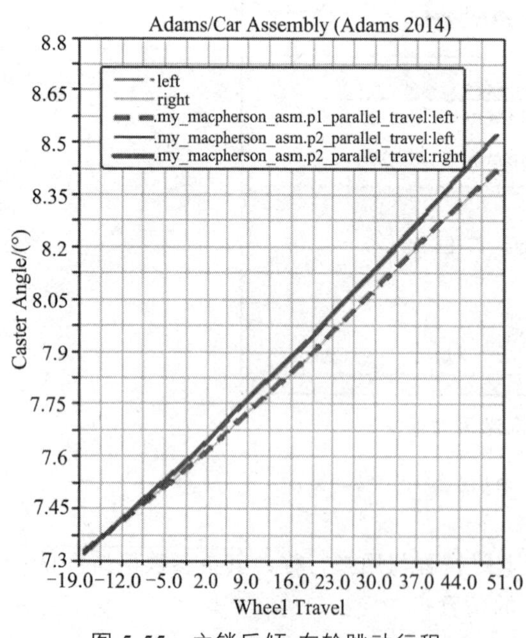

图 5-55　主销后倾-车轮跳动行程

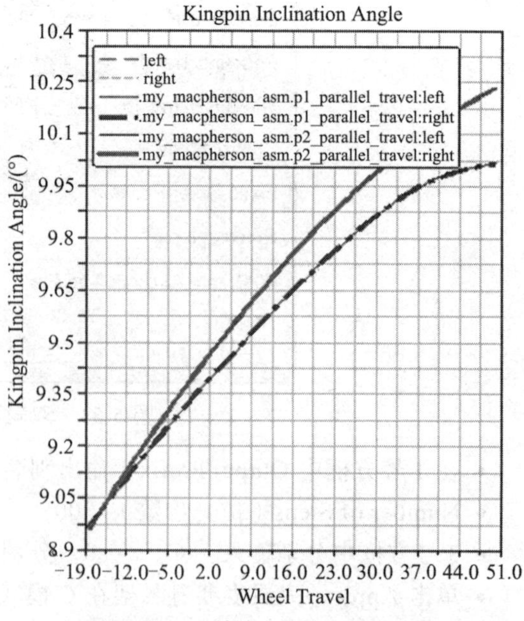

图 5-56　主销内倾-车轮跳动行程

5.8 仿真错误探讨

悬架系统建模中由于疏忽会存在一些小的错误，针对这些问题，可以在系统提示仿真出现错误时予以解决。此麦弗逊悬架在建模过程，由于三脚架与安装件 tripot_to_differential 之间移动副方向定位错误出现以下的仿真错误提示：从该提示中可以看出，约束 45、46 有问题。

```
Using SmartDriver Template file:
D:/MSC.Software/Adams_x64/2014/win64/.smartdriver.xml
command: FILE/COMMAND=p1_parallel_travel.acf
command:
command: file/model=p1_parallel_travel
ERROR: The MARKER referenced by ID number does not exist.
ERROR:      Value                : 131
ERROR:      Argument             : J
ERROR:      Statement            : JOINT/45
ERROR:      Line number          : 2640
ERROR: The MARKER referenced by ID number does not exist.
ERROR:      Value                : 136
ERROR:      Argument             : J
ERROR:      Statement            : JOINT/46
ERROR:      Line number          : 2646
ERROR: Errors in the Adams dataset prevent it from being loaded into the database.
---- START: ERROR ----
Attempt to read in model into AMD was unsuccessful
---- END: ERROR ----
command: !
command: !INFO Adams Version: Adams 2014
command: !INFO Adams Build: 2014.0.0-CL289716
command: !INFO Assembly File:
command: !INFO Solver Library: D: /MSC~1.SOF/ADAMS_~1/2014/win64/acar_solver.dll
command: !
command: preferences/solver=CXX
command: preferences/list, status=on
PREFERENCES:
SIMFAIL                          = NOSTOPCF
Contact Geometry Library     = ( not loaded )
Thread Count                   = 1
Library Search Path          = Not Set
```

Status Message = Off
Solverbias = CXX（C++ Solver）
command：control/ routine=acarSDM：con950，
function=user（950，29，31，1，2，18，20，1，3，2，3，28，30，2，3，28，30，1，1）
command：simulate/static，end=16.000000，steps=15
---- START：ERROR ----
This command cannot be processed until a model has been defined.
---- END：ERROR ----
command：!
command：stop
Finished -----
Elapsed time = 0.00s， CPU time = 0.00s， 0.00%
Analysis failed!
Please check the error messages to determine the cause.
Adams/View 查找错误原因

从 Adams/Car 界面通过工具箱中的 Adams/View 插件转换到 View 模块中，在部件约束连接中右击鼠标 Info 约束的信息，通过查找发现错误为三脚架与安装件 tripot_to_differential 之间的移动副两个方向参考点错误，进行更正后，麦弗逊悬架模型错误问题得到解决，可以进行正常仿真。

Object Name : .mac_am.mac.jortra_tripot_to_differential
Object Type : Translational Joint
Parent Type : Model
Adams ID : 46
Active : ON
I Marker : .mac_am.mac.ger_tripot.jxr_joint_i_8
J Marker : .mac_am.testrig.ger_diff_output.jxr_joint_j_8
Initial Conditions
Displacement : NOT SET
Velocity : NOT SET
Object Name : .mac_am.mac.joltra_tripot_to_differential
Object Type : Translational Joint
Parent Type : Model
Adams ID : 45
Active : ON
I Marker : .mac_am.mac.gel_tripot.jxl_joint_i_8
J Marker : .mac_am.testrig.gel_diff_output.jxl_joint_j_8
Initial Conditions
Displacement : NOT SET
Velocity : NOT SET

第6章 路 面

整车模型计算仿真的前提是必须在路面上进行。路面的状态类型较为繁多，以适应不同计算工况的需要。在对整车制动系统评估时，需要设置对开及对接路面；对整车的平顺性计算仿真时需要设置不同等级的路面及通过减速带、连续坑洼路面等。Adams/Car 模块共享数据库中 ROAD 文件夹中提供的路面文件足以满足日常所需的工况仿真要求，但对于一些特殊工况需要的路面仍需要读者自己建立。

学习目标

- ✧ 路面类型简介。
- ✧ 对开路面。
- ✧ 对接路面。
- ✧ 减速带路面。
- ✧ 连续障碍路面。
- ✧ 直线制动系统仿真。
- ✧ 分离轮胎路面设置。
- ✧ 弯道制动系统仿真。

6.1 路面类型简介

路面模型可以分为 2D 与 3D 路面模型。2D 路面接触通常采用点式跟踪法；3D 路面模型为三维轮胎-路面接触模型，用来计算路面和轮胎之间交叉的体积，路面采用一系列离散的三角形片表示，而轮胎用一系列圆柱表示。采用 3D 路面模型（或者称 3D 等效体积路面模型），可以模拟在车辆运动过程中碰到路边台阶、凹坑、粗糙路面及不规则路面上运动的情形。3D 等效体积路面模型如图 6-1 所示，此路面由 6 个节点构成 4 个三角形面单元，每个三角形单元向外的单位法向矢量如图 6-1 所示，与有限元网格中定义较为相似。Adams/Tire 在定义路面时首先需要指定每个节点在路面参考坐标系下的坐标，再按顺

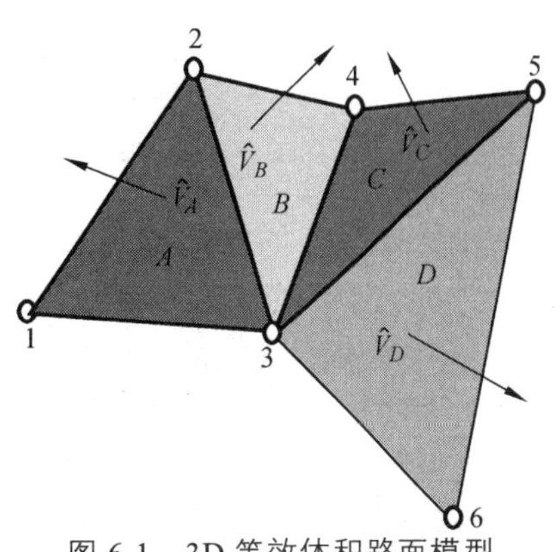

图 6-1　3D 等效体积路面模型

序指定三个节点构成三角形单元，对应每个单元，可以指定不同的摩擦系数。除此之外还有 3D 光滑路面，用于定义停车场、赛道路面等，3D 光滑路面一般指路面的曲率小于轮胎的曲率。

路面模型存储于共享数据库的文件夹中，路径为：D：/MSC.Software/Adams_x64/2014/acar/shared_car_database.cdb/roads.tbl。2D 路面模型除平整路面 FLAT 外，其他路面在仿真时均不能显示几何图形。

1）DRUM：测试轮胎用转股试验台；

2）FLAT：平整路面；

3）PLANK：矩形凸块路面；

4）POLY_LINE：折线路面；

5）POT_HOLE：凹坑路面；

6）RAMP：斜坡路面；

7）ROOF：三角形凸块路面；

8）SINE：正弦波路面；

9）SINE_SWEEP：正弦波波纹路面；

10）STOCHASTIC_UNEVEN：随机不平路面；

• 单击 Simulate > Component Analysis > consin/tiretlls 命令，弹出 consin2014-3 插件对话框，如图 6-2 所示;

• 单击 File > Open road 命令，弹出选择路面文件对话框，选择正弦波波纹路面 2d_sine_sweep.rdf;

• 单击“打开”按钮，弹出 roadtools 工具对话框，如图 6-3 所示；

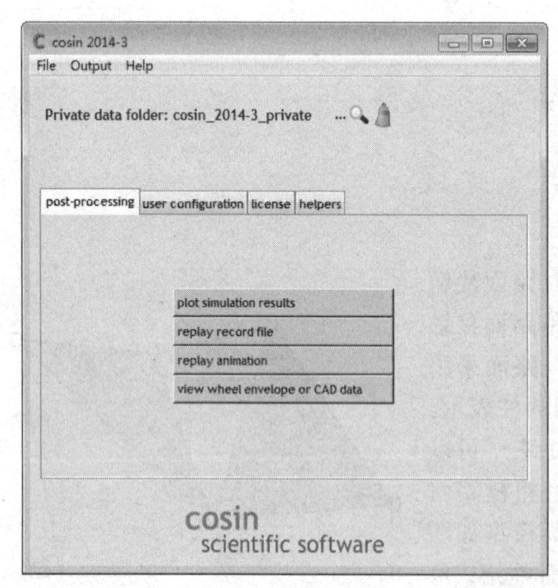

图 6-2 consin2014-3 插件

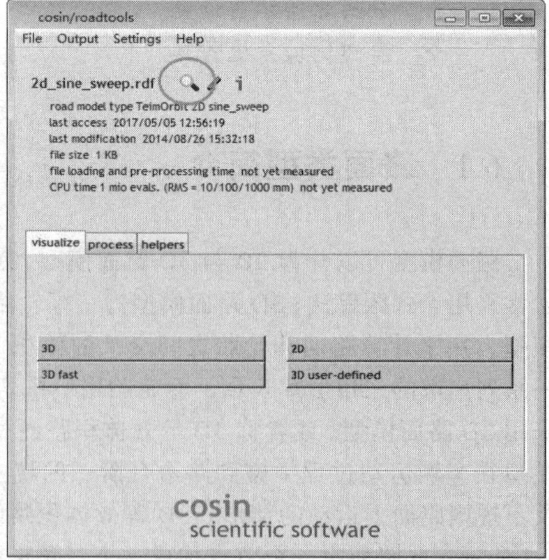

图 6-3 roadtools 工具对话框

• 单击显示按钮快捷方式，显示正弦波波纹路面，如图 6-4 所示，其余不同类型路面形状读者可自行尝试打开观看。

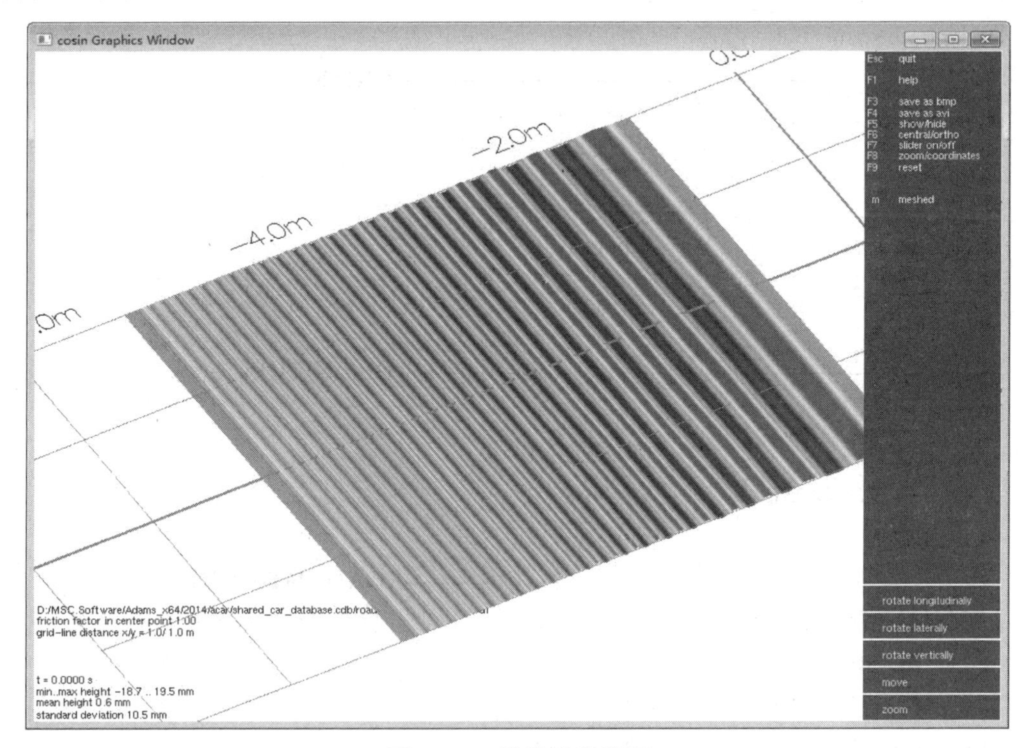

图 6-4 正弦波波纹路面

6.2 对开路面

对开路面主要用于车辆在 ABS 制动状态下系统的仿真，以路面中轴线为界，左右两侧的路面摩擦系数不用。真实车辆在制动过程中，左右两侧车轮可能处在不同的路面上，或者模拟车辆在失控状态下整车的稳定性能。对开路面编辑以 3D 样条路面 mdi_3d_smooth_road.rdf 为模板，对路面左侧摩擦系数 MU_LEFT 与右侧路面摩擦系数 MU_RIGHT 进行更改；高低附路面以摩擦系数 0.5 为中间值，大于 0.5 为高附路面，小于 0.5 为低附路面，同时要求高低附路面摩擦系数比值大于等于 2。对 3D 样条路面 mdi_3d_smooth_road.rdf 进行局部修改，修改部分用斜体加下划线标注。修改好的路面另存为 mdi_3d_smooth_road_DK.rdf，文件存放于章节文件夹中。

对开路面信息按如下方式修改：

```
$-------------------------------------------------------------MDI_HEADER
[MDI_HEADER]
FILE_TYPE    =   'rdf'
FILE_VERSION   =   5.00
FILE_FORMAT   =   'ASCII'
(COMMENTS)
```

```
(comment_string )
'3d smooth road'
$---------------------------------------------------------------UNITS
[UNITS]
 LENGTH                  = 'meter'
 FORCE                   = 'newton'
 ANGLE                   = 'radians'
 MASS                    = 'kg'
 TIME                    = 'sec'
$---------------------------------------------------------------DEFINITION
[MODEL]
 METHOD                  = '3D_SPLINE'
 FUNCTION_NAME           = 'ARC903'
 VERSION                 = 1.00
$---------------------------------------------------------------ROAD_PARAMETERS
[GLOBAL_PARAMETERS]
 CLOSED_ROAD             = 'nO'
 SEARCH_ALGORITHM        = 'FaSt'
 ROAD_VERTICAL           = '0.0 0.0 1.0'
 FORWARD_DIR             = 'NORMAL'
 MU_LEFT                 = 1.0
 MU_RIGHT                = 1.0
 WIDTH                   = 7.000
 BANK                    = 0.0

$---------------------------------------------------------------DATA_POINTS
[DATA_POINTS]
{    X              Y              Z             WIDTH   BANK   MU_LEFT   MU_RIGHT }
12.50000E+00   0.00000E – 00   0.00000E – 00   7.000   0.000   0.800   0.400
10.50000E+00   0.00000E – 00   0.00000E – 00   7.000   0.000   0.800   0.400
 5.50000E+00   0.00000E – 00   0.00000E – 00   7.000   0.000   0.800   0.400
 0.50000E+00   0.00000E – 00   0.00000E – 00   7.000   0.000   0.800   0.400
 0.00000E+00   0.00000E – 00   0.00000E – 00   7.000   0.000   0.800   0.400
– 2.50000E+00  0.00000E – 00   0.00000E – 00   7.000   0.000   0.800   0.400
– 5.00000E+00  0.00000E – 00   0.00000E – 00   7.000   0.000   0.800   0.400
– 1.00000E+01  0.00000E – 00   0.00000E – 00   7.000   0.000   0.800   0.400
– 2.00000E+01  0.00000E – 00   0.10000E – 00   7.000   0.000   0.800   0.400
– 3.00000E+01  0.00000E – 00   0.20000E – 00   7.000   0.000   0.800   0.400
```

```
– 4.00000E+01  0.00000E – 00  0.30000E – 00  7.000  0.000  0.800  0.400
– 5.00000E+01  0.00000E – 00  0.40000E – 00  7.000  0.000  0.800  0.400
– 6.00000E+01  0.00000E – 00  0.50000E – 00  7.000  0.000  0.800  0.400
– 7.00000E+01  0.00000E – 00  0.60000E – 00  7.000  0.000  0.800  0.400
– 8.00000E+01  0.00000E – 00  0.70000E – 00  7.000  0.000  0.800  0.400
– 9.00000E+01  0.00000E – 00  0.80000E – 00  7.000  0.000  0.800  0.400
– 1.00000E+02  0.00000E – 00  0.90000E – 00  7.000  0.000  0.800  0.400
– 1.10000E+02  0.00000E – 00  1.00000E + 00  7.000  0.000  0.800  0.400
– 1.20000E+02  0.00000E – 00  1.10000E – 00  7.000  0.000  0.800  0.400
– 1.30000E+02  0.00000E – 00  1.20000E – 00  7.000  0.000  0.800  0.400
$--------------------------------------------------------------------------------END_DATA_POINTS
```

6.3 对接路面

对接路面同样用于车辆在 ABS 制动状态下系统的仿真，对接路面以长度为单位作为一个整体，每个整体路面摩擦系数不同，以路面中轴线为界，对接路面编辑以 3D 样条路面 mdi_3d_smooth_road.rdf 为模板，经过某一个长度后（长度的大小可以对整车进行直线制动仿真估计）路面左右侧的摩擦系数同时变更，一般情况下变小；高低附路面以摩擦系数 0.5 为中间值，大于 0.5 为高附路面，小于 0.5 为低附路面，同时要求高低附路面摩擦系数比值大于等于 2；对 3D 样条路面 mdi_3d_smooth_road.rdf 进行局部修改，修改部分用斜体加下划线标注。修改好的路面另存为 mdi_3d_smooth_road_DJ.rdf，文件存放于章节文件夹中。

```
对接路面信息按如下方式修改：
$ – – – – – – – – – – – – – – – – – – – – – – – – – – – – – – – – – – – – – – –
– – – – – – – – – – – – – – – – – – – – – – – – – – – – – – – MDI_HEADER
[MDI_HEADER]
FILE_TYPE              = 'rdf'
FILE_VERSION           = 5.00
FILE_FORMAT            = 'ASCII'
（COMMENTS）
（comment_string）
'3d smooth road'
$--------------------------------------------------------------------------------UNITS
[UNITS]
 LENGTH                = 'meter'
 FORCE                 = 'newton'
 ANGLE                 = 'radians'
 MASS                  = 'kg'
```

```
 TIME                   = 'sec'
$------------------------------------------------------------------------------DEFINITION
[MODEL]
 METHOD                 = '3D_SPLINE'
 FUNCTION_NAME          = 'ARC903'
 VERSION                = 1.00
$------------------------------------------------------------------------------ROAD_PARAMETERS
[GLOBAL_PARAMETERS]
 CLOSED_ROAD            = 'nO'
 SEARCH_ALGORITHM       = 'FaSt'
 ROAD_VERTICAL          = '0.0 0.0 1.0'
 FORWARD_DIR            = 'NORMAL'
 MU_LEFT                = 1.0
 MU_RIGHT               = 1.0
 WIDTH                  = 7.000
 BANK                   = 0.0

$------------------------------------------------------------------------------DATA_POINTS
[DATA_POINTS]
{    X             Y             Z          WIDTH  BANK  MU_LEFT  MU_RIGHT }
12.50000E+00  0.00000E – 00  0.00000E – 00  3.000  0.000  0.900  0.900
10.50000E+00  0.00000E – 00  0.00000E – 00  3.000  0.000  0.900  0.900
 5.50000E+00  0.00000E – 00  0.00000E – 00  3.000  0.000  0.900  0.900
 0.50000E+00  0.00000E – 00  0.00000E – 00  3.000  0.000  0.900  0.900
 0.00000E+00  0.00000E – 00  0.00000E – 00  3.000  0.000  0.900  0.900
– 2.50000E+00  0.00000E – 00  0.00000E – 00  3.000  0.000  0.900  0.900
– 5.00000E+00  0.00000E – 00  0.00000E – 00  3.000  0.000  0.900  0.900
– 1.00000E+01  0.00000E – 00  0.00000E – 00  3.000  0.000  0.300  0.300
– 2.00000E+01  0.00000E – 00  0.10000E – 00  3.000  0.000  0.300  0.300
– 3.00000E+01  0.00000E – 00  0.20000E – 00  3.000  0.000  0.300  0.300
– 4.00000E+01  0.00000E – 00  0.30000E – 00  3.000  0.000  0.300  0.300
– 5.00000E+01  0.00000E – 00  0.40000E – 00  3.000  0.000  0.300  0.300
– 6.00000E+01  0.00000E – 00  0.50000E – 00  3.000  0.000  0.300  0.300
– 7.00000E+01  0.00000E – 00  0.60000E – 00  3.000  0.000  0.300  0.300
– 8.00000E+01  0.00000E – 00  0.70000E – 00  3.000  0.000  0.300  0.300
– 9.00000E+01  0.00000E – 00  0.80000E – 00  3.000  0.000  0.300  0.300
– 1.00000E+02  0.00000E – 00  0.90000E – 00  3.000  0.000  0.300  0.300
– 1.10000E+02  0.00000E – 00  1.00000E + 00  3.000  0.000  0.300  0.300
```

```
-1.20000E+02  0.00000E-00  1.10000E-00  3.000  0.000  0.300  0.300
-1.30000E+02  0.00000E-00  1.20000E-00  3.000  0.000  0.300  0.300
$--------------------------------------------------------------------------END_DATA_POINT
```

6.4　减速带路面

减速带主要设置在路口、学校、小区门口等车流量较多、人口较为密集的地方，提示车辆减速慢行，注意安全。减速带规格类型较多，此案例采用的减速带规格为 250×350×50（长×宽×高），其中减速带断面参数为 350×50；通过 ADAMS/CAR 建立减速带模型，模拟 FSAE 赛车通过减速整车的运动状态。

• 单击 Simulate > Full-Vehicle Analyses > Road builder 命令，弹出路面构建对话框，如图 6-5 所示；对话框主要包含四部分：路面文件、标题栏、路面文件版本信息、路面单位信息。

• Road File：D:/MSC.Software/Adams_x64/2014/acar/shared_car_database.cdb/roads.tbl/road_3d_sine_example.xml。

• 路面文件输入上述路径，路面建模器打开后默认存在，也可以点击后面的文件快捷方式输入其他路面文件均可；界面其余设置均保持默认。

• 单击 Obstacle（障碍物，包括凸块路面、凹坑路面、三角形凸台路面等），此时图 6-5 转换成障碍物路面设置界面，如图 6-6 所示。

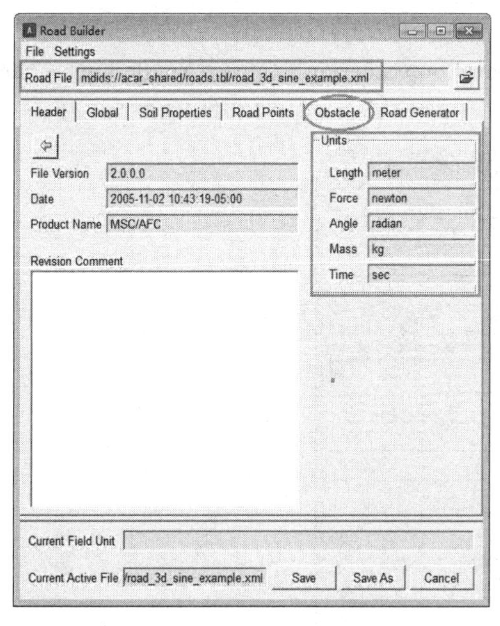

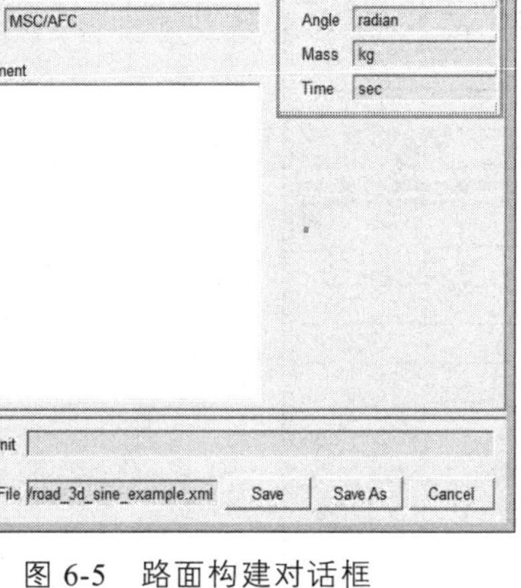

图 6-5　路面构建对话框

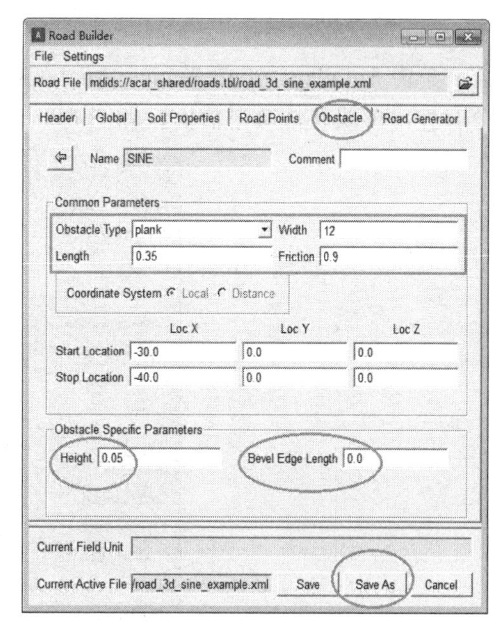

图 6-6　路面障碍对话框

• Obstacle Type：plank，障碍物选择凸块路面。

• Width（路面宽度）：12，单位 m；减速带宽度与路面宽度相同，路面宽度可以用记事本打开 road_3d_sine_example.xml 查询。

• Length（减速带断面宽度）：0.35，单位 m；

• Friction（摩擦系数）：0.9；

• Height（减速带高度）：0.05，单位 m；

• Bevel Edge Length（凸块倒角变长度，默认角度为 45°）：0，单位 m；

• 其余保持默认设置，单击 Save As 标签，另存为：road_3d_sine_example_JIANSUDAI.xml；存储路径为：D：/fsae_MD_2010.cdb/roads.tbl/road_3d_sine_example_JIANSUDAI.xml。创建好的减速带路面模型如图 6-7 所示。

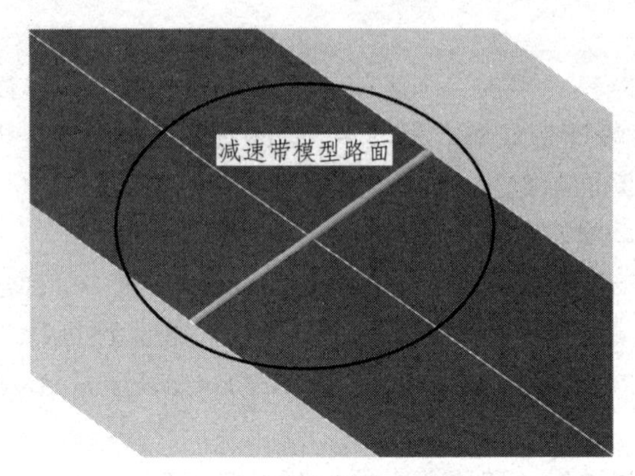

图 6-7　减速带路面模型

6.5　单线移仿真

• 单击 Simulate > Full-Vehicle Analysis > Open-Loop Steering Events > Single Lane Change 命令，弹出单线移仿真对话框，如图 6-8 所示；

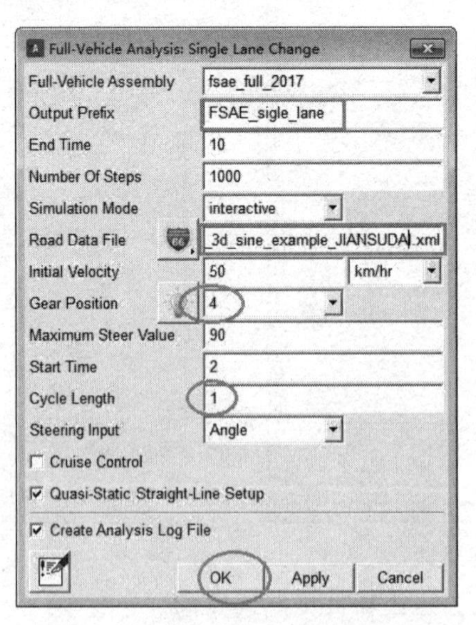

图 6-8　单线移仿真设置对话框

• Output Prefix（输出别名）：FSAE_single_lane；

• End Time：10；

- Number of Steps：1 000；
- Simulation Mode（仿真类型）：interactive；
- Road Date File：mdids：//FASE/roads.tbl/road_3d_sine_example_JIANSUDAI.xml；
- Initial Velocity（初始速度）：50；
- Gear Position（挡位）：4 挡；
- Maximum Steer Value（方向盘输入最大角度）：90，单位：度；
- Start Time：2；
- Cycle length（转向时间）：1；
- Steering Input（转向输入）：Angle；
- 其余设置保持默认，单击 OK，完成单线移仿真设置并提交软件进行计算。

仿真正确且结束后，查看车身的垂向加速度与侧向加速度，根据数据评估 FSAE 整车运行状态及稳定性。查看数据有两种方法：一种是直接在后处理模块中查询，另一种是直接在标准窗口界面建立测量函数测量。

- 标准窗口界面右击选择：.fsae_full_2017.FSAE_Body_2017.ges_chassis > Measure，弹出测量对话框；
- Measure Name：chassis_acc_Z；
- Characteristic：CM acceleration；
- Component：Z；
- 单击 Apply，完成 FSAE 赛车的垂向加速度的测量，如图 6-9 所示。
- Measure Name：chassis_acc_Y；
- Component：Y；
- 其余设置保持默认，单击 OK，完成 FSAE 赛车的侧向加速度的测量，如图 6-10 所示。

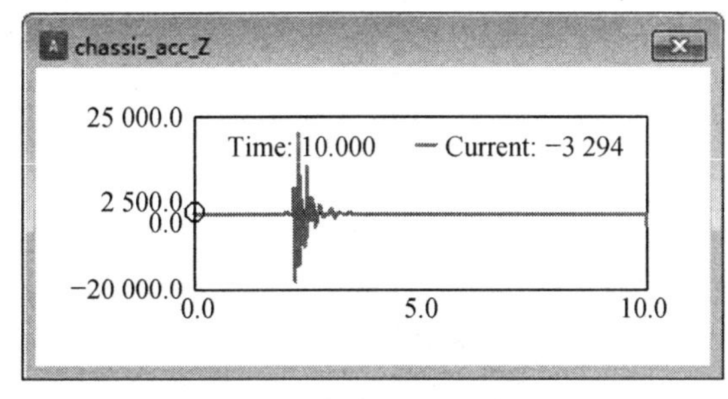

图 6-9　车身垂向加速度

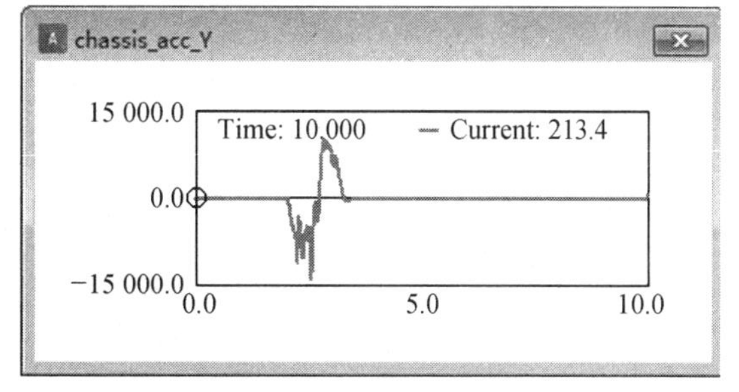

图 6-10　车身侧向加速度

从仿真结果可以看出，FSAE 赛车在经过减速带瞬间，车身垂直方向产生剧烈震动，最大值接近 $2.5g$（$g=9.8\ \text{m/s}^2$）；车身侧向加速度最大值接近 $1.5g$，在负方向伴有高频振动趋势（线条变化并不光滑）。

单线移仿真应注意以下事项：

单线移在仿真时可能出现错误，但能仿真完成。出现此种问题的原因主要有：转向时间 Cycle length 设置过大，整车在转向过程中方向盘转向时间过长，整车行驶出宽度为 12 m 的路面跌落到空中。解决此问题：① 需要多次尝试设置不同 Cycle length 值进行仿真，并根据整车运行的动画进行评估以确定合适值；② 更换平整路面 FLAT，平整路面的长宽大小值可以在路面文件中进行参数修改；③ 也可以多次尝试使 FSAE 赛车从不同的角度四个车轮先后通过减速带，Cycle length 设置为 1 可以满足要求。

6.6 连续障碍路面

整车在高速路上行驶时，会存在多个连续减速带提示驾驶员与前车保持合适的车距；在整车设计量产之前，需要对整车的性能进行评估，也需要整车在随机不平路面上或者连续障碍路面上行驶。连续 3 个减速带路面创建如下，其他障碍路面创建也可参考此方法。

- 单击 Simulate > Full-Vehicle Analyses > Road builder 命令，弹出路面构建对话框，如图 6-5 所示；
- Road File：D：/fsae_MD_2010.cdb/roads.tbl/ road_3d_sine_example_JIANSUDAI.xml；
- 单击 Obstacle；
- 单击 Display table view，显示出连续障碍路面设置对话框，如图 6-11 所示；

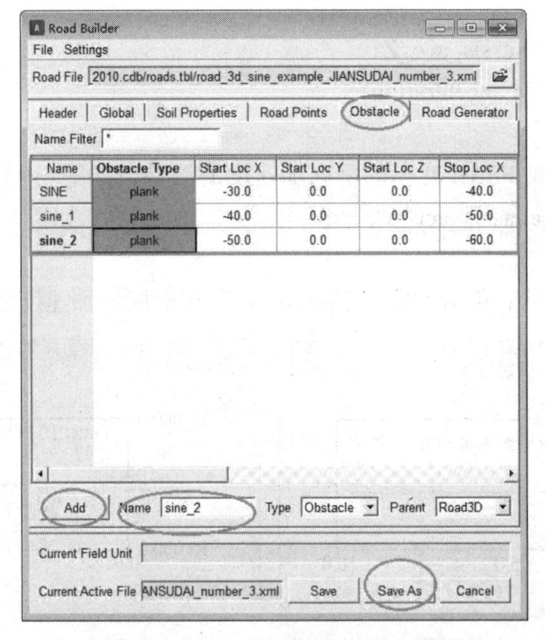

图 6-11 路面连续障碍设置对话框

- Name：sine_1；
- 单击 Add，双击列表中的 sine_1 界面，转换成如图 6-6 所示；
- Obstacle Type：plank，障碍物选择凸块路面；
- Width（路面宽度）：12，单位 m；减速带宽度与路面宽度相同，路面宽度可以用记事本打开 road_3d_sine_example.xml 查询；
- Length（减速带断面宽度）：0.35，单位 m；
- Friction（摩擦系数）：0.9；
- Height（减速带高度）：0.05，单位 m；

• Start Location：Loc X 下列方框输入 – 40；
• Stop Location：Loc X 下列方框输入 – 50；
• 单击 Display table view，重复一次上述过程；
• Name：sine_2；
• Start Location：Loc X 下列方框输入 – 50；
• Stop Location：Loc X 下列方框输入 – 60；
• 其余保持默认设置，单击 Save As 标签，另存为：road_3d_sine_example_JIANSUDAI_number_3.xml；存储路径为：D：/fsae_MD_2010.cdb/roads.tbl/ road_3d_sine_example_JIANSUDAI_number_3.xml。创建好的连续减速带路面模型如图 6-12 所示。

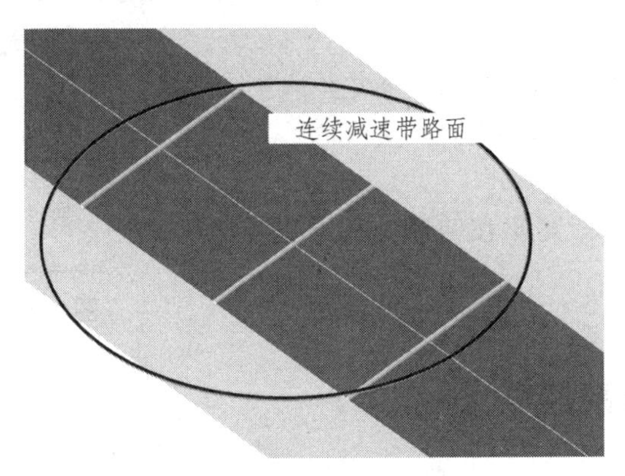

图 6-12　连续减速带路面模型

6.7　匀速直线行驶仿真

• 单击 Simulate > Full-Vehicle Analysis > Straight-Line Events > Maintain 命令，弹出匀速直线行驶仿真对话框，如图 6-13 所示；

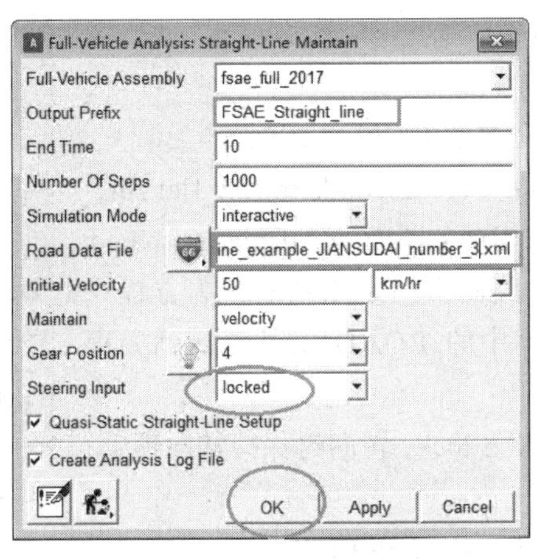

图 6-13　匀速直线行驶仿真对话框

• Output Prefix（输出别名）：FSAE_ Straight_Line；

- End Time：10；
- Number of Steps：1 000；
- Simulation Mode（仿真类型）：interactive；
- Road Date File：mdids：//FASE/roads.tbl/road_3d_sine_example_JIANSUDAI_number_3.xml；
- Initial Velocity（初始速度）：50；
- Gear Position（挡位）：4 挡；
- Steering Input（转向输入）：Locked；
- 其余设置保持默认，单击 OK，完成匀速直线行驶仿真设置并提交软件进行计算。
- 标准窗口界面右击选择：.fsae_full_2017.FSAE_Body_2017.ges_chassis>Measure，弹出测量对话框；
- Measure Name：Maintain_chassis_acc_Z；
- Characteristic：CM acceleration；
- Component：Z；
- 单击 OK，完成 FSAE 赛车在匀速仿真下垂向加速度的测量，如图 6-14 所示。

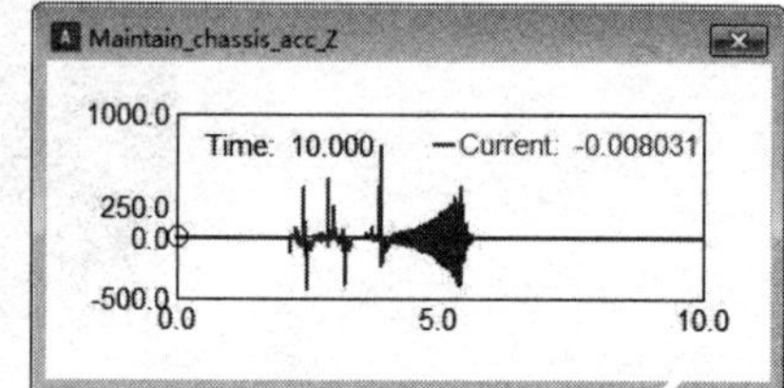

图 6-14 车身垂向加速度/Maintain

6.8 直线制动系统仿真

- 启动 ADAMS/CAR，选择 Standard 标准模块进入界面；
- 单击 File > Open > Assembly 命令，弹出装配打开对话框；
- Assembly Name：mdids：//FASE/assemblies.tbl/fsae_full_2017.asy；
- 单击 OK，完成方程式赛车整车模型的打开；
- 单击 Simulate > Full-Vehicle Analysis > Straight-Line Event>Braking 命令，弹出制动仿真对话框，如图 6-15 所示；
- Output Prefix（输出别名）：brake_line；
- End Time：10；
- Number of Steps：1 000；
- Simulation Mode（仿真类型）：interactive；
- Road Date File：mdids：//FASE/roads.tbl/2d_flat.rdf，此处导入 Car 模块中共享数据库中的路面 mdids://acar_shared/roads.tbl/2d_flat.rdf 也可以，路面文件是相同的，为方程式赛车建模方便，把共享数据库中的 ROAD 文件复制到方程式赛车数据库中即可；
- Steering Input（转向输入）：lock，转向时保持转向锁定；
- Start Time：3；
- 选择闭环制动模式：Closed-Loop Brake；
- Longitudinal Decel（G's）（制动时侧向加速度）：0.6；
- Gear Position（挡位）：3 挡；

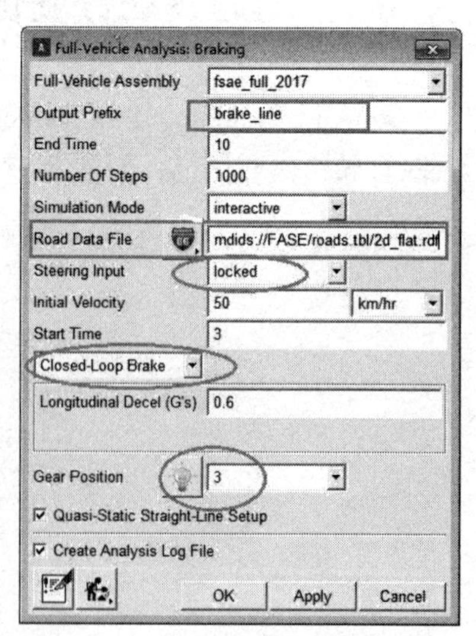

图 6-15 直线制动仿真对话框

- 单击 OK，完成直线制动仿真设置并提交软件进行计算。
- 计算提示完成后，右击选择 General Part：FSAE_Body_2017.ges_chassis > Measure，弹出部件测量对话框；
- Characteristic：CM position；
- Component：Y；
- 单击 OK，完成车身制动过程中侧向偏移量：.fsae_full_2017.ges_chassis_MEA_1。方程式赛车制动过程中，车身侧向滑移量小，说明在制动过程中车身稳定性较好，直线制动车身侧向滑移量计算如图 6-16 所示。

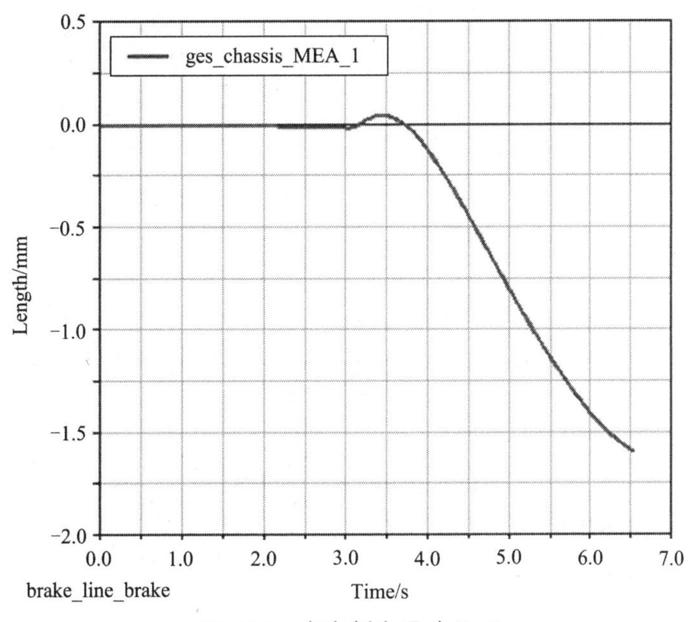

图 6-16　车身侧向滑移量/Y

6.9　分离路面设置

整车在行驶过程中，四个轮胎接触的路面不可能完全相同，即使是在良好的一级路面上，也会存在微小差异。针对整车的制动特性，在一些特殊路面，如雨地、雪地、坑洼泥泞路面，四个车轮（或者多个车轮）与路面接触不可能具有相同的摩擦系数。因此有必要在虚拟仿真时设置分离路面，左右车轮或者四个车轮设置不同的摩擦系数。

根据文件夹路径 D:/fsae_MD_2010.cdb/roads.tbl，用记事本格式打开平整路面文件 2d_flat.rdf 如下信息所示，在 PARAMETERS 栏修改 MU=0.5，保存文件重命名为：2d_flat_mu_0.5.rdf。

```
平整路面信息如下：
$--------------------------------------------------------------------MDI_HEADER
[MDI_HEADER]
FILE_TYPE                  = 'rdf'
FILE_VERSION               = 5.00
```

```
FILE_FORMAT                  = 'ASCII'
(COMMENTS)
{comment_string}
'flat 2d contact road for testing purposes'
$------------------------------------------------------------------UNITS
[UNITS]
 LENGTH                      = 'mm'
 FORCE                       = 'newton'
 ANGLE                       = 'radians'
 MASS                        = 'kg'
 TIME                        = 'sec'
$------------------------------------------------------------------MODEL
[MODEL]
 METHOD                      = '2D'
 FUNCTION_NAME               = 'ARC901'
 ROAD_TYPE                   = 'flat'
$---------------------------------------------------------------GRAPHICS
[GRAPHICS]
 LENGTH                      = 160000.0
 WIDTH                       = 80000.0
 NUM_LENGTH_GRIDS            = 16
 NUM_WIDTH_GRIDS             = 8
 LENGTH_SHIFT                = 10000.0
 WIDTH_SHIFT                 = 0.0     %此栏参数也可以修改，用以改变路面的大小
$-------------------------------------------------------------PARAMETERS
[PARAMETERS]
 MU                  = 0.5    %可修改的轮胎与路面的接触摩擦系数,范围在 0 到 1 之间;
$-----------------------------------------------------------------REFSYS
[REFSYS]
 OFFSET                              = 0.0 0.0 0.0
 ROTATION_ANGLE_XY_PLANE             = 0.0
```

• 单击 Simulate > Full-Vehicle Analyses > Vehicle Set-Up > Set Road for individual Tires 命令，弹出分离轮胎路面数据文件对话框，如图 6-17 所示；

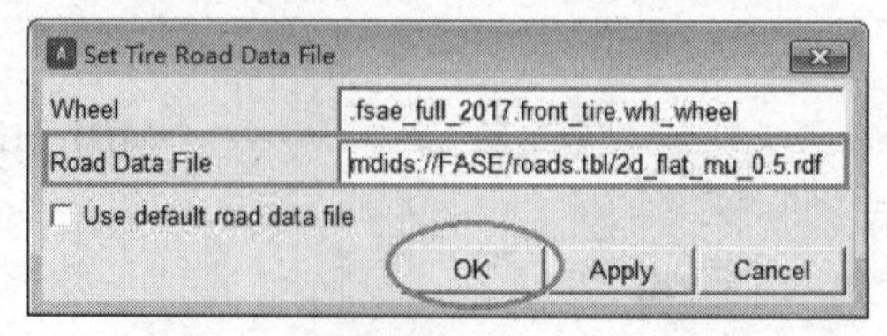

图 6-17　分离轮胎路面设置对话框

- Wheel：.fsae_full_2017.front_tire.whl_wheel，方框中右击 Wheel > Pick 选择；
- 不勾选使用路面默认文件：Use default road date file；
- Road Date File：mdids：//FASE/roads.tbl/2d_flat_mu_0.5.rdf；
- 单击 Apply，完成左前轮轮胎路面设置；
- Wheel：.fsae_full_2017.rear_tire.whl_wheel，方框中右击 Wheel > Pick 选择；
- 不勾选使用路面默认文件：Use default road date file；
- Road Date File：mdids：//FASE/roads.tbl/2d_flat_mu_0.5.rdf；
- 单击 OK，完成左后轮轮胎路面设置。

6.10 分离轮胎路面直线制动仿真

- 单击 Simulate > Full-Vehicle > Straight-Line Event > Braking 命令，弹出制动仿真对话框；
- Output Prefix（输出别名）：brake_line_individual；
- 其余选项设置保持默认；
- 单击 OK，完成分离轮胎路面直线制动仿真设置并提交软件进行计算；
- 计算提示完成后，右击选择 General Part：FSAE_Body_2017.ges_chassis > Measure，弹出部件测量对话框；
- Characteristic：CM position；
- Component：Y；
- 单击 OK，完成分离轮胎路面直线制动车身侧向滑移量：.fsae_full_2017.ges_chassis_MEA_2，滑移量如图 6-18 所示，把.fsae_full_2017.ges_chassis_MEA_1 与.fsae_full_2017.ges_chassis_MEA_2 在同一副图中显示，可以看出分离轮胎路面制动时，车身已经产生严重的侧向滑移，制动稳定性丧失，如图 6-19 所示。

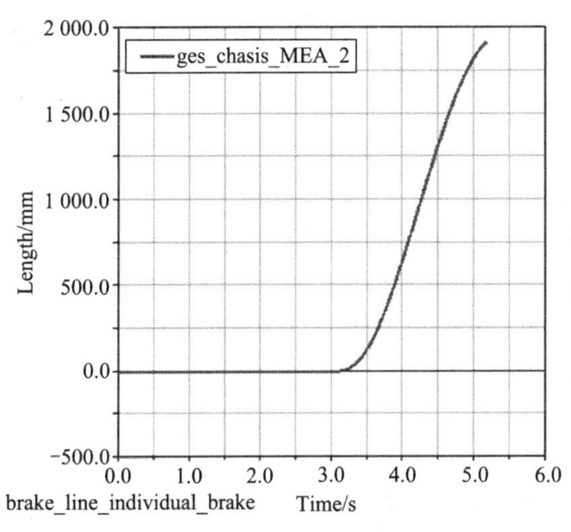

图 6-18 分离轮胎路面制动时车身侧向滑移量/Y

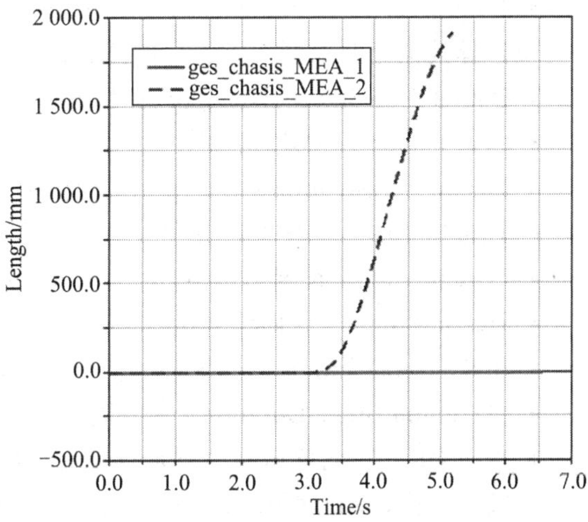

图 6-19 车身侧向滑移量对比图/Y

6.11 弯道制动系统仿真

• 单击 Simulate > Full-Vehicle > Cornering Event >Braking-In-Turn 命令，弹出弯道制动仿真对话框，如图 6-20 所示；

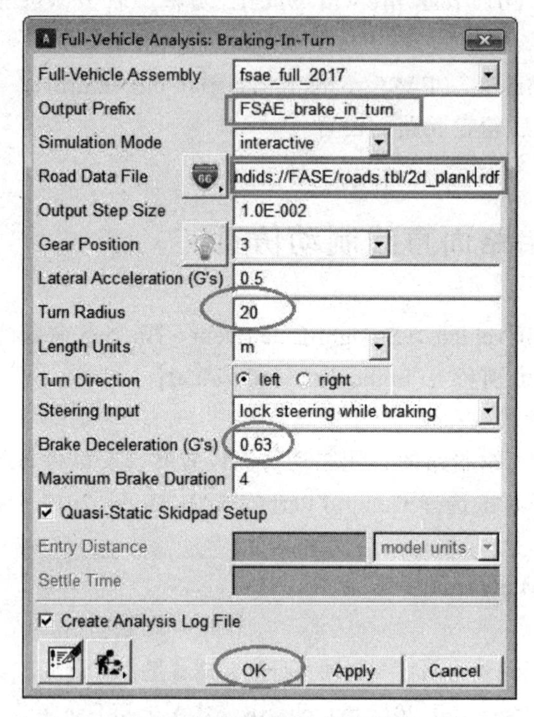

图 6-20　弯道制动仿真设置

• Output Prefix（输出别名）：FSAE_brake_in_turn；

• Simulation Mode（仿真类型）：interactive；

• Road Date File：mdids：//FASE/roads.tbl/2d_plank.rdf；路面为共享数据库中路面，此处可以选择其他路面模型或者编写的路面模型，包括对开路面、对接路面等；

• Output Step Size（计算步长）：1.0E－002；

• Gear Position（挡位）：3 挡；

• Lateral Acceleration（G's）（制动时侧向加速度）：0.5；

• Turn Radius（转弯半径）：20；

• Length Units（长度单位）：m；

• Steering Input（转向输入）：lock steering while braking，转向时保持转向锁定；

• Brake Deceleration（G's）（制动时减速度）：0.63；

• Maximum Brake Duration（制动时间）：4；

• 单击 OK，完成弯道制动设置并提交软件进行计算；

• 按 F8 进入后处理模块，显示弯道制动模式下车身侧向加速度、垂向加速度，如图 6-21、6-22 所示；左前轮、右后轮滑移率如图 6-23、6-24 所示，从滑移率可以看出，左前轮产生抱死现象，右后轮也会产生滑移，车辆失去稳定性。

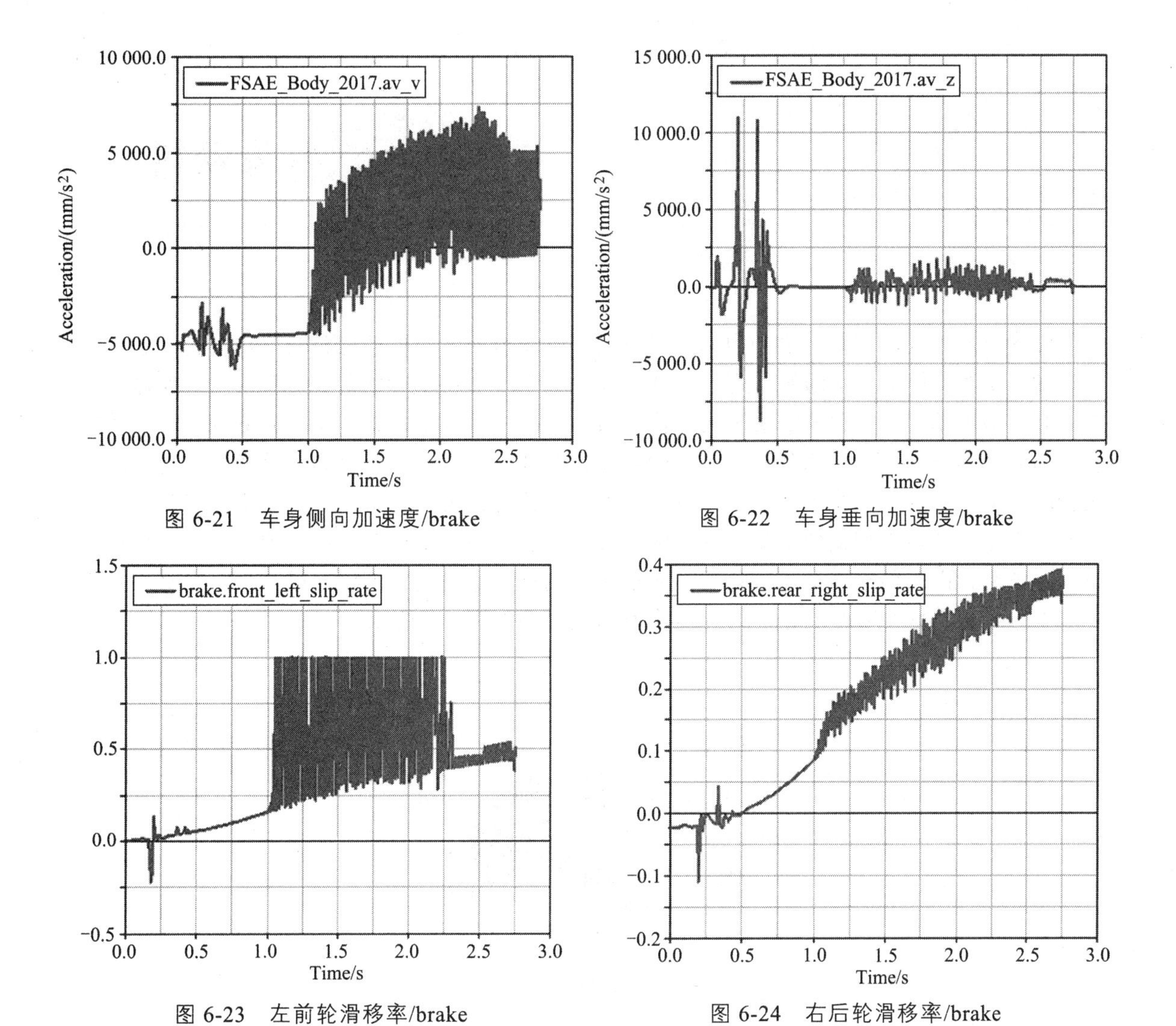

图 6-21　车身侧向加速度/brake

图 6-22　车身垂向加速度/brake

图 6-23　左前轮滑移率/brake

图 6-24　右后轮滑移率/brake

第 7 章 发动机

发动机的主要功用是提供动力源，经过变速器及传动系统把动力源输出在车轮上驱动车轮运动，动力源模型有不同的形式，CAR 模块是通过函数把发动机、变速器及主减速器整合在一起，整车动力单元并不需要真实的传动系统驱动，集成度较高；Driveline 模块中发动机模型为简化模型，主要由简化机体和曲轴组成，曲轴绕机体产生旋转驱动后续的传动部件，曲轴旋转运动由动力元驱动，驱动元可以是固定参数，也可以是编制的发动机真实工况特性文件。简化发动机模型避免了复杂函数的整合，更容易被直观理解，但必须与传动系统相配合驱动整车，同时传动系统可以拓展到多轴系车辆驱动。简化发动机通过衬套与车身或者前后悬架系统机械匹配安装，建立好的简化发动机模型如图 7-1 所示。

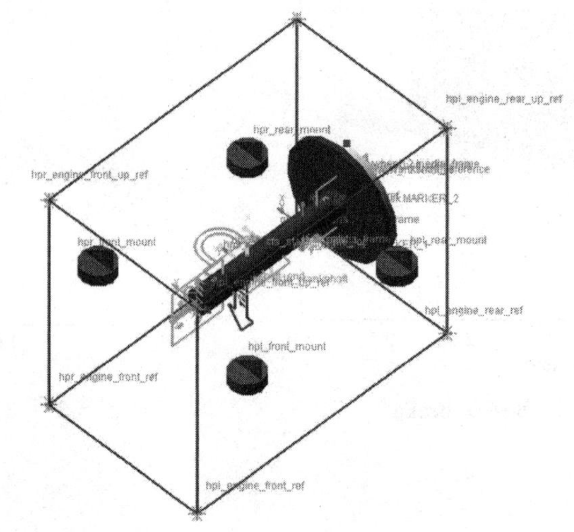

图 7-1　发动机模型

学习目标

- ✧ 机体。
- ✧ 曲轴。
- ✧ 飞轮。
- ✧ 驱动元。
- ✧ 发动机调试。
- ✧ 直线仿真。

• 启动 ADAMS/Driveline，选择专家模块进入建模界面；

• 单击 File > New 命令，弹出建模对话框，如图 7-2 所示；在模板名称里输入：my_engine，主特征选择 powertrain，单击 OK；

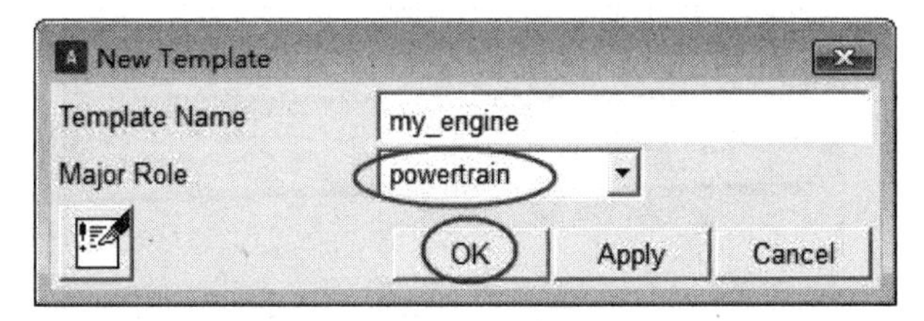

图 7-2　发动机模板框

• 单击 Build > Hardpoint > New 命令，弹出创建硬点对话框，如图 7-3 所示；

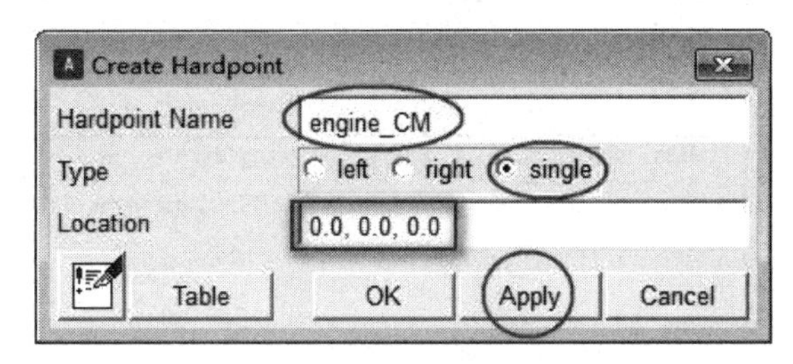

图 7-3　硬点对话框

• 在硬点名称里输入：engine_CM；类型选择：single；在位置文本框输入：0.0，0.0，0.0；

• 单击 Apply，完成 engine_CM 硬点的创建。此时在屏幕上显示出左右对称的单个硬点；以此类推，重复上述步骤，完成图 7-4 中硬点的创建，创建完成后单击 OK。

	loc x	loc y	loc z
hpl_engine_front_ref	-250.0	-150.0	-200.0
hpl_engine_front_up_ref	-250.0	-150.0	200.0
hpl_engine_rear_ref	250.0	-150.0	-200.0
hpl_engine_rear_up_ref	250.0	-150.0	200.0
hpl_front_mount	-150.0	-150.0	0.0
hpl_rear_mount	150.0	-150.0	0.0
hps_crankshaft_reference	200.0	0.0	0.0
hps_engine_CM	0.0	0.0	0.0
hps_static_torque_loc	0.0	0.0	0.0

图 7-4　发动机硬点数据

7.1　发动机机体部件

• 单击 Build > Part > General Part > New 命令，弹出创建发动机机体部件对话框，如图 7-5 所示；

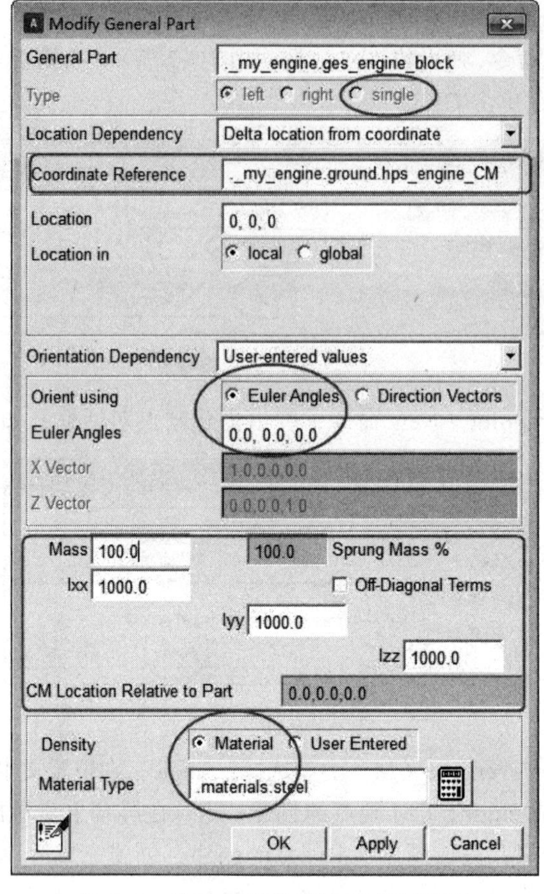

图 7-5　发动机机体部件创建对话框

- General Part 输入：engine_block；
- Location Dependency：Delta location from coordinate；
- Coordinate Reference（参考坐标）：._my_engine.ground.hps_engine_CM；
- Location：0，0，0；
- Location in：local；
- Orientation Dependency：User-entered values；
- Orient using：Euler Angles；
- Euler Angles：0，0，0；
- Mass：100；
- Ixx：1000；
- Iyy：1000；
- Izz：1000；
- Density：Material；
- Material Type：.materials.steel；
- 单击 OK，完成部件._my_engine.ges_engine_block 创建。
- 单击 Build > Geometry >Outline > New 命令，轮廓线建立如图 7-6 所示；

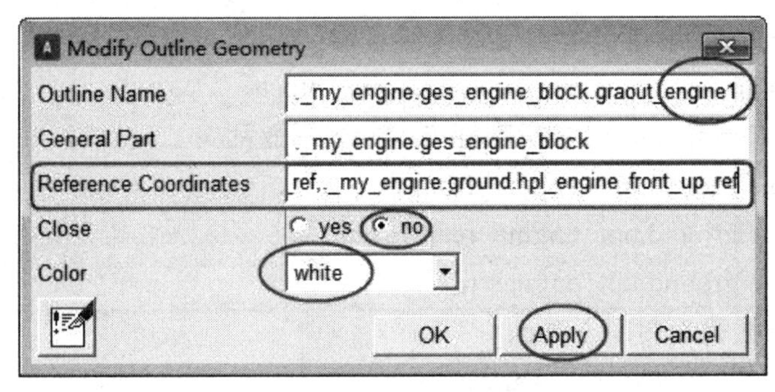

图 7-6　发动机轮廓

- Outline Name（轮廓线名称）输入几何名称：engine1；
- General Part 输入：._my_engine.ges_engine_block；
- Reference Coordinates（参考坐标点，顺序不能乱）：

1）._my_engine.ground.hpr_engine_front_up_ref；

2）._my_engine.ground.hpr_engine_front_ref；

3）._my_engine.ground.hpl_engine_front_ref；

4）._my_engine.ground.hpl_engine_front_up_ref；

- Close（轮廓线是否封闭）：no；
- Color（杆件几何体颜色）：white；
- 单击 Apply，完成轮廓线._my_engine.ges_engine_block.graout_engine1 的创建。
- Outline Name（轮廓线名称）输入几何名称：engine2；
- General Part 输入：._my_engine.ges_engine_block；
- Reference　Coordinates（参考坐标点，顺序不能乱）：

1）._my_engine.ground.hpl_engine_front_up_ref；

2）._my_engine.ground.hpl_engine_rear_up_ref；

3）._my_engine.ground.hpl_engine_rear_ref；

4）._my_engine.ground.hpl_engine_front_ref；

- Close（轮廓线是否封闭）：no；
- Color（杆件几何体颜色）：white；
- 单击 Apply，完成轮廓线._my_engine.ges_engine_block.graout_engine2 的创建。
- Outline Name（轮廓线名称）输入几何名称：engine3；
- General Part 输入：._my_engine.ges_engine_block；
- Reference　Coordinates（参考坐标点，顺序不能乱）：

1）._my_engine.ground.hpr_engine_front_up_ref；

2）._my_engine.ground.hpr_engine_rear_up_ref；

3）._my_engine.ground.hpl_engine_rear_up_ref；

4）._my_engine.ground.hpl_engine_front_up_ref；

- Close（轮廓线是否封闭）：no；
- Color（杆件几何体颜色）：white；
- 单击 Apply，完成轮廓线._my_engine.ges_engine_block.graout_engine3 的创建。

- Outline Name（轮廓线名称）输入几何名称：engine4；
- General Part 输入：._my_engine.ges_engine_block；
- Reference Coordinates（参考坐标点，顺序不能乱）：

1）._my_engine.ground.hpr_engine_front_ref；

2）._my_engine.ground.hpr_engine_rear_ref；

3）._my_engine.ground.hpl_engine_rear_ref；

- Close（轮廓线是否封闭）：no；
- Color（杆件几何体颜色）：white；
- 单击 Apply，完成轮廓线._my_engine.ges_engine_block.graout_engine4 的创建。
- Outline Name（轮廓线名称）输入几何名称：engine5；
- General Part 输入：._my_engine.ges_engine_block；
- Reference Coordinates（参考坐标点，顺序不能乱）：

1）._my_engine.ground.hpr_engine_rear_ref；

2）._my_engine.ground.hpr_engine_rear_up_ref；

- Close（轮廓线是否封闭）：no；
- Color（杆件几何体颜色）：white；
- 单击 Apply，完成轮廓线._my_engine.ges_engine_block.graout_engine5 的创建。
- Outline Name（轮廓线名称）输入几何名称：engine6；
- General Part 输入：._my_engine.ges_engine_block；
- Reference Coordinates（参考坐标点，顺序不能乱）：

1）._my_engine.ground.hpr_engine_front_up_ref；

2）._my_engine.ground.hpl_engine_front_up_ref；

- Close（轮廓线是否封闭）：no；
- Color（杆件几何体颜色）：white；
- 单击 OK，完成轮廓线._my_engine.ges_engine_block.graout_engine6 的创建。

7.2　曲轴部件

- 单击 Build > Construction Frame > New 命令，结构框创建如图 7-7 所示；
- Construction Frame（结构框名称）：crankshaft_reference；
- Location Dependency：Delta location from coordinate；
- Coordinate Reference（参考坐标）：._my_engine.ground.hps_crankshaft_reference；
- Location：0，0，0；
- Location in：local；
- Orientation Dependency：Orient axis to point；
- Coordinate Reference（参考坐标）：._my_engine.ground.hps_engine_CM；
- Axis：Z；
- 单击 Apply，完成._my_engine.ground.cfs_crankshaft_reference 结构框的创建。

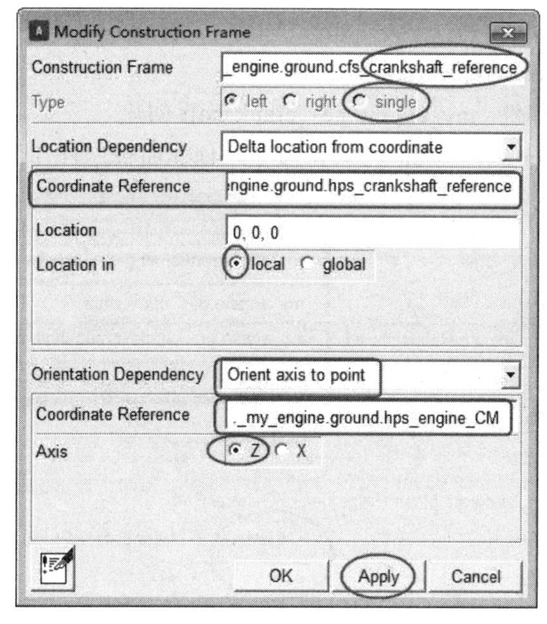

图 7-7　结构框

- Construction Frame（结构框名称）：crankshaft_end；
- Location Dependency：Delta location from coordinate；
- Coordinate Reference（参考坐标）：._my_engine.ground.cfs_crankshaft_reference；
- Location：0，0，0；
- Location in：local；
- Orientation Dependency：Delta orientation from coordinate；
- Construction Frame：._my_engine.ground.cfs_crankshaft_reference；
- Orientation：0，0，0；
- 单击 OK，完成._my_engine.ground.cfs_crankshaft_end 结构框的创建。
- 单击 Build > Part > General Part > New 命令，弹出创建部件对话框，可参考图 7-5；
- General Part 输入：crankshaft；
- Location Dependency：Centered between coordinates；
- Centered between：Two Coordinates；
- Coordinate Reference #1（参考坐标）：._my_engine.ground.cfs_crankshaft_end；
- Coordinate Reference #2（参考坐标）：._my_engine.ground.hps_crankshaft_reference；
- Orientation Dependency（部件坐标轴方向）：Orient to zpoint-xpoint；
- Coordinate Reference #1（参考坐标）：._my_engine.ground.cfs_crankshaft_end；
- Coordinate Reference #2（参考坐标）：._my_engine.ground.hps_crankshaft_reference；
- Axes：ZX；
- Mass：1；
- Ixx：1；
- Iyy：1；
- Izz：1；

- Density：Material；
- Material Type：.materials.steel；
- 单击 OK，完成部件._my_engine.ges_crankshaft 创建。
- 单击 Build > Geometry > Link > New 命令，创建曲轴连杆几何体，如图 7-8 所示；

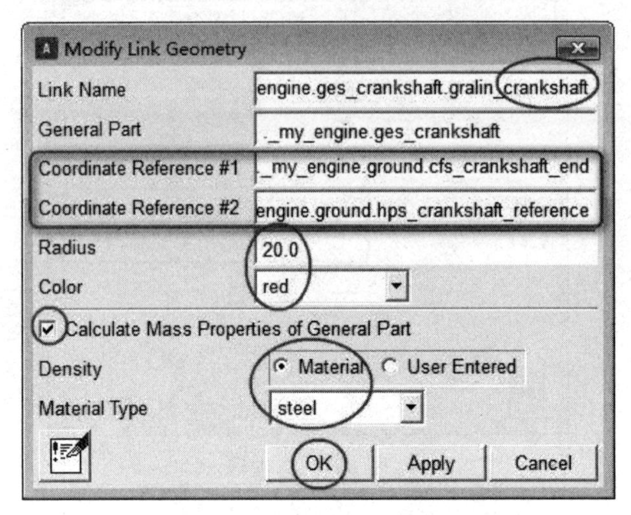

图 7-8　曲轴连杆几何体

- Link Name（连杆名称）输入几何名称：crankshaft；
- General Part 输入：._my_engine.ges_crankshaft；
- Coordinate Reference #1（参考坐标）：._my_engine.ground.cfs_crankshaft_end；
- Coordinate Reference #2（参考坐标）：._my_engine.ground.hps_crankshaft_reference；
- Radius（半径）：20；
- Color（杆件几何体颜色）：red；
- 选择 Calculate Mass Properties of General Part 复选框，当几何体建立好之后会更新对应部件的质量和惯量参数；
- Density：Material；
- Material Type：steel；
- 单击 OK，完成._my_engine.ges_crankshaft.gralin_crankshaft 几何体的创建。
- 单击 Build > Geometry > Cylinder（圆柱体）> New 命令，弹出创建曲轴圆柱几何体对话框，如图 7-9 所示；
- Cylinder Name（连杆名称）输入几何名称：flywheel；
- General Part 输入：._my_engine.ges_crankshaft；
- Radius（半径）：100；
- Length In Positive *Z*（*Z* 轴正方向长度）：10；
- Length In Negative *Z*（*Z* 轴负方向长度）：0；
- Color（圆柱体几何体颜色）：red；
- 选择 Calculate Mass Properties of General Part 复选框；
- 单击 OK，完成曲轴圆柱体._my_engine.ges_crankshaft.gracyl_flywheel 几何体的创建。

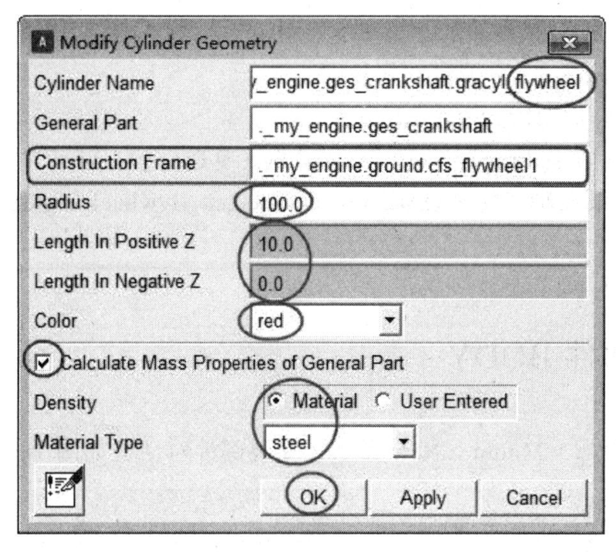

图 7-9　曲轴圆柱几何体

7.3　飞轮部件

- 单击 Build > Part > General Part > New 命令，弹出创建部件对话框，参考图 7-5；
- General Part 输入：flywheel_2；
- Location Dependency：Delta location from coordinate；
- Coordinate Reference（参考坐标）：._my_engine.ground.hps_crankshaft_reference；
- Location：0，0，0；
- Location in：local；
- Orientation Dependency：Delta orientation from coordinate；
- Construction Frame：._my_engine.ground.cfs_crankshaft_reference；
- Orientation：0，0，0；
- Mass：1；
- Ixx：1；
- Iyy：1；
- Izz：1；
- Density：Material；
- Material Type：.materials.steel；
- 单击 OK，完成部件._my_engine.ges_flywheel_2 创建。
- 单击 Build > Geometry > Cylinder（圆柱体）> New 命令，弹出创建飞轮圆柱体对话框，参考图 7-9；
- Cylinder Name（连杆名称）输入几何名称：flywheel；
- General Part 输入：._my_engine.ges_flywheel_2；
- Radius（半径）：100；

- Length In Positive *Z*（*Z* 轴正方向长度）：10；
- Length In Negative *Z*（*Z* 轴负方向长度）：0；
- Color（圆柱体几何体颜色）：white；
- 选择 Calculate Mass Properties of General Part 复选框；
- 单击 OK，完成曲轴飞轮圆柱体._my_engine.ges_flywheel_2.gracyl_flywheel 几何体的创建。

7.4 安装部件 BODY

- 单击 Build > Part > Mount > New 命令，安装部件对话框如图 7-10 所示；

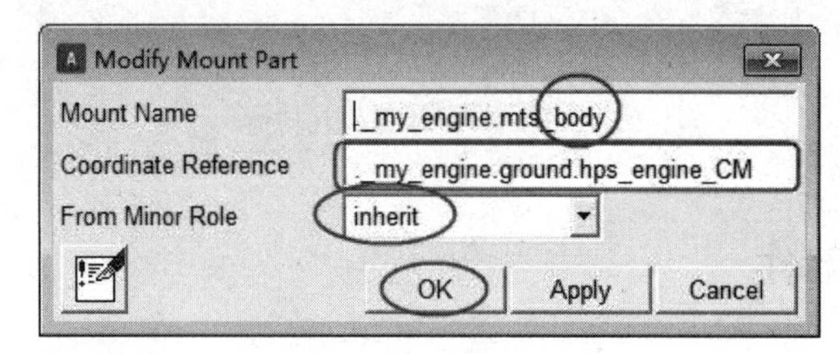

图 7-10 车身部件安装

- Mount name（安装件名称）：body；
- Coordinate Reference（参考坐标）：._my_engine.ground.hps_engine_CM；
- 安装件此特征选择：inherit（继承特性）；
- 单击 OK，完成._my_engine.mts_body 安装部件的创建。

7.5 刚性约束

- 单击 Build > Attachments > Joint > New 命令，弹出创建约束件对话框，如图 7-11 所示。

➢ 部件 engine_block 与安装件 body 之间 fixed 约束：

- Joint Name（约束副名称）：engine_kinematic；
- I Part：._my_engine.ges_engine_block；
- J Part：._my_engine.mts_body；
- Joint Type（约束副类型）：fixed，转动副，约束 6 个自由度；
- Active（激活）：kinematic mode（运动学模式）；
- Location Dependency：Delta location from coordinate；
- Coordinate Reference（参考坐标）：._my_engine.ground.hps_engine_CM；
- Location：0，0，0；
- Location in：local；
- 单击 Apply，完成约束副._my_engine.jksfix_engine_kinematic 的创建。

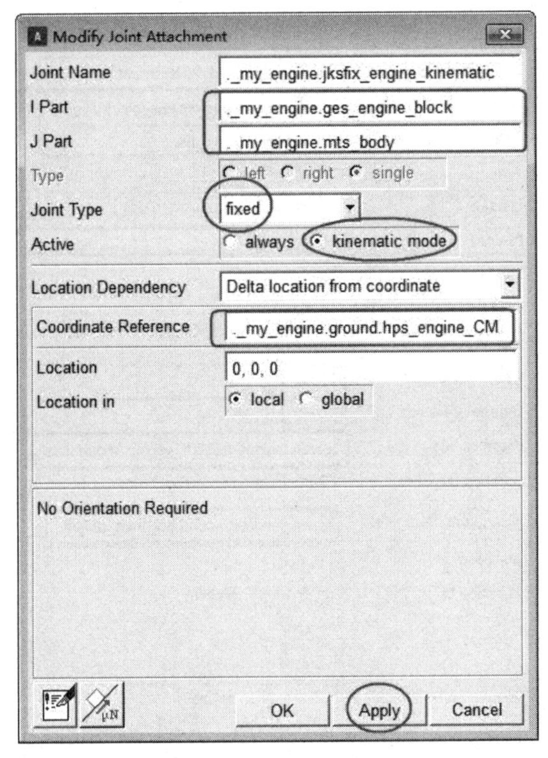

图 7-11　固定副约束

➢ 部件 engine_block 与 crankshaft 之间 revolute 约束：

- Joint Name（约束副名称）：block_to_crankshaft；
- I Part：._my_engine.ges_crankshaft；
- J Part：._my_engine.ges_engine_block；
- Joint Type（约束副类型）：revolute；
- Active（激活）：always；
- Location Dependency：Delta location from coordinate；
- Coordinate Reference（参考坐标）：._my_engine.ground.cfs_crankshaft_end；
- Location：0，0，0；
- Location in：local；
- Orientation Dependency：Delta orientation from coordinate；
- Construction Frame：._my_engine.ground.cfs_crankshaft_end；
- 单击 OK，完成约束副._my_engine.josrev_block_to_crankshaft 的创建。

7.6　柔性约束

- 单击 Build > Attachments > Bushing > New 命令，弹出创建衬套件对话框，如图 7-12 所示。

➢ 部件 engine_block 与 body 之间 bushing 约束：

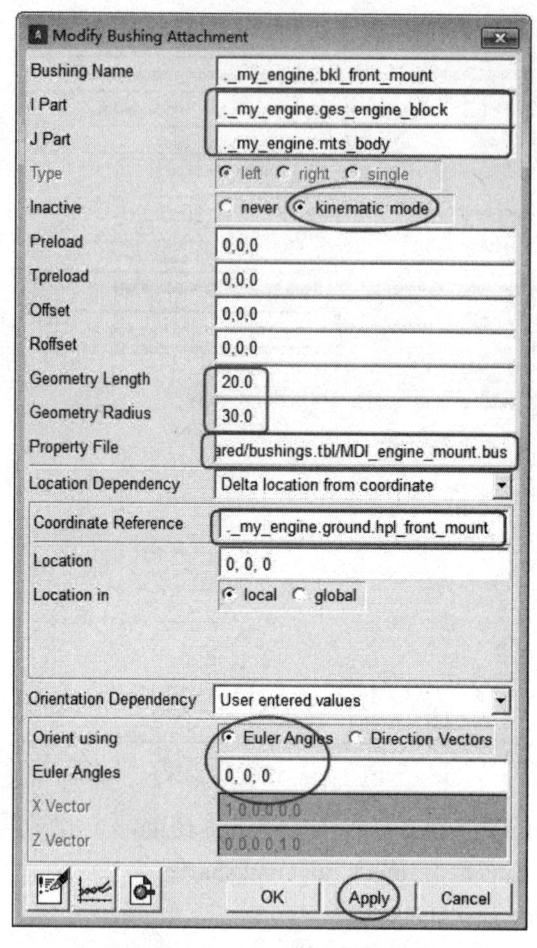

图 7-12　Bushing 衬套柔性约束

- Bushing Name（约束副名称）：front_mount；
- I Part：._my_engine.ges_engine_block；
- J Part：._my_engine.mts_body；
- Inactive（抑制）：勾选 kinematic mode（运动学模式）；
- Preload：0，0，0；
- Tpreload：0，0，0；
- Offset：0，0，0；
- Roffset：0，0，0；
- Geometry Length：20；
- Geometry Radius：30；
- Property File：mdids：//adriveline_shared/bushings.tbl/MDI_engine_mount.bus；
- Location Dependency：Delta location from coordinate；
- Coordinate Reference（参考坐标）：._my_engine.ground.hpl_front_mount；
- Location：0，0，0；
- Location in：local；

- Orientation Dependency：User entered values；
- Orient using：Euler Angles；
- Euler Angles：0，0，0；
- 单击 Apply，完成轴套._my_engine.bkl_front_mount 的创建。
- Bushing Name（约束副名称）：rear_mount；
- I Part：._my_engine.ges_engine_block；
- J Part：._my_engine.mts_body；
- Inactive（抑制）：勾选 kinematic mode（运动学模式）；
- Preload：0，0，0；
- Tpreload：0，0，0；
- Offset：0，0，0；
- Roffset：0，0，0；
- Geometry Length：20；
- Geometry Radius：30；
- Property File：mdids：//adriveline_shared/bushings.tbl/MDI_engine_mount.bus；
- Location Dependency：Delta location from coordinate；
- Coordinate Reference（参考坐标）：._my_engine.ground.hpl_rear_mount；
- Location：0，0，0；
- Location in：local；
- Orientation Dependency：User entered values；
- Orient using：Euler Angles；
- Euler Angles：0，0，0；
- 单击 OK，完成轴套._my_engine.bkl_rear_mount 的创建。

7.7　变量参数

- 单击 Build > Parameter Variable > New 命令，弹出变量参数对话框，如图 7-13 所示；
- Parameter Variable Name：engine_idle_speed；
- Real Value（实数值）：1 000；

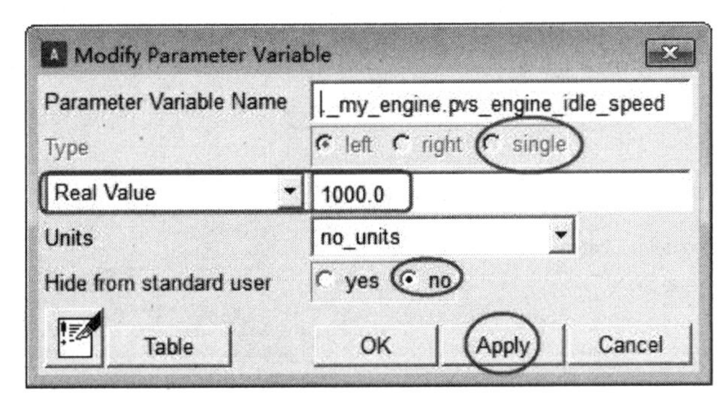

图 7-13　变量参数

- Units：no_units；
- Hide from standard user（是否从标准界面隐藏）：no；
- 单击 Apply，完成变量._my_engine.pvs_engine_idle_speed 的创建。
- Parameter Variable Name：engine_rev_limit；
- Real Value（实数值）：6 000；
- Units：no_units；
- Hide from standard user（是否从标准界面隐藏）：no；
- 单击 OK，完成变量._my_engine.pvs_engine_rev_limit 的创建。

7.8　动力元素

动力元素用来传递扭矩或者旋转运动，驱动传动系统，此功能可以在没有发动机和变速箱装配的整车工况下使用。

- 切换到 Adams/View 界面；
- 在部件 crankshaft 上添加参考点 MARKER_1，在部件 engine_block 上添加参考点 MARKER_2；
- 切换到 Adams/Driveline 界面；
- 单击 Driveline Components > Dyno > New 命令，弹出动力元素对话框，如图 7-14 所示；

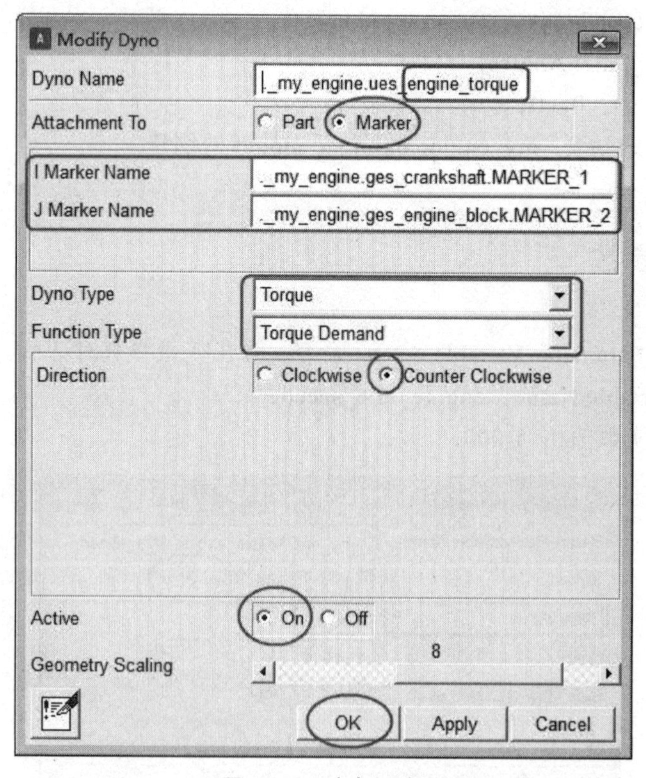

图 7-14　动力元素

- Dyno Name：engine_torque；
- Attachment To：勾选 Marker；
- I Marker Name：._my_engine.ges_crankshaft.MARKER_1；
- J Marker Name：._my_engine.ges_engine_block.MARKER_2；
- Dyno Type：Torque；
- Function Type：Torque Demand；
- Direction：Counter Clockwise；
- Active：On;
- 单击 OK，完成动力元素._my_engine.ues_engine_torque 的创建。

7.9 状态变量

- 切换到 Adams/View 界面，创建设计变量，如图 7-15 所示；

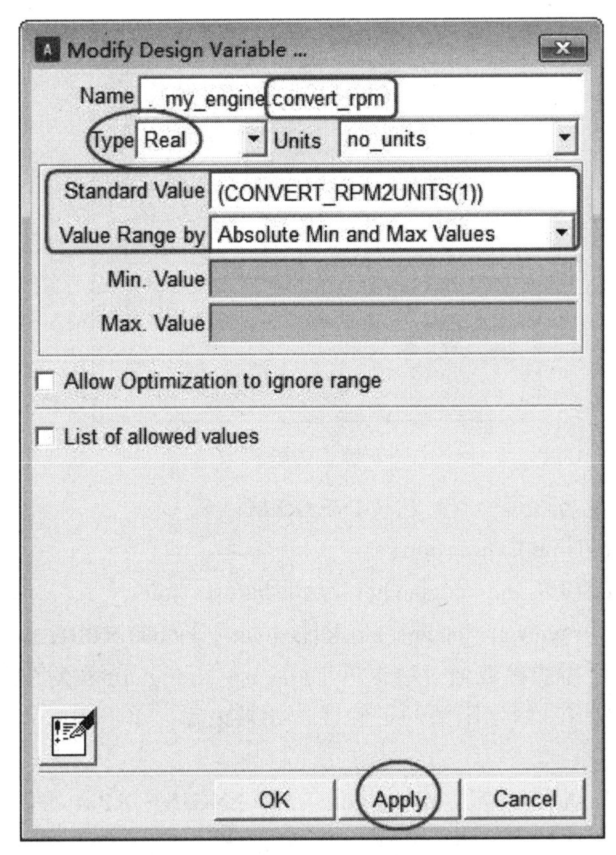

图 7-15 设计变量

- Name：convert_rpm；
- Type：Real;
- Units：no_units；

• Standard Value：(CONVERT_RPM2UNITS (1));
• Value Range by：Absolute Min and Max Values;
• 单击 Apply，完成设计变量._my_engine.convert_rpm 创建。
• Name：conv_angle;
• Type：Real;
• Units：no_units;
• Standard Value：(CONVERT_FROM_UNITS (“radian”, 1));
• Value Range by：Absolute Min and Max Values;
• 单击 OK，完成设计变量._my_engine.conv_angle 创建。

7.10 系统单元

• 单击 Build >System Elements > State variable > New 命令，弹出创建状态变量对话框，如图 7-16 所示；

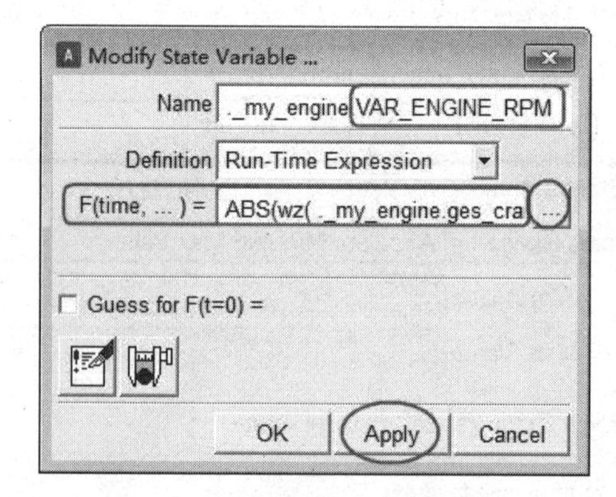

图 7-16 状态变量

• Name（状态变量名称）：VAR_ENGINE_RPM;
• Definition：Run-Time Expression;
• F(time=0)：ABS(wz(._my_engine.ges_crankshaft.jxs_joint_i_1，._my_engine.ges_engine_block.jxs_joint_j_1，._my_engine.ges_engine_block.jxs_joint_j_1)*60/(2*PI))；状态变量函数的创建如图 7-17 所示，函数中所需的参数通过数据库 Database Navigator 在对应的部件下寻找，状态变量编写完成后单击 Verify 判定函数的正确性，如果正确，单击 OK 完成函数编写，返回状态变量创建对话框。
• 单击 Apply，完成状态变量._my_engine.VAR_ENGINE_RPM 的创建。
• Name（状态变量名称）：VAR_ENGINE_OMEGA;
• Definition：Run-Time Expression;
• F (time=0)：VARVAL (._my_engine.VAR_ENGINE_RPM) *PI/30;
• 单击 Apply，完成状态变量._my_engine.VAR_ENGINE_OMEGA 的创建。
• Name（状态变量名称）：VAR_max_driving_torque;

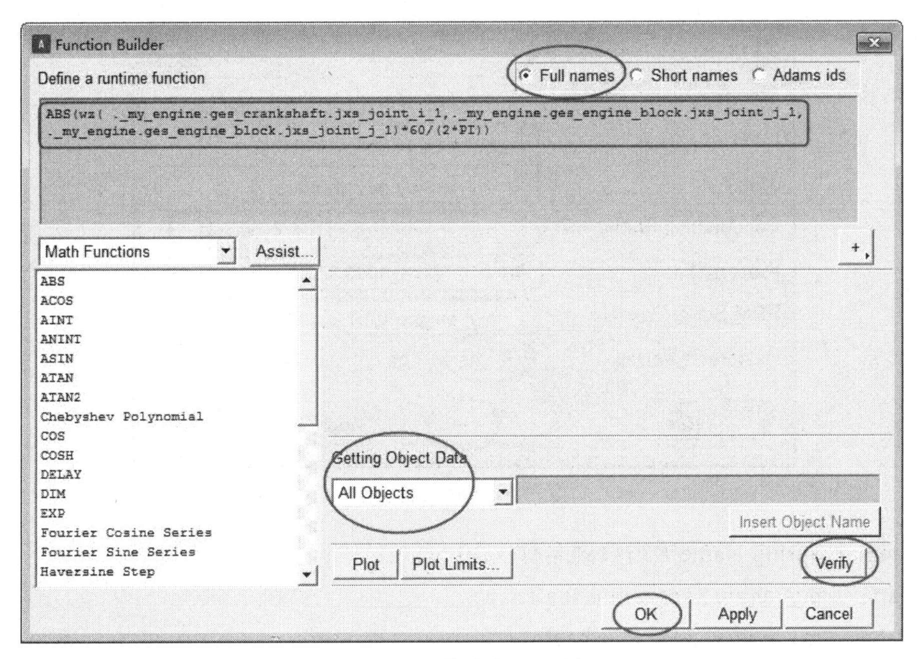

图 7-17　状态变量函数

- Definition：Run-Time Expression；
- F(time=0)：AKISPL(MAX(0，(._my_engine.convert_rpm)*VARVAL(._my_engine.ues_engine_torque.rpm_input))，1，._my_engine.ues_engine_torque.gss_spline)；
- 单击 Apply，完成状态变量._my_engine.VAR_max_driving_torque 的创建。
- Name（状态变量名称）：VAR_ENGINE_RPM_SSE；
- Definition：Run-Time Expression；
- F(time=0)：VARVAL(._my_engine.cis_transmission_output_omega_sse_adams_id)*._my_engine.cis_gear_ratio*30/PI；
- 单击 Apply，完成状态变量._my_engine.VAR_ENGINE_RPM_SSE 的创建。
- Name（状态变量名称）：VAR_max_braking_torque；
- Definition：Run-Time Expression；
- F(time=0)：AKISPL(MAX(0，(._my_engine.convert_rpm)*VARVAL(._my_engine.ues_engine_torque.rpm_input))，0，._my_engine.ues_engine_torque.gss_spline)；
- 单击 OK，完成状态变量._my_engine.VAR_max_braking_torque 的创建。

7.11　旋转弹簧 Complex Spring

旋转弹簧主要用来模拟离合器摩擦片中的弹簧及滞后特性，需要特别强调的是，该部件具有滞后特性。

- 单击 Driveline Components > Complex（Torsional）Spring > New 命令，弹出旋转弹簧对话框，如图 7-18 所示；

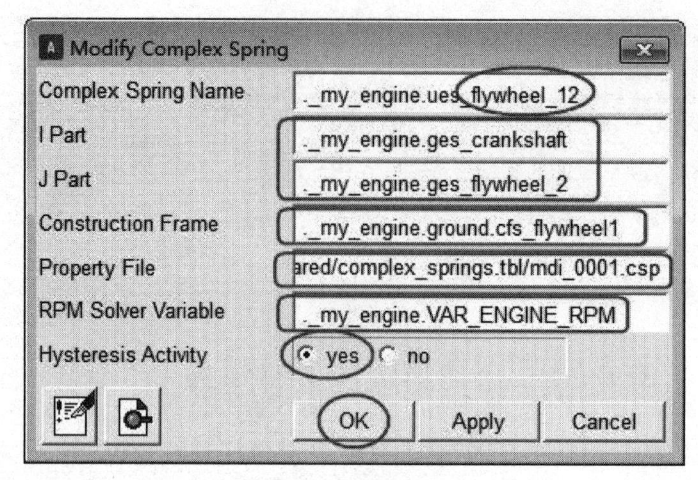

图 7-18 旋转弹簧

- Complex Spring Name（约束副名称）：flywheel_12；
- I Part：._my_engine.ges_crankshaft；
- J Part：._my_engine.ges_flywheel_2；
- Construction Frame：._my_engine.ground.cfs_flywheel1；
- Property File：mdids：//adriveline_shared/complex_springs.tbl/mdi_0001.csp；
- RPM Solver Variable：._my_engine.VAR_ENGINE_RPM；
- Hysteresis Activity（滞后特性是否激活）：yes；
- 单击 OK，完成旋转弹簧._my_engine.ues_flywheel_12 的创建。

旋转弹簧参数及信息如下：

```
$--------------------------------------MDI_HEADER
[MDI_HEADER]
 FILE_TYPE              = 'csp'
 FILE_VERSION           = 4.0
 FILE_FORMAT            = 'ASCII'
$--------------------------------------UNITS
[UNITS]
 LENGTH    = 'mm'
 ANGLE     = 'degree'
 FORCE     = 'newton'
 MASS      = 'kg'
 TIME      = 'second'
$--------------------------------------SPRING_PARAMETERS
[SPRING_PARAMETERS]
 TRANSITION_VELOCITY              = 1.000
 DAMPING                          = 10 000
$--------------------------------------LOADING_SPLINE
```

```
[LOADING_SPLINE]
( Z_DATA )
{rpm}
 0.0
 1000.0
 4000.0
( XY_DATA )
 {   x            y}
 – 60      – 400 000    – 400 000     – 400 000
 – 50      – 200 000    – 200 000     – 200 000
 – 40      – 150 000    – 150 000     – 150 000
 – 30      – 110 000    – 110 000     – 110 000
 – 20      – 70 000     – 70 000      – 70 000
 – 10      – 25 000     – 25 000      – 25 000
   0          0            0             0
   10        50 000       50 000       50 000
   20        110 000      110 000      110 000
   30        180 000      180 000      180 000
   40        220 000      220 000      220 000
   50        300 000      300 000      300 000
   60        400 000      400 000      400 000
$----------------------------------------UNLOADING_SPLINE
[UNLOADING_SPLINE]
( Z_DATA )
{rpm}
 0.0
 1 000.0
 4 000.0
( XY_DATA )
{   x            y}
 – 60     – 400 000  – 400 000     – 400 000
 – 50     – 300 000  – 300 000     – 300 000
 – 40     – 220 000  – 220 000     – 220 000
 – 30     – 175 000  – 175 000     – 175 000
 – 20     – 115 000  – 115 000     – 115 000
 – 10     – 50 000   – 50 000      – 50 000
   0        0          0             0
   10      30 000     30 000        30 000
```

20	50 000	50 000	50 000
30	100 000	100 000	100 000
40	160 000	160 000	160 000
50	200 000	200 000	200 000
60	400 000	400 000	400 000

7.12 发动机通讯器

- 单击 Build > Communicator > Input >New 命令，弹出输出通讯器对话框，如图 7-19 所示；

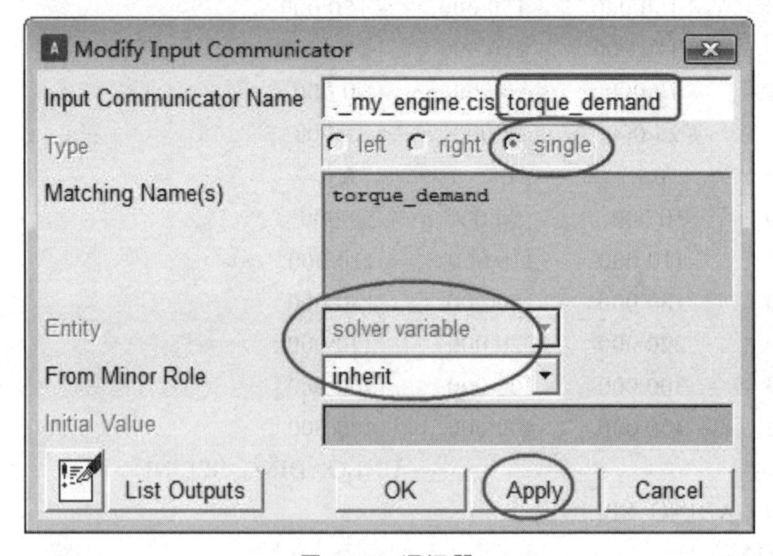

图 7-19　通讯器

- Input Communicator Name（输入通讯器名称）：torque_demand；
- Matching Name（s）：torque_demand；
- Type：single；
- Entity：solver variable；
- From Minor Role：inherit；
- 单击 Apply，完成通讯器._my_engine.cis_torque_demand 的创建。
- Input Communicator Name（输入通讯器名称）：throttle_demand；
- Matching Name（s）：throttle_demand；
- Type：single；
- Entity：solver variable；
- From Minor Role：inherit；
- 单击 Apply，完成通讯器._my_engine.cis_throttle_demand 的创建。
- Input Communicator Name（输入通讯器名称）：gear_ratio；
- Matching Name（s）：gear_ratio；

- Type：single；
- Entity：parameter real；
- From Minor Role：inherit；
- Initial Value：1；
- 单击 Apply，完成通讯器._my_engine.cis_gear_ratio 的创建。
- Input Communicator Name（输入通讯器名称）：transmission_output_omega_sse；
- Matching Name（s）：transmission_output_omega_sse；
- Type：single；
- Entity：solver variable；
- From Minor Role：inherit；
- 单击 Apply，完成通讯器._my_engine.cis_transmission_output_omega_sse 的创建。
- Input Communicator Name（输入通讯器名称）：transmission_output_omega_sse_adams_id；
- Matching Name（s）：transmission_output_omega_sse_adams_id；
- Type：single；
- Entity：solver variable；
- From Minor Role：inherit；
- 单击 OK，完成通讯器._my_engine.cis_transmission_output_omega_sse_adams_id 的创建。

- 单击 Build > Construction Frame > New 命令，参考图 7-7；
- Construction Frame（结构框名称）：flywheel；
- Location Dependency：Delta location from coordinate；
- Coordinate Reference（参考坐标）：._my_engine.ground.cfs_crankshaft_reference；
- Location：0，0，10；
- Location in：local；
- Orientation Dependency：Delta location from coordinate；
- Coordinate Reference（参考坐标）：._my_engine.ground.cfs_crankshaft_reference；
- Orientation：0，0，0；
- 单击 Apply，完成._my_engine.ground.cfs_flywheel 结构框的创建。
- Construction Frame（结构框名称）：engine_CM；
- Location Dependency：Delta location from coordinate；
- Coordinate Reference（参考坐标）：._my_engine.ground.hps_engine_CM；
- Location：0，0，0；
- Location in：local；
- Orientation Dependency：User entered values；
- Orient using：Euler Angles；
- Euler Angles：0，0，0；
- 单击 Apply，完成._my_engine.ground.cfs_engine_CM 结构框的创建。
- Construction Frame（结构框名称）：static_torque_loc；
- Location Dependency：Delta location from coordinate；

- Coordinate Reference（参考坐标）：._my_engine.ground.hps_static_torque_loc；
- Location：0，0，0；
- Location in：local；
- Orientation Dependency：User entered values；
- Orient using：Euler Angles；
- Euler Angles：0，0，0；
- 单击 OK，完成._my_engine.ground.cfs_static_torque_loc 结构框的创建。

- 单击 Build > Communicator > Output >New 命令，参考图 7-19；
- Output Communicator Name（输出通讯器名称）：flywheel；
- Matching Name（s）：flywheel；
- Type：single；
- Entity：mount；
- To Minor Role：inherit；
- Part Name：._my_engine.ges_flywheel_2；
- 单击 Apply，完成通讯器._my_engine.cos_flywheel 的创建。
- Output Communicator Name（输出通讯器名称）：static_torque_marker；
- Matching Name（s）：static_torque_marker；
- Type：single；
- Entity：mark；
- To Minor Role：inherit；
- Construction Frame Name：._my_engine.ground.cfs_static_torque_loc；
- Part Name：._my_engine.ges_engine_block；
- 单击 Apply，完成通讯器._my_engine.cos_static_torque_marker 的创建。
- Output Communicator Name（输出通讯器名称）：engine_map；
- Matching Name（s）：engine_map；
- Type：single；
- Entity：spline；
- To Minor Role：inherit；
- Spline Name：._my_engine.ues_engine_torque.gss_spline，此样条函数在数据 Database Navigator 中查找选取：

发动机扭曲样条数据信息如下：
Object Name：._my_engine.ues_engine_torque.gss_spline
Object Type：Spline
Parent Type：ac_dyno
Adams ID：0
Active：NO_OPINION
Units：NO UNITS

Endpoints：Linear Interpolation
Spline Points：
（X = 1.0，Y = 1.0）
（X = 2.0，Y = 2.0）
（X = 3.0，Y = 3.0）
（X = 4.0，Y = 4.0）
（X = 5.0，Y = 5.0）

- 单击 Apply，完成通讯器._my_engine.cos_engine_map 的创建。
- Output Communicator Name（输出通讯器名称）：engine_rpm；
- Matching Name（s）：engine_rpm；
- Type：single；
- Entity：solver variable；
- To Minor Role：inherit；
- Solver Variable Name：._my_engine.VAR_ENGINE_RPM；
- 单击 Apply，完成通讯器._my_engine.cos_engine_rpm 的创建。
- Output Communicator Name（输出通讯器名称）：engine_speed；
- Matching Name（s）：engine_speed；
- Type：single；
- Entity：solver variable；
- To Minor Role：inherit；
- Solver Variable Name：._my_engine.VAR_ENGINE_OMEGA；
- 单击 Apply，完成通讯器._my_engine.cos_engine_speed 的创建。
- Output Communicator Name（输出通讯器名称）：default_downshift_rpm；
- Matching Name（s）：min_engine_speed；
- Type：single；
- Entity：parameter real；
- To Minor Role：inherit；
- Parameter Variable Name：._my_engine.pvs_engine_idle_speed；
- 单击 Apply，完成通讯器._my_engine.cos_default_downshift_rpm 的创建。
- Output Communicator Name（输出通讯器名称）：engine_idle_rpm；
- Matching Name（s）：engine_idle_rpm；
- Type：single；
- Entity：parameter real；
- To Minor Role：inherit；
- Parameter Variable Name：._my_engine.pvs_engine_idle_speed；
- 单击 Apply，完成通讯器._my_engine.pvs_engine_idle_speed 的创建。
- Output Communicator Name（输出通讯器名称）：default_upshift_rpm；
- Matching Name（s）：max_engine_speed；

- Type：single；
- Entity：parameter real；
- To Minor Role：inherit；
- Parameter Variable Name：._my_engine.pvs_engine_rev_limit；
- 单击 Apply，完成通讯器._my_engine.cos_default_upshift_rpm 的创建。
- Output Communicator Name（输出通讯器名称）：engine_max_rpm；
- Matching Name（s）：engine_revlimit_rpm；
- Type：single；
- Entity：parameter real；
- To Minor Role：inherit；
- Parameter Variable Name：._my_engine.pvs_engine_rev_limit；
- 单击 Apply，完成通讯器._my_engine.cos_engine_max_rpm 的创建。
- Output Communicator Name（输出通讯器名称）：max_engine_braking_torque；
- Matching Name（s）：engine_maximum_braking_torque；
- Type：single；
- Entity：solver variable；
- To Minor Role：inherit；
- Solver Variable Name：._my_engine.VAR_max_braking_torque；
- 单击 Apply，完成通讯器._my_engine.cos_max_engine_braking_torque 的创建。
- Output Communicator Name（输出通讯器名称）：max_engine_driving_torque；
- Matching Name（s）：engine_maximum_driving_torque；
- Type：single；
- Entity：solver variable；
- To Minor Role：inherit；
- Solver Variable Name：._my_engine.VAR_max_driving_torque；
- 单击 Apply，完成通讯器._my_engine.cos_max_engine_driving_torque 的创建。
- Output Communicator Name（输出通讯器名称）：engine_rpm_sse；
- Matching Name（s）：engine_rpm_sse；
- Type：single；
- Entity：solver variable；
- To Minor Role：inherit；
- Solver Variable Name：._my_engine.VAR_ENGINE_RPM_SSE；
- 单击 Apply，完成通讯器._my_engine.cos_engine_rpm_sse 的创建。
- 单击 File > Save As 命令，弹出保存模板对话框，如图 7-20 所示；
- Major Role（主特征）：powertrain；
- File Format：Binary；
- Target：Database，my_driveline；

- 单击 OK，完成发动机模板_my_engine.tpl 的保存。

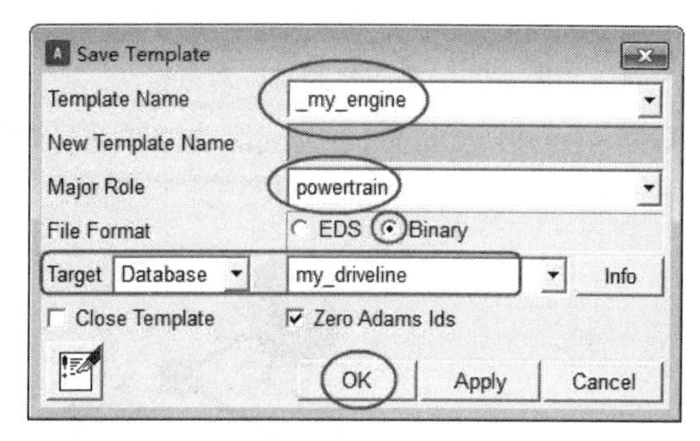

图 7-20　保存发动机模型

7.13　发动机子系统

- 按 F9，把专家模板转换到标准模式，单击 File > New > Suspension 命令，弹出子系统对话框，如图 7-21 所示；

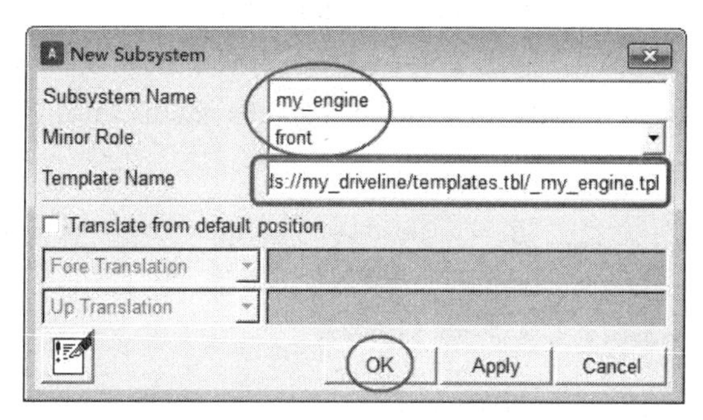

图 7-21　发动机子系统创建

- Subsystem Name（系统名称）：my_engine；
- Minor Role（副特征）：front（指发动机位于前轴）；
- Template Name（模板路径）：mdids：//my_driveline/templates.tbl/_my_engine.tpl；
- 单击 OK，完成发动机子系统 my_engine 的创建。

7.14　发动机调试

- 单击 File > Open > Assembly 命令；
- Assembly Name：mdids：//adriveline_shared/assemblies.tbl/JEEP_RWD_SDI.asy；
- 单击 OK，完成后轴驱动整车 JEEP_RWD_SDI 打开，如图 7-22 所示；

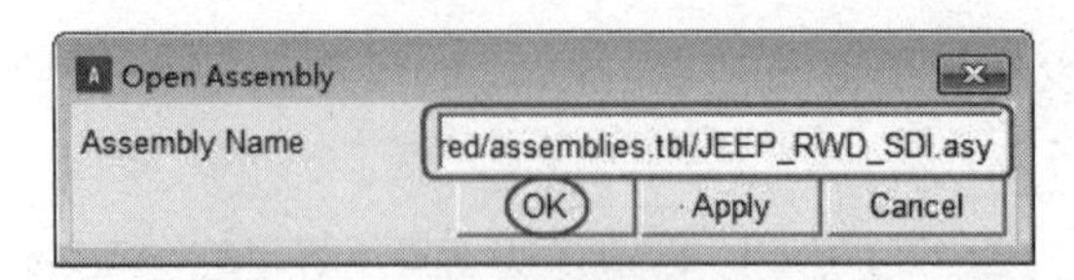

图 7-22　整车模型打开对话框

• 右击车身.JEEP_RWD_SDI.JEEP_body.ges_graph_ref > Hide，隐藏车身，此时整车模型如图 7-23 所示。

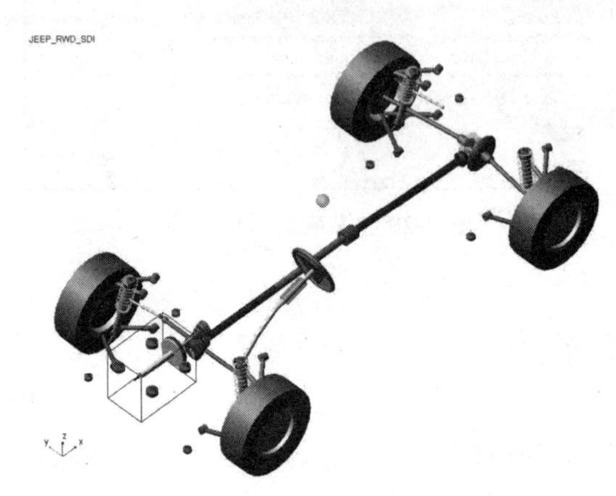

图 7-23　整车模型（共享数据库）

• 单击 File > Manqge Assembly > Replace Subsystem 命令；

• Subsystem（s）to remove：勾选 engine_02，表明替换发动机 engine_02 子系统；

• Subsystem（s）to add：mdids://my_driveline/subsystems.tbl/my_engine.sub，发动机子系统替换设置如图 7-24 所示；

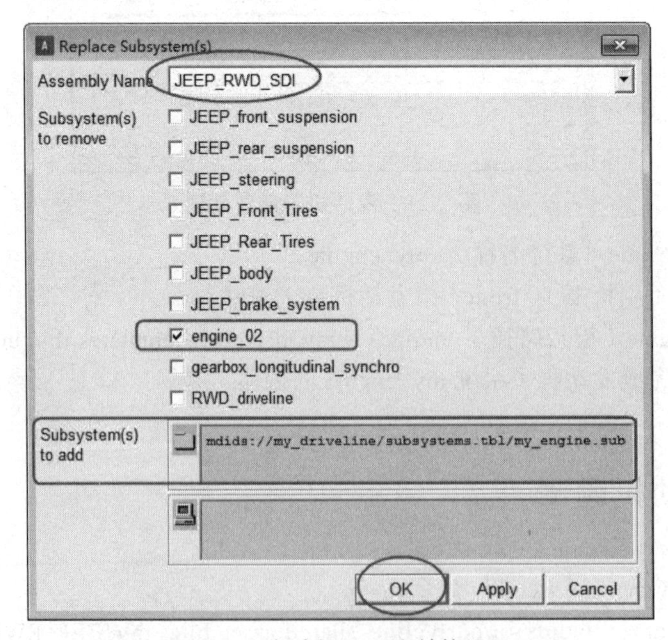

图 7-24　发动机子系统替换设置

• 单击 OK，完成发动机子系统 my_engine.sub 的替换。替换发动机子系统后的整车模型如图 7-25 所示，可以看出发动机与变速器并没有正确对接，因此需要对发动机的位置进行移动。

• 切换到整车装配体子系统，.my_JEEP.my_engine.ground.hps_engine_CM 硬点位置为：0，0，0；

• .my_JEEP.gearbox_longitudinal_synchro.ground.hps_gearbox_reference 硬点位置为：200.0，0.0，490.0；

• 通过对比两个系统的硬点位置，在 *Z* 轴上需要把发动机子系统向上移动 490 mm；

• 单击 Adjust > Shift 命令，弹出移动对话框，如图 7-26 所示；

图 7-25　整车模型（替换为自建发动机模型）

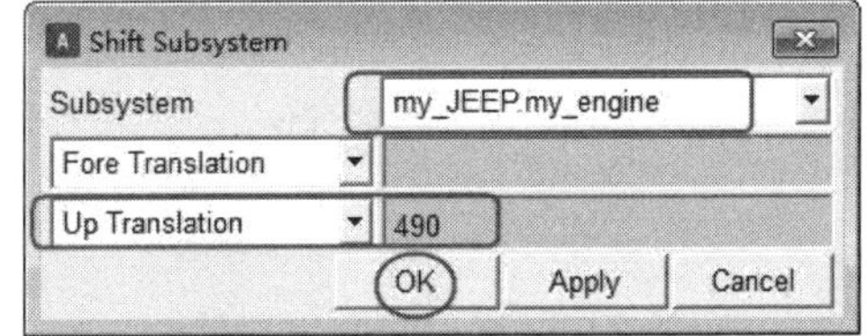

图 7-26　子系统移动设置

• Up Translation 对话框中输入：490；

• 单击 OK，完成发动机子系统 my_engine.sub 在 *Z* 方向上的平移，此时整车装配如图 7-27 所示，发动机子系统与变速器精准对接。

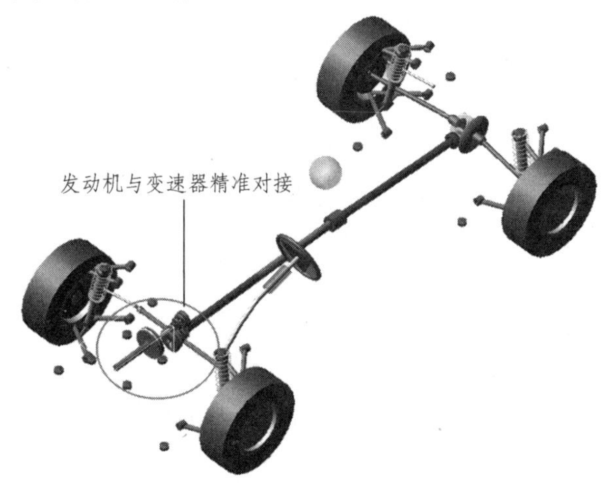

图 7-27　整车模型（发动机与变速器精准对接）

7.15　速度保持仿真

对整车进行直线速度保持（匀速直线）仿真，设置如下：

- 单击 Simulate > Full-Vehicle Analysis > Straight-line Events > Straight-line Maintain 命令；
- Output Prefix：SLM_1；
- End Time：10；
- Number of Steps（仿真步数）：1 000；
- Mode of Simulation：interactive；
- Road Date File：mdids：//acar_shared/roads.tbl/2d_flat.rdf；
- Initial Velocity：20；
- Gear Position：1；
- Steering Input：locked；
- Quasi-Static Straight-Line Setup：勾选，整车模型包含发动机运行准静态平衡；
- 单击 OK，完成速度保持仿真设置并提交运算，如图 7-28 所示。

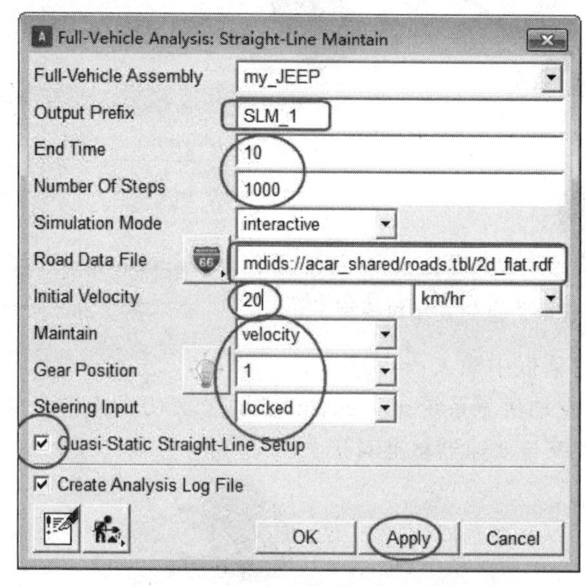

图 7-28　速度保持仿真

提交运算后命令窗口提示速度保持仿真并不能提交，经分析发现问题在于发动机子系统，发动机的动力元设置存在问题，命令窗口信息如下：

> 速度保持仿真命令窗口提示信息，下划线为发动机子系统存在的问题：
> Reading in property files...
> Reading of property files completed.
> Setting up the vehicle assembly for Driving Machine maneuver...
> Transmission data spline only 2D，using fixed shift points.
> Setup of vehicle assembly completed.
> <u>In Adams/Car SDI analyses，the active dyno（ues_engine_torque）</u>
> <u>is required to be setup as per below：</u>
> <u>Dyno type = Torque</u>
> <u>Function type = Throttle Demand</u>

Please change to the settings above.

Hence，Quasi-Static Straight-Line Setup is not supported.

Analysis is not submitted!

切换到整车装配下对应的子系统：.my_JEEP.my_engine；

右击动力元素：.my_JEEP.my_engine.ues_engine_torque > Modify，更改设置如图 7-29 所示：

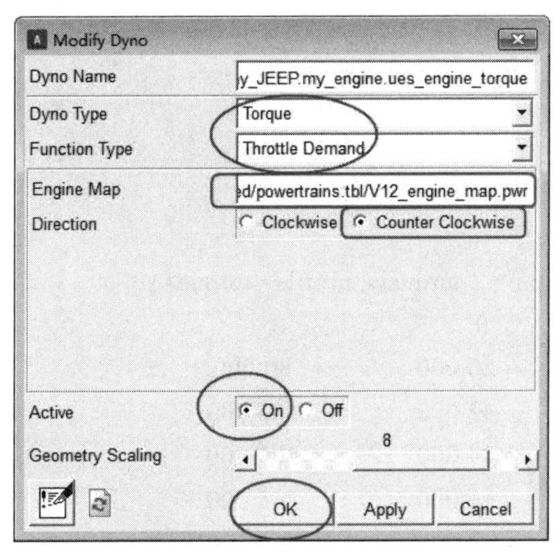

图 7-29　动力元素修改设置

- Dyno Type：Torque；
- Function Type：Throttle Demand；
- Engine Map：mdids：//adriveline_shared/powertrains.tbl/V12_engine_map.pwr；
- Direction：Counter Clockwise；
- Active：On;
- 单击 OK，完成动力元素._my_engine.ues_engine_torque 的修改。

V12_engine 发动机特性曲线图，此问题可以通过实验数据编写真实的发动机参数，此处为共享数据库中发动机模板数据：

```
$------------------------------------------------MDI_HEADER
[MDI_HEADER]
 FILE_TYPE        = 'pwr'
 FILE_VERSION    = 1.0
 FILE_FORMAT      = 'ASCII'
$-------------------------------------------------UNITS
[UNITS]
( BASE )
{length    force        angle          mass       time}
'mm'     'newton'    'degrees'         'kg'        'sec'
( USER )
```

```
{unit_type      length   force   angle   mass   time   conversion}
'rpm'             0        0       1       0     - 1      6.0
'torque'          1        1       0       0      0       1.0
$------------------------ENGINE
 %可以通过测功机获取发动机速度特性、负荷特性、万有特性数据替换以下数据；
[ENGINE]
(Z_DATA)
{throttle}
0.0
1.00
(XY_DATA)
{engine_speed <rpm>    torque@throttle <torque>}
    0                  0                  0
  500             - 20 000             80 000
1 000             - 42 000            135 000
1 500             - 44 000            200 000
2 000             - 46 000            245 000
2 500             - 48 000            263 000
3 000             - 50 000            310 000
3 500             - 50 000            358 000
4 000             - 50 000            404 000
4 500             - 50 000            455 000
5 000             - 50 000            475 000
5 500             - 50 000            485 000
6 000             - 50 000            468 000
6 250             - 50 000            462 000
6 500             - 52 000            455 000
6 750             - 56 000            427 000
7 000             - 60 000            370 000
7 500             - 64 000            259 000
```

修改完成后，速度保持仿真设置不变，重新提交，整车正确完成仿真，切换到后处理模块，计算结果如图 7-30 ~ 图 7-38 所示。从计算结果可以看出，在 1 秒之前，发动机与离合器接触的瞬间各参数的振动幅值都较大，随着时间的推移，各参数进入平稳工作状态。

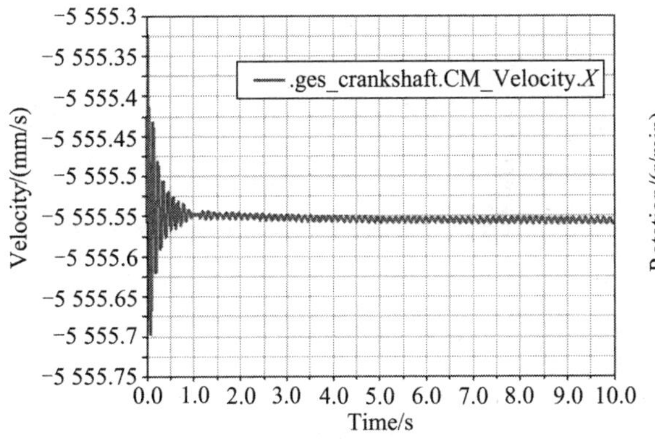

图 7-30　曲轴 X 方向转速

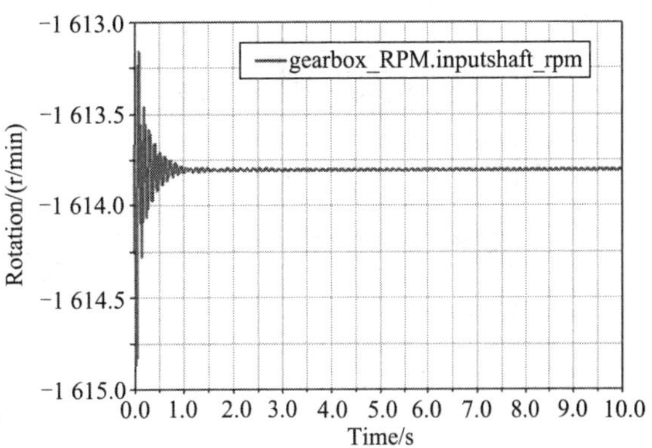

图 7-31　变速器输入轴转速

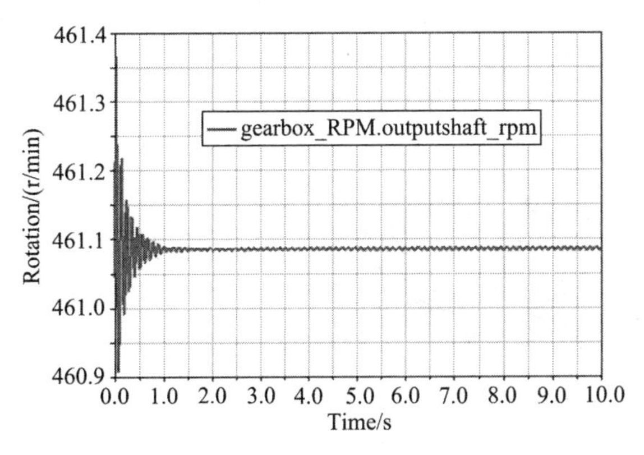

图 7-32　变速器输出轴转速

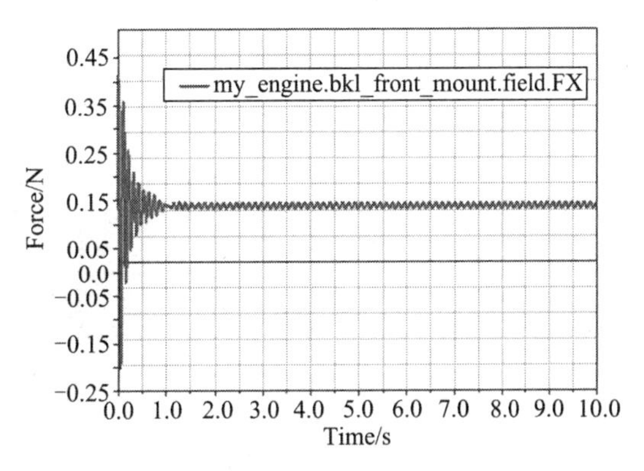

图 7-33　发动机左前衬套 X 方向受力

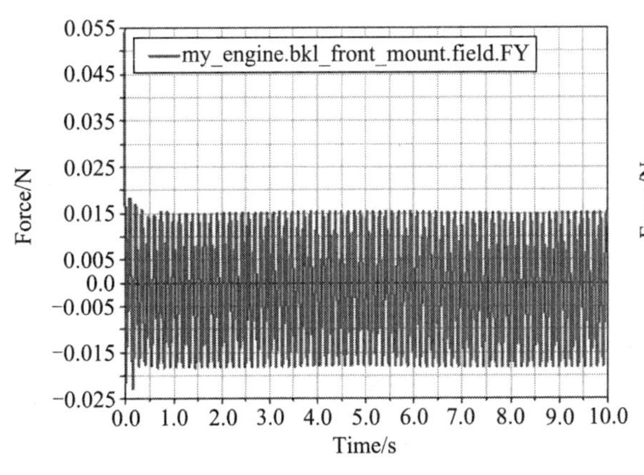

图 7-34　发动机左前衬套 Y 方向受力

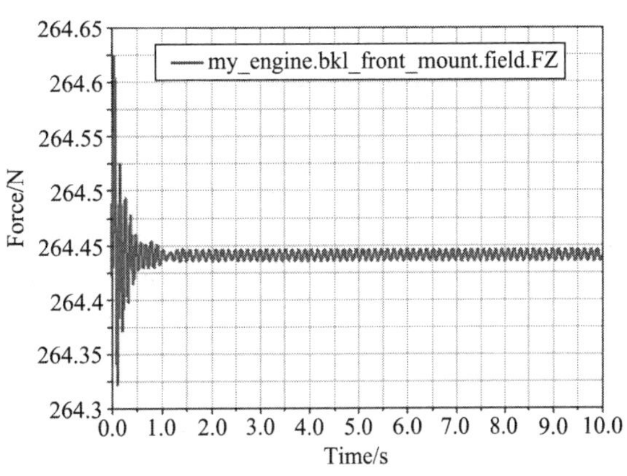

图 7-35　发动机左前衬套 Z 方向受力

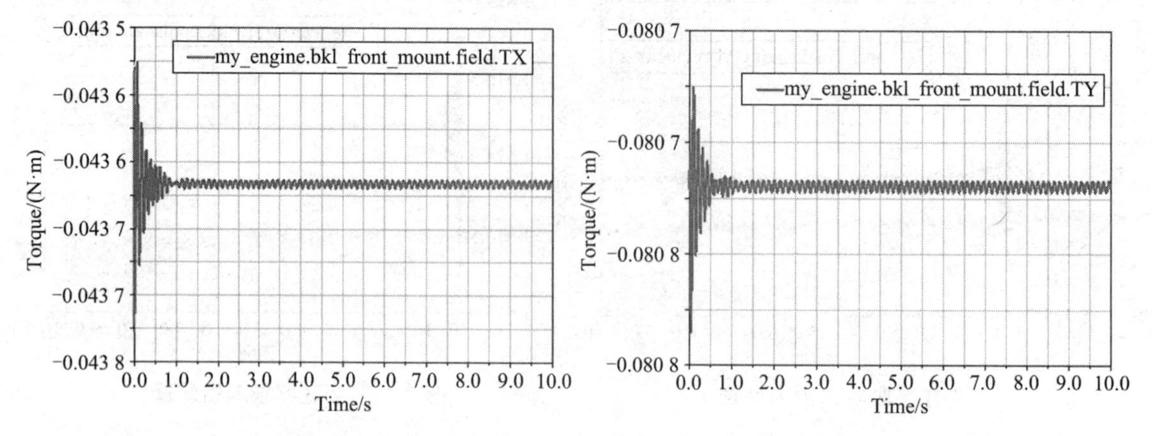

图 7-36　发动机左前衬套 *X* 方向扭矩

图 7-37　发动机左前衬套 *Y* 方向扭矩

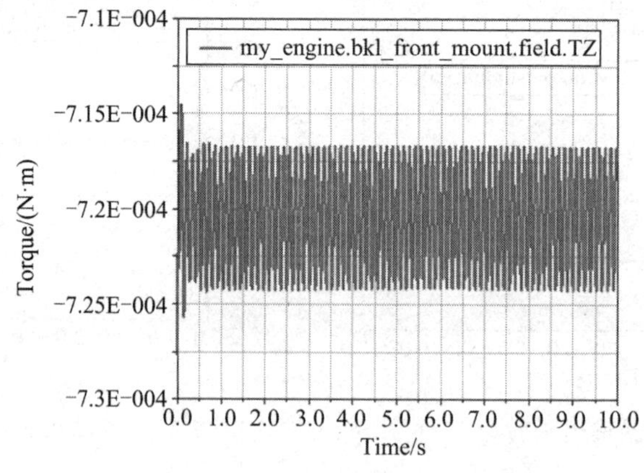

图 7-38　发动机左前衬套 *Z* 方向扭矩

第 8 章 发动机系统模型

发动机模型是整车模型中的一部分，整车不包含发动机模型，依然可以进行整车部分相关工况的仿真，但在仿真过程中不能运行准静态平衡，在仿真刚开始伴随有较大的振动。发动机模型建立关键在于获取精确的发动机数据，发动机数据需要通过发动机台架试验获取。同时发动机数据还需要和其他变量参数相匹配，比如换挡转速、变速器驱动轴参数等。本章提供一个 600cc 排量四缸发动机参数，将此参数编排成一个发动机属性文件：600cc_engine_map.pwr，并替换掉通用数据单元中数据曲线中发动机输出扭矩的系统默认属性文件，建模过程中参考共享数据库中的发动机模型，删除原有发动机的造型参数，重新构建发动机几何外形；发动机与车身安装需要对应的支撑点，此支撑点的衬套的参数对发动机振动影响很大，建模中采用与悬架衬套相同的参数（此参数不准确，但可适用），也可以在完整的整车架构下研究发动机的振动特性，对发动机的支撑架进行轻量化、对频率及支撑点衬套的精确刚度等参数进行优化。建立好发动机模型并添加到整车模型中，如图 8-1 所示，经过相关调试，基本上整车所有的工况都可以准确仿真，同时仿真前可以运行准静态平衡。

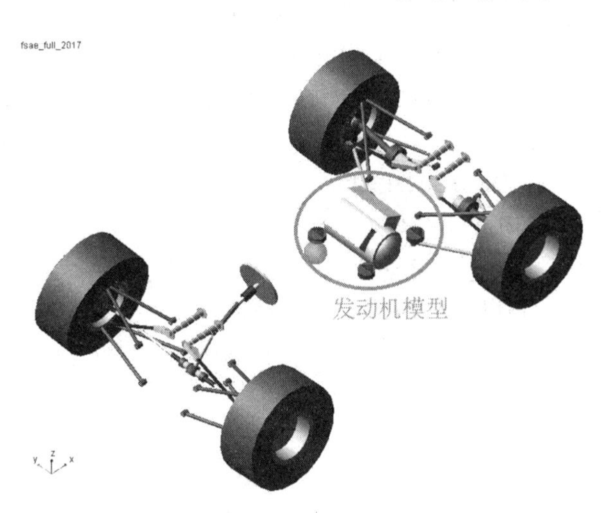

图 8-1　发动机系统模型

学习目标

- ✧ 发动机实验数据。
- ✧ 发动机扭矩图绘制程序。
- ✧ 发动机系统建模。
- ✧ 定半径转弯仿真。

8.1　发动机实验数据

发动机的输出扭矩与制动系统相互关联，方程式赛车采用中置 600cc 排量四缸发动机，点火顺序为 1-3-4-2；整车在制动过程中，由发动机经过变速器及传动系统输出到车轮上的力矩不同，尤其是在弯道制动中，内外侧车轮的力矩及所承受载荷也不一样，因此，精确的整车模型必须考虑发动机输出扭矩及传动系统和差速器等子系统的影响。发动机外特性实验采用 ET2000 发动机自动测控系统，测试过程中，发动机水温系统、燃油恒温系统正常，发动机实验条件按国家标准 GB/T 18297—2001《汽车发动机性能实验方法》的规定进行控制；扭矩测量精度 ± 0.4%FS，转速测量精度 ± 1 r/min，转动惯量测量精度 0.231 kg · m^2；测试中每增加 500 转记录一次输出扭矩及制动力矩。发动机在 9 900 r/min 时输出最大扭矩为 56 004.1 N · mm。

方程式赛车发动机实验数据如下列信息所示，根据发动机文件编排规则编排文件，保存重命名为：600cc_engine_map.pwr。

发动机信息，根据实验数据编排发动机文件如下：

```
$-------------------------------------------------------------------MDI_HEADER
[MDI_HEADER]
 FILE_TYPE        = 'pwr'
 FILE_VERSION     = 1.0
 FILE_FORMAT      = 'ASCII'
$------------------------------------------------------------------------UNITS
[UNITS]
（BASE）
{length   force      angle        mass     time}
'mm'    'newton'   'degrees'     'kg'     'sec'
（USER）
{unit_type     length   force   angle   mass   time   conversion}
'rpm'            0        0       1       0     – 1       6.0
'torque'         1        1       0       0      0        1.0
$-----------------------------------------------------------------------ENGINE
[ENGINE]
（Z_DATA）
{throttle <no_units>}
0.0
1.00
（XY_DATA）
{engine_speed <rpm>   torque@throttle <torque>}        %以下为实验参数
0              0                          0
```

1 000	– 67.85	10 856
2 000	– 67.85	10 856
2 700	– 135.7	15 334.1
2 800	– 203.55	14 519.9
2 900	– 271.4	13 977.1
3 000	– 339.25	13 705.7
3 100	– 407.1	13 705.7
3 200	– 474.95	13 841.4
3 300	– 542.8	14 112.8
3 400	– 610.65	14 248.5
3 500	– 678.5	14 384.2
3 600	– 746.35	14 519.9
3 700	– 814.2	14 927
3 800	– 882.05	15 605.5
3 900	– 949.9	16 555.4
4 000	– 1 017.75	17 505.3
4 100	– 1 085.6	18 455.2
4 200	– 1 153.45	19 812.2
4 300	– 1 221.3	21 304.9
4 400	– 1 289.15	23 204.7
4 500	– 1 357	25 375.9
4 600	– 1 424.85	30 490.7
4 700	– 1 492.7	31 304.9
4 800	– 1 560.55	32 119.1
4 900	– 1 628.4	33 476.1
5 000	– 1 696.25	34 968.8
5 100	– 1 764.1	36 868.6
5 200	– 1 831.95	39 175.5
5 300	– 1 899.8	42 609.8
5 400	– 1 967.65	43 424
5 500	– 2 035.5	44 102.5
5 600	– 2 103.35	45 188.1
5 700	– 2 171.2	45 323.8
5 800	– 2 239.05	46 138
5 900	– 2 306.9	46 545.1
6 000	– 2 374.75	46 680.8
6 100	– 2 442.6	46 002.3
6 200	– 2 510.45	44 916.7

6 300	– 2 578.3	43 831.1	
6 400	– 2 646.15	42 474.1	
6 500	– 2 714	41 117.1	
6 600	– 2 781.85	40 981.4	
6 700	– 2 849.7	40 302.9	
6 800	– 2 917.55	40 710	
6 900	– 2 985.4	41 659.9	
7 000	– 3 053.25	42 474.1	
7 100	– 3 121.1	44 781	
7 200	– 3 188.95	45 866.6	
7 300	– 3 256.8	47 223.6	
7 400	– 3 324.65	48 987.7	
7 500	– 3 392.5	50 887.5	
7 600	– 3 460.35	51 023.2	
7 700	– 3 528.2	52 651.6	
7 800	– 3 596.05	52 380.2	
7 900	– 3 663.9	51 973.1	
8 000	– 3 731.75	51 294.6	
8 100	– 3 799.6	50 073.3	
8 200	– 3 867.45	48 444.9	
8 300	– 3 935.3	47 630.7	
8 400	– 4 003.15	47 223.6	
8 500	– 4 071	47 223.6	
8 600	– 4 138.85	47 766.4	
8 700	– 4 206.7	49 259.1	
8 800	– 4 274.55	49 259.1	
8 900	– 4 342.4	51 158.9	
9 000	– 4 410.25	51 701.7	
9 100	– 4 478.1	52 108.8	
9 200	– 4 545.95	52 651.6	
9 300	– 4 613.8	52 787.3	
9 400	– 4 681.65	53 737.2	
9 500	– 4 749.5	54 687.1	
9 600	– 4 817.35	54 687.1	
9 700	– 4 885.2	55 501.3	
9 800	– 4 953.05	55 501.3	
9 900	*– 5 020.9*	*56 044.1*	*%9 900 转是发动机输出最大扭矩*
10 000	– 5 088.75	55 772.7	

10 100	– 5 156.6	55 772.7
10 200	– 5 224.45	55 637
10 300	– 5 292.3	55 365.6
10 400	– 5 360.15	55 772.7
10 500	– 5 428	55 501.3
11 000	– 5 500	55 000
12 000	– 5 500	53 000
13 000	– 5 500	51 000
14 000	– 5 500	51 000
15 000	– 5 500	51 000
16 000	– 5 500	51 000
17 000	– 5 500	51 000
18 000	– 5 500	51 000
19 000	– 5 500	51 000
20 000	– 5 500	51 000

8.2 发动机扭矩图绘制程序

发动机实验数据按属性文件编排好之后，对发动机输出的扭矩及制动力矩进行图形绘制，可以更加明确地观察发动机参数的变化趋势，如图 8-2 所示，绘图采用 MATLAB 软件编写程序，具体信息如下：

发动机输出及制动扭矩绘图程序：

```
a=[2 000  2 700  2 800  2 900  3 000  3 500  4 000  4 500  5 000  5 500  6 000
6 500  7 000  7 500  8 000  8 500  9 000  9 500  10 000  10 500  11 000  12 000
13 000  14 000  15 000];
b=[ – 67.85  – 135.7  – 203.55  – 271.4  – 339.25  – 678.5  – 1 017.75  – 1 357  – 1 696.25
– 2 035.5  – 2 374.75  – 2 714  – 3 053.25  – 3 392.5  – 3 731.75  – 4 071  – 4 410.25  – 4 749.5
– 5 088.75  – 5 428  – 5 500  – 5 500  – 5 500  – 5 500  – 5 500];
c=[10 856  15 334.1  14 519.9  13 977.1  13 705.7  14 384.2  17 505.3  25 375.9
34 968.8  44 102.5  46 680.8  41 117.1  42 474.1  50 887.5  51 294.6  47 223.6  51 701.7
54 687.1  55 772.7  55 501.3  55 000  53 000  51 000  51 000  51 000];
plot（a，b，'r-'，a，c，'b-'）
x label（'转速/（r/min）'）
y label（'扭矩/N · mm'）
```

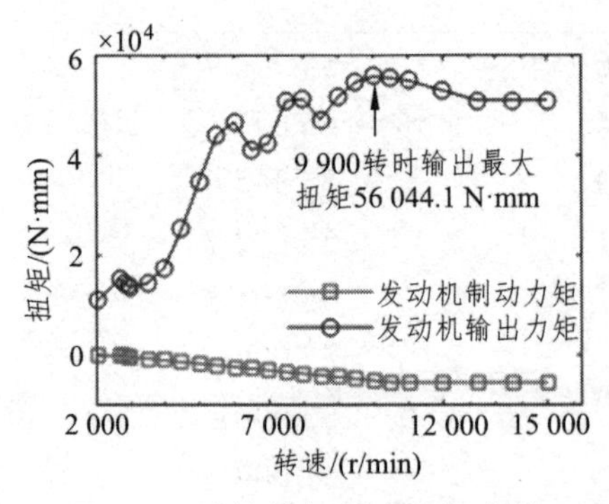

图 8-2　外特性与制动力矩曲线

8.3　发动机系统建模

发动机子系统建立完成后系统信息如下：系统信息包含相关硬点、部件、转换部件、变量参数、通讯器等。建模过程中，难点在于 Adams Arrarys、Requests 等参数的设置以及彼此之间的关系特性，较为复杂，建议采用共享数据库中的发动机系统模型，通过发动机实验数据编制属性文件进行重新匹配。发动机外形几何可以进行修改（几何修改不会对发动机的性能产生任何影响，只是与整车外形大小等视觉搭配效果会更好），可以通过数据对话框对外形进行删除，然后把界面转换到 Adams/View 通用界面，用基本的几何体构造发动机的简单外形。FSAE 赛车发动机模型通过几何重新构造、发动机属性文件替换等最终建立好的子系统如图 8-3 所示。

```
    File Name：<FASE>/subsystems.tbl/powertrain_fsae_2017.sub
    Template：mdids：//FASE/templates.tbl/_powertrain.tpl
    Comments：
    Template：Example of a non-spinning powertrain
    Subsystem：*no subsystem comments found*
    Major Role：powertrain
    Minor Role：rear
HARDPOINTS：
    hardpoint name          symmetry       x_value     y_value     z_value
    -------------------     -----------    ----------  ---------   ---------
    graphics_reference      single          0.0          0.0        0.0
    front_engine_mount      left/right      950.0      – 150.0      200.0
    rear_engine_mount       left/right      1250.0     – 150.0      200.0
PARTS：
        powertrain
          symmetry                     ：single
          mass                         ：5.0
          location（dependent）        ：1100.0，0.0，200.0
```

```
        orientation                   : zp_vector=0.0, 0.0, 1.0
                                      : xp_vector=1.0, 0.0, 0.0
        cm_location_from_part         : 0.0, 0.0, 0.0
        Ixx, Iyy, Izz                 : 1.0, 1.0, 1.0
        Ixy, Izx, Iyz                 : 0.0, 0.0, 0.0
    diff_output
        symmetry                      : left/right
        mass                          : 2.0
        location (dependent)          : 1 500.0, -200.0, 225.0
        orientation (dependent)       : zp_vector=0.0, -1.0, 0.0
                                      : xp_vector=1.0, 0.0, 0.0
        cm_location_from_part         : 0.0, 0.0, 0.0
        Ixx, Iyy, Izz                 : 1.0, 1.0, 1.0
        Ixy, Izx, Iyz                 : 0.0, 0.0, 0.0
SWITCH PARTS:
    engine_mount_option
        symmetry                      : single
        switched to                   : chassis (general part)
      Part list                       : chassis (general part)
                                      : chassis (general part)
GENERAL SPLINES:
    differential
        symmetry                      : single
        type                          : 'two_dimensional'
        property file                 : mdids: //FASE/differentials.tbl/MSC_viscous.dif
        curve_name                    : 'DIFFERENTIAL'
    engine_torque
        symmetry                      : single
        type                          : 'three_dimensional'
        property file                 : mdids://FASE/powertrains.tbl/600cc_engine_map.pwr
        curve_name                    : 'ENGINE'
PARAMETERS:
    parameter name                    symmetry      type       value
    -----------------                 ----------    ------     -----
    kinematic_flag                    single        integer    0
    clutch_capacity                   single        real       1.00E+06
    clutch_close                      single        real       0.25
    clutch_damping                    single        real       10 000.0
```

```
clutch_open                     single          real        0.75
clutch_stiffness                single          real        1.00E+06
clutch_tau                      single          real        0.05
ems_gain                        single          real        0.005
ems_max_throttle                single          real        100.0
ems_throttle_off                single          real        1.0
engine_idle_speed               single          real        10.0
engine_inertia                  single          real        70000.0
engine_rev_limit                single          real        14000.0
final_drive                     single          real        3.28
gear_1                          single          real        3.231
gear_2                          single          real        2.571
gear_3                          single          real        2.125
gear_4                          single          real        1.789
gear_5                          single          real        1.55
gear_6                          single          real        1.0
gear_r                          single          real        – 3.0
graphics_flag                   single          integer     1
max_gears                       single          integer     6
max_throttle                    single          real        100.0
Listing of input communicators in '_fsae_powertrain'
----------------------------------------------------------------
Communicator Name:              Entity Class:           From Minor Role:
ci[lr]_diff_tripot              location                inherit
ci[lr]_tire_force               force                   inherit
cis_clutch_demand               solver_variable         inherit
cis_engine_to_subframe          mount                   inherit
cis_initial_engine_rpm          parameter_real          any
cis_powertrain_to_body          mount                   inherit
cis_sse_diff1                   diff                    inherit
cis_throttle_demand             solver_variable         inherit
cis_transmission_demand         solver_variable         inherit
Listing of input communicators in '_fsae_powertrain'
----------------------------------------------------------------
Communicator Name:              Entity Class:           To Minor Role:
co[lr]_output_torque            force                   inherit
co[lr]_tripot_to_differential   mount                   inherit
cos_clutch_displacement_ic      solver_variable         inherit
```

cos_default_downshift_rpm	parameter_real	inherit
cos_default_upshift_rpm	parameter_real	inherit
cos_diff_ratio	parameter_real	inherit
cos_engine_idle_rpm	parameter_real	inherit
cos_engine_map	spline	inherit
cos_engine_max_rpm	parameter_real	inherit
cos_engine_rpm	solver_variable	inherit
cos_engine_speed	solver_variable	inherit
cos_max_engine_braking_torque	solver_variable	inherit
cos_max_engine_driving_torque	solver_variable	inherit
cos_max_gears	parameter_integer	inherit
cos_max_throttle	parameter_real	inherit
cos_powertrain_gse	general_state_equation	inherit
cos_transmission_input_omega	solver_variable	inherit
cos_transmission_spline	spline	inherit

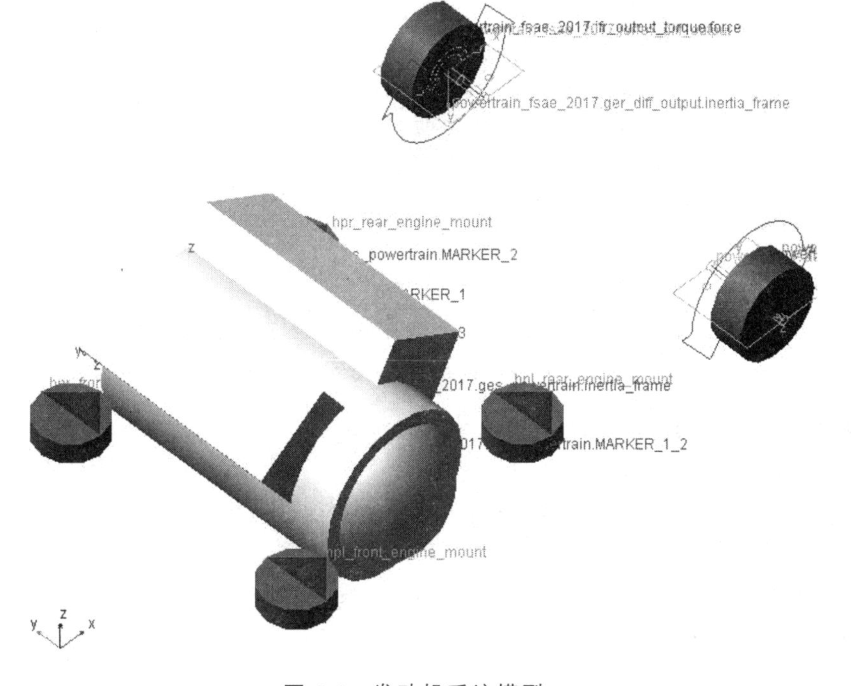

图 8-3　发动机系统模型

8.4　定半径转弯仿真 CRC

FSAE 赛车包含发动机模型后，定常数半径转弯工况才可以正常仿真。同时在仿真过程中挡位参数可以设置，准静态平衡可以在仿真计算前先计算系统的静平衡，勾选自动换挡

Shift Gears，整车可以在运行中自动换挡。

• 单击 Simulate > Full-Vehicle Analysis > CorneringEvents > Constant Radius Cornering 命令，弹出定半径转弯仿真对话框，如图 8-4 所示；

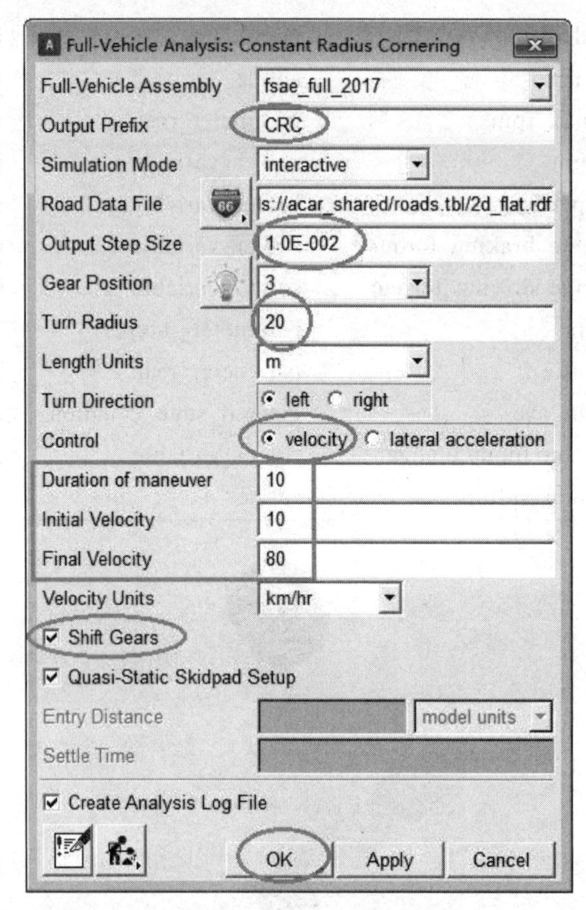

图 8-4　Constant Radius Cornering 仿真设置

• Output Prefix：CRC；
• Simulation Mode：interactive；
• Road Date File：mdids：//acar_shared/roads.tbl/2d_flat.rdf;
• Output Step Size（仿真步数）：1.0E－002；
• Gear Position：3；
• Turn Radius：20；
• Length Units：m；
• Turn Direction：left；
• Duration of maneuver：10；
• Initial Velocity：10；
• Final Velocity：80；
• Velocity Units：km/hr
• 勾选 Shift Gears，计算机在运行过程中，FSAE 赛车可以自行换行运行；

• Quasi-Static Skidpad Setup：勾选，整车模型包含发动模型后可以运行准静态平衡；

• 单击 OK，完成定半径转向 Constant Radius Cornering 仿真设置并提交运算。

仿真结束后，FSAE 赛车的运行轨迹如图 8-5 所示，在运行过程中，整车的侧向加速度、车身横摆角加速度及后驱动半轴输出的力矩如图 8-6 ~ 图 8-8 所示。

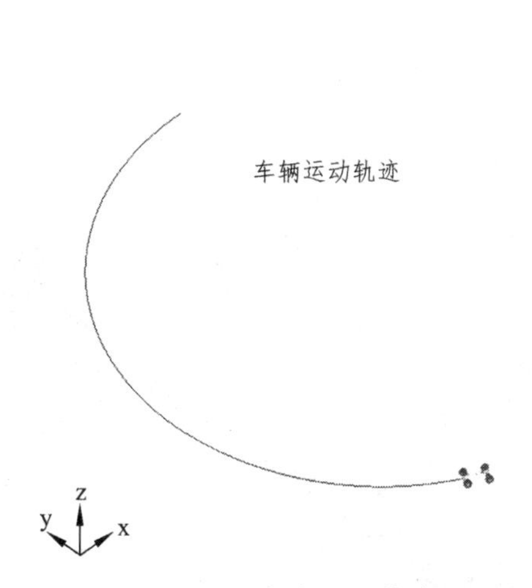

图 8-5　FSAE 赛车运行轨迹图

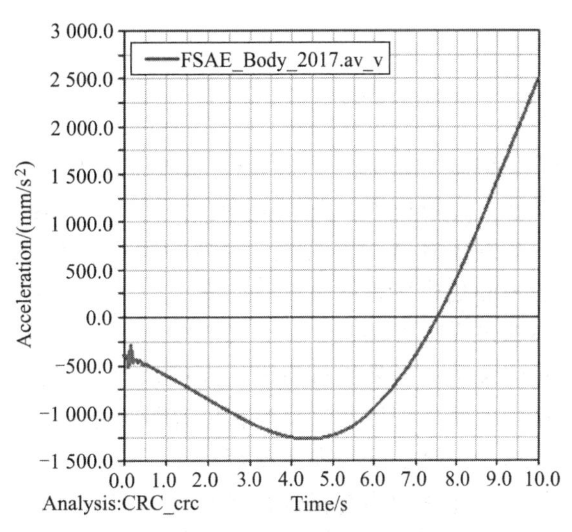

图 8-6　车身侧向加速度

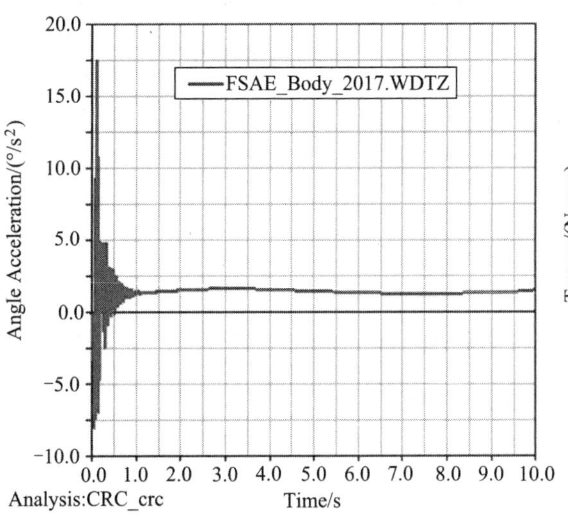

图 8-7　车身横摆角加速度

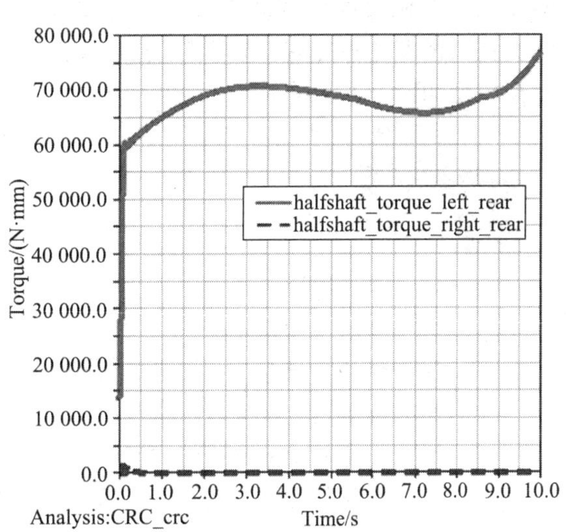

图 8-8　后驱动半轴输出力矩

第 9 章 钢板弹簧模型——Nonlinear Beam

钢板弹簧建模方法较多，推荐采用 Beam 梁建立板簧模型，其综合特性较好。本章通过案例介绍 4 片叠加板簧模型的建立，建模的核心是非线性梁及接触的施加，接触重复施加过程需要谨慎，务必保证接触面的准确对应关系；另外通过点面约束模拟弹簧夹，保证弹簧装配体在运动过程中接触面不产生分离，否则会导致在大载荷状态下模型计算错误。此案例主要讲解板簧的建模方法，商用车整车研发设计过程中需要保证板簧垂向刚度与实验刚度曲线准确吻合，此过程需要多次调试模型才能完成。建立好的 4 片板簧装配模型如图 9-1 所示。

图 9-1 板簧模型

学习目标

- ✧ 非线性梁。
- ✧ 接触力模型。
- ✧ 弹簧夹模型。
- ✧ 板簧约束关系。
- ✧ 板簧悬架参数。
- ✧ 车轮反向激振实验。

9.1 非线性梁

9.1.1 板簧硬点参数

- 启动 ADAMS/CAR，选择专家模块进入建模界面；
- 单击 File > New 命令，弹出建模对话框，如图 9-2 所示；
- 在模板名称里输入：my_leaf_4，主特征选择 suspension，单击 OK；

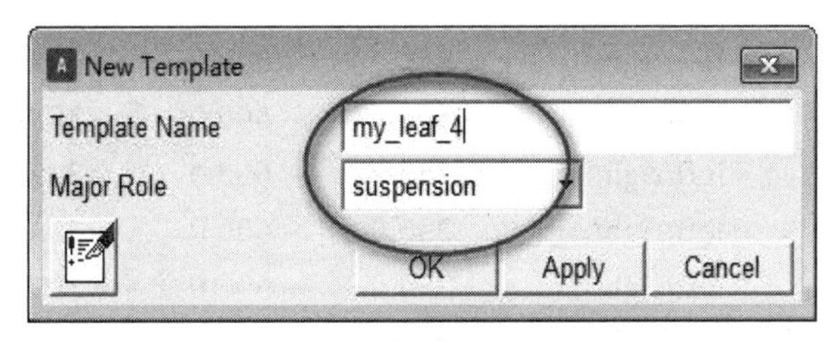

图 9-2　新建模板对话框

- 单击 Build > Hardpoint > New 命令，弹出创建硬点对话框，如图 9-3 所示。

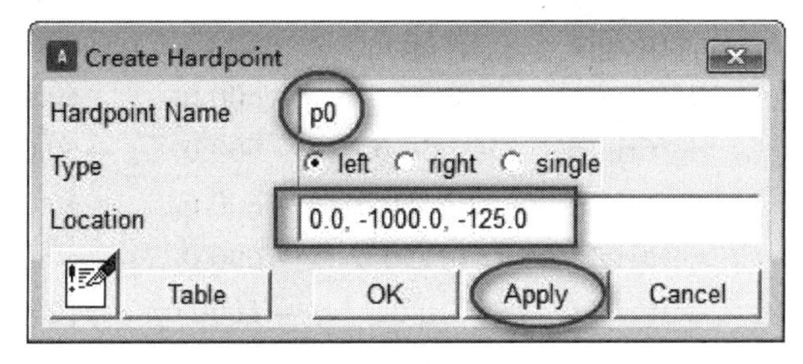

图 9-3　创建硬点对话框

- 在硬点名称里输入：p0，类型选择：left；在位置文本框输入：0.0，－1 000.0，－125.0。
- 单击 Apply，完成 p0 硬点的创建。重复硬点建立，完成如下硬点参数的建立。

硬点参数

hardpoint name	symmetry	x_value	y_value	z_value
a2	left/right	－550.0	－600.0	0.0
a3	left/right	－450.0	－600.0	0.0
a4	left/right	－350.0	－600.0	0.0
a5	left/right	－250.0	－600.0	0.0
a6	left/right	－150.0	－600.0	0.0
a7	left/right	－50.0	－600.0	0.0
a8	left/right	0.0	－600.0	0.0
a9	left/right	50.0	－600.0	0.0
a10	left/right	150.0	－600.0	0.0
a11	left/right	250.0	－600.0	0.0
a12	left/right	350.0	－600.0	0.0
a13	left/right	450.0	－600.0	0.0
a14	left/right	550.0	－600.0	0.0
b3	left/right	－450.0	－600.0	－30.0
b4	left/right	－350.0	－600.0	－30.0
b5	left/right	－250.0	－600.0	－30.0
b6	left/right	－150.0	－600.0	－30.0
b7	left/right	－50.0	－600.0	－30.0

b8	left/right	0.0	– 600.0	– 30.0
b9	left/right	50.0	– 600.0	– 30.0
b10	left/right	150.0	– 600.0	– 30.0
b11	left/right	250.0	– 600.0	– 30.0
b12	left/right	350.0	– 600.0	– 30.0
b13	left/right	450.0	– 600.0	– 30.0
c5	left/right	– 250.0	– 600.0	– 60.0
c6	left/right	– 150.0	– 600.0	– 60.0
c7	left/right	– 50.0	– 600.0	– 60.0
c8	left/right	0.0	– 600.0	– 60.0
c9	left/right	50.0	– 600.0	– 60.0
c10	left/right	150.0	– 600.0	– 60.0
c11	left/right	250.0	– 600.0	– 60.0
p0	left/right	0.0	– 1000.0	– 125.0
p1	left/right	– 650.0	– 600.0	30.0
p2	left/right	– 550.0	– 600.0	30.0
p3	left/right	– 450.0	– 600.0	30.0
p4	left/right	– 350.0	– 600.0	30.0
p5	left/right	– 250.0	– 600.0	30.0
p6	left/right	– 150.0	– 600.0	30.0
p7	left/right	– 50.0	– 600.0	30.0
p8	left/right	0.0	– 600.0	30.0
p9	left/right	50.0	– 600.0	30.0
p10	left/right	150.0	– 600.0	30.0
p11	left/right	250.0	– 600.0	30.0
p12	left/right	350.0	– 600.0	30.0
p13	left/right	450.0	– 600.0	30.0
p14	left/right	550.0	– 600.0	30.0
p15	left/right	650.0	– 600.0	30.0
p16	left/right	600.0	– 600.0	250.0

- 单击 Build > Suspension Parameters > Toe/Camber Values> Set 命令，弹出悬架参数对话框，如图 9-4 所示，前束角输入：0；外倾角输入：0；单击 OK，完成参数创建；与此同时系统自动建立两个输出通讯器：col[r]_toe_angle、col[r]_camber_angle。

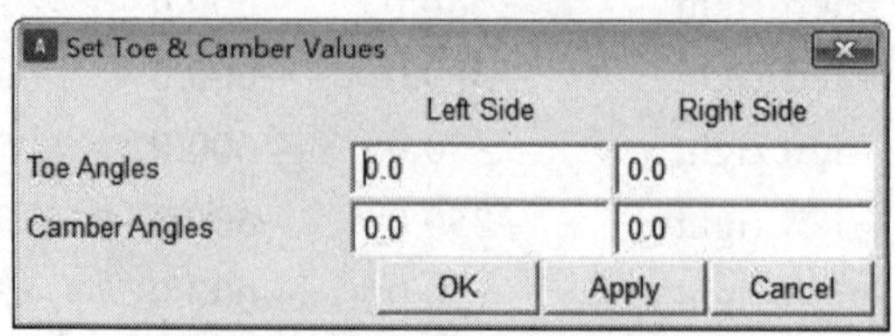

图 9-4 悬架参数

- 单击 Build > Construction Frame > New 命令，弹出创建结构框，如图 9-5 所示。

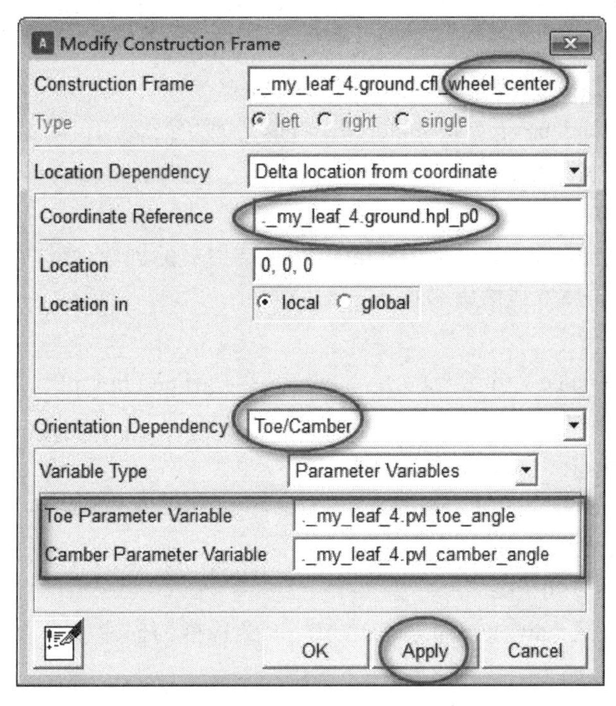

图 9-5　wheel_center 结构框

- Construction Frame（结构框名称）：wheel_center；
- Type：left；
- Coordinate Reference（参考坐标）：._my_leaf_4.ground.hpl_p0；
- Location：0，0，0；
- Location in：local；
- Orientation Dependency：Toe/Camber；
- Variable Type（变量类型）：Parameter Variables（参数变量）；
- Toe Parameter Variable（前束变量值）：._my_leaf_4.pvl_toe_angle；
- Camber Parameter Variable（外倾变量值）：._my_leaf_4.pvl_camber_angle；
- 单击 Apply，完成._my_leaf_4.ground.cfl_wheel_center 结构框的创建。
- Construction Frame（结构框名称）：axle_center；
- Type：single；
- Centered between：Two Coordinates；
- Coordinate Reference #1（参考坐标）：._my_leaf_4.ground.hpl_p0；
- Coordinate Reference #2（参考坐标）：._my_leaf_4.ground.hpr_p0；
- Orient using：Euler Angles；
- Euler Angles：0，0，0；
- 单击 Apply，完成._my_leaf_4.ground.cfs_axle_center 结构框的创建。
- Construction Frame（结构框名称）：p1；

- Type：left；
- Coordinate Reference（参考坐标）：._my_leaf_4.ground.hpl_p1；
- Location：0，0，0；
- Location in：local；
- Orientation Dependency：User-entered values；
- Orient using：Euler Angles；
- Euler Angles：0，0，0；
- 单击 Apply，完成._my_leaf_4.ground.cfl_p1 结构框的创建。
- Construction Frame（结构框名称）：p8；
- Type：left；
- Coordinate Reference（参考坐标）：._my_leaf_4.ground.hpl_p8；
- Location：0，0，0；
- Location in：local；
- Orientation Dependency：User-entered values；
- Orient using：Euler Angles；
- Euler Angles：0，90，0；
- 单击 Apply，完成._my_leaf_4.ground.cfl_p8 结构框的创建。
- Construction Frame（结构框名称）：p15；
- Type：left；
- Coordinate Reference（参考坐标）：._my_leaf_4.ground.hpl_p15；
- Location：0，0，0；
- Location in：local；
- Orientation Dependency：User-entered values；
- Orient using：Euler Angles；
- Euler Angles：0，90，0；
- 单击 Apply，完成._my_leaf_4.ground.cfl_p15 结构框的创建。
- Construction Frame（结构框名称）：p16；
- Type：left；
- Coordinate Reference（参考坐标）：._my_leaf_4.ground.hpl_p16；
- Location：0，0，0；
- Location in：local；
- Orientation Dependency：User-entered values；
- Orient using：Euler Angles；
- Euler Angles：0，90，0；
- 单击 OK，完成._my_leaf_4.ground.cfl_p16 结构框的创建。
- 单击 Build > Suspension Parameters > Characteristics Array > Set 命令，此设置主要用于设置悬架的转向主销，如图 9-6 所示；
- Steer Axis Calculation：Instant Axis；
- Suspension Type：Dependent，非独立悬架；

- Part：._my_leaf_4.gel_spindle；
- Coordinate Reference：._my_leaf_4.ground.cfl_wheel_center；
- 单击 OK，完成悬架参数变量设置。

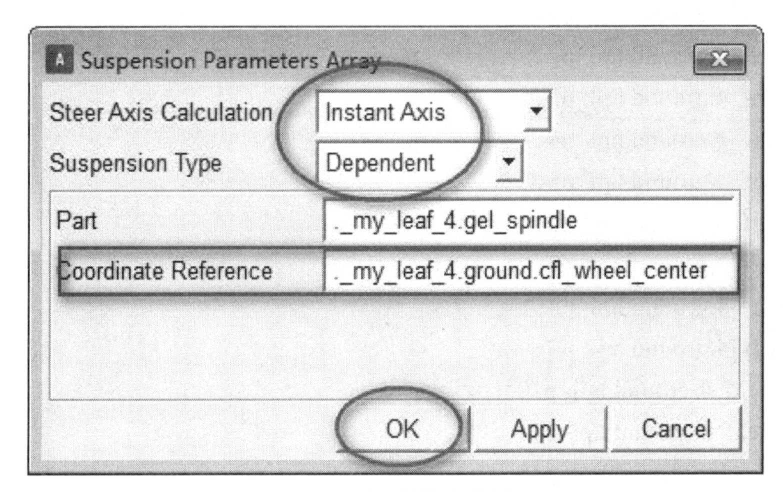

图 9-6　悬架参数变量设置

9.1.2　非线性梁部件

- 单击 Build > Part > Nonlinear Beam > New 命令，弹出创建非线性梁对话框，如图 9-7 所示；

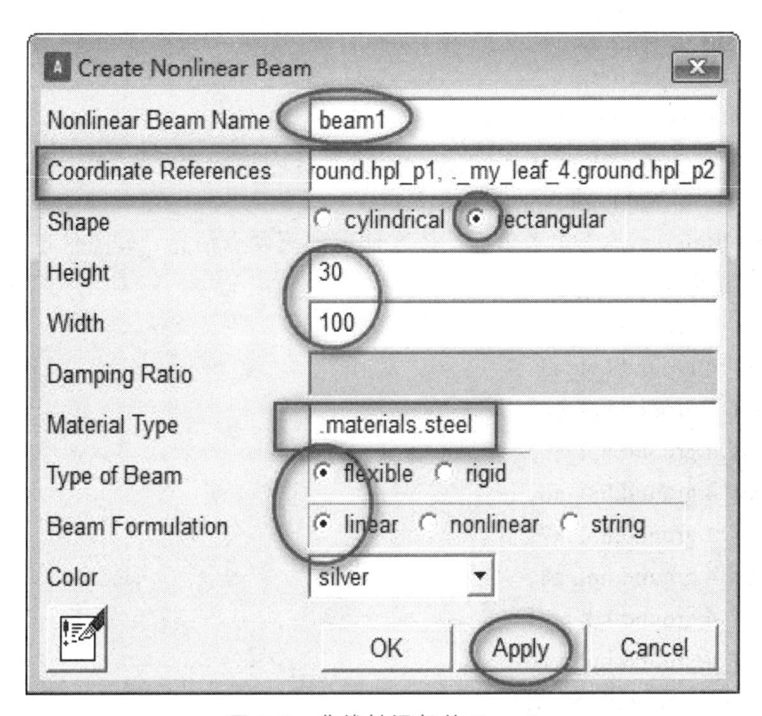

图 9-7　非线性梁部件 Beam1

- Nonlinear Beam Name 输入：beam1；
- Coordinate References（参考坐标，依次输入如下硬点信息，硬点信息属性不能乱，右击鼠标选择 Pick 选取）：

[1]._my_leaf_4.ground.hpl_p1，

[2]._my_leaf_4.ground.hpl_p2，

[3]._my_leaf_4.ground.hpl_p3，

[4]._my_leaf_4.ground.hpl_p4，

[5]._my_leaf_4.ground.hpl_p5，

[6]._my_leaf_4.ground.hpl_p6，

[7]._my_leaf_4.ground.hpl_p7，

[8]._my_leaf_4.ground.hpl_p8，

[9]._my_leaf_4.ground.hpl_p9，

[10] ._my_leaf_4.ground.hpl_p10，

[11] ._my_leaf_4.ground.hpl_p11，

[12] ._my_leaf_4.ground.hpl_p12，

[13] ._my_leaf_4.ground.hpl_p13，

[14] ._my_leaf_4.ground.hpl_p14，

[15] ._my_leaf_4.ground.hpl_p15；

- Shape（非线性梁形状，包括圆形和矩形两种）：rectangular；
- Height：30；
- Width：100；
- Material Type：steel；
- Type of Beam：flexible；
- Beam Formulation：linear；
- 单击 Apply，完成._my_leaf_4.nrl_1_beam1 部件的创建。
- Nonlinear Beam Name 输入：beam2；
- Coordinate References（参考坐标，依次输入如下硬点信息，硬点信息属性不能乱，右击鼠标选择 Pick 选取）：

[1]._my_leaf_4.ground.hpl_a2，

[2]._my_leaf_4.ground.hpl_a3，

[3]._my_leaf_4.ground.hpl_a4，

[4]._my_leaf_4.ground.hpl_a5，

[5]._my_leaf_4.ground.hpl_a6，

[6]._my_leaf_4.ground.hpl_a7，

[7]._my_leaf_4.ground.hpl_a8，

[8]._my_leaf_4.ground.hpl_a9，

[9]._my_leaf_4.ground.hpl_a10，

[10] ._my_leaf_4.ground.hpl_a11，

[11] ._my_leaf_4.ground.hpl_a12，

[12] ._my_leaf_4.ground.hpl_a13，

[13] ._my_leaf_4.ground.hpl_a14；

- Shape（非线性梁形状，包括圆形和矩形两种）：rectangular；
- Height：30；
- Width：100；
- Material Type：steel；
- Type of Beam：flexible；
- Beam Formulation：linear；
- 单击 Apply，完成._my_leaf_4.nrl_1_beam2 部件的创建。
- Nonlinear Beam Name 输入：beam3；
- Coordinate References（参考坐标，依次输入如下硬点信息，硬点信息属性不能乱，右击鼠标选择 Pick 选取）：

[1]._my_leaf_4.ground.hpl_b3，

[2]._my_leaf_4.ground.hpl_b4，

[3]._my_leaf_4.ground.hpl_b5，

[4]._my_leaf_4.ground.hpl_b6，

[5]._my_leaf_4.ground.hpl_b7，

[6]._my_leaf_4.ground.hpl_b8，

[7]._my_leaf_4.ground.hpl_b9，

[8]._my_leaf_4.ground.hpl_b10，

[9]._my_leaf_4.ground.hpl_b11，

[10] ._my_leaf_4.ground.hpl_b12，

[11] ._my_leaf_4.ground.hpl_b13；

- Shape（非线性梁形状，包括圆形和矩形两种）：rectangular；
- Height：30；
- Width：100；
- Material Type：steel；
- Type of Beam：flexible；
- Beam Formulation：linear；
- 单击 Apply，完成._my_leaf_4.nrl_1_beam3 部件的创建。
- Nonlinear Beam Name 输入：beam4；
- Coordinate References（参考坐标，依次输入如下硬点信息，硬点信息属性不能乱，右击鼠标选择 Pick 选取）：

[1]._my_leaf_4.ground.hpl_c5，

[2]._my_leaf_4.ground.hpl_c6，

[3]._my_leaf_4.ground.hpl_c7，

[4]._my_leaf_4.ground.hpl_c8，

[5]._my_leaf_4.ground.hpl_c9，

[6]._my_leaf_4.ground.hpl_c10，

[7]._my_leaf_4.ground.hpl_c11;

- Shape（非线性梁形状，包括圆形和矩形两种）：rectangular;
- Height：30;
- Width：100;
- Material Type：steel;
- Type of Beam：flexible;
- Beam Formulation：linear;
- 单击 OK，完成._my_leaf_4.nrl_1_beam4 部件的创建。

9.1.3 车轴 rear_axle 部件

- 单击 Build > Part > General Part > New 命令，弹出创建部件对话框，可参考图 9-8；

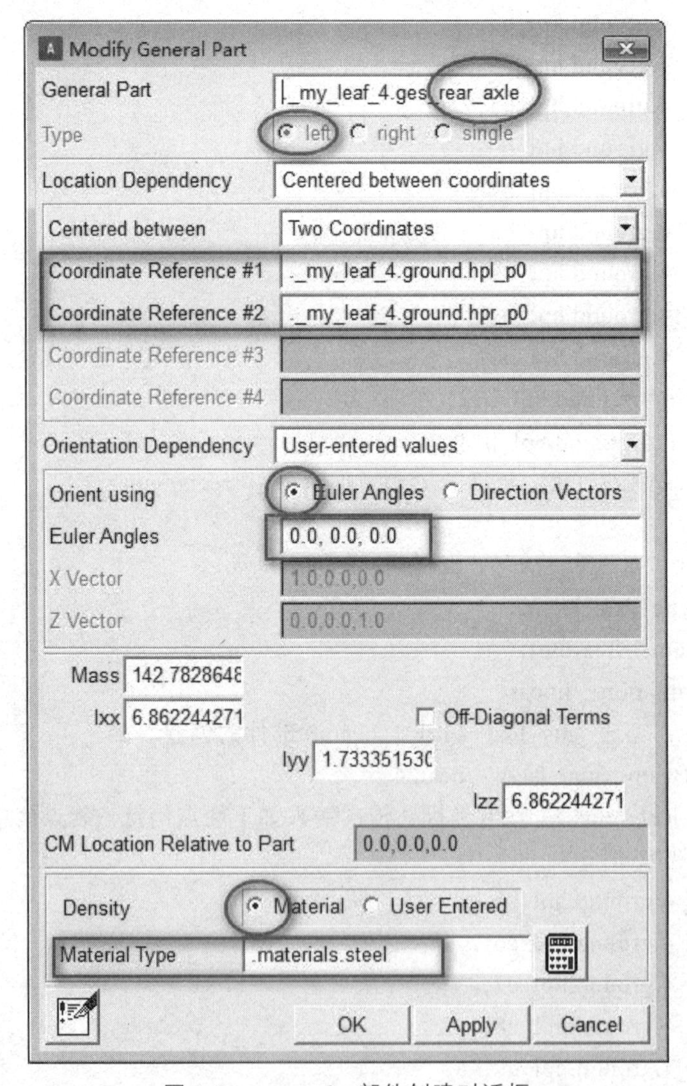

图 9-8　rear_axle 部件创建对话框

- General Part 输入：rear_axle；
- Type：left；
- Location Dependency：Centered between coordinates；
- Centered between：Two Coordinates；
- Coordinate Reference #1（参考坐标）：._my_leaf_4.ground.hpl_p0；
- Coordinate Reference #2（参考坐标）：._my_leaf_4.ground.hpr_p0；
- Orient using：Euler Angles；
- Euler Angles：0，0，0；
- Mass：1；
- Ixx：1；
- Iyy：1；
- Izz：1；
- Density：Material；
- Material Type：.materials.steel；
- 单击 OK，完成部件._my_leaf_4.ges_rear_axle 的创建。
- 单击 Build > Geometry > Link > New 命令；
- Link Name（连杆名称）输入几何名称：rear_axle；
- General Part 输入：._my_leaf_4.ges_rear_axle；
- Coordinate Reference #1（参考坐标）：._my_leaf_4.ground.hpl_p0；
- Coordinate Reference #2（参考坐标）：._my_leaf_4.ground.hpr_p0；
- Radius（半径）：50；
- Color（杆件几何体颜色）：white；
- 选择 Calculate Mass Properties of General Part 复选框，当几何体建立好之后会更新对应部件的质量和惯量参数；
- Density：Material；
- Material Type：steel；
- 单击 OK，完成车轴._my_leaf_4.ges_rear_axle.gralin_rear_axle 几何体的创建，如图 9-9 所示。

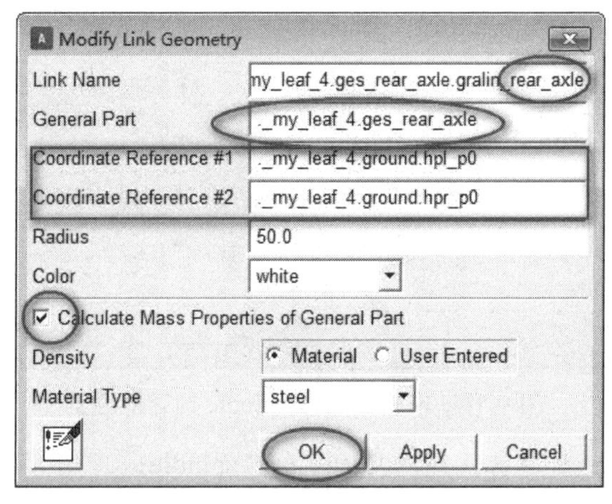

图 9-9　车轴几何体创建对话框

9.1.4 轮毂 spindle 部件

- 单击 Build > Part > General Part > New 命令，弹出创建部件对话框，可参考图 9-8；
- General Part 输入：spindle；
- Location Dependency：Delta location from coordinate；
- Coordinate Reference（参考坐标）：._my_leaf_4.ground.cfl_wheel_center；
- Location：0，0，0；
- Location in：local；
- Orientation Dependency：Delta orientation from coordinate；
- Construction Frame：._my_leaf_4.ground.cfl_wheel_center；
- Orientation：0，0，0；
- Mass：1；
- Ixx：1；
- Iyy：1；
- Izz：1；
- Density：Material；
- Material Type：.materials.steel；
- 单击 OK，完成部件._my_leaf_4.gel_spindle 创建。
- 单击 Build > Geometry > Cylinder（圆柱体）> New 命令，弹出创建几何体对话框，如图 9-10 所示；

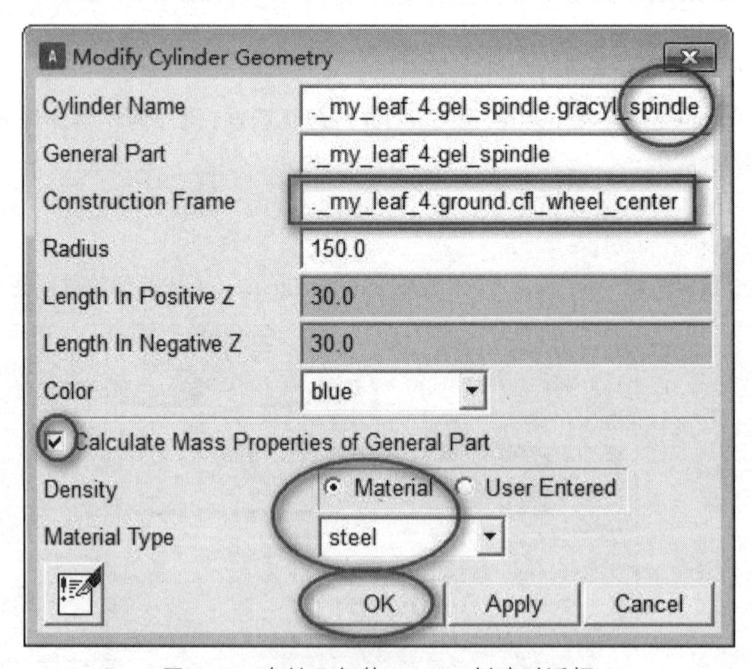

图 9-10　车轴几何体 spindle 创建对话框

- Cylinder Name（连杆名称）输入几何名称：spindle；
- General Part 输入：._my_leaf_4.gel_spindle；

- Construction Frame：._my_leaf_4.ground.cfl_wheel_center；
- Radius（半径）：150；
- Length In Positive Z（Z 轴正方向长度）：30；
- Length In Negative Z（Z 轴负方向长度）：30；
- Color（圆柱几何体颜色）：blue；
- 选择 Calculate Mass Properties of General Part 复选框；
- 单击 OK，完成轮毂圆柱体._my_leaf_4.gel_spindle.gracyl_spindle 几何体的创建。

9.1.5 吊耳 shackle 部件

- 单击 Build > Part > General Part > New 命令，弹出创建部件对话框，可参考图 9-8；
- General Part 输入：shackle；
- Type：single；
- Location Dependency：Centered between coordinates；
- Centered between：Two Coordinates；
- Coordinate Reference #1（参考坐标）：._my_leaf_4.ground.hpl_p15；
- Coordinate Reference #2（参考坐标）：._my_leaf_4.ground.hpr_p15；
- Orient using：Euler Angles；
- Euler Angles：0，0，0；
- Mass：1；
- Ixx：1；
- Iyy：1；
- Izz：1；
- Density：Material；
- Material Type：.materials.steel；
- 单击 OK，完成部件._my_leaf_4.gel_shackle 创建。
- 单击 Build > Geometry > Link > New 命令；
- Link Name（连杆名称）输入几何名称：shackle；
- General Part 输入：._my_leaf_4.gel_shackle；
- Coordinate Reference #1（参考坐标）：._my_leaf_4.ground.hpl_p15；
- Coordinate Reference #2（参考坐标）：._my_leaf_4.ground.hpr_p15；
- Radius（半径）：20；
- Color（杆件几何体颜色）：yellow；
- 选择 Calculate Mass Properties of General Part 复选框，当几何体建立好之后会更新对应部件的质量和惯量参数；
- Density：Material；
- Material Type：steel；
- 单击 OK，完成车轴._my_leaf_4.gel_shackle.gralin_shackle 几何体的创建。

9.2 接触力

• 单击 Tools > Adams/View Interface 命令，切换到 View 通用界面，如图 9-11 所示；

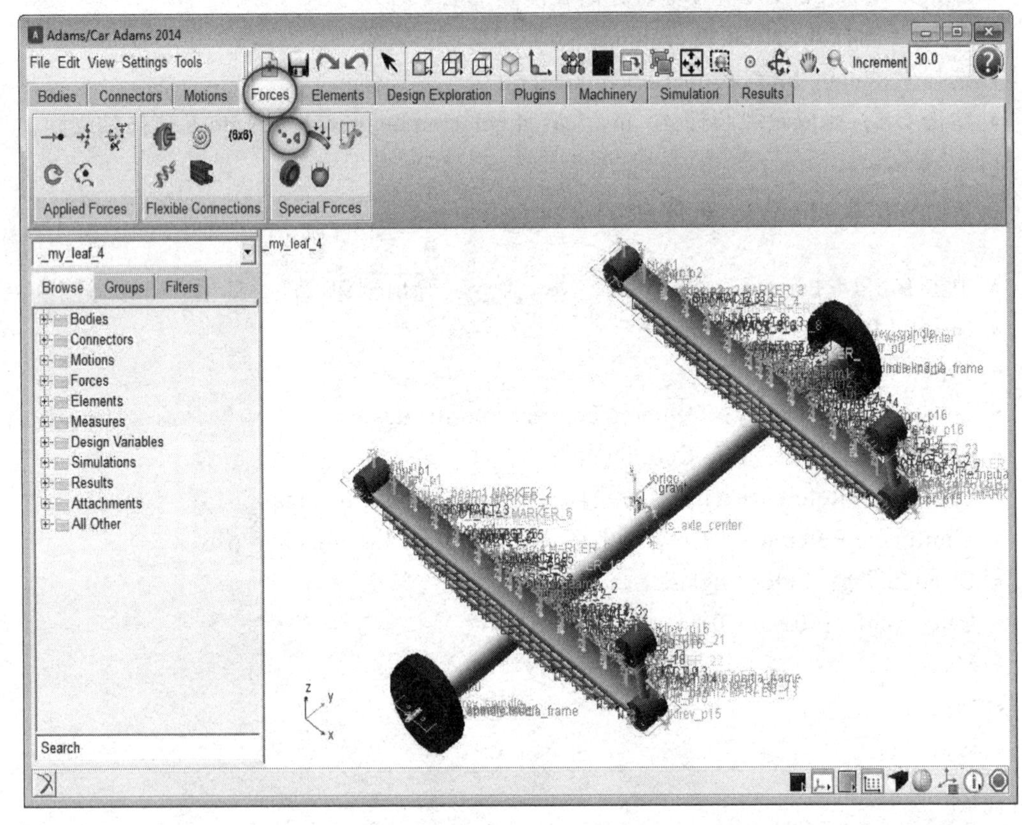

图 9-11　Adams/View Interface

• 单击 Forces > Create a Contact 命令，弹出创建接触对话框，如图 9-12 所示；
• Contact Type：Solid to Solid；
• I Solid（s）：._my_leaf_4.nrl_1_beam2.nrl_gra_i_29；
• J Solid（s）：._my_leaf_4.nrl_2_beam1.nrl_gra_i_3；
• Force Display：Red；
• Normal Force：Impact；
• Force Exponent：2.2；
• Damping：10；
• Friction Force：Coulomb；
• Coulomb Friction：On；
• Static Coefficient：0.3；
• Dynamic Coefficient：0.1；
• 其余参数保持默认，单击 Apply，完成._my_leaf_4.CONTACT_1 接触设置，重复上述步骤，完成所有对应接触面的接触力设置，特别强调接触面要一一对应，此模型包含 102 个接触。

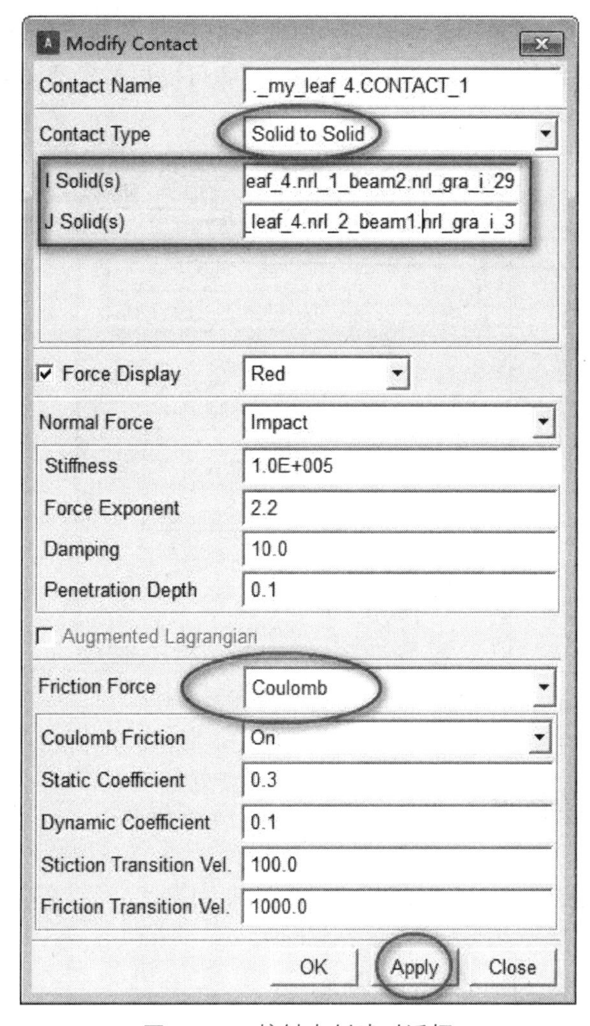

图 9-12　接触力创建对话框

9.3　弹簧夹

钢板弹簧夹的主要作用是保障弹簧在上下运动过程中装配（模型中为接触）的两簧片不产生分离，通过约束关系中的点面约束抽象为弹簧夹。当钢板弹簧长度较大时，在板簧接触的端部和大概中间部位约束。在大载荷冲击下，点面约束是保障整车静平衡或者板簧计算模型收敛的必要条件。

- 单击 Connectors > Primitives> Create an inplane Joint Primitive 命令；
- Construction：2 Bodies—1 Location；
- Normal To Grid；
- 用鼠标分别选择钢板弹簧部件._my_leaf_4.nrl_1_beam2，._my_leaf_4.nrl_2_beam1 及._my_leaf_4.ground.hpl_p1 点，完成._my_leaf_4.JPRIM_1 点面约束的创建。
- 在模型树上右击点面约束._my_leaf_4.JPRIM_1，点击 Modify 或者双击点面约束._my_leaf_4.JPRIM_1，弹出约束对话框，如图 9-13 所示。此模型建立过程中共包含 12 个点面约束。本章节提供板簧模型_my_leaf_4.tpl，读者可以根据模型详细查看接触与点面约束的施加。

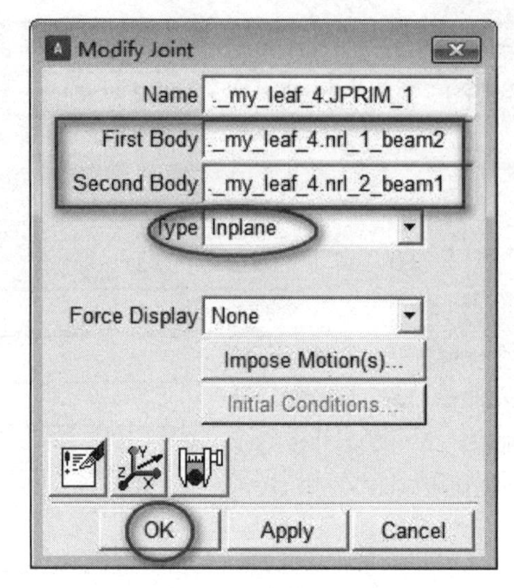

图 9-13　点面约束对话框

9.4　板簧模型约束

- 单击 Tools > Select Mode > Switch To A/Car Template Builder 命令，切换到 ADAMS/CAR 专家界面；
- 单击 Build > Part > Mount > New 命令；
- Mount name（安装件名称）：leafspring_to_body；
- Coordinate Reference（参考坐标）：._my_leaf_4.ground.cfs_axle_center；
- 安装件特征选择：inherit（继承特性）；
- 单击 OK，完成._my_leaf_4.mts_leafspring_to_body 安装部件的创建。

➢ 部件 nrl_1_beam1 与安装件 leafspring_to_body 之间 revolute 约束

- 单击 Build > Attachments > Joint > New 命令，弹出创建约束件对话框，如图 9-14 所示；
- Joint Name（约束副名称）：p1；
- I Part：._my_leaf_4.nrl_1_beam1；
- J Part：._my_leaf_4.mts_leafspring_to_body；
- Joint Type：revolute；
- Active（激活）：kinematic mode（运动学模式）；
- Location Dependency：Delta location from coordinate；
- Coordinate Reference（参考坐标）：._my_leaf_4.ground.hpl_p1；
- Location：0，0，0；
- Location in：local；

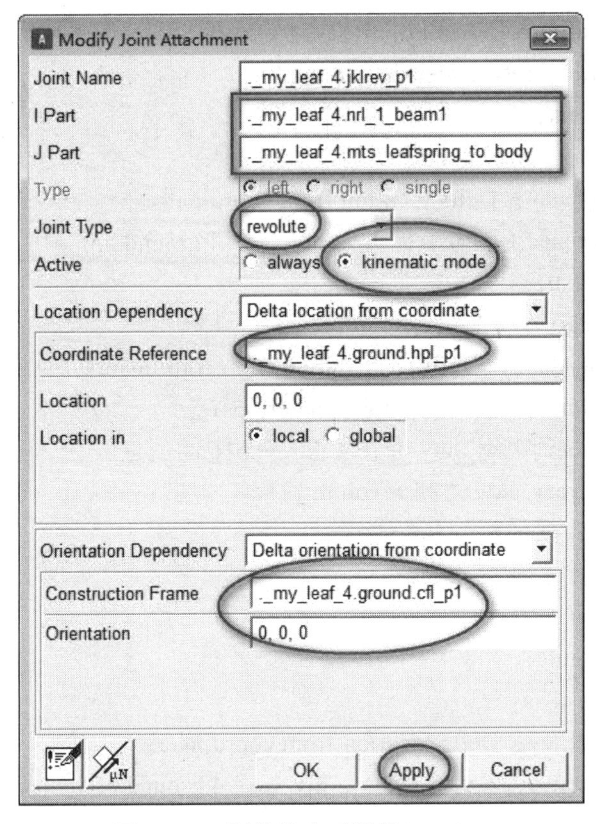

图 9-14　刚性约束对话框/revolute

- Orientation Dependency：Delta orientation from coordinate；
- Construction Frame：._my_leaf_4.ground.cfl_p1；
- 单击 Apply，完成约束副._my_leaf_4.jklrev_p1 的创建。

➢ 部件 nrl_15_beam1 与安装件 leafspring_to_body 之间 revolute 约束

- Joint Name（约束副名称）：p15；
- I Part：._my_leaf_4.nrl_15_beam1；
- J Part：._my_leaf_4.gel_shackle；
- Joint Type：revolute；
- Active（激活）：kinematic mode（运动学模式）；
- Location Dependency：Delta location from coordinate；
- Coordinate Reference（参考坐标）：._my_leaf_4.ground.hpl_p15；
- Location：0，0，0；
- Location in：local；
- Orientation Dependency：Delta orientation from coordinate；
- Construction Frame：._my_leaf_4.ground.cfl_p15；
- 单击 Apply，完成约束副._my_leaf_4.jklrev_p15 的创建。

➢ 部件 shackle 与安装件 leafspring_to_body 之间 revolute 约束

- Joint Name（约束副名称）：p16；

- I Part：._my_leaf_4.gel_shackle;
- J Part：._my_leaf_4.mts_leafspring_to_body;
- Joint Type：revolute;
- Active（激活）：kinematic mode（运动学模式）;
- Location Dependency：Delta location from coordinate;
- Coordinate Reference（参考坐标）：._my_leaf_4.ground.hpl_p16;
- Location：0，0，0;
- Location in：local;
- Orientation Dependency：Delta orientation from coordinate;
- Construction Frame：._my_leaf_4.ground.cfl_p16;
- 单击 Apply，完成约束副._my_leaf_4.jklrev_p16 的创建。

➢ 部件 spindle 与 rear_axle 之间 revolute 约束

- Joint Name（约束副名称）：spindle;
- I Part：._my_leaf_4.gel_spindle;
- J Part：._my_leaf_4.ges_rear_axle;
- Joint Type：revolute;
- Active（激活）：always;
- Location Dependency：Delta location from coordinate;
- Coordinate Reference（参考坐标）：._my_leaf_4.ground.cfl_wheel_center;
- Location：0，0，0;
- Location in：local;
- Orientation Dependency：Delta orientation from coordinate;
- Construction Frame：._my_leaf_4.ground.cfl_wheel_center;
- 单击 Apply，完成约束副._my_leaf_4.jolrev_spindle 的创建。

➢ 部件 rear_axle 与 nrl_4_beam4 之间 fixed 约束

- Joint Name（约束副名称）：axle;
- I Part：._my_leaf_4.ges_rear_axle;
- J Part：._my_leaf_4.nrl_4_beam4;
- Joint Type：fixed;
- Active（激活）：always;
- Location Dependency：Delta location from coordinate;
- Coordinate Reference（参考坐标）：._my_leaf_4.ground.hpl_c8;
- Location：0，0，0;
- Location in：local;
- 单击 Apply，完成约束副._my_leaf_4.jolfix_axle 的创建。

➢ 部件 nrl_8_beam1 与 nrl_7_beam2 之间 fixed 约束

- Joint Name（约束副名称）：beam1;
- I Part：._my_leaf_4.nrl_8_beam1;
- J Part：._my_leaf_4.nrl_7_beam2;

- Joint Type：fixed；
- Active（激活）：always；
- Location Dependency：Delta location from coordinate；
- Coordinate Reference（参考坐标）：._my_leaf_4.ground.hpl_p8；
- Location：0，0，0；
- Location in：local；
- 单击 Apply，完成约束副._my_leaf_4.jolfix_beam1 的创建。

➢ 部件 nrl_6_beam3 与 nrl_7_beam2 之间 fixed 约束

- Joint Name（约束副名称）：beam2；
- I Part：._my_leaf_4.nrl_7_beam2；
- J Part：._my_leaf_4.nrl_6_beam3；
- Joint Type：fixed；
- Active（激活）：always；
- Location Dependency：Delta location from coordinate；
- Coordinate Reference（参考坐标）：._my_leaf_4.ground.hpl_a8；
- Location：0，0，0；
- Location in：local；
- 单击 Apply，完成约束副._my_leaf_4.jolfix_beam2 的创建。

➢ 部件 nrl_6_beam3 与 nrl_4_beam4 之间 fixed 约束

- Joint Name（约束副名称）：beam3；
- I Part：._my_leaf_4.nrl_6_beam3；
- J Part：._my_leaf_4.nrl_4_beam4；
- Joint Type：fixed；
- Active（激活）：always；
- Location Dependency：Delta location from coordinate；
- Coordinate Reference（参考坐标）：._my_leaf_4.ground.hpl_b8；
- Location：0，0，0；
- Location in：local；
- 单击 OK，完成约束副._my_leaf_4.jolfix_beam3 的创建。

➢ 部件 nrl_1_beam1 与 leafspring_to_body 之间 bushing 约束

- 单击 Build > Attachments > Bushing > New 命令，弹出创建衬套件对话框；
- Bushing Name（约束副名称）：p1；
- I Part：._my_leaf_4.nrl_1_beam1；
- J Part：._my_leaf_4.mts_leafspring_to_body；
- Inactive（抑制）：kinematic mode（运动学模式）；
- Prcload：0，0，0；
- Tpreload:0，0，0；
- Offset：0，0，0；
- Roffset：0，0，0；

- Geometry Length：100；
- Geometry Radius：50；
- Property File：mdids://acar_shared/bushings.tbl/mdi_0001.bus；
- Location Dependency：Delta location from coordinate；
- Coordinate Reference（参考坐标）：._my_leaf_4.ground.hpl_p1；
- Location：0，0，0；
- Location in：local；
- Orientation Dependency：Delta location from coordinate；
- Construction Frame：._my_leaf_4.ground.cfl_p1；
- Orientation：0，0，0；
- 单击 Apply，完成轴套._my_leaf_4.bkl_p1 的创建。

➢ 部件 nrl_15_beam1 与 shackle 之间 bushing 约束

- Bushing Name（约束副名称）：p15；
- I Part：._my_leaf_4.nrl_1_beam1；
- J Part：._my_leaf_4.gel_shackle；
- Inactive（抑制）：kinematic mode（运动学模式）；
- Preload：0，0，0；
- Tpreload:0，0，0；
- Offset：0，0，0；
- Roffset：0，0，0；
- Geometry Length：100；
- Geometry Radius：50；
- Property File：mdids://acar_shared/bushings.tbl/mdi_0001.bus；
- Location Dependency：Delta location from coordinate；
- Coordinate Reference（参考坐标）：._my_leaf_4.ground.hpl_p15；
- Location：0，0，0；
- Location in：local；
- Orientation Dependency：Delta location from coordinate；
- Construction Frame：._my_leaf_4.ground.cfl_p15；
- Orientation：0，0，0；
- 单击 Apply，完成轴套._my_leaf_4.bkl_p15 的创建。

➢ 部件 leafspring_to_body 与 shackle 之间 bushing 约束

- Bushing Name（约束副名称）：p15；
- I Part：._my_leaf_4.mts_leafspring_to_body；
- J Part：._my_leaf_4.gel_shackle
- Inactive（抑制）：kinematic mode（运动学模式）；
- Preload：0，0，0；
- Tpreload:0，0，0；
- Offset：0，0，0；

- Roffset：0，0，0；
- Geometry Length：100；
- Geometry Radius：50；
- Property File：mdids://acar_shared/bushings.tbl/mdi_0001.bus；
- Location Dependency：Delta location from coordinate；
- Coordinate Reference（参考坐标）：._my_leaf_4.ground.hpl_p16；
- Location：0，0，0；
- Location in：local；
- Orientation Dependency：Delta location from coordinate；
- Construction Frame：._my_leaf_4.ground.cfl_p16；
- Orientation：0，0，0；
- 单击 OK，完成轴套._my_leaf_4.bkl_p16 的创建。

9.5　板簧悬架通讯器

- 单击 Build > Communicator > Output >New 命令，弹出输出通讯器对话框；
- Output Communicator Name（输出通讯器名称）：suspension_mount；
- Matching Name（s）：suspension_mount；
- Type：left；
- Entity：mount；
- To Minor Role：inherit；
- Part Name：._my_leaf_4.gel_spindle；
- 单击 Apply，完成通讯器._my_leaf_4.col_suspension_mount 的创建。
- Output Communicator Name（输出通讯器名称）：wheel_center；
- Matching Name（s）：wheel_center；
- Type：left；
- Entity：Location；
- To Minor Role：inherit；
- Coordinate Reference Name：._my_leaf_4.ground.cfl_wheel_center；
- 单击 Apply，完成通讯器._my_leaf_4.col_wheel_center 的创建。
- Output Communicator Name（输出通讯器名称）：suspension_upright；
- Matching Name（s）：suspension_upright；
- Type：left；
- Entity：mount；
- To Minor Role：inherit；
- Part Name：._my_leaf_4.ges_rear_axle；
- 单击 OK，完成通讯器._my_leaf_4.col_suspension_upright 的创建。
- 保存模型，至此 4 片装配体板簧模型建立完成。

9.6 反向激振实验

车轮反向激振实验完成后如图 9-15 所示。车辆上下跳动幅值在 – 30 ~ 30 mm 之间，由于板簧接触特性的存在，模型在计算过程中速度较为缓慢，计算完成后板簧接触力及各参数如图 9-16 ~ 图 9-25 所示。

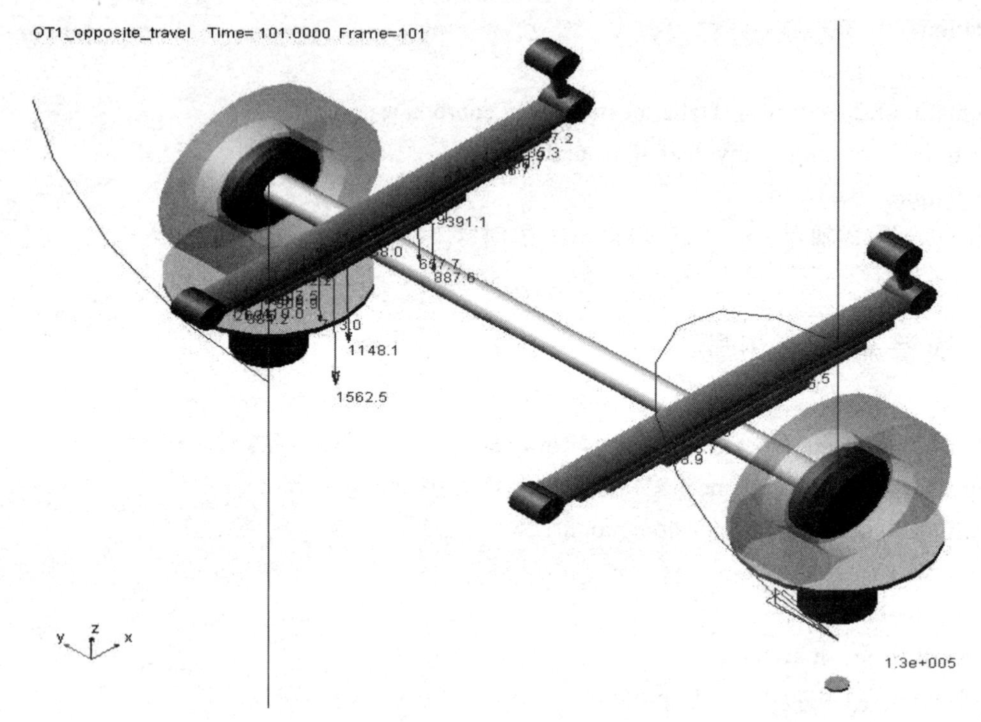

图 9-15　车轮反向激振实验

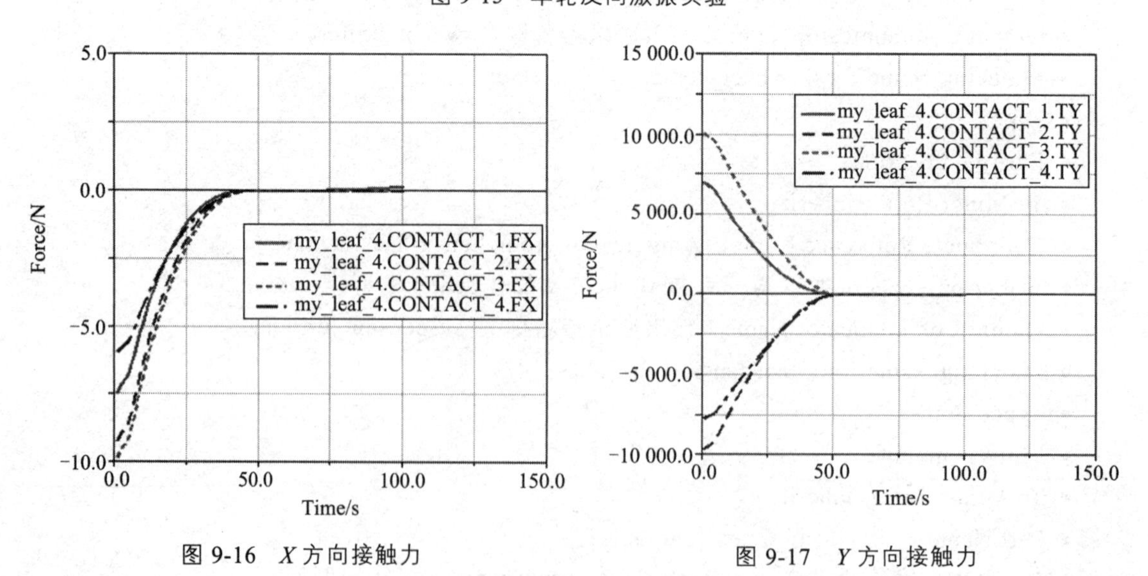

图 9-16　*X* 方向接触力　　　　图 9-17　*Y* 方向接触力

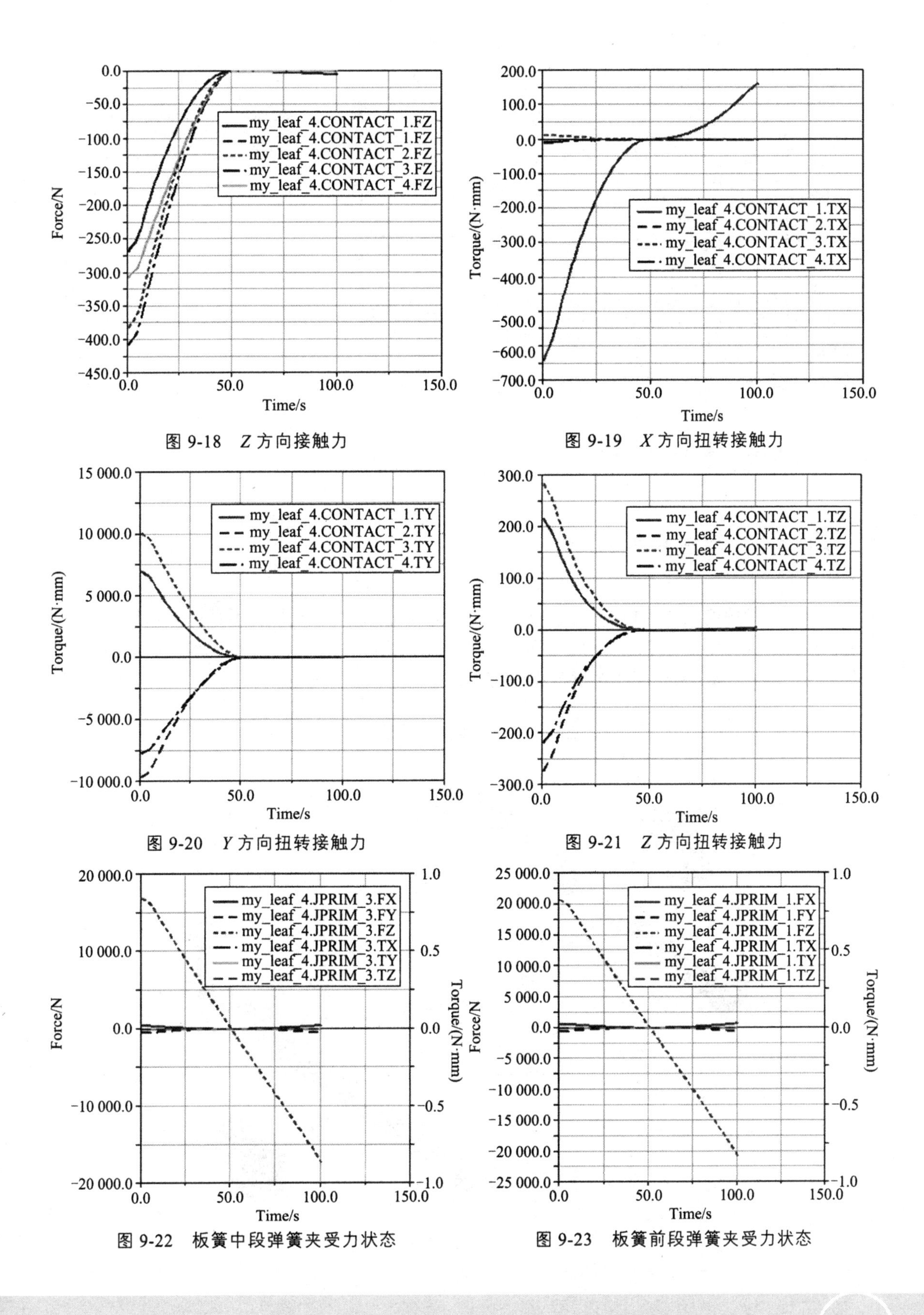

图 9-18　*Z* 方向接触力

图 9-19　*X* 方向扭转接触力

图 9-20　*Y* 方向扭转接触力

图 9-21　*Z* 方向扭转接触力

图 9-22　板簧中段弹簧夹受力状态

图 9-23　板簧前段弹簧夹受力状态

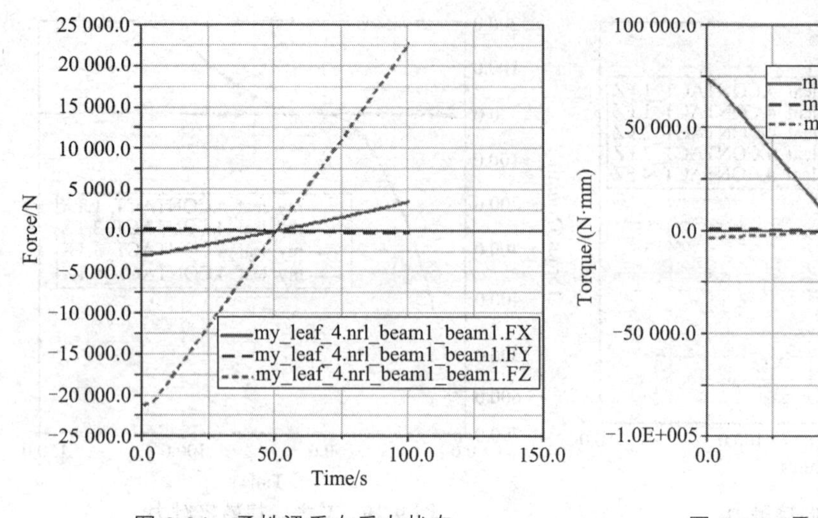

图 9-24　柔性梁垂向受力状态

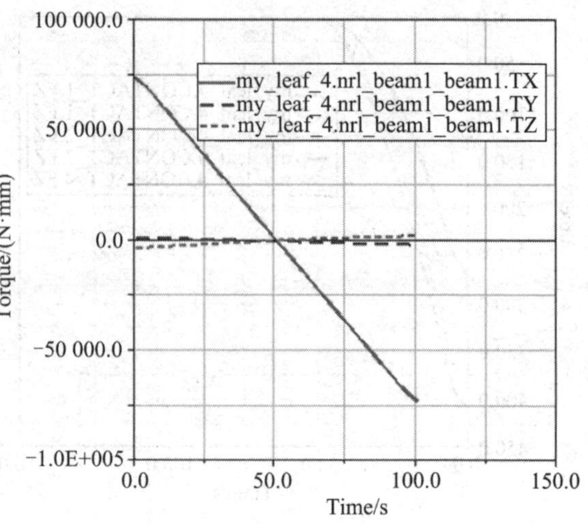

图 9-25　柔性梁扭转受力状态

附录 1　单片簧装配体

单片钢板弹簧装配体模型如图 9-26 所示，模型较为简单，装配体不存在接触与点面约束，读者可参考下面硬点、部件、约束、变量参数等信息练习建立模型。单片钢板弹簧装配体模型_my_leaf_1.tpl 存储在章节文件夹中，读者可以自行参考练习。

图 9-26　单片簧模型

```
HARDPOINTS:
hardpoint name          symmetry     x_value      y_value      z_value
--------------          --------     -------      -------      -------
p0                      left/right       0.0     – 1000.0       – 70.0
p1                      left/right   – 650.0      – 600.0          0.0
p2                      left/right   – 550.0      – 600.0          0.0
p3                      left/right   – 450.0      – 600.0          0.0
p4                      left/right   – 350.0      – 600.0          0.0
p5                      left/right   – 250.0      – 600.0          0.0
p6                      left/right   – 150.0      – 600.0          0.0
p7                      left/right    – 50.0      – 600.0          0.0
p8                      left/right       0.0      – 600.0          0.0
p9                      left/right      50.0      – 600.0          0.0
p10                     left/right     150.0      – 600.0          0.0
p11                     left/right     250.0      – 600.0          0.0
p12                     left/right     350.0      – 600.0          0.0
p13                     left/right     450.0      – 600.0          0.0
p14                     left/right     550.0      – 600.0          0.0
p15                     left/right     650.0      – 600.0          0.0
p16                     left/right     600.0      – 600.0        250.0
```

第 10 章 三 轮 车

“逆”三轮车较为特殊，前轴采用双轮胎及独立悬架，后轴采用单轮胎；此三轮车极为少见，在国外一些三轮机车（跑车）上有采用前双后单的布置形式；相对于正三轮车，此种布置形式的三轮车在直线、制动、转弯等工况具有明显的优势，例如制动时抗“点头”特性较好，直线及转弯时车身的稳定性好；缺点是极为不适用、车内空间狭小；“逆”三轮车多采用后轮驱动，传动系统较为简单，发动机排量小，占用空间少；建立好的“逆”三轮车模型存储在章节文件中，模型图如图 10-1 所示。

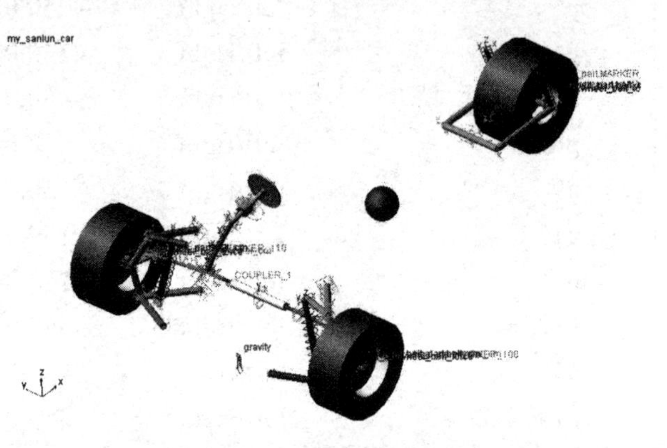

图 10-1 三轮车模型

学习目标

- ✧ 双 A 臂悬架。
- ✧ 后单轮拖拽悬架。
- ✧ 转向系统。
- ✧ 约束关系讨论。
- ✧ 柔性连接。

10.1 双 A 臂悬架

- 单击 Bodies > Construction > Geomotry Point 创建硬点；
- Add to Grond；
- Don’t Attach；
- 右击鼠标，弹出硬点位置对话框，如图 10-2 所示；
- 硬点位置输入：1 300，0，300；
- 单击 Apply，完成硬点创建；
- 右击硬点，选择 Rename，重名为：body_center；

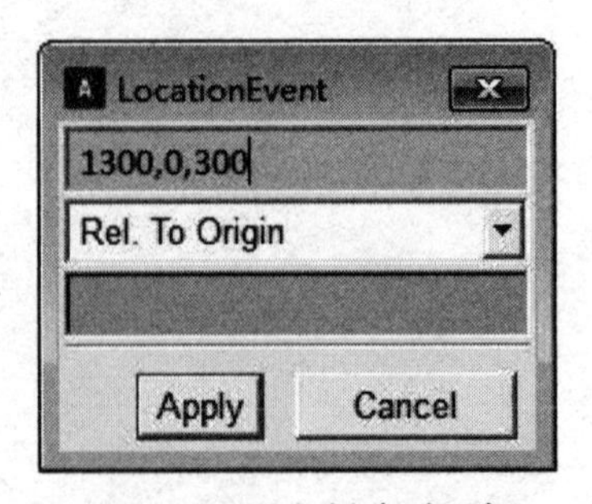

图 10-2 硬点创建对话框

• 重复上述步骤，完成图 10-3 中硬点参数的创建。

	Loc X	Loc Y	Loc Z
wheel_center_left	0.0	-800.0	300.0
wheel_center_right	0.0	800.0	300.0
uca_front_l	100.0	-450.0	525.0
uca_front_r	100.0	450.0	525.0
uca_outer_l	40.0	-675.0	525.0
uca_outer_r	40.0	675.0	525.0
uca_rear_l	250.0	-490.0	530.0
uca_rear_r	250.0	490.0	530.0
tierod_outer_l	150.0	-750.0	300.0
tierod_outer_r	150.0	750.0	300.0
tierod_inner_l	200.0	-400.0	300.0
tierod_inner_r	200.0	400.0	300.0
lca_rear_l	200.0	-450.0	155.0
lca_rear_r	200.0	450.0	155.0
lca_out_l	0.0	-750.0	100.0
lca_out_r	0.0	750.0	100.0
lca_front_l	-200.0	-400.0	150.0
lca_front_r	-200.0	400.0	150.0
hub_l	0.0	-900.0	300.0
hub_r	0.0	900.0	300.0
body_center	1300.0	0.0	300.0

图 10-3　双 A 臂悬架硬点参数

➢ 车身部件 body

• 单击 Bodies > Geomotry Sphere 创建球形几何体；
• 选择：New Part；
• Radius：200；
• 选择硬点：body_center，完成球形部件创建；
• 右击球形部件，选择 Rename，重名为：body_center。

➢ 左下控制臂部件 lca_l

• 单击 Bodies > Geomotry Cylinder 创建圆柱几何体；
• 选择：New Part；
• Radius：20；
• 选择硬点：lca_front_l 与 lca_out_l，完成圆柱形几何体创建；
• 右击圆柱体部件，选择 Rename，重名为：lca_l；
• 单击 Bodies > Geomotry Cylinder 创建圆柱几何体；
• 选择：Add to Part；
• Radius：20；

- 选择部件 lca_l;
- 选择硬点：lca_rear_l 与 lca_out_l，完成左下控制臂部件创建。

➢ 右下控制臂部件 lca_r

- 单击 Bodies > Geomotry Cylinder 创建圆柱几何体；
- 选择：New Part；
- Radius：20；
- 选择硬点：lca_front_r 与 lca_out_r，完成圆柱形几何体创建；
- 右击圆柱体部件，选择 Rename，重名为：lca_r；
- 单击 Bodies > Geomotry Cylinder 创建圆柱几何体；
- 选择：Add to Part；
- Radius：20；
- 选择部件 lca_r；
- 选择硬点：lca_rear_r 与 lca_out_r，完成右下控制臂部件创建。

➢ 左上控制臂部件 uca_l

- 单击 Bodies > Geomotry Cylinder 创建圆柱几何体；
- 选择：New Part；
- Radius：20；
- 选择硬点：uca_front_l 与 uca_out_l，完成圆柱形几何体创建；
- 右击圆柱体部件，选择 Rename，重名为：uca_l；
- 单击 Bodies > Geomotry Cylinder 创建圆柱几何体；
- 选择：Add to Part；
- Radius：20；
- 选择部件 uca_l；
- 选择硬点：uca_rear_l 与 uca_out_l，完成左上控制臂部件创建。

➢ 右上控制臂部件 uca_r

- 单击 Bodies > Geomotry Cylinder 创建圆柱几何体；
- 选择：New Part；
- Radius：20；
- 选择硬点：uca_front_r 与 uca_out_r，完成圆柱形几何体创建；
- 右击圆柱体部件，选择 Rename，重名为：uca_r；
- 单击 Bodies > Geomotry Cylinder 创建圆柱几何体；
- 选择：Add to Part；
- Radius：20；
- 选择部件 uca_r；
- 选择硬点：uca_rear_r 与 uca_out_r，完成右上控制臂部件创建。

➢ 左转向节部件 upright_l

- 单击 Bodies > Geomotry Cylinder 创建圆柱几何体；
- 选择：New Part；
- Radius：20；

- 选择硬点：wheel_center_left 与 uca_out_l，完成圆柱形几何体创建；
- 右击圆柱体部件，选择 Rename，重名为：upright_l；
- 单击 Bodies > Geomotry Cylinder 创建圆柱几何体；
- 选择：Add to Part；
- Radius：20；
- 选择部件 upright_l；
- 选择硬点：wheel_center_left 与 lca_out_l，完成圆柱形几何体创建；
- 单击 Bodies > Geomotry Cylinder 创建圆柱几何体；
- 选择：Add to Part；
- Radius：10；
- 选择部件 upright_l；
- 选择硬点：wheel_center_left 与 tierod_outer_l，完成转向节部件创建。

➢ 右转向节部件 upright_r

- 单击 Bodies > Geomotry Cylinder 创建圆柱几何体；
- 选择：New Part；
- Radius：20；
- 选择硬点：wheel_center_right 与 uca_out_r，完成圆柱形几何体创建；
- 右击圆柱体部件，选择 Rename，重名为：upright_r；
- 单击 Bodies > Geomotry Cylinder 创建圆柱几何体；
- 选择：Add to Part；
- Radius：20；
- 选择部件 upright_r；
- 选择硬点：wheel_center_right 与 lca_out_r，完成圆柱形几何体创建；
- 单击 Bodies > Geomotry Cylinder 创建圆柱几何体；
- 选择：Add to Part；
- Radius：10；
- 选择部件 upright_r；
- 选择硬点：wheel_center_right 与 tierod_outer_l，完成转向节部件创建。

➢ 左轮毂部件 hub_left

- 单击 Bodies > Geomotry Cylinder 创建圆柱几何体；
- 选择：New Part；
- Radius：20；
- 选择硬点：wheel_center_left 与 hub_l，完成圆柱形部件创建；
- 右击圆柱体部件，选择 Rename，重名为：hub_left。

➢ 右轮毂部件 hub_right

- 单击 Bodies > Geomotry Cylinder 创建圆柱几何体；
- 选择：New Part；
- Radius：20；
- 选择硬点：wheel_center_right 与 hub_r，完成圆柱形部件创建；

- 右击圆柱体部件，选择 Rename，重名为：hub_right。

➢ 左转向横拉杆部件 tierod_l

- 单击 Bodies > Geomotry Cylinder 创建圆柱几何体；
- 选择：New Part；
- Radius：20；
- 选择硬点：tierod_outer_l 与 tierod_inner_l，完成圆柱形部件创建；
- 右击圆柱体部件，选择 Rename，重名为：tierod_l。

➢ 右转向横拉杆部件 tierod_r

- 单击 Bodies > Geomotry Cylinder 创建圆柱几何体；
- 选择：New Part；
- Radius：20；
- 选择硬点：tierod_outer_r 与 tierod_inner_r，完成圆柱形部件创建；
- 右击圆柱体部件，选择 Rename，重名为：tierod_r。

➢ 双 A 臂悬架弹簧与减震器

- 单击 Bodies > Construction > Construction Geometry：Marke 创建参考点；
- Add to Part；
- Don't Attach；
- 选择部件 lca_l；
- 右击鼠标，弹出硬点位置对话框，参考图 10-2；
- 硬点位置输入：0，－600，150；
- 单击 Apply，完成参考点创建；
- 右击参考点，选择 Rename，重名为：M1。
- 单击 Bodies > Construction > Construction Geometry：Marke 创建参考点；
- Add to Part；
- Don't Attach；
- 选择部件 lca_r；
- 右击鼠标，弹出硬点位置对话框，参考图 10-2；
- 硬点位置输入：0，600，150；
- 单击 Apply，完成参考点创建；
- 右击参考点，选择 Rename，重名为：M2。
- 单击 Bodies > Construction > Construction Geometry：Marke 创建参考点；
- Add to Part；
- Don't Attach；
- 选择部件 body；
- 右击鼠标，弹出硬点位置对话框，参考图 10-2；
- 硬点位置输入：40，－500，550；
- 单击 Apply，完成参考点创建；
- 右击参考点，选择 Rename，重名为：M1。
- 单击 Bodies > Construction > Construction Geometry：Marke 创建参考点；

- Add to Part;
- Don't Attach;
- 选择部件 body;
- 右击鼠标，弹出硬点位置对话框，参考图 10-2;
- 硬点位置输入：40，500，550;
- 单击 Apply，完成参考点创建;
- 右击参考点，选择 Rename，重名为：M2。
- 单击 Forces > Flexible Connections >Spring-Damper;
- K：16;
- C：5;
- 选择点.my_sanlun_car.lca_l.M1 与.my_sanlun_car.body.M1，完成 SPRING_1 的创建;
- 单击 Forces > Flexible Connections >Spring-Damper;
- K：16;
- C：5;
- 选择点.my_sanlun_car.lca_r.M2 与.my_sanlun_car.body.M2，完成 SPRING_2 的创建。

10.2 双 A 臂悬架约束

➢ 部件 upright_l 与 uca_l 之间 Spherical 约束

- 单击 Connection > Joints > Creat a Fixed Joint;
- Name：uca_to_upright_l;
- First Body：.my_sanlun_car.upright_l;
- Second Body：.my_sanlun_car.uca_l;
- Type：Spherical;
- Force Display：None;
- 单击 OK，完成约束副.my_sanlun_car.uca_to_upright_l 的创建，如图 10-4 所示。

➢ 部件 upright_r 与 uca_r 之间 Spherical 约束

- 单击 Connection > Joints > Creat a Spherical Joint;
- Name：uca_to_upright_r;
- First Body：.my_sanlun_car.upright_r;
- Second Body：.my_sanlun_car.uca_r;
- Type：Spherical;
- Force Display：None;
- 单击 OK，完成约束副.my_sanlun_car.uca_to_upright_r 的创建。

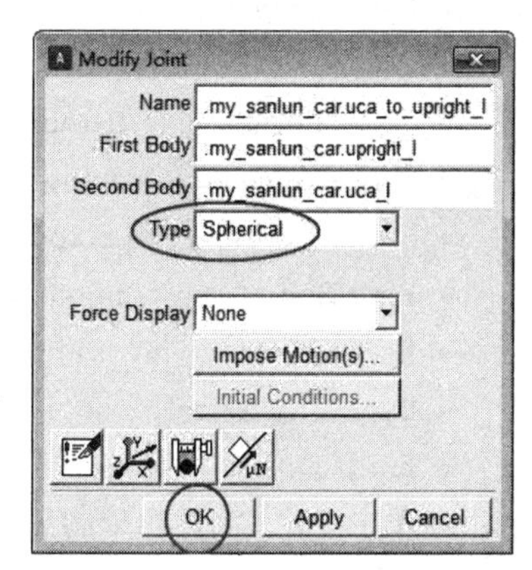

图 10-4 约束

➢ 部件 upright_l 与 lca_l 之间 Spherical 约束

- 单击 Connection > Joints > Creat a Spherical Joint;
- Name：lca_to_upright_l;

- First Body：.my_sanlun_car.upright_l；
- Second Body：.my_sanlun_car.lca_l；
- Type：Spherical；
- Force Display：None；
- 单击 OK，完成约束副.my_sanlun_car.lca_to_upright_l 的创建。

➢ 部件 upright_r 与 lca_r 之间 Spherical 约束

- 单击 Connection > Joints > Creat a Spherical Joint；
- Name：lca_to_upright_r；
- First Body：.my_sanlun_car.upright_r；
- Second Body：.my_sanlun_car.lca_r；
- Type：Spherical；
- Force Display：None；
- 单击 OK，完成约束副.my_sanlun_car.lca_to_upright_r 的创建。

➢ 部件 upright_l 与 hub_left 之间 Fixed 约束

- 单击 Connection > Joints > Creat a Fixed Joint；
- Name：hub_to_upright_l；
- First Body：.my_sanlun_car.upright_l；
- Second Body：.my_sanlun_car.hub_left；
- Type：Fixed；
- Force Display：None；
- 单击 OK，完成约束副.my_sanlun_car.hub_to_upright_l 的创建。

➢ 部件 upright_r 与 hub_right 之间 Fixed 约束

- 单击 Connection > Joints > Creat a Fixed Joint；
- Name：hub_to_upright_r；
- First Body：.my_sanlun_car.upright_r；
- Second Body：.my_sanlun_car.hub_right；
- Type：Fixed；
- Force Display：None；
- 单击 OK，完成约束副.my_sanlun_car.hub_to_upright_r 的创建。

➢ 部件 upright_l 与 tierod_l 之间 Spherical 约束

- 单击 Connection > Joints > Creat a Spherical Joint；
- Name：upright_to_tierod_l；
- First Body：.my_sanlun_car.upright_l；
- Second Body：.my_sanlun_car.tierod_l；
- Type：Spherical；
- Force Display：None；
- 单击 OK，完成约束副.my_sanlun_car.upright_to_tierod_l 的创建。

➢ 部件 upright_r 与 tierod_r 之间 Spherical 约束

- 单击 Connection > Joints > Creat a Spherical Joint；

- Name：upright_to_tierod_r；
- First Body：.my_sanlun_car.upright_r；
- Second Body：.my_sanlun_car.tierod_r；
- Type：Spherical；
- Force Display：None；
- 单击 OK，完成约束副.my_sanlun_car.upright_to_tierod_r 的创建。

➢ 部件 body 与 lca_l 之间 Revolute 约束

- 单击 Connection > Joints > Creat a Revolute Joint；
- Name：body_to_lca_l；
- First Body：.my_sanlun_car.lca_l；
- Second Body：.my_sanlun_car.body；
- Type：Revolute；
- Force Display：None；
- 单击 OK，完成约束副.my_sanlun_car.body_to_lca_l 的创建。

➢ 部件 body 与 lca_r 之间 Revolute 约束

- 单击 Connection > Joints > Creat a Revolute Joint；
- Name：body_to_lca_r；
- First Body：.my_sanlun_car.lca_r；
- Second Body：.my_sanlun_car.body；
- Type：Revolute；
- Force Display：None；
- 单击 OK，完成约束副.my_sanlun_car.body_to_lca_r 的创建。

➢ 部件 body 与 uca_l 之间 Revolute 约束

- 单击 Connection > Joints > Creat a Revolute Joint；
- Name：body_to_uca_l；
- First Body：.my_sanlun_car.uca_l；
- Second Body：.my_sanlun_car.body；
- Type：Revolute；
- Force Display：None；
- 单击 OK，完成约束副.my_sanlun_car.body_to_uca_l 的创建。

➢ 部件 body 与 uca_r 之间 Revolute 约束

- 单击 Connection > Joints > Creat a Revolute Joint；
- Name：body_to_uca_r；
- First Body：.my_sanlun_car.uca_r；
- Second Body：.my_sanlun_car.body；
- Type：Revolute；
- Force Display：None；
- 单击 OK，完成约束副.my_sanlun_car.body_to_uca_r 的创建。

➢ 部件 body 与 lca_l 之间 Cylindrical 约束

- 单击 Connection > Joints > Creat a Cylindrical Joint；
- Name：spring_front_left；
- First Body：.my_sanlun_car.lca_l；
- Second Body：.my_sanlun_car.body；
- Type：Cylindrical；
- Force Display：None；
- 单击 OK，完成约束副.my_sanlun_car.srping_front_left 的创建。

➢ 部件 body 与 lca_r 之间 Cylindrical 约束

- 单击 Connection > Joints > Creat a Cylindrical Joint；
- Name：spring_front_right；
- First Body：.my_sanlun_car.lca_r；
- Second Body：.my_sanlun_car.body；
- Type：Cylindrical；
- Force Display：None；
- 单击 OK，完成约束副.my_sanlun_car.srping_front_right 的创建。

10.3 后单轮拖拽悬架

- 单击 Bodies > Construction > Geomotry Point 创建硬点；
- Add to Grond；
- Don't Attach；
- 右击鼠标，弹出硬点位置对话框，如图 10-2 所示；
- 硬点位置输入：2 600，－200，300；
- 单击 Apply，完成硬点创建；
- 右击硬点，选择 Rename，重名为：hub_rear_l；
- 重复上述步骤，完成图 10-5 中硬点参数的创建。

hub_rear_l	2600.0	-200.0	300.0
hub_rear_r	2600.0	200.0	300.0
rear_arm_r	2100.0	200.0	300.0
rear_arm_l	2100.0	-200.0	300.0

图 10-5 拖拽悬架硬点参数

➢ 后轮毂部件 hub_rear

- 单击 Bodies > Geomotry Cylinder 创建圆柱几何体；
- 选择：New Part；
- Radius：20；
- 选择硬点：hub_rear_l 与 hub_rear_r，完成圆柱体部件创建；
- 右击圆柱体部件，选择 Rename，重名为：hub_rear。

➢ 后控制臂部件 rear_arm
- 单击 Bodies > Geomotry Cylinder 创建圆柱几何体；
- 选择：New Part；
- Radius：20；
- 选择硬点：rear_arm_l 与 rear_arm_r，完成圆柱体部件创建；
- 右击圆柱体部件，选择 Rename，重名为：rear_arm；
- 单击 Bodies > Geomotry Cylinder 创建圆柱几何体；
- 选择：Add to Part；
- Radius：20；
- 选择部件 rear_arm；
- 选择硬点：rear_arm_l 与 hub_rear_l，完成圆柱形几何体创建；
- 单击 Bodies > Geomotry Cylinder 创建圆柱几何体；
- 选择：Add to Part；
- Radius：20；
- 选择部件 rear_arm；
- 选择硬点：rear_arm_r 与 hub_rear_r，完成转向节部件创建。

➢ 后单轮拖拽臂架弹簧与减震器
- 单击 Bodies > Construction > Construction Geometry：Marke 创建参考点；
- Add to Part；
- Don't Attach；
- 选择部件 hub_rear；
- 右击鼠标，弹出硬点位置对话框，参考图 10-2；
- 硬点位置输入：2 600，－200，300；
- 单击 Apply，完成参考点创建；
- 右击参考点，选择 Rename，重名为：M1。
- 单击 Bodies > Construction > Construction Geometry：Marke 创建参考点；
- Add to Part；
- Don't Attach；
- 选择部件 hub_rear；
- 右击鼠标，弹出硬点位置对话框，参考图 10-2；
- 硬点位置输入：2 600，200，300；
- 单击 Apply，完成参考点创建；
- 右击参考点，选择 Rename，重名为：M2。
- 单击 Bodies > Construction > Construction Geometry：Marke 创建参考点；
- Add to Part；
- Don't Attach；
- 选择部件 body；
- 右击鼠标，弹出硬点位置对话框，参考图 10-2；
- 硬点位置输入：2 500，－200，600；

• 单击 Apply，完成参考点创建；
• 右击参考点，选择 Rename，重名为：M3。
• 单击 Bodies > Construction > Construction Geometry：Marke 创建参考点；
• Add to Part；
• Don’t Attach；
• 选择部件 body；
• 右击鼠标，弹出硬点位置对话框，参考图 10-2；
• 硬点位置输入：2 500，200，600；
• 单击 Apply，完成参考点创建；
• 右击参考点，选择 Rename，重名为：M4。
• 单击 Forces > Flexible Connections >Spring-Damper；
• K：14；
• C：5；
• 选择点.my_sanlun_car.hub_rear.M1 与.my_sanlun_car.body.M3，完成 SPRING_3 的创建；
• 单击 Forces > Flexible Connections >Spring-Damper；
• K：14；
• C：5；
• 选择点.my_sanlun_car. hub_rear.M2 与.my_sanlun_car.body.M4，完成 SPRING_4 的创建。

10.4 后单轮拖拽臂架

➢ 部件 body 与 rear_arm 之间 Revolute 约束
• 单击 Connection > Joints > Creat a Revolute Joint；
• Name：rear_arm_to_body；
• First Body：.my_sanlun_car.rear_arm；
• Second Body：.my_sanlun_car.body；
• Type：Revolute；
• Force Display：None；
• 单击 OK，完成约束副.my_sanlun_car.rear_arm_to_body 的创建。
➢ 部件 hub_rear 与 rear_arm 之间 Fixed 约束
• 单击 Connection > Joints > Creat a Fixed Joint；
• Name：rear_hub_to_rear_arm；
• First Body：.my_sanlun_car.rear_arm；
• Second Body：.my_sanlun_car.hub_rear；
• Type：Fixed；
• Force Display：None；
• 单击 OK，完成约束副.my_sanlun_car.rear_hub_to_rear_arm 的创建。
➢ 部件 body 与 hub_rear 之间 Cylindrical 约束

- 单击 Connection > Joints > Creat a Cylindrical Joint；
- Name：spring_rear_left；
- First Body：.my_sanlun_car.hub_rear；
- Second Body：.my_sanlun_car.body；
- Type：Cylindrical；
- Force Display：None；
- 单击 OK，完成约束副.my_sanlun_car.spring_rear_left 的创建。

➢ 部件 body 与 lca_r 之间 Cylindrical 约束

- 单击 Connection > Joints > Creat a Cylindrical Joint；
- Name：spring_rear_right；
- First Body：.my_sanlun_car.hub_rear；
- Second Body：.my_sanlun_car.body；
- Type：Cylindrical；
- Force Display：None；
- 单击 OK，完成约束副.my_sanlun_car.srping_rear_right 的创建。

10.5 转向系统

- 单击 Bodies > Construction > Geomotry Point 创建硬点；
- Add to Grond；
- Don't Attach；
- 右击鼠标，弹出硬点位置对话框，如图 10-2 所示；
- 硬点位置输入：300，400，400；
- 单击 Apply，完成硬点创建；
- 右击硬点，选择 Rename，重名为：steer_axie_low；
- 重复上述步骤，完成图 10-6 中硬点参数的创建。

rack_house_mount_l	200.0	-200.0	300.0
rack_house_mount_r	200.0	200.0	300.0
steer_axie_low	300.0	400.0	400.0
steer_axie_mid	450.0	400.0	500.0
steer_axie_up	750.0	400.0	550.0

图 10-6　转向系统硬点参数

➢ 齿条部件 tierod_mid

- 单击 Bodies > Geomotry Cylinder 创建圆柱几何体；
- 选择：New Part；
- Radius：10；
- 选择硬点：tierod_inner_l 与 tierod_inner_r，完成圆柱体部件创建；

- 右击圆柱体部件，选择 Rename，重名为：.my_sanlun_car.tierod_mid。

➢ 齿条箱部件 rack_house

- 单击 Bodies > Geomotry Cylinder 创建圆柱几何体；
- 选择：New Part；
- Radius：25；
- 选择硬点：rack_house_mount_l 与 rack_house_mount_r，完成圆柱体部件创建；
- 右击圆柱体部件，选择 Rename，重名为：.my_sanlun_car. rack_house。

➢ 转向传动轴部件 axis_1

- 单击 Bodies > Geomotry Cylinder 创建圆柱几何体；
- 选择：New Part；
- Radius：15；
- 选择硬点：tierod_inner_r 与 steer_axie_low，完成圆柱体部件创建；
- 右击圆柱体部件，选择 Rename，重名为：.my_sanlun_car.axis_1。

➢ 转向传动轴部件 axis_2

- 单击 Bodies > Geomotry Cylinder 创建圆柱几何体；
- 选择：New Part；
- Radius：15；
- 选择硬点：steer_axie_low 与 steer_axie_mid，完成圆柱体部件创建；
- 右击圆柱体部件，选择 Rename，重名为：.my_sanlun_car.axis_2。

➢ 转向传动轴部件 axis_3

- 单击 Bodies > Geomotry Cylinder 创建圆柱几何体；
- 选择：New Part；
- Radius：15；
- 选择硬点：steer_axie_mid 与 steer_axie_up，完成圆柱体部件创建；
- 右击圆柱体部件，选择 Rename，重名为：.my_sanlun_car.axis_3。

➢ 转向柱部件 steer_column

- 单击 Bodies > Geomotry Cylinder 创建圆柱几何体；
- 选择：New Part；
- Length：60；
- Radius：35；
- 选择参考点：.my_sanlun_car.axis_3.cm；
- 选择方向参考点：steer_axie_mid，完成圆柱体部件的创建；
- 右击圆柱体部件，选择 Rename，重名为：steer_column。

➢ 转向柱部件 steering_wheel

- 单击 Bodies > Geomotry Cylinder 创建圆柱几何体；
- 选择：New Part；
- Length：10；
- Radius：120；

- 选择参考点：steer_axie_up；
- 选择方向参考点：steer_axie_mid，完成圆柱体部件的创建；
- 右击圆柱体部件，选择 Rename，重名为：steering_wheel。

10.6 转向系统约束

➢ 部件 tierod_l 与 tierod_mid 之间 Constant Velocity 约束
- 单击 Connection > Joints > Creat a Constant Velocity Joint；
- Name：tierod_to_mid_l；
- First Body：.my_sanlun_car.tierod_l；
- Second Body：.my_sanlun_car.tierod_mid；
- Type：Constant Velocity；
- Force Display：None；
- 单击 OK，完成约束副.my_sanlun_car.tierod_to_mid_l 的创建。

➢ 部件 tierod_r 与 tierod_mid 之间 Constant Velocity 约束
- 单击 Connection > Joints > Creat a Constant Velocity Joint；
- Name：tierod_to_mid_r；
- First Body：.my_sanlun_car.tierod_r；
- Second Body：.my_sanlun_car.tierod_mid；
- Type：Constant Velocity；
- Force Display：None；
- 单击 OK，完成约束副.my_sanlun_car.tierod_to_mid_r 的创建。

➢ 部件 rack_house 与 body 之间 Fixed 约束
- 单击 Connection > Joints > Creat a Fixed Joint；
- Name：rack_house_to_body；
- First Body：.my_sanlun_car.tierod_l；
- Second Body：.my_sanlun_car.body；
- Type：Fixed；
- Force Display：None；
- 单击 OK，完成约束副.my_sanlun_car.rack_house_to_body 的创建。

➢ 部件 steering_wheel 与 axis_3 之间 Fixed 约束
- 单击 Connection > Joints > Creat a Fixed Joint；
- Name：steer_to_axis_3；
- First Body：.my_sanlun_car.steering_wheel；
- Second Body：.my_sanlun_car.axis_3；
- Type：Fixed；
- Force Display：None；

- 单击 OK，完成约束副.my_sanlun_car.steer_to_axis_3 的创建。

➢ 部件 steer_column 与 body 之间 Fixed 约束

- 单击 Connection > Joints > Creat a Fixed Joint；
- Name：steer_to_body；
- First Body：.my_sanlun_car.steer_column；
- Second Body：.my_sanlun_car.body；
- Type：Fixed；
- Force Display：None；
- 单击 OK，完成约束副.my_sanlun_car.steer_to_body 的创建。

➢ 部件 axis_3 与 steer_column 之间 Revolute 约束

- 单击 Connection > Joints > Creat a Revolute Joint；
- Name：axis_3_to_steer_column；
- First Body：.my_sanlun_car.axis_3；
- Second Body：.my_sanlun_car.steer_column；
- Type：Revolute；
- Force Display：None；
- 单击 OK，完成约束副.my_sanlun_car.axis_3_to_steer_column 的创建。

➢ 部件 axis_3 与 axis_2 之间 Hooke 约束

- 单击 Connection > Joints > Creat a Hooke Joint；
- Name：axis_3_to_axis_2；
- First Body：.my_sanlun_car.axis_3；
- Second Body：.my_sanlun_car.axis_2；
- Type：Hooke；
- Force Display：None；
- 单击 OK，完成约束副.my_sanlun_car.axis_3_to_axis_2 的创建。

➢ 部件 axis_2 与 axis_1 之间 Hooke 约束

- 单击 Connection > Joints > Creat a Hooke Joint；
- Name：axis_2_to_axis_1；
- First Body：.my_sanlun_car.axis_2；
- Second Body：.my_sanlun_car.axis_1；
- Type：Hooke；
- Force Display：None；
- 单击 OK，完成约束副.my_sanlun_car.axis_2_to_axis_1 的创建。

➢ 部件 axis_1 与 rack_house 之间 Revolute 约束

- 单击 Connection > Joints > Creat a Revolute Joint；
- Name：axis_1_to_rack_house；
- First Body：.my_sanlun_car.axis_1；
- Second Body：.my_sanlun_car.rack_house；

- Type：Revolute；
- Force Display：None；
- 单击 OK，完成约束副.my_sanlun_car.axis_1_to_rack_house 的创建。

➢ 耦合副

- 单击 Connection > Couplers > Joint：Coupler；
- Driver：.my_sanlun_car.axis_1_to_rack_house；
- Coupled：.my_sanlun_car.rack_house_to_tierod_mid；
- Scale：0.1；可用方向盘转动的最大角度与车轮转动的最大角度比值对减速比进行预估；
- 单击 OK，完成耦合副.my_sanlun_car.COUPLER_1 的创建，如图 10-7 所示，此时整车约束关系如图 10-8 所示。

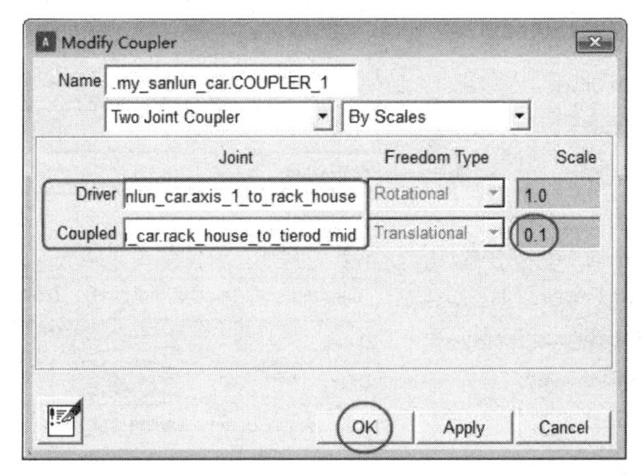

图 10-7　耦合副

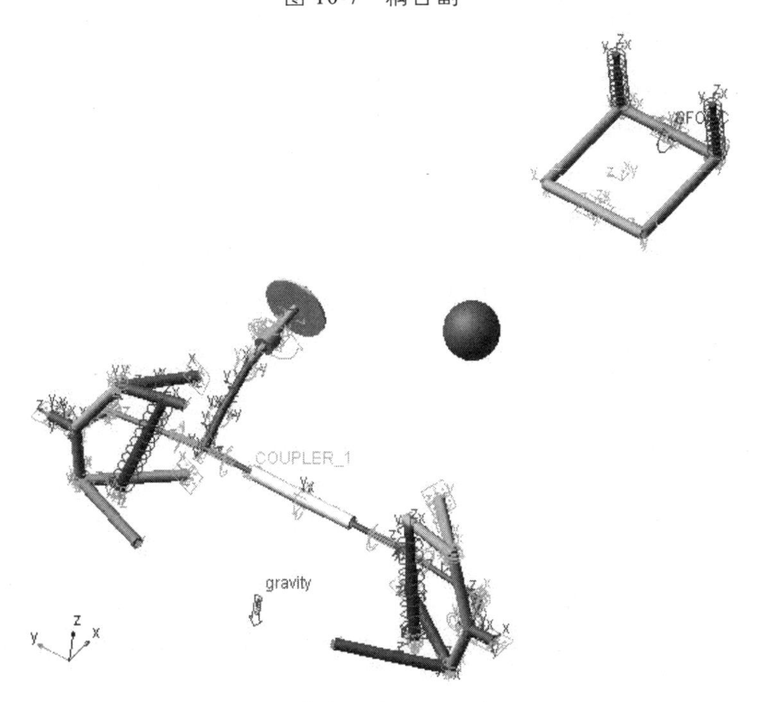

图 10-8　整车约束（轮胎除外）

10.7 轮 胎

“逆”三轮车前后轮胎一般为不同型号，前轮胎一般采用断面宽度较小的轮胎，考虑后轮为驱动轮及整车的稳定性，后轮胎一般采用较大断面宽度的轮胎；此模型前轮胎断面宽度为 225 mm，后轮胎断面宽度为 275 mm，断面宽度通过轮胎属性文件可以修改。

➢ 左前轮胎 wheel_left

- 单击 Forces > Special Forces > Creat a Tire，创建轮胎（包含路面）模型，如图 10-9 所示；

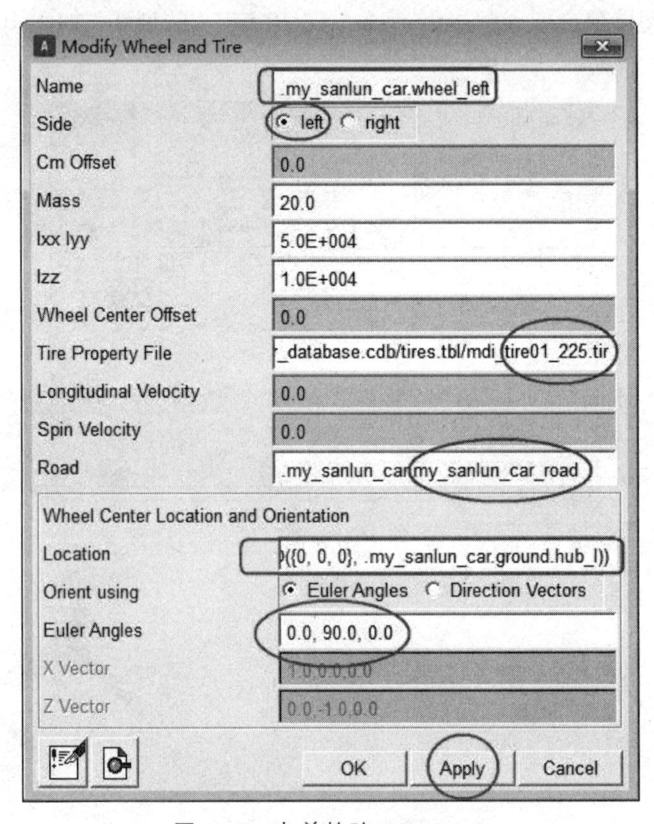

图 10-9　左前轮胎/wheel_left

- Name：wheel_left；
- Side：Left；
- Cm Offset：0；
- Mass：20；
- Ixx Iyy：5.0E + 004；
- Izz：1.0E + 004；
- Wheel Center Offset：0；
- Tire Property File：D:/MSC.Software/Adams_x64/2015/acar/shared_car_database.cdb/tires.tbl/mdi_tire01_225.tir；
- Longitudinal Velocity：0；

- Spin Velocity：0；
- Road：.my_sanlun_car.my_sanlun_car_road；

（1）Name：road；

（2）Part：.my_sanlunche.ground；

（3）Property File：D:/MSC.Software/Adams_x64/2015/acar/shared_car_database.cdb/roads.tbl/2d_sine.rdf，创建的路面为 2D 正弦路面；

（4）Graphics：Off，显示界面存在路面模型，但不显示；

（5）Location：0.0，0.0，0.0；

（6）Orient using：Euler Angles；

（7）Euler Angles：0.0，0.0，0.0；

（8）单击 OK，完成.my_sanlun_car.my_sanlun_car_road 路面的创建。

- Location：（LOC_RELATIVE_TO（{0，0，0}，.my_sanlun_car.ground.hub_l）)，通过选取硬点 hub_l 获取，也可以直接输入硬点数据，此处为相对位置函数；
- Orient using：Euler Angles；
- Euler Angles：0.0，90.0，0.0；
- 单击 Apply，完成 wheel_left 轮胎的创建。

➢ 右前轮胎 wheel_right

- 单击 Forces > Special Forces > Creat a Tire，创建轮胎（包含路面）模型如图 10-9 所示；
- Name：wheel_ right；
- Side：Left；
- Cm Offset：0；
- Mass：20；
- Ixx Iyy：5.0E + 004；
- Izz：1.0E + 004；
- Wheel Center Offset：0；
- Tire Property File：D:/MSC.Software/Adams_x64/2015/acar/shared_car_database.cdb/tires.tbl/mdi_tire01_225.tir；
- Longitudinal Velcity：0；
- Spin Velcity：0；
- Road：.my_sanlun_car.my_sanlun_car_road；
- Location：((LOC_RELATIVE_TO（{0，0，0}，.my_sanlun_car.ground.hub_r）)；
- Orient using：Euler Angles；
- Euler Angles：0.0，90.0，0.0；
- 单击 Apply，完成 wheel_ right 轮胎的创建。

➢ 后轮胎 wheel_rear

- 单击 Forces > Special Forces > Creat a Tire，创建轮胎（包含路面）模型如图 10-9 所示；
- Name：wheel_rear；
- Side：Left；
- Cm Offset：0；

- Mass：20；
- Ixx Iyy：5.0E + 004；
- Izz：1.0E + 004；
- Wheel Center Offset：0；
- Tire Property File：D:/MSC.Software/Adams_x64/2015/acar/shared_car_database.cdb/tires.tbl/mdi_tire01_275.tir；
- Longitudinal Velocity：0；
- Spin Velocity：0；
- Road：.my_sanlun_car.my_sanlun_car_road；
- Location：2 600.0，0.0，300.0；
- Orient using：Euler Angles；
- Euler Angles：0.0，90.0，0.0；
- 单击 OK，完成 wheel_rear 轮胎的创建。

➢ 部件 hub_left 与 wheel_left.wheel_part 之间 Revolute 约束

- 单击 Setting > Working Grid；
- 设置网格方向为：Global XZ；
- 单击 Connection > Joints > Creat a Revolute Joint；
- Normal To Grid；
- Name：hub_to_wheel_l；
- First Body：.my_sanlun_car.hub_left；
- Second Body：.my_sanlun_car.wheel_left.wheel_part；
- Type：Revolute；
- Force Display：None；
- 单击 OK，完成约束副.my_sanlun_car.hub_to_wheel_l 的创建。

➢ 部件 hub_ right 与 wheel_ right.wheel_part 之间 Revolute 约束

- 单击 Connection > Joints > Creat a Revolute Joint；
- Normal To Grid；
- Name：hub_to_wheel_r；
- First Body：.my_sanlun_car.hub_ right；
- Second Body：.my_sanlun_car.wheel_ right.wheel_part；
- Type：Revolute；
- Force Display：None；
- 单击 OK，完成约束副.my_sanlun_car.hub_to_wheel_r 的创建。

➢ 部件 hub_ rear 与 wheel_rear.wheel_part 之间 Revolute 约束

- 单击 Connection > Joints > Creat a Revolute Joint；
- Normal To Grid；
- Name：rear_hub_to_rear_wheel；
- First Body：.my_sanlun_car.hub_ rear；
- Second Body：.my_sanlun_car.wheel_rear.wheel_part；

• Type：Revolute；
• Force Display：None；
• 单击 OK，完成约束副.my_sanlun_car.rear_hub_to_rear_wheel 的创建。

10.8 漂移仿真

➢ 方向盘驱动
• 单击 Motions > Joint Motions；
• Function (time)：修改为 10d * time；
• 选择约束副：.my_sanlun_car.axis_3_to_steer_column，完成.my_sanlun_car.MOTION_1 的创建，创建完成后的约束副修改对话框如图 10-10 所示；

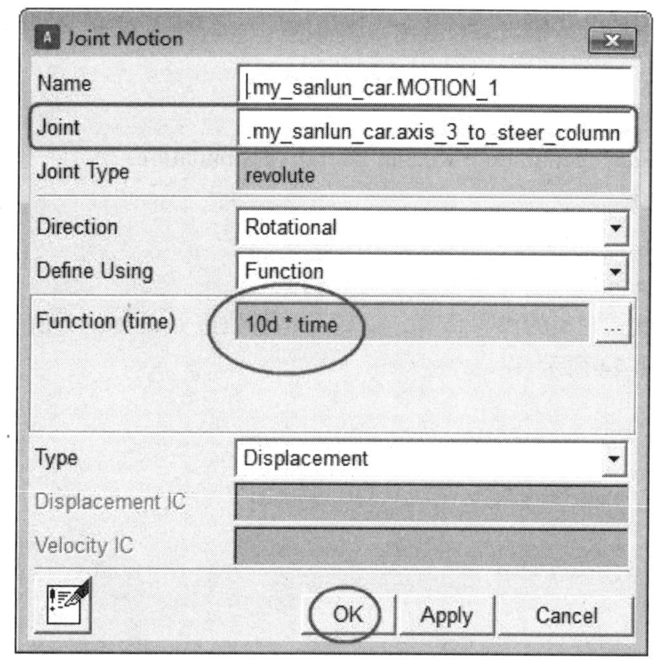

图 10-10 转向驱动副

➢ 后轮驱动力矩
• 单击 Forces > Applied Forces；
• Run-time Direction：Two Bodies；
• Construction：2-Bodies-2-Location；
• Characteristic：Custom。
• 选择硬点 hub_rear_l 与 hub_rear_r，完成驱动力矩 my_sanlun_car.SFORCE_5 的创建，同时界面弹出驱动力矩修改窗口，如图 10-11 所示；特别提示，创建驱动力矩时一定要保证驱动力矩施加在轮胎质心位置，否则会出现轮胎绕其他方向产生旋转。

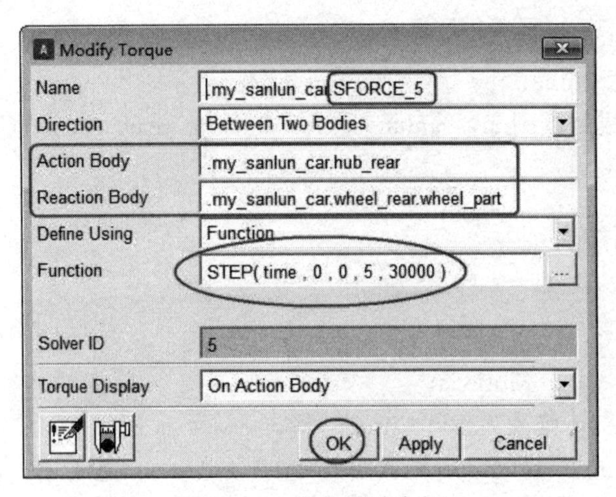

图 10-11　后轮驱动力矩

- Function：STEP（time，0，0，5，30 000）；
- 单击 OK，完成驱动力矩 SFORCE_5 的创建，此时整车模型完全创建完成，如图 10-1 所示。

➢ 漂移仿真

- 单击 Simulation > Simulate > Run an interative Simulation；
- End Time：30；
- Steps：3 000；
- 勾选 Start at equilibrium，从静平衡开始仿真。
- 单击开始完成三轮车的漂移仿真，三轮车运行轨迹如图 10-12 所示；整车相关计算参数如图 10-13 ~ 图 10-24 所示。

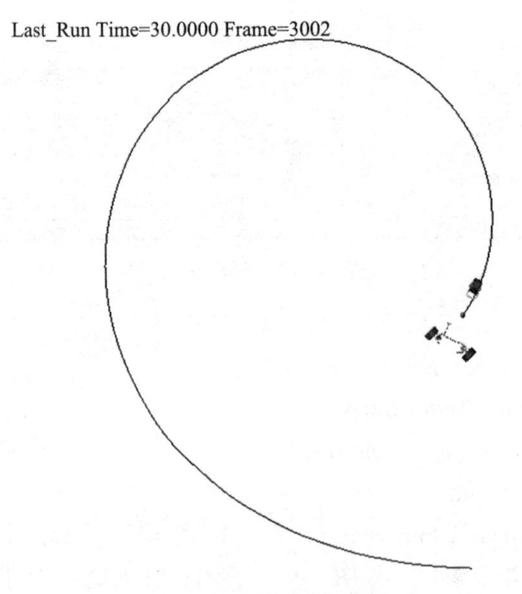

图 10-12　三轮车漂移仿真轨迹

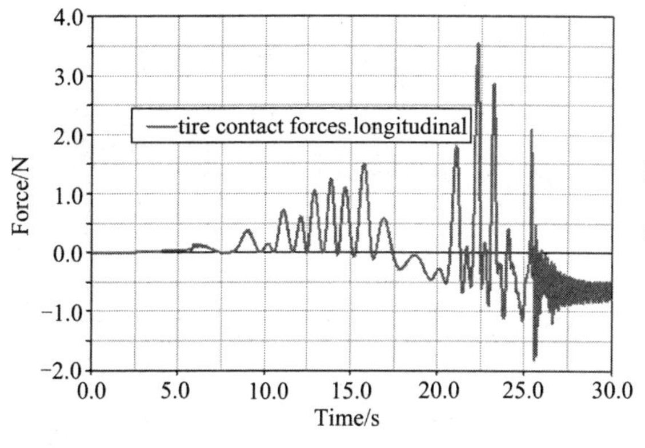

图 10-13　左前轮纵向接触力

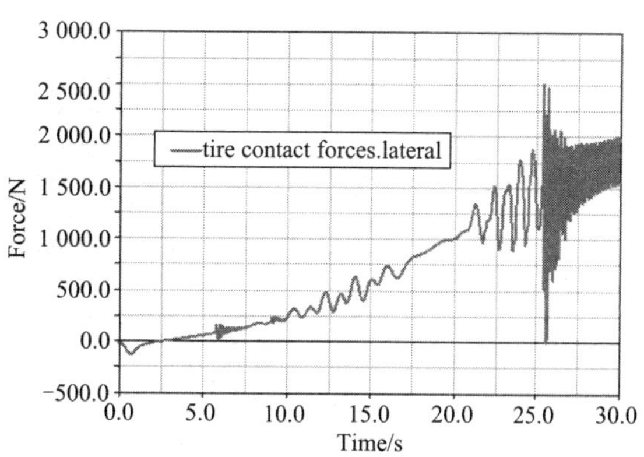

图 10-14　左前轮侧向接触力

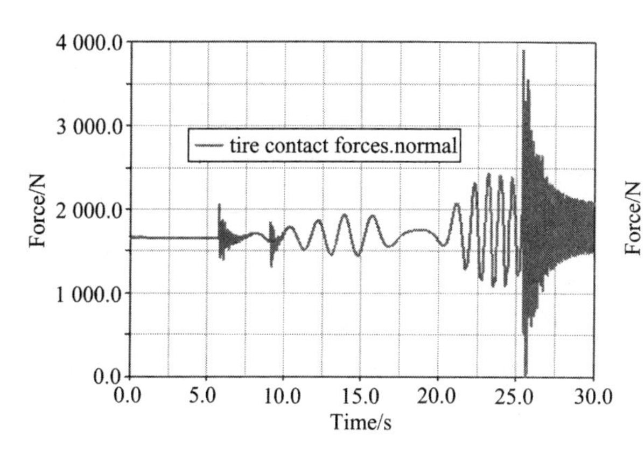

图 10-15　左前轮法向接触力

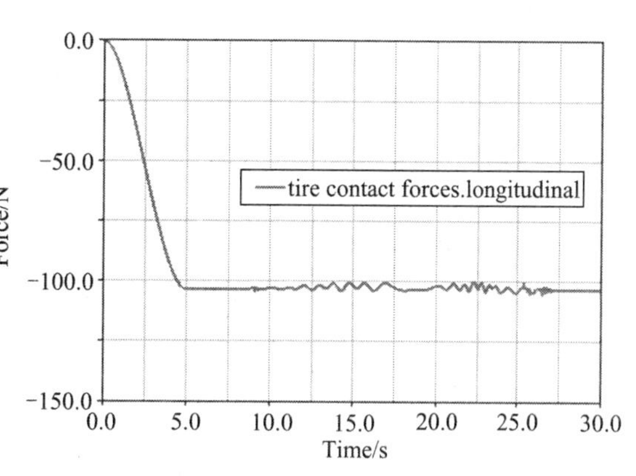

图 10-16　后轮纵向接触力

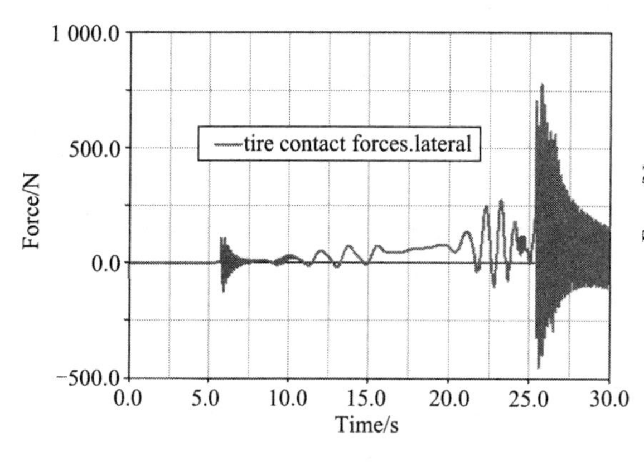

图 10-17　后轮侧向接触力

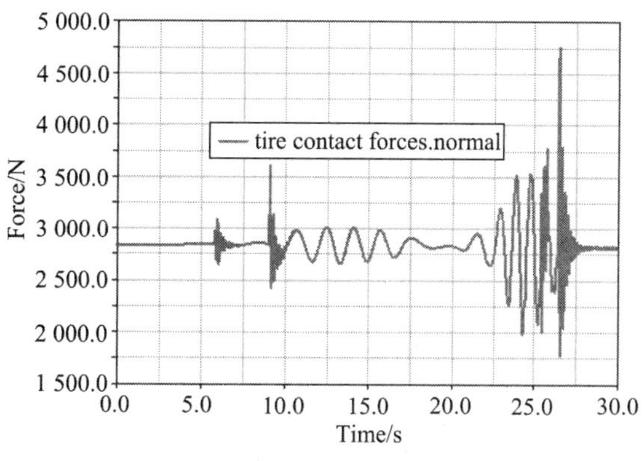

图 10-18　后轮法向接触力

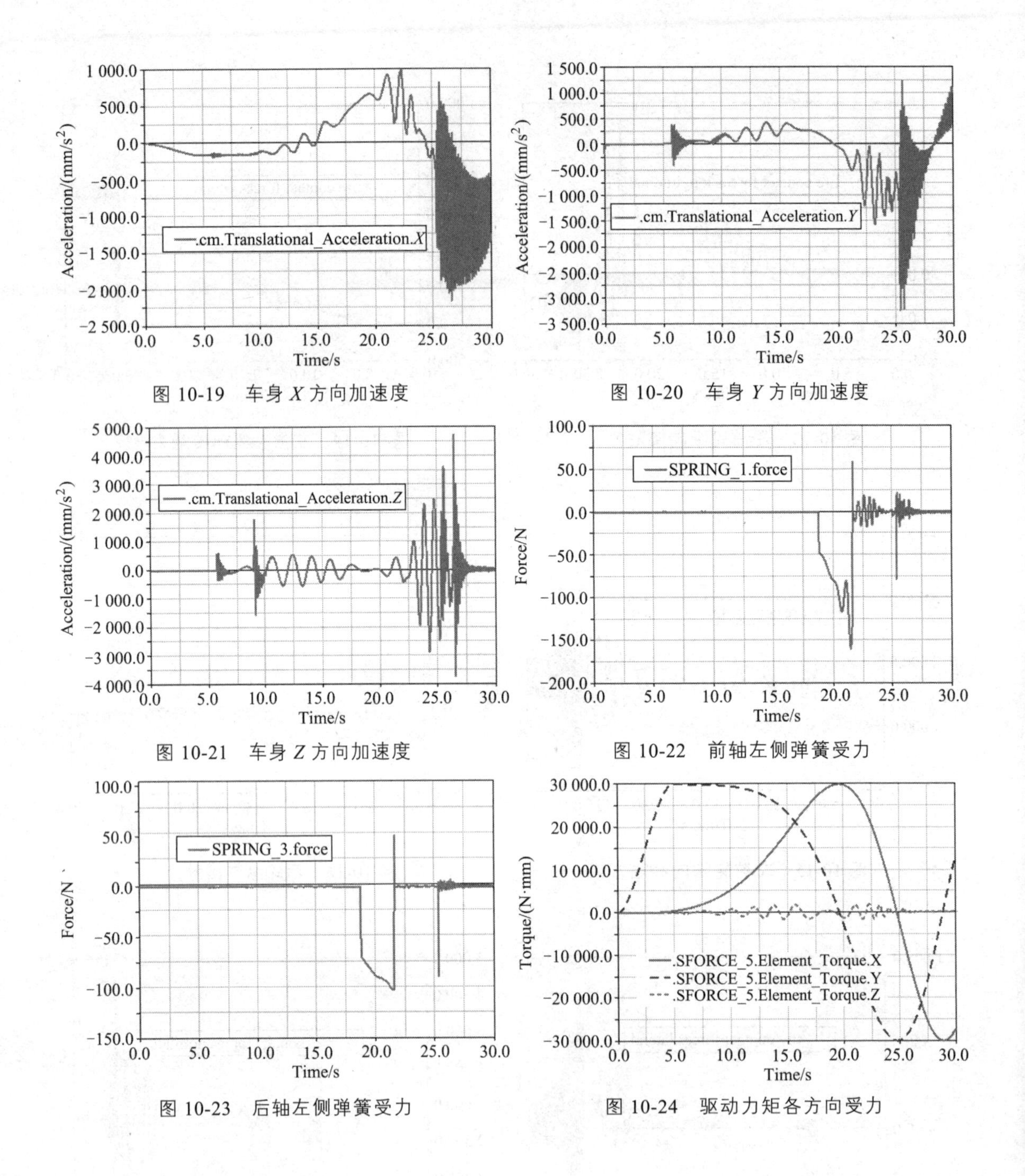

图 10-19　车身 *X* 方向加速度

图 10-20　车身 *Y* 方向加速度

图 10-21　车身 *Z* 方向加速度

图 10-22　前轴左侧弹簧受力

图 10-23　后轴左侧弹簧受力

图 10-24　驱动力矩各方向受力

10.9　约束关系讨论

上述“逆”三轮车模型建立完成后，整车模型可以实现静平衡，计算结果也符合预期，但是整车模型正确吗？如果不正确，怎么来判定？问题出现在什么地方？

（1）约束关系是建立复杂模型的难点，其问题是不同部件之间的约束关系需要仔细琢磨，否则会导致过约束的状态，有些模型出现错误，但并不影响静平衡及仿真的正确进行；

（2）力问题，例如弹簧、减震器、力矩等施加位置及参数过大等都会导致收敛问题；

（3）仿真初始时刻整车模型突然出现跳动等问题。

➢ 自由度计算

软件会自动计算模型的自由度，逆三轮车模型整车自由度、部件、约束信息如下：

VERIFY MODEL：.my_sanlun_car

–5 Gruebler Count（approximate degrees of freedom）%模型处于过约束状态；

24 Moving Parts（not including ground）

4 Cylindrical Joints

10 Revolute Joints

6 Spherical Joints

1 Translational Joints

2 Convel Joints

7 Fixed Joints

2 Hooke Joints

1 Motions

1 Couplers

9 Degrees of Freedom for .my_sanlun_car

There are 14 redundant constraint equations. %以下为对应的过约束副

This constraint：unnecessarily removes this DOF:

.my_sanlun_car.rear_arm_to_body（Revolute Joint）Rotation Between Zi & Xj

.my_sanlun_car.body_to_lca_l（Revolute Joint）Rotation Between Zi & Xj

.my_sanlun_car.body_to_lca_l（Revolute Joint）Rotation Between Zi & Yj

.my_sanlun_car.body_to_lca_r（Revolute Joint）Rotation Between Zi & Xj

.my_sanlun_car.body_to_lca_r（Revolute Joint）Rotation Between Zi & Yj

.my_sanlun_car.srping_front_right（Cylindrical Joint）Rotation Between Zi & Xj

.my_sanlun_car.srping_front_left（Cylindrical Joint）Rotation Between Zi & Yj

.my_sanlun_car.spring_rear_left（Cylindrical Joint）Translation Along Yj

.my_sanlun_car.spring_rear_left（Cylindrical Joint）Rotation Between Zi & Xj

.my_sanlun_car.spring_rear_left（Cylindrical Joint）Rotation Between Zi & Yj

.my_sanlun_car.srping_rear_right（Cylindrical Joint）Rotation Between Zi & Xj

.my_sanlun_car.srping_rear_right（Cylindrical Joint）Rotation Between Zi & Yj

.my_sanlun_car.rear_hub_to_rear_arm（Fixed Joint）Rotation Between Zi & Yj

.my_sanlun_car.rack_house_to_body（Fixed Joint）Rotation Between Zi & Xj

Model verified successfully　%过约束副系统会自动修正，但毫无疑问这修改后的约束就是正确的从约束信息中可以看出：前双 A 臂悬架左右下控制臂与车身之间的圆柱副、后轮毂与车身之间的圆柱副、转向齿轮箱与车身之间的固定副均为过约束；下控制与车身之间、后轮毂与车身之间安装弹簧与减震器（View 通用模块弹簧与减震器为一个整体），力之间并不需要圆柱副约束其之间的运动（特殊情况也可以施加约束），转向齿轮箱与车身之间应施加柔性衬套约束。

➢ 删除以下约束副

（1）spring_front_right；

（2）spring_front_left；

（3）spring_rear_left；

（4）spring_rear_right。

➢ 添加柔性约束

• 单击 Forces > Applied Connections > Creat a bushing；

• Construction：2-Bod-1-Loc；

• Pick Feature，手动定义方向；

• Properties，衬套刚度属性参数设置如下：

（1）K：4 500；

（2）C：10；

（3）KT：0；

（4）CT：0。

顺序选择 rack_house 与 body，顺序选择点 rack_house_mount_l（定位）与 rack_house_mount_r（定向），完成衬套副 BUSHING_1 的创建；右击衬套副 BUSHING_1 > Modify，显示衬套副信息如图 10-25 所示。

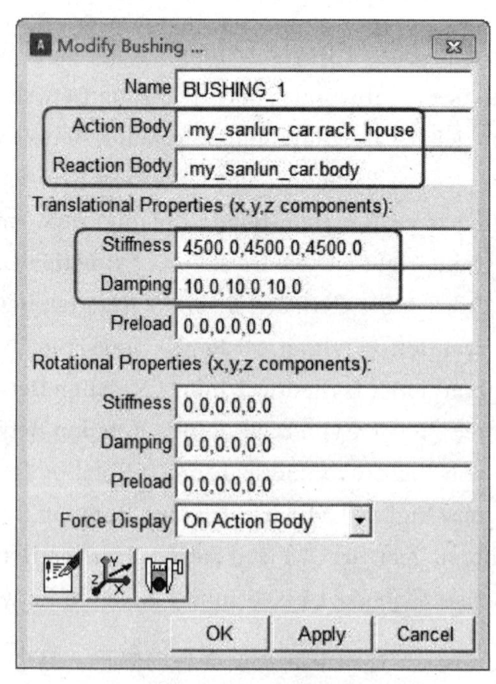

图 10-25　衬套副约束

顺序选择 rack_house 与 body，顺序选择点 rack_house_mount_r（定位）与 rack_house_mount_l（定向），完成衬套副 BUSHING_2 的创建。

模型修改完成后，逆三轮车整车共包含 17 个自由度。

重新仿真，设置参数与上述漂移仿真保持一致；整车模型不能静平衡，但可以完成仿真（不用勾选静平衡），仿真结束后整车模型如图 10-26 所示，前双 A 臂悬架发生塌陷，从图中可以看出，发生塌陷的原因是弹簧的刚度过小，多次尝试修改弹簧的刚度，最终确定 K：100，C：5，参数修改设置完成后，逆三轮车整车模型能进行静平衡仿真，仿真结束后计算相关参数，如图 10-27 ~ 图 10-29 所示。

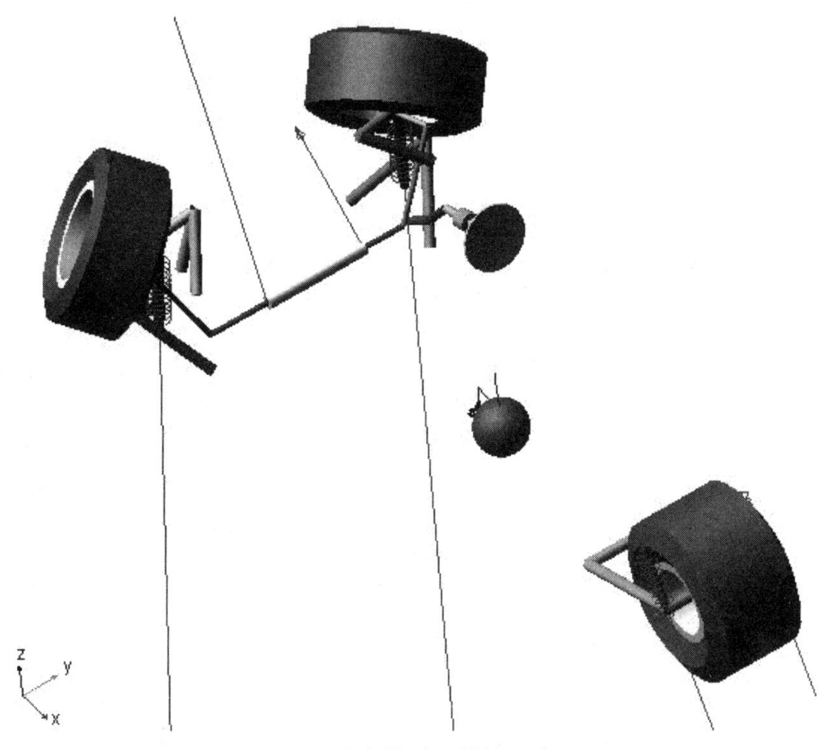

图 10-26　三轮车模型（前轮塌陷）

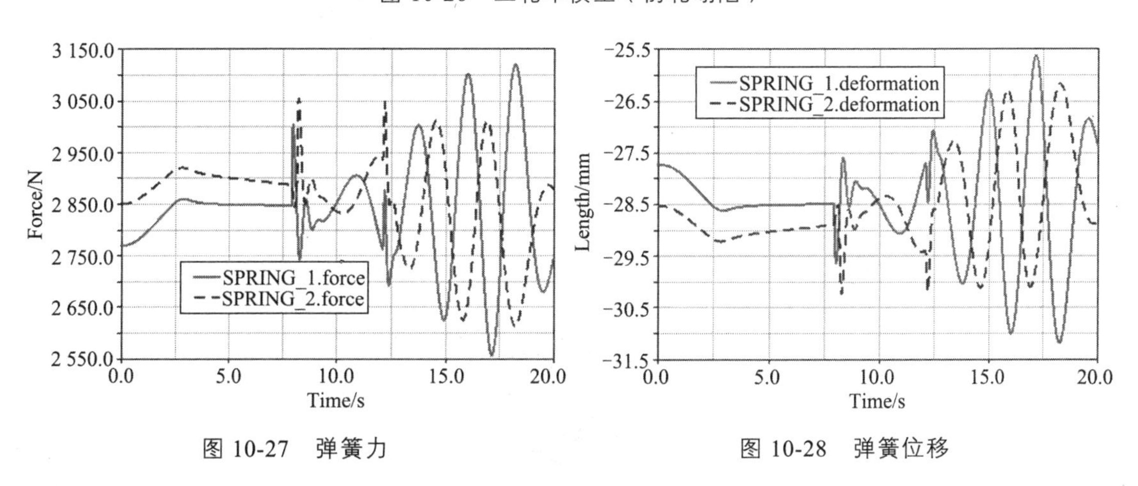

图 10-27　弹簧力

图 10-28　弹簧位移

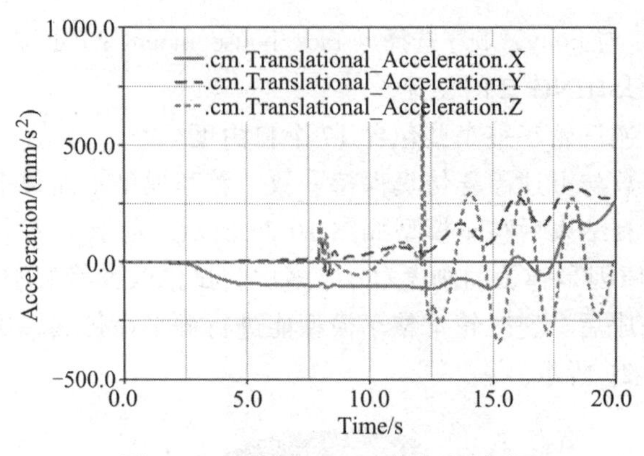

图 10-29　车身 *X*/*Y*/*Z* 方向加速度

图 10-27 为弹簧力的变化特性曲线，从计算结果看，弹簧力依然过大，原因是弹簧的刚度 100 极大，而一般轿车的弹簧刚度仅为 23 左右。

10.10　“逆”三轮车衬套约束

真实车辆连杆与车身的连接均为柔性衬套约束，不存在纯刚性约束。柔性约束是通过橡胶衬套把两个不同的部件连接起来，柔性衬套具有刚度和阻尼，而刚性衬套没有，因此，柔性衬套在连接中起到了弹簧的作用，以避免弹簧刚度不大时双 A 臂悬架产生塌陷；因此弹簧刚度可以设置得很小（与真实的弹簧减震器系统参数相同），柔性衬套约束中衬套刚度与阻尼统一设置为：K：4500，C：10（此衬套刚度与阻尼参考公版悬架数据参数，具体到某些真实的车型，请读者通过实验获取衬套参数，也可以通过有限元法获取衬套参数），创建完成的整车柔性约束模型如图 10-30 所示，模型存储于章节文件中。

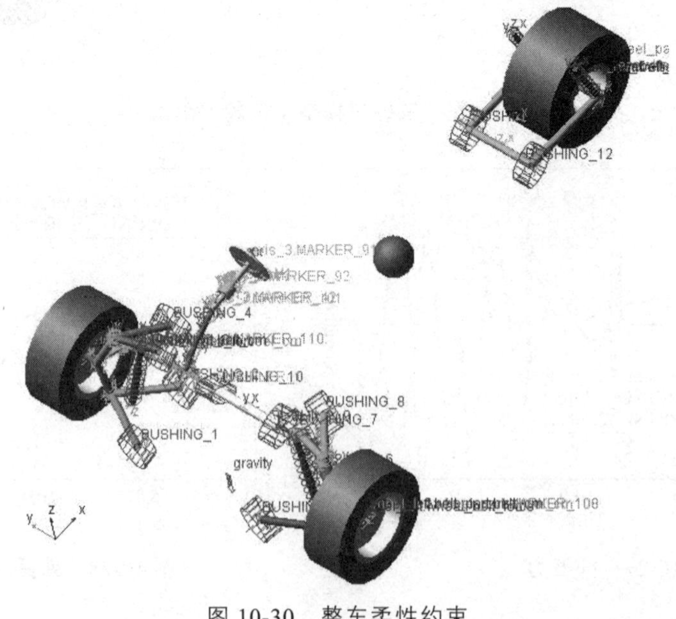

图 10-30　整车柔性约束

➢ 部件 lca_r 与 body 之间 BUSHING_1 约束

- 单击 Forces > Applied Connections > Creat a bushing；
- Construction：2-Bod-1-Loc；
- Pick Feature，手动定义方向；
- Properties，衬套刚度属性参数设置如下：

K：[4 500.0（newton/mm）]，[4 500.0（newton/mm）]，[4 500.0（newton/mm）]；

C：[10（newton-sec/mm）]，[10（newton-sec/mm）]，[10（newton-sec/mm）]；

KT：[2（newton-mm/deg）]，[2E+004（newton-mm/deg）]，[2E+004（newton-mm/deg）]；

CT：[5235（newton-mm-sec/deg）]，[5235（newton-mm-sec/deg）]，[5235（newton-mm-sec/deg）]。

顺序选择 lca_r 与 body，顺序选择点 lca_front_r（定位）与 lca_rear_r（定向），完成衬套副 BUSHING_1 的创建。

➢ 部件 lca_r 与 body 之间 BUSHING_2 约束

- 单击 Forces > Applied Connections > Creat a bushing；
- Construction：2-Bod-1-Loc；
- Pick Feature，手动定义方向；
- Properties，衬套刚度属性参数设置如下：

K：[4 500.0（newton/mm）]，[4 500.0（newton/mm）]，[4 500.0（newton/mm）]；

C：[10（newton-sec/mm）]，[10（newton-sec/mm）]，[10（newton-sec/mm）]；

KT：[2（newton-mm/deg）]，[2E+004（newton-mm/deg）]，[2E+004（newton-mm/deg）]；

CT：[5 235（newton-mm-sec/deg）]，[5 235（newton-mm-sec/deg）]，[5 235（newton-mm-sec/deg）]。

顺序选择 lca_r 与 body，顺序选择点 lca_rear_r（定位）与 lca_front_r（定向），完成衬套副 BUSHING_2 的创建。

➢ 部件 uca_r 与 body 之间 BUSHING_3 约束

- 单击 Forces > Applied Connections > Creat a bushing；
- Construction：2-Bod-1-Loc；
- Pick Feature，手动定义方向；
- Properties，衬套刚度属性参数设置如下：

K：[4 500.0（newton/mm）]，[4 500.0（newton/mm）]，[4 500.0（newton/mm）]；

C：[10（newton-sec/mm）]，[10（newton-sec/mm）]，[10（newton-sec/mm）]；

KT：[2（newton-mm/deg）]，[2E+004（newton-mm/deg）]，[2E+004（newton-mm/deg）]；

CT：[5 235（newton-mm-sec/deg）]，[5 235（newton-mm-sec/deg）]，[5 235（newton-mm-sec/deg）]。

顺序选择 uca_r 与 body，顺序选择点 uca_front_r（定位）与 uca_rear_r（定向），完成衬套副 BUSHING_3 的创建。

➢ 部件 uca_r 与 body 之间 BUSHING_4 约束

- 单击 Forces > Applied Connections > Creat a bushing；
- Construction：2-Bod-1-Loc；
- Pick Feature，手动定义方向；
- Properties，衬套刚度属性参数设置如下：

K：[4 500.0（newton/mm）]，[4500.0（newton/mm）]，[4 500.0（newton/mm）]；

C：[10（newton-sec/mm）]，[10（newton-sec/mm）]，[10（newton-sec/mm）]；

KT：[2（newton-mm/deg）]，[2E+004（newton-mm/deg）]，[2E+004（newton-mm/deg）]；

CT：[5 235（newton-mm-sec/deg）]，[5 235（newton-mm-sec/deg）]，[5 235（newton-mm-sec/deg）]。

顺序选择 uca_r 与 body，顺序选择点 uca_rear_r（定位）与 uca_front_r（定向），完成衬套副 BUSHING_4 的创建。

➢ 部件 lca_l 与 body 之间 BUSHING_5 约束

• 单击 Forces > Applied Connections > Creat a bushing；

• Construction：2-Bod-1-Loc；

• Pick Feature，手动定义方向；

• Properties，衬套刚度属性参数设置如下：

K：[4 500.0（newton/mm）]，[4 500.0（newton/mm）]，[4 500.0（newton/mm）]；

C：[10（newton-sec/mm）]，[10（newton-sec/mm）]，[10（newton-sec/mm）]；

KT：[2（newton-mm/deg）]，[2E+004（newton-mm/deg）]，[2E+004（newton-mm/deg）]；

CT：[5 235（newton-mm-sec/deg）]，[5 235（newton-mm-sec/deg）]，[5 235（newton-mm-sec/deg）]。

顺序选择 lca_l 与 body，顺序选择点 lca_front_l（定位）与 lca_rear_l（定向），完成衬套副 BUSHING_5 的创建。

➢ 部件 lca_l 与 body 之间 BUSHING_6 约束

• 单击 Forces > Applied Connections > Creat a bushing；

• Construction：2-Bod-1-Loc；

• Pick Feature，手动定义方向；

• Properties，衬套刚度属性参数设置如下：

K：[4 500.0（newton/mm）]，[4 500.0（newton/mm）]，[4 500.0（newton/mm）]；

C：[10（newton-sec/mm）]，[10（newton-sec/mm）]，[10（newton-sec/mm）]；

KT：[2（newton-mm/deg）]，[2E+004（newton-mm/deg）]，[2E+004（newton-mm/deg）]；

CT：[5 235（newton-mm-sec/deg）]，[5 235（newton-mm-sec/deg）]，[5 235（newton-mm-sec/deg）]。

顺序选择 lca_l 与 body，顺序选择点 lca_rear_l（定位）与 lca_front_l（定向），完成衬套副 BUSHING_6 的创建。

➢ 部件 uca_l 与 body 之间 BUSHING_7 约束

• 单击 Forces > Applied Connections > Creat a bushing；

• Construction：2-Bod-1-Loc；

• Pick Feature，手动定义方向；

• Properties，衬套刚度属性参数设置如下：

K：[4 500.0（newton/mm）]，[4 500.0（newton/mm）]，[4 500.0（newton/mm）]；

C：[10（newton-sec/mm）]，[10（newton-sec/mm）]，[10（newton-sec/mm）]；

KT：[2（newton-mm/deg）]，[2E+004（newton-mm/deg）]，[2E+004（newton-mm/deg）]；

CT：[5 235（newton-mm-sec/deg）]，[5 235（newton-mm-sec/deg）]，[5 235（newton-mm-sec/deg）]。

顺序选择 uca_l 与 body，顺序选择点 uca_front_l（定位）与 uca_rear_l（定向），完成衬套副 BUSHING_3 的创建。

➢ 部件 uca_l 与 body 之间 BUSHING_8 约束

• 单击 Forces > Applied Connections > Creat a bushing;
• Construction：2-Bod-1-Loc;
• Pick Feature，手动定义方向;
• Properties，衬套刚度属性参数设置如下:

K：[4 500.0（newton/mm）]，[4 500.0（newton/mm）]，[4 500.0（newton/mm）];

C：[10（newton-sec/mm）]，[10（newton-sec/mm）]，[10（newton-sec/mm）];

KT：[2（newton-mm/deg）]，[2E+004（newton-mm/deg）]，[2E+004（newton-mm/deg）];

CT：[5 235(newton-mm-sec/deg)]，[5 235(newton-mm-sec/deg)]，[5 235(newton-mm-sec/deg)]。

顺序选择 uca_l 与 body，顺序选择点 uca_rear_l（定位）与 uca_front_r（定向），完成衬套副 BUSHING_8 的创建。

➢ 部件 rack_house 与 body 之间 BUSHING_9 约束

• 单击 Forces > Applied Connections > Creat a bushing;
• Construction：2-Bod-1-Loc;
• Pick Feature，手动定义方向;
• Properties，衬套刚度属性参数设置如下:

K：4 500.0，4 500.0，4 500.0;

C：10.0，10.0，10.0;

KT：0.0，0.0，0.0;

CT：0.0，0.0，0.0。

顺序选择 rack_house 与 body，顺序选择点 rack_house_mount_l（定位）与 rack_house_mount_r（定向），完成衬套副 BUSHING_9 的创建。

➢ 部件 rack_house 与 body 之间 BUSHING_10 约束

• 单击 Forces > Applied Connections > Creat a bushing;
• Construction：2-Bod-1-Loc;
• Pick Feature，手动定义方向;
• Properties，衬套刚度属性参数设置如下:

K：4 500.0，4 500.0，4 500.0;

C：10.0，10.0，10.0;

KT：0.0，0.0，0.0;

CT：0.0，0.0，0.0。

顺序选择 rack_house 与 body，顺序选择点 rack_house_mount_r（定位）与 rack_house_mount_l（定向），完成衬套副 BUSHING_10 的创建。

➢ 部件 rear_arm 与 body 之间 BUSHING_11 约束

• 单击 Forces > Applied Connections > Creat a bushing;
• Construction：2-Bod-1-Loc;
• Pick Feature，手动定义方向;
• Properties，衬套刚度属性参数设置如下:

K：4 500.0，4 500.0，4 500.0;

C：10.0，10.0，10.0;

KT：0.0，0.0，0.0；

CT：0.0，0.0，0.0。

顺序选择 rear_arm 与 body，顺序选择点 rear_arm_l（定位）与 rear_arm_r（定向），完成衬套副 BUSHING_11 的创建。

➢ 部件 rear_arm 与 body 之间 BUSHING_12 约束

• 单击 Forces > Applied Connections > Creat a bushing；

• Construction：2-Bod-1-Loc；

• Pick Feature，手动定义方向；

• Properties，衬套刚度属性参数设置如下：

K：4 500.0，4 500.0，4 500.0；

C：10.0，10.0，10.0；

KT：0.0，0.0，0.0；

CT：0.0，0.0，0.0。

顺序选择 rear_arm 与 body，顺序选择点 rear_arm_r（定位）与 rear_arm_l（定向），完成衬套副 BUSHING_12 的创建。

重新仿真，设置参数与上述漂移仿真保持一致；整车静平衡及漂移仿真顺利完成，整车在柔性衬套作用下受力如图 10-31 所示；计算结果如图 10-32 ~ 图 10-39 所示。

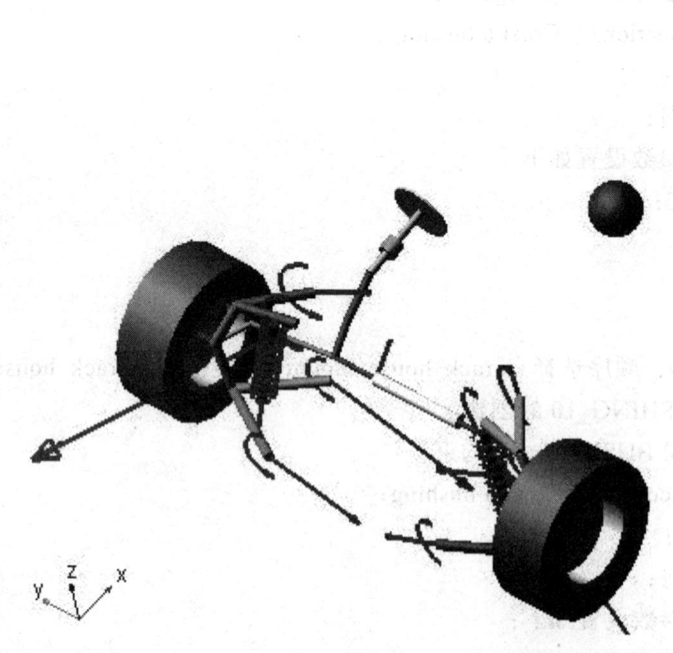

图 10-31 整车柔性衬套受力图

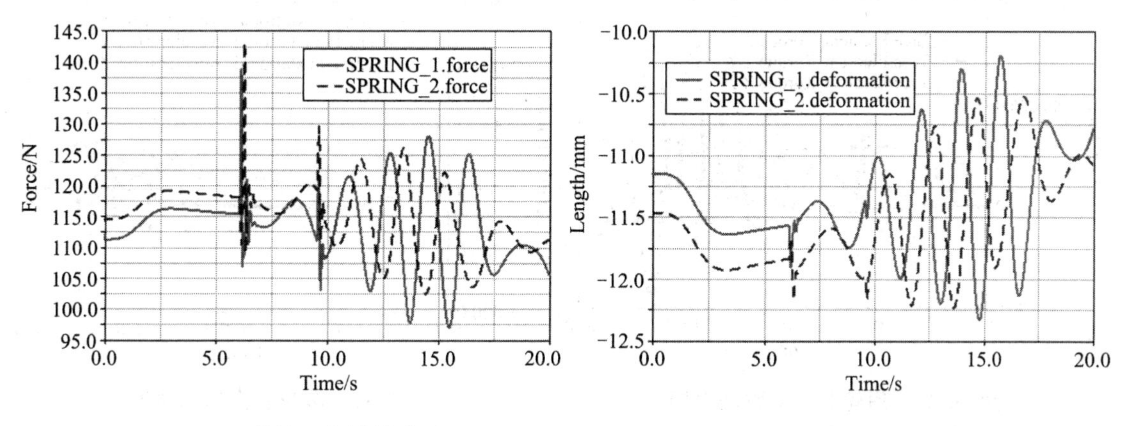

图 10-32　弹簧受力特性曲线　　　　图 10-33　弹簧位移特性曲线

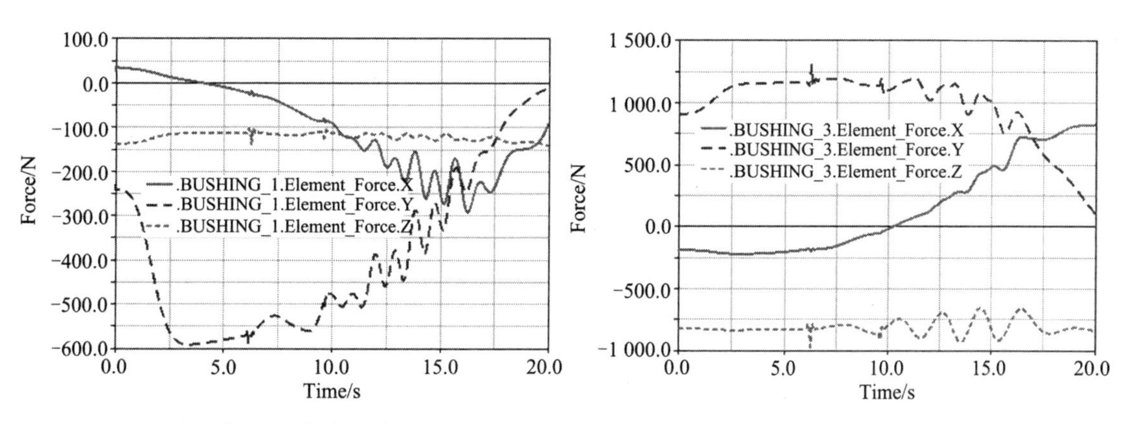

图 10-34　右下控制与车身连接处衬套受力　　　　图 10-35　右上控制与车身连接处衬套受力

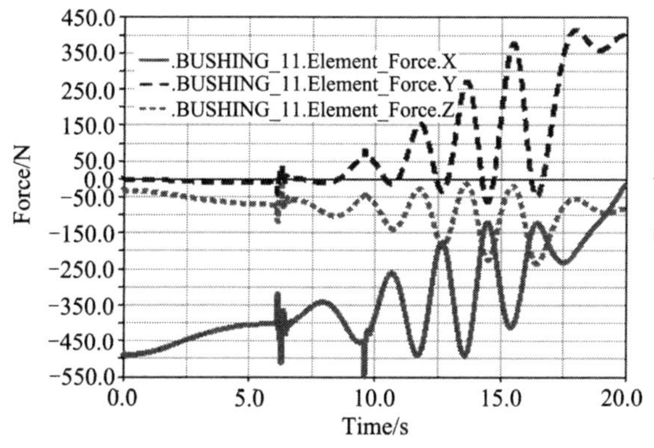

图 10-36　后控制臂右侧连接处衬套受力

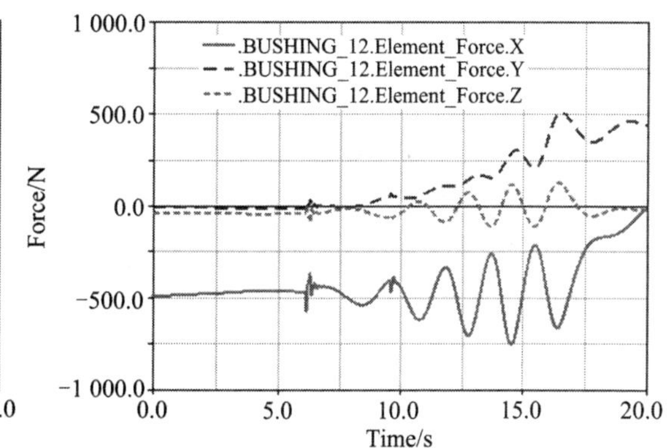

图 10-37　后控制臂左侧连接处衬套受力

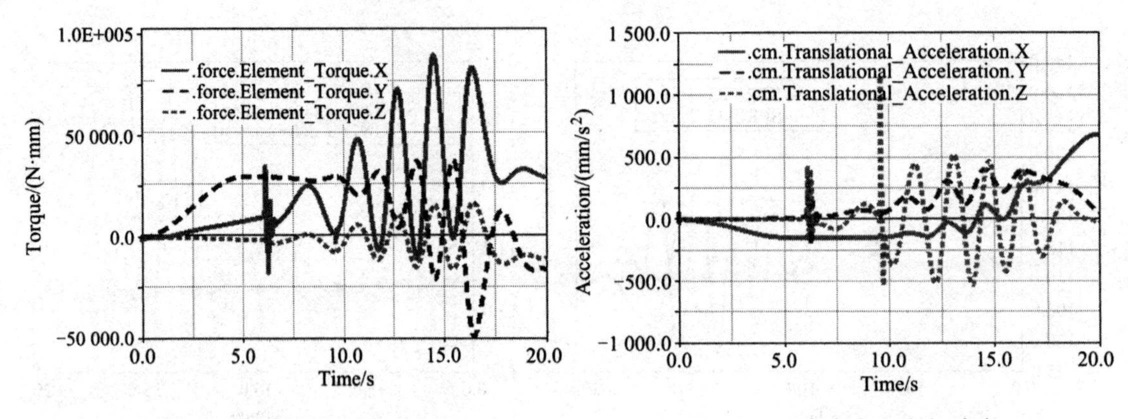

图 10-38　后轮各方向驱动力矩

图 10-39　车身各方向加速度

第 11 章　4×2 客货车模型

4×2 底盘驱动模式较为常见，商用牵引车、大中型客车及工程车辆等均采用此种底盘布置模式。采用板簧悬架的大型客车与牵引车很相似，区别主要在轴距大小及动力传动系统布置上。本章节主要讨论 4×2 整车模型的构建，包括牵引车和客车。4×2 客货整车模型如图 11-1 所示。

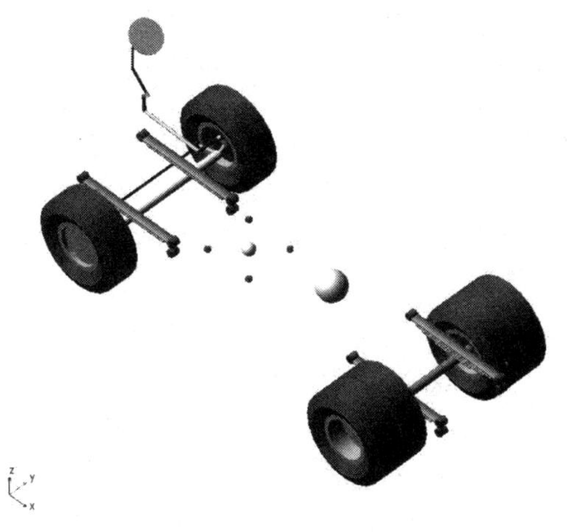

图 11-1　4×2 客货整车模型

学习目标

- ✧ 驱动轴悬架模型。
- ✧ 4×2 牵引车模型。
- ✧ 通讯器调节。
- ✧ 谐波脉冲转向仿真。
- ✧ 4×2 客车模型。
- ✧ 方向盘调节。
- ✧ 超车仿真。

11.1　驱动轴悬架模型

《钢板弹簧模型——Nonlinear Beam》篇章建立的板簧模型_my_leaf_4.tpl，在此模型上增加外侧车轮与发动机相关通讯器即可完成驱动轴模型的创建。

板簧模型_my_leaf_4.tpl 包含的通讯器如下：

Listing of input communicators in '_my_leaf_4'

Communicator Name：	Entity Class：	From Minor Role：	Matching Name:
cis_leafspring_to_body	mount	any	leafspring_to_body

Listing of output communicators in '_my_leaf_4'

Communicator Name：	Entity Class：	To Minor Role：	Matching Name:
co[lr]_camber_angle	parameter_real	inherit	camber_angle
co[lr]_suspension_mount	mount	inherit	suspension_mount
co[lr]_suspension_upright	mount	inherit	suspension_upright
co[lr]_toe_angle	parameter_real	inherit	toe_angle
co[lr]_wheel_center	location	inherit	wheel_center
cos_suspension_parameters_ARRAY	array	inherit	suspension_parameters_array

建立完成后的驱动轴模型：_my_bus_sus_r_leaf4.tpl 包含通讯器如下。在模型_my_leaf_4.tpl 中添加如下斜体标记的通讯器即可完成模型建立。其中通讯器 cos_halfshaft_omega_left、cos_halfshaft_omega_right 需要建立对应的变量，变量建模相对较为烦琐。驱动轴模型建立完成后如图 11-2 所示。

Listing of input communicators in '_my_bus_sus_r_leaf4'

Communicator Name：	Entity Class：	From Minor Role：	Matching Name:
ci[lr]_tire_force	*force*	*rear*	*tire_force*
ci[lr]_tripot_to_differential	*mount*	*rear*	*tripot_to_differential*
cis_leafspring_to_body	mount	any	leafspring_to_body

Listing of output communicators in '_my_bus_sus_r_leaf4'

Communicator Name：	Entity Class：	To Minor Role：	Matching Name:
co[lr]_camber_angle	parameter_real	rear	camber_angle
co[lr]_diff_tripot	*location*	*rear*	*tripot_to_differential*
co[lr]_lddrv_outside_whl_mount	*mount*	*rear*	*outside_whl_mnt*
co[lr]_lddrv_suspension_mount	*mount*	*rear*	*suspension_mount*
co[lr]_lddrv_suspension_upright	*mount*	*rear*	*suspension_upright*
co[lr]_outside_wheel_center	*location*	*rear*	*outside_wheel_center*
co[lr]_toe_angle	parameter_real	rear	toe_angle
co[lr]_wheel_center	location	rear	wheel_center
cos_axle_diff_mount	*mount*	*rear*	*axle_diff_mount*
cos_driveline_active	*parameter_integer*	*front*	*driveline_active*
cos_halfshaft_omega_left	*solver_variable*	*rear*	*halfshaft_omega_left*
cos_halfshaft_omega_right	*solver_variable*	*rear*	*halfshaft_omega_right*
cos_suspension_parameters_ARRAY	array	rear	suspension_parameters_array

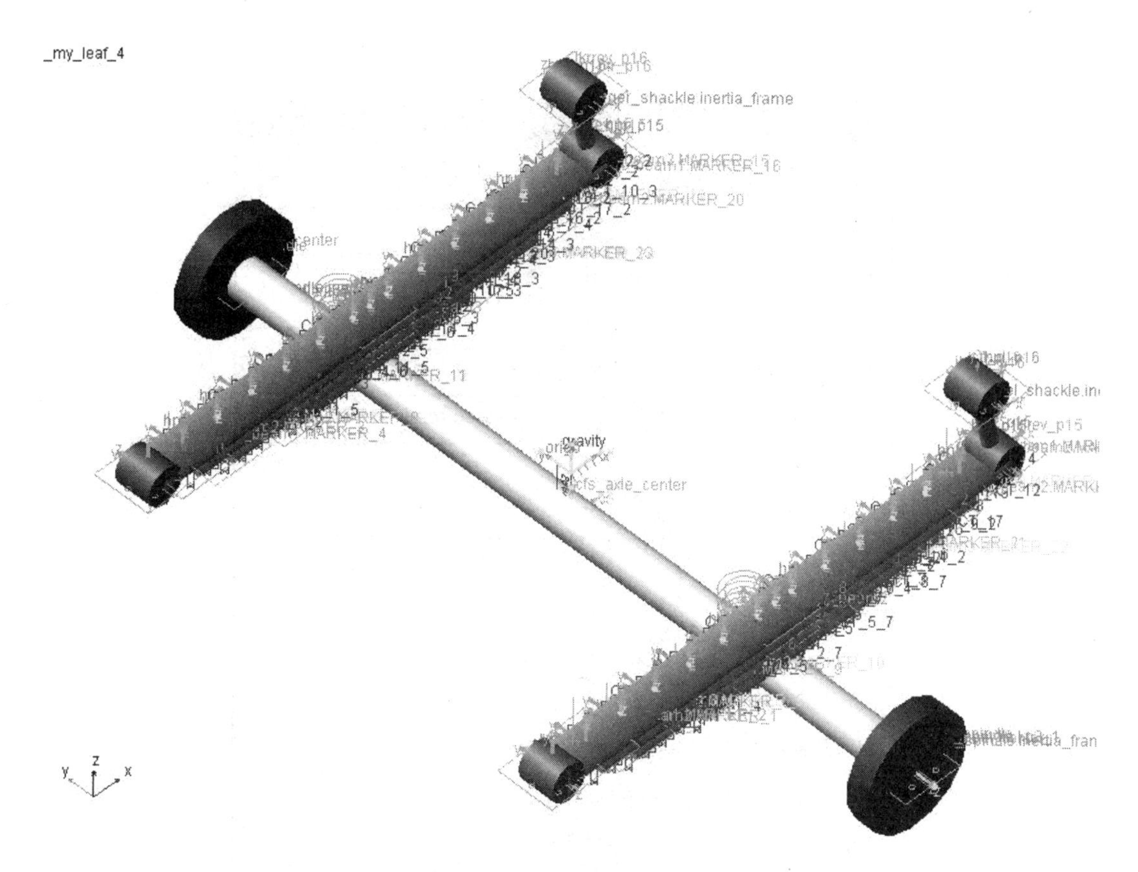

图 11-2　驱动轴悬架模型

11.2　4×2 牵引车模型

驱动轴悬架模型建立完成后构建牵引车整车模型，如图 11-1 所示，调整轴距与实际车辆保持一致。整车装配完成后出现动力传动系统与轮胎力不匹配现象，整车不能正确仿真。

发动机通讯器调节如下：

（1）修改通讯器名称 cil_tire_force 为 cil_tire_force_f，Matching Name：tire_force 不变；

（2）添加通讯器：cil_tire_force_r，Matching Name：tire_force 不变；

发动机通讯器修改完成重新替换动力传动子系统，整车装配正确，仿真正确。

11.3　谐波脉冲转向仿真

➢ 谐波脉冲转向仿真设置如下：

• 单击 Simulate > Full-Vehicle Analysis > Open-loop Steering Events > Ramp Steer 命令，弹出脉冲仿真对话框，如图 11-3 所示；

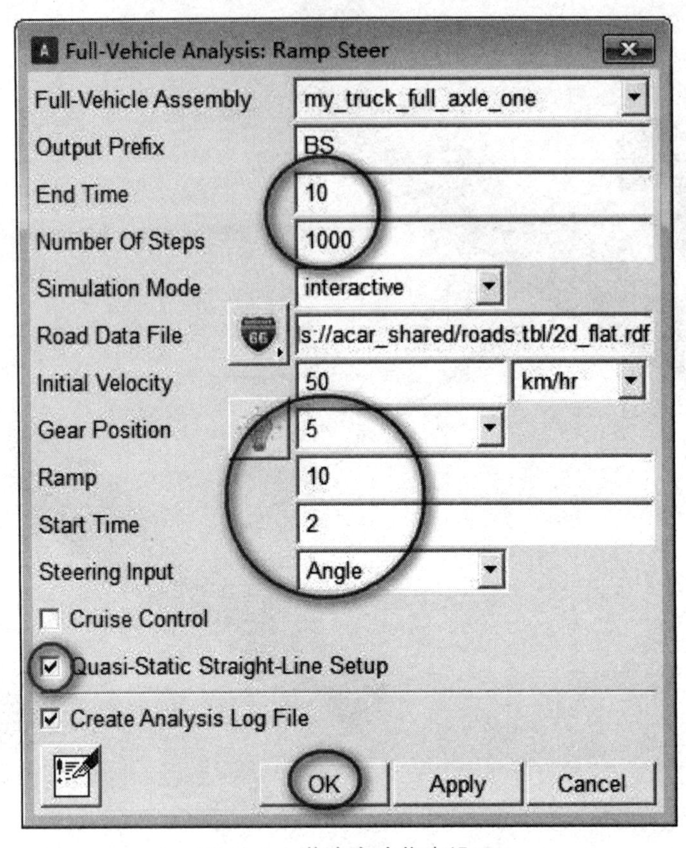

图 11-3　谐波脉冲仿真设置

- Output Prefix：BS；
- End Time：10；
- Number of Steps（仿真步数）：1 000；
- Simulation Mode：interactive；
- Road Date File：mdids://FASE/roads.tbl/2d_flat.rdf；
- Initial Velocity：50；
- Gear Position：5；
- Ramp：10；
- Start Time：2；
- Quasi-Static Straight-Line Setup：勾选，整车模型包含发动机运行准静态平衡；
- 单击 OK，完成谐波脉冲仿真设置并提交运算，如图 11-3 所示。

仿真完成后，谐波脉冲仿真下整车运动轨迹如图 11-4 所示；前轴板簧 P1 衬套受力如图 11-5、11-6 所示；后轴板簧 P1 衬套受力如图 11-7、11-8 所示；车身垂向加速度与侧向加速度如图 11-9、11-10 所示。从结果可以看出，前后轴衬套受力变化趋势一样，后轴受力大，同时伴有高频微小振荡现象。车身侧向加速度大，也伴有振荡现象。

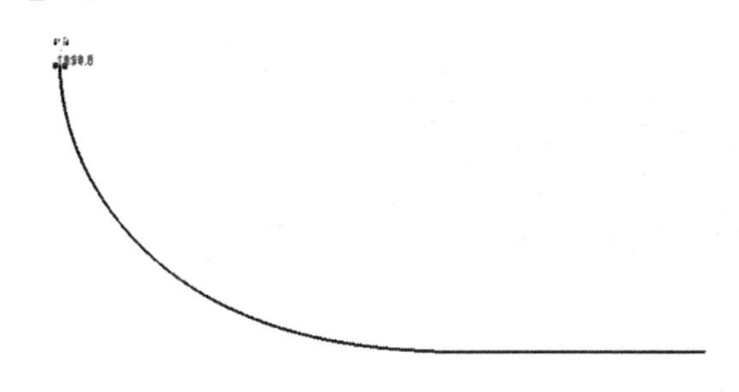

图 11-4　谐波脉冲转向整车运动轨迹

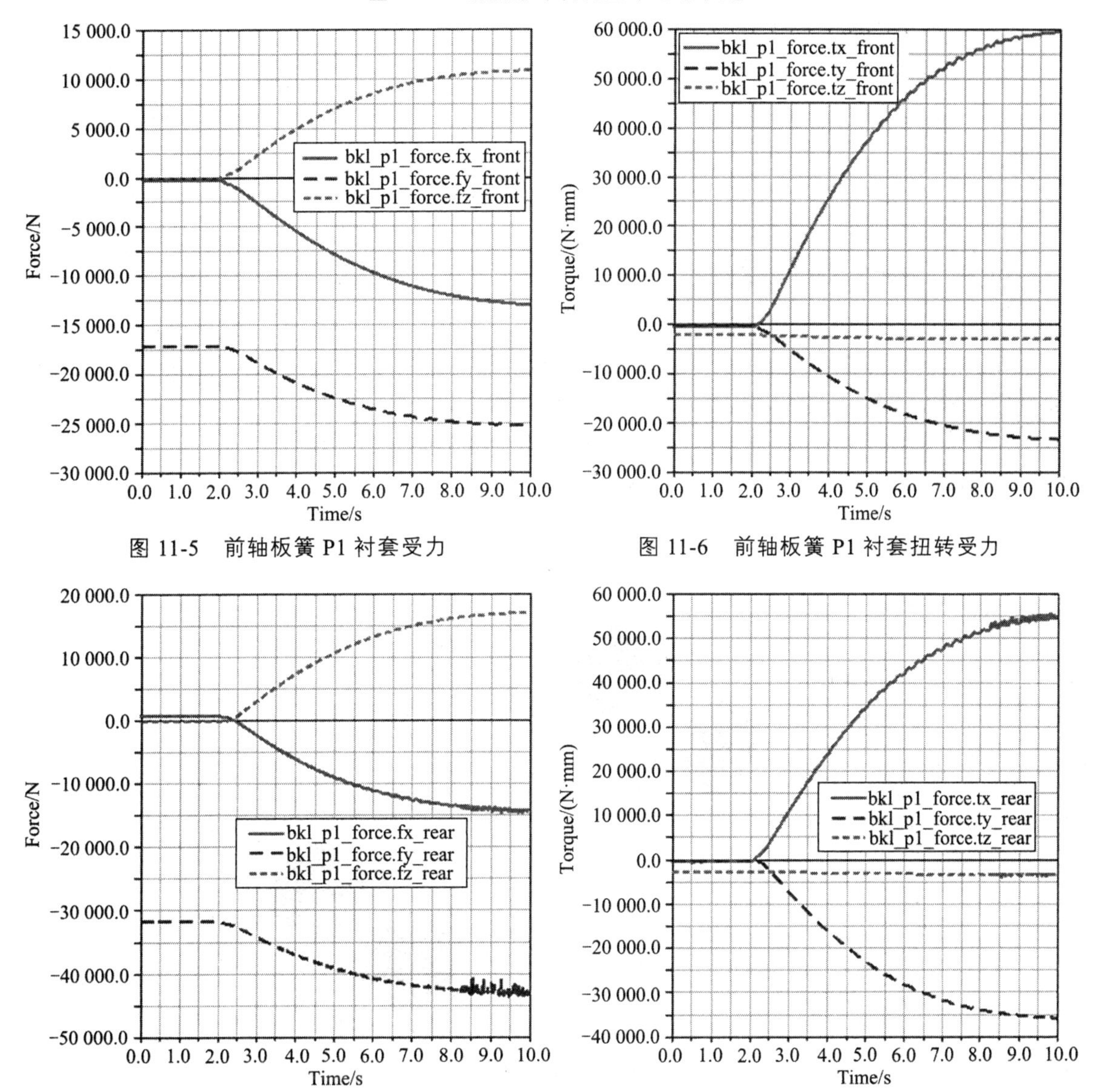

图 11-5　前轴板簧 P1 衬套受力

图 11-6　前轴板簧 P1 衬套扭转受力

图 11-7　后轴板簧 P1 衬套受力

图 11-8　后轴板簧 P1 衬套扭转受力

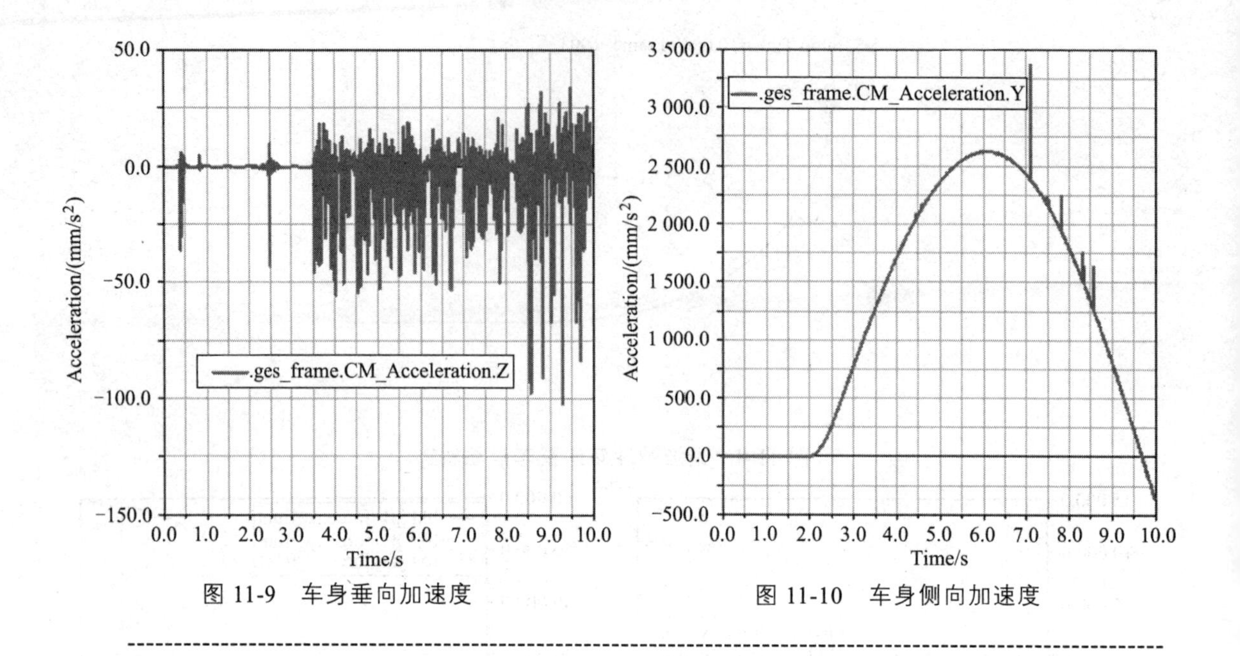

图 11-9　车身垂向加速度

图 11-10　车身侧向加速度

11.4　4×2 客车模型

客车后轴驱动悬架与牵引车后悬架保持一致，4 片板簧替换为 3 片板簧，调节后轴驱动悬架与动力传动系统的位置，完成客车 4×2 整车建立。

客车整车前悬架相对牵引车要长，因此导致客车转向系统拉杆长度较大，具体长度因不同车型而定。模型调整完成后如图 11-11 所示。

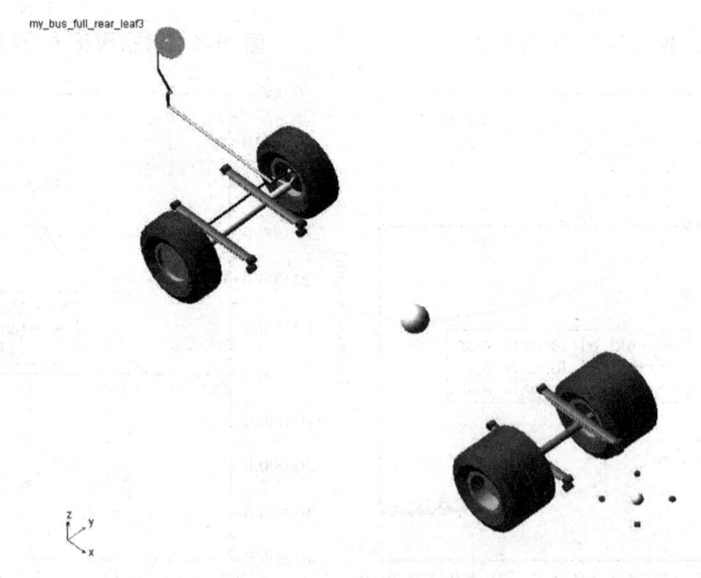

图 11-11　客车整车模型

11.5 超车仿真

➢ 超车转向仿真设置如下：

- 单击 Simulate > Full-Vehicle Analysis > Open-loop Steering Events > Single Line Change 命令；
- Output Prefix：SLC；
- End Time：10；
- Number of Steps（仿真步数）：1 000；
- Simulation Mode：interactive；
- Road Date File：mdids://FASE/roads.tbl/2d_flat.rdf；
- Initial Velocity：50；
- Gear Position：5；
- Maximum Steer Value：200；
- Start Time：2；
- Cycle Length：6；
- Quasi-Static Straight-Line Setup：勾选，整车模型包含发动机运行准静态平衡；
- 单击 OK，完成超车仿真设置并提交运算，如图 11-12 所示。

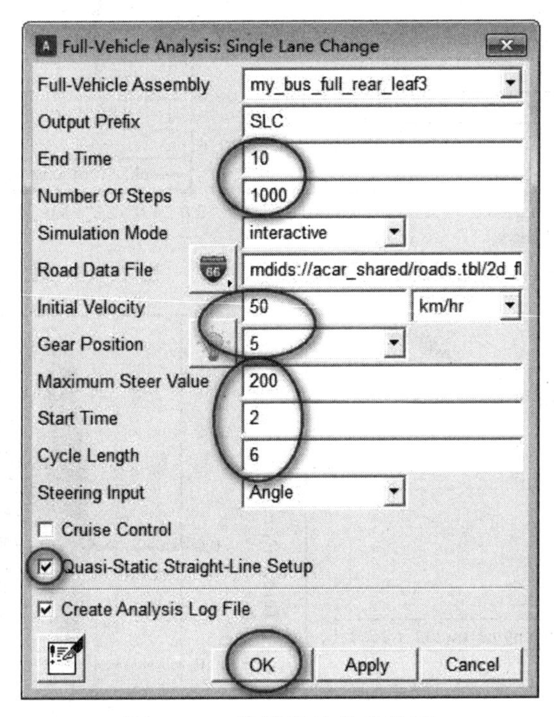

图 11-12 谐波脉冲仿真设置

仿真完成后，超车仿真下整车运动轨迹如图 11-13 所示；发动机 X、Y、Z 三方向受力如图 11-14 ~ 图 11-19 所示；变速箱输入输出转速变化如图 11-20 所示；变速箱输入输出扭矩变化如图 11-21 所示。

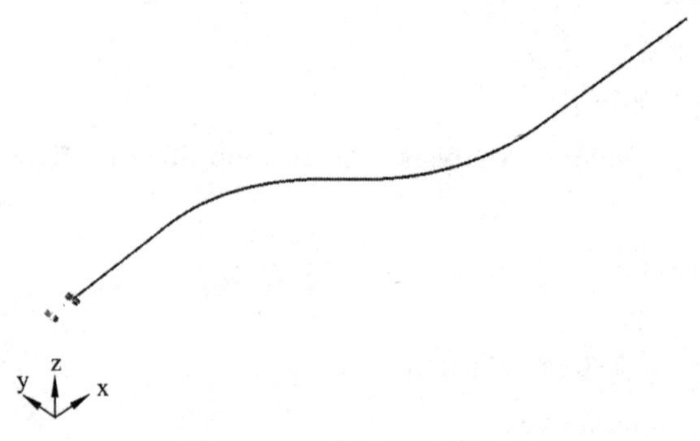

图 11-13　超车运动轨迹

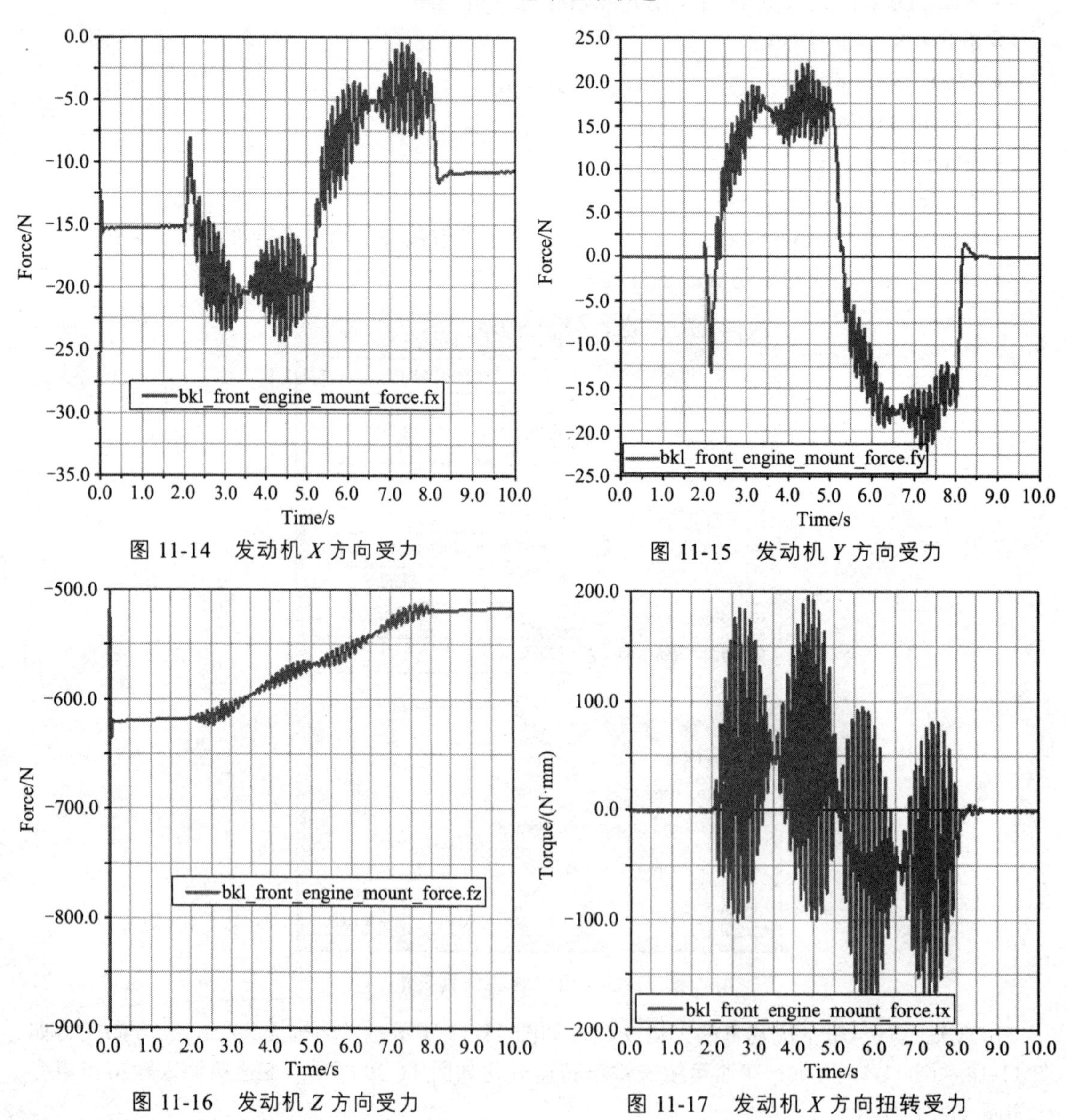

图 11-14　发动机 *X* 方向受力

图 11-15　发动机 *Y* 方向受力

图 11-16　发动机 *Z* 方向受力

图 11-17　发动机 *X* 方向扭转受力

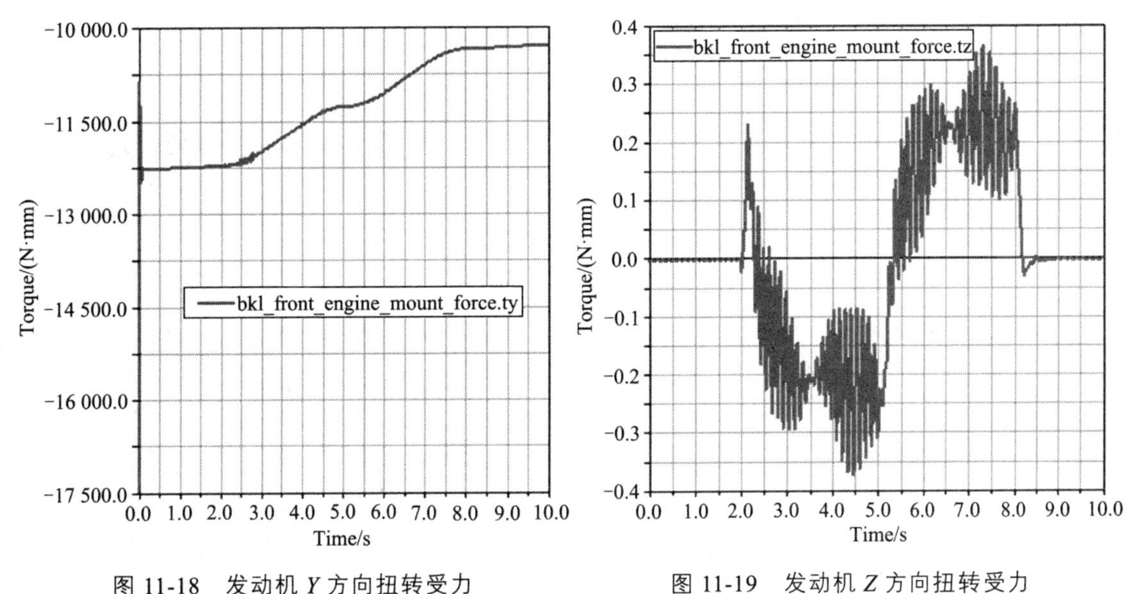

图 11-18　发动机 *Y* 方向扭转受力　　　　图 11-19　发动机 *Z* 方向扭转受力

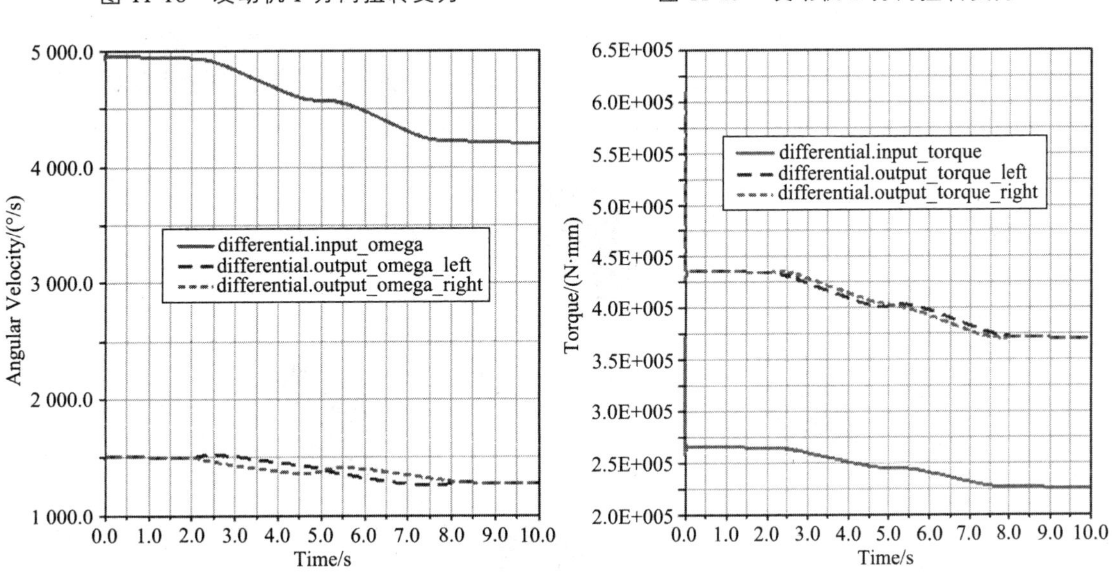

图 11-20　变速箱输入输出转速　　　　图 11-21　变速箱输入输出扭矩

第 12 章 制动系统

制动系统的好坏直接关系到整车的安全特性，整车在制动过程中的制动力减速度与制动距离、制动时方向的稳定性以及制动盘的抗热衰退性能是衡量制动器系统的三个重要指标。制动盘的抗热衰退性能需要借助于有限元软件进行模拟；制动减速度及制动距离、制动时方向稳定性可以采用 ADAMS 多体动力学软件下的整车模型进行模拟。ABS 是现在乘用车与商用车的标准配置之一，制动系统多体模型与 MATLAB 控制软件结合可以模拟不同控制算法下制动系统的制动效能。制动系统中制动力矩的关键在于制动力矩函数的构造，可以在原有函数的基础上根据设计的要求增加或者减少状态变量项，即考虑最终制动力矩由哪些参数决定。同时制动盘的直径大小、接触面积、摩擦系数等参数可以通过变量参数直接修改，即影响制动力矩的大小。制动系统建模也推荐采用共享数据库中的制动模板，根据实际需求对制动模型中的有关参数进行修改。建立好的制动系统模型如图 12-1 所示。

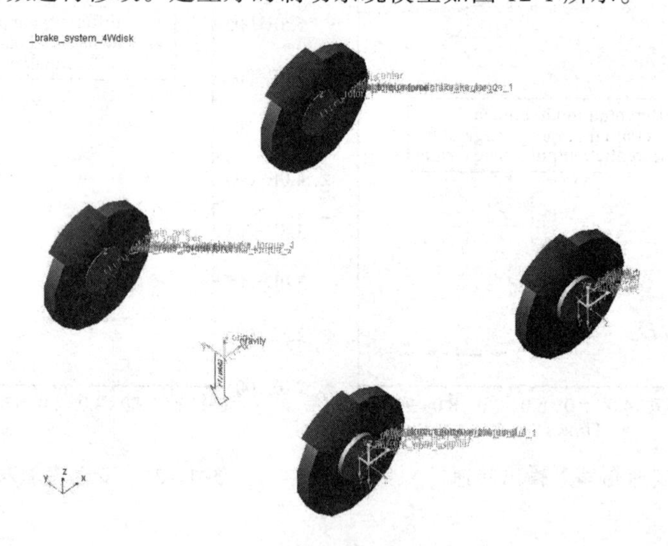

图 12-1　制动系统模型

学习目标

- ✧ 制动系统简介。
- ✧ 制动系统变量参数及通讯器。
- ✧ FSAE 赛车 Braking 文件驱动仿真。
- ✧ 客车 Braking 仿真。
- ✧ 牵引车 Braking 仿真。

12.1 制动系统简介

基于 ADAMS 整车环境模式下对制动系统进行研究可以取得较好的效果，其仿真结果可以作为设计制造制动器的依据，同时也可以验证不同制动控制算法的优劣。对制动系统建模的关键是要充分考虑影响制动力矩的因素，ADAMS/CAR 中四轮制动系统中（左前轮）制动力矩函数如下：

2.0*._brake_system_4Wdisk.pvs_front_piston_area*._brake_system_4Wdisk.pvs_front_brake_bias*VARVAL(._brake_system_4Wdisk.cis_brake_demand_adams_id)*._brake_system_4Wdisk.force_to_pressure_cnvt*._brake_system_4Wdisk.pvs_front_brake_mu*._brake_system_4Wdisk.pvs_front_effective_piston_radius*STEP(VARVAL(._brake_system_4Wdisk.left_front_wheel_omega), – 10D,1,10D, – 1)

以左前轮制动力矩函数为例，式中：

（1）._brake_ABS.pvs_front_piston_area：制动缸活塞有效面积；

（2）._brake_ABS.pvs_front_brake_bias：前轴系制动力分配系数；

（3）VARVAL（._brake_ABS.cis_brake_demand_adams_id）：制动踏板力；

（4）._brake_ABS.force_to_pressure_cnvt：换算系数，将制动踏板力直接转化为制动总管液体介质压强，默认 0.1；

（5）._brake_ABS.pvs_front_brake_mu：制动器摩擦系数；

（6）._brake_ABS.pvs_front_effective_piston_radius：制动油缸在制动盘上的作用半径；

（7）STEP[VARVAL（._brake_ABS.left_front_wheel_omega），– 10D，1，10D，– 1]：阶跃函数，确保制动力矩与车轮旋转方向相反。

ADAMS/CAR 中商用牵引车三轴系制动系统中（6×4）制动力矩函数及牵引车附加拖车（5 轴系）制动力矩函数同上述相同，其制动系统模型如图 12-2、12-3 所示。

对于更加深入研究主动系统的控制算法及联合仿真模型建立可参看《联合仿真—制动系统》篇章。

图 12-2　商用车制动系统模型　　　　图 12-3　商用车附带拖车制动系统模型

12.2 制动系统变量参数及通讯器

制动系统的变量参数及输入输出通讯器如表 12-1、12-2 所示，在研究制动系统时，可以根据真实的制动系统数据更改变量的参数值，包含制动系统的几何参数、摩擦系数等。

表 12-1 制动系统变量参数

parameter name	symmetry	type	value
kinematic_flag	single	integer	0
front_brake_bias	single	real	0.6
front_brake_mu	single	real	0.4
front_effective_piston_radius	single	real	135.0
front_piston_area	single	real	2 500.0
front_rotor_hub_wheel_offset	single	real	25.0
front_rotor_hub_width	single	real	40.0
front_rotor_width	single	real	− 25.0
max_brake_value	single	real	100.0
rear_brake_mu	single	real	0.4
rear_effective_piston_radius	single	real	120.0
rear_piston_area	single	real	2 500.0
rear_rotor_hub_wheel_offset	single	real	25.0
rear_rotor_hub_width	single	real	40.0
rear_rotor_width	single	real	− 25.0

表 12-2 制动系统输入输出通讯器

Communicator Name:	Entity Class:	From Minor Role:
ci[lr]_front_camber_angle	parameter_real	front
ci[lr]_front_rotor_to_wheel	mount	front
ci[lr]_front_suspension_upright	mount	front
ci[lr]_front_tire_force	force	front
ci[lr]_front_toe_angle	parameter_real	front
ci[lr]_front_wheel_center	location	front
ci[lr]_rear_camber_angle	parameter_real	rear
ci[lr]_rear_rotor_to_wheel	mount	rear
ci[lr]_rear_suspension_upright	mount	rear
ci[lr]_rear_tire_force	force	rear
ci[lr]_rear_toe_angle	parameter_real	rear
ci[lr]_rear_wheel_center	location	rear
cis_brake_demand	solver_variable	any
cos_max_brake_value	parameter_real	inherit

12.3　FSAE 赛车 Braking 文件驱动仿真

- 启动 ADAMS/CAR，选择 Standard 标准模块进入界面；
- 单击 File > Open > Assembly 命令，弹出装配打开对话框；
- Assembly Name：mdids://FASE/assemblies.tbl/fsae_full_2017.asy；
- 单击 OK，完成方程式赛车整车模型的打开；
- 单击 Simulate > Full-Vehicle Analysis > Straight-Line Event > Braking 命令，弹出制动仿真对话框；
- Output Prefix（输出别名）：B_line；
- End Time：10；
- Number of Steps：1000；
- Simulation Mode（仿真类型）：interactive；
- Road Date File：mdids://FASE/roads.tbl/2d_flat.rdf；
- Steering Input（转向输入）：lock，转向时保持转向锁定；
- Start Time：4；
- 选择闭环制动模式：Closed-Loop Brake;
- Longitudinal Decel（G's）（制动时侧向加速度）：0.63；
- Gear Position（挡位）：4 挡；
- 单击 OK，完成直线 B_line 制动仿真设置并提交软件进行计算。
- 仿真完成后，在计算目录存放一个文件：B_line_brake.xml，路径为：file://C:/Users/Administrator/B_line_brake.xml；此文件可以用来作为驱动控制文件进行驱动文件控制仿真。
- 单击 Simulate > Full-Vehicle Analysis > File Driven Event 命令，弹出驱动控制文件仿真对话框，如图 12-4 所示；

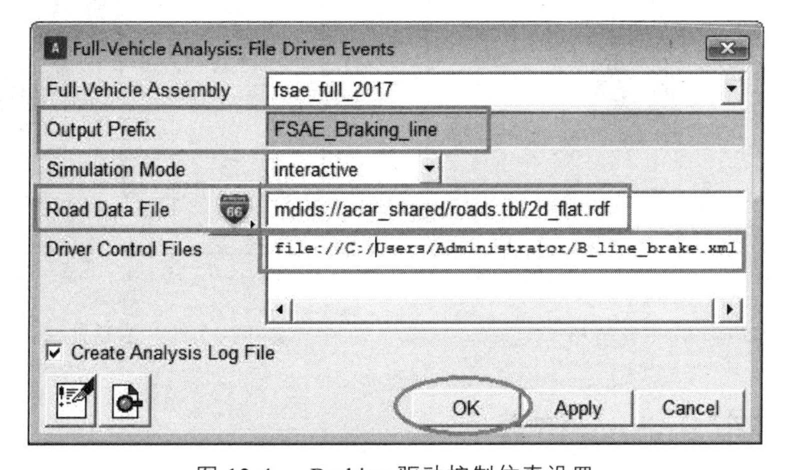

图 12-4　Braking 驱动控制仿真设置

- Output Prefix（输出别名）：FSAE_Braking_line；
- Simulation Mode（仿真类型）：interactive；

• Road Date File：mdids://acar_shared/roads.tbl/2d_flat.rdf；

• Driver Control Files：file://C:/Users/Administrator/B_line_brake.xml；此文件为上述 B_line 制动仿真在目录文件夹中存根；

• 单击 OK，完成直线制动 FSAE_Braking_line 驱动控制仿真设置并提交计算，B_line 制动仿真与直线制动 FSAE_Braking_line 驱动控制仿真计算结果完全一样，在此主要为了对驱动控制文件仿真进行说明，如图 12-5 ~ 图 12-18 所示。

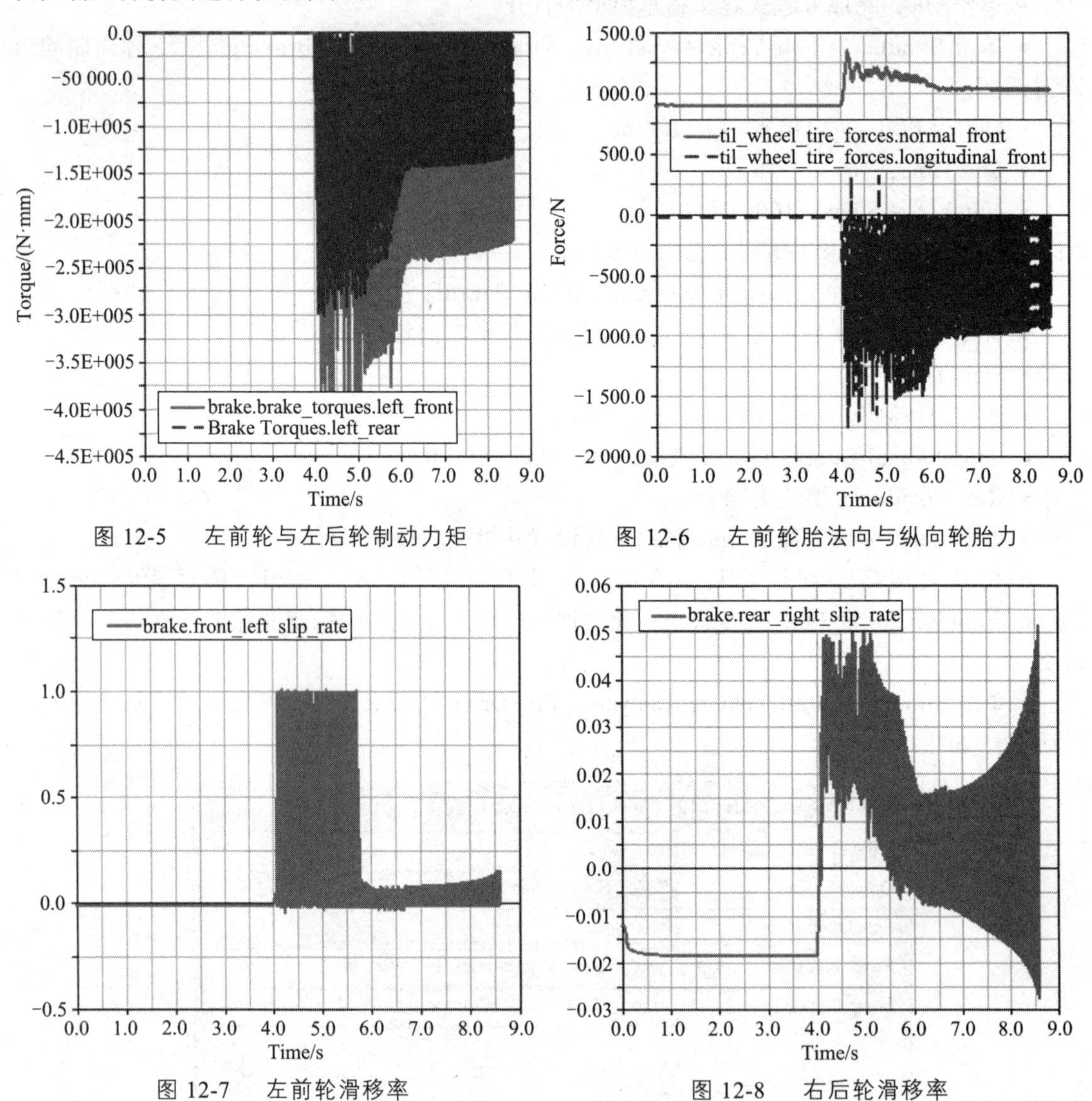

图 12-5　左前轮与左后轮制动力矩

图 12-6　左前轮胎法向与纵向轮胎力

图 12-7　左前轮滑移率

图 12-8　右后轮滑移率

12.4　客车 Braking 仿真

• 单击 File > Open > Assembly 命令，弹出装配打开对话框；

• Assembly Name：mdids://atruck_shared/assemblies.tbl/msc_bus_rigid.asy；

• 单击 OK，完成客车整车模型的打开，如图 12-9 所示；

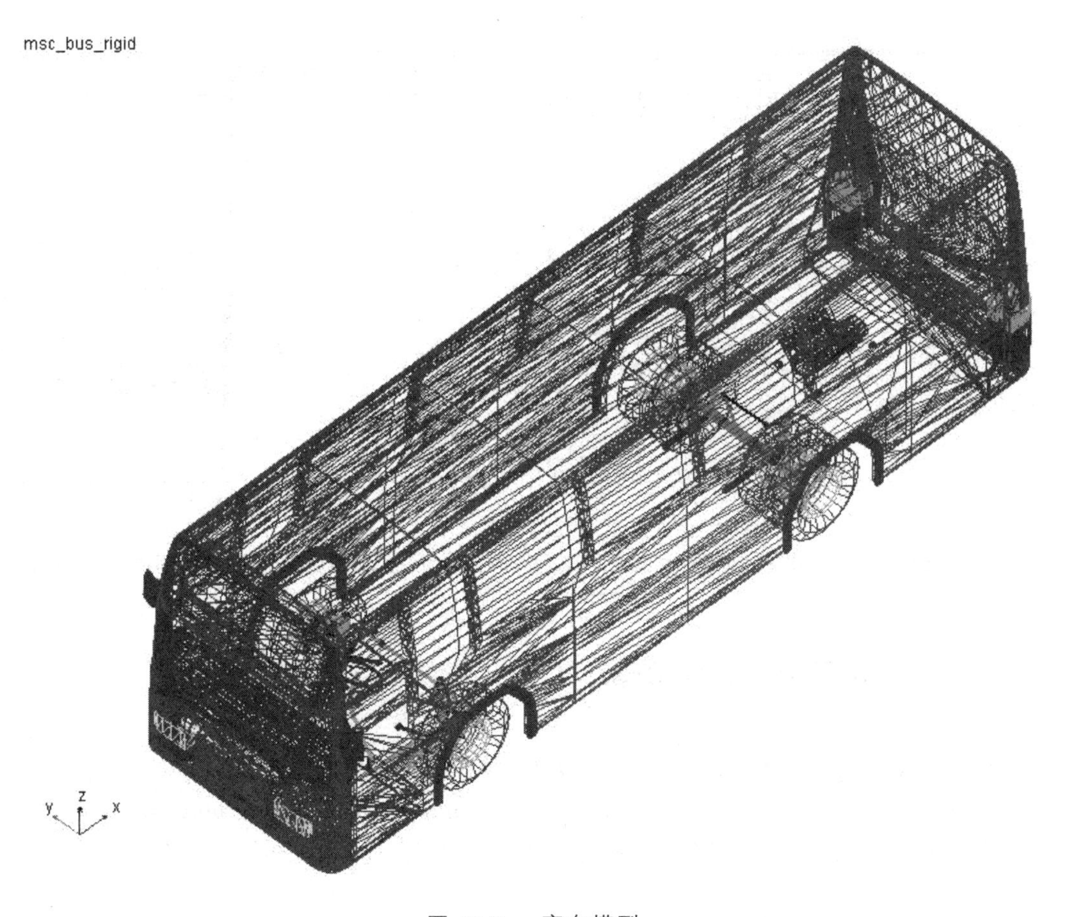

图 12-9　客车模型

- 单击 Simulate > Full-Vehicle Analysis > Straight-Line Event > Braking 命令，弹出制动仿真对话框；
- Output Prefix（输出别名）：Bus_Braking_line；
- End Time：10；
- Number of Steps：1000；
- Simulation Mode（仿真类型）：interactive；
- Road Date File：mdids://FASE/roads.tbl/2d_flat.rdf；
- Steering Input（转向输入）：straight line；
- Start Time：4；
- 选择闭环制动模式：Closed-Loop Brake;
- Longitudinal Decel（G's）（制动时侧向加速度）：0.63；
- Gear Position（挡位）：4 挡；
- 单击 OK，完成直线 Bus_Braking_line 制动仿真设置并提交软件进行计算。

直线 Bus_Braking_line 制动仿真计算完成后如图 12-10、12-11 所示，客车左后轮制动力矩相对于左前轮来说比较大，后驱动轴内外侧轮胎的纵向轮胎力大小总体相似，在第 4 秒制动后稍微有些波动，内侧轮胎相对外侧轮胎力变化稍大。

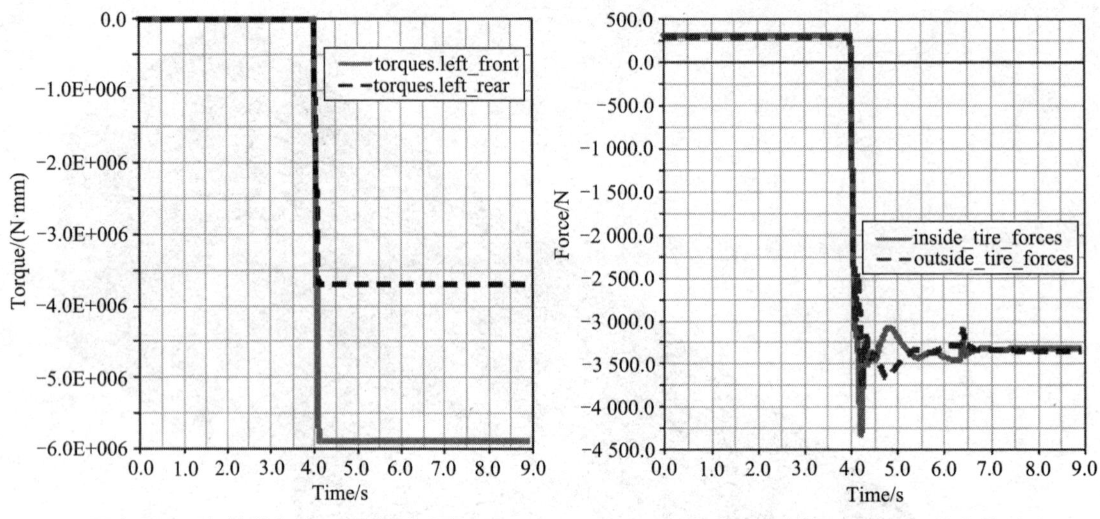

图 12-10　左前轮与左后轮制动力矩　　　图 12-11　驱动轴内侧与外侧车辆纵向轮胎力/bus

12.5　牵引车 Braking 仿真

- 单击 File > Open > Assembly 命令，弹出装配打开对话框；
- Assembly Name：mdids://atruck_shared/assemblies.tbl/msc_tractor_unit.asy；
- 单击 OK，打开商用重型牵引车整车模型，如图 12-12 所示；

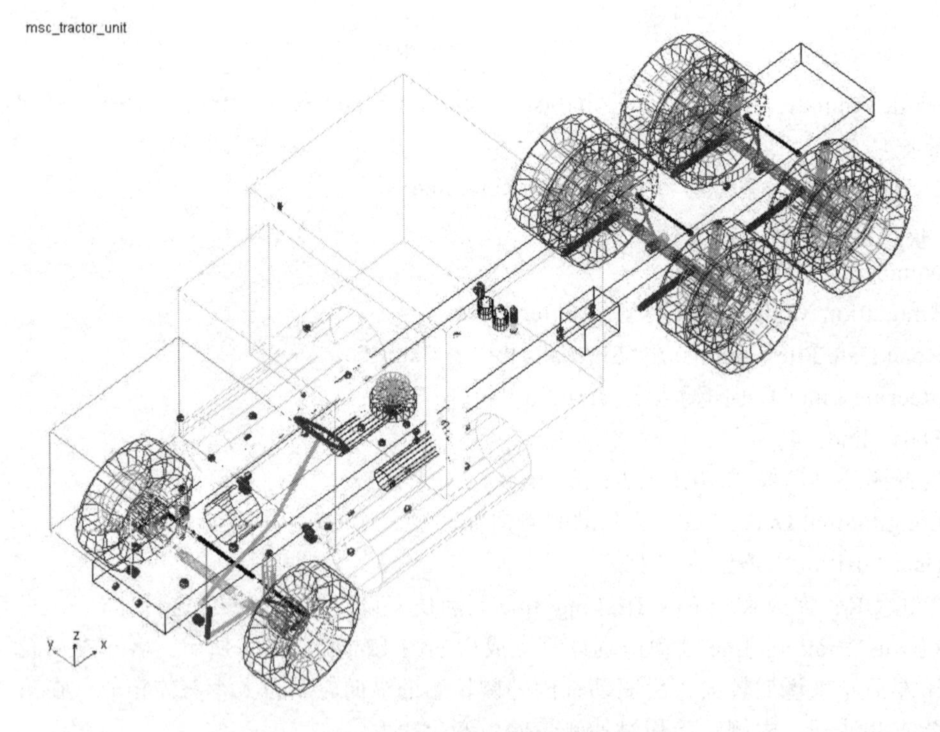

图 12-12　商用牵引车模型

• 单击 Simulate > Full-Vehicle Analysis > Straight-Line Event > Braking 命令，弹出制动仿真对话框；

• Output Prefix（输出别名）：Tractor_Braking_line；

• End Time：10；

• Number of Steps：1000；

• Simulation Mode（仿真类型）：interactive；

• Road Date File：mdids://FASE/roads.tbl/2d_flat.rdf；

• Steering Input（转向输入）：straight line；

• Start Time：4；

• 选择闭环制动模式：Closed-Loop Brake；

• Longitudinal Decel（G's）（制动时侧向加速度）：0.63；

• Gear Position（挡位）：4 挡；

• 单击 OK，完成直线 Tractor_Braking_line 制动仿真设置并提交软件进行计算。

直线 Tractor_Braking_line 制动仿真计算完成后如图 12-13、12-14 所示，牵引车前驱动轴制动力矩相对于后驱动轴制动力矩较大；驱动轴内外侧轮胎的纵向轮胎力大小总体相似，在第 4 秒制动后稍微有些波动，总体变化不大。

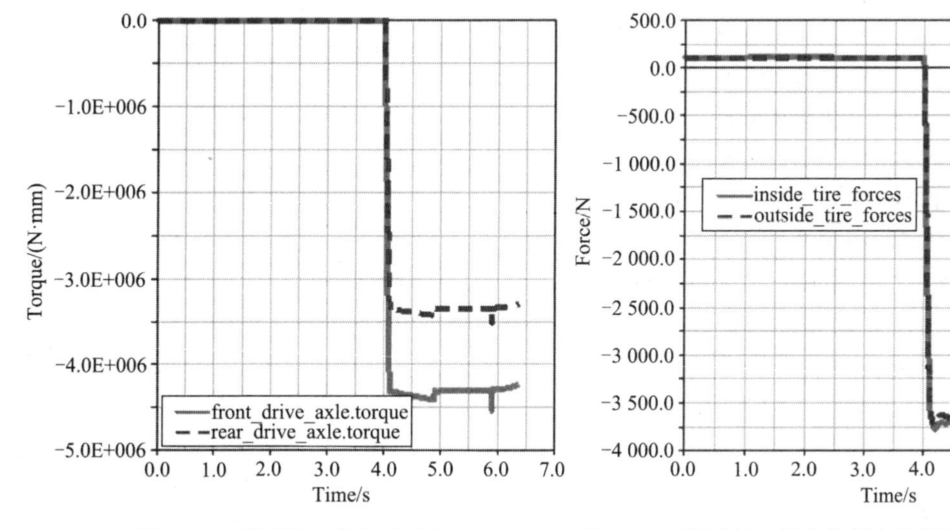

图 12-13　前后驱动轴制动力矩

图 12-14　驱动轴内侧与外侧车辆纵向轮胎力/Tractor

第13章 二自由度悬架

悬架是车身与车轮之间的传力装置，在整车的行驶过程中只有在特定行驶条件下，被动悬架状态才能达到最优状态，当路面的条件或者行驶的速度发生变化，悬架的最优状态会发生破坏，因此被动悬架的设计只能采取折中的方法进行解决。半主动悬架是近些年相关文献研究的一个趋势，相对于主动悬架，它主要通过调节减震器的可变力输出来控制整车的震动特性，其性能与主动悬架接近。相比主动悬架，其结构简单，能耗小。在实现主动力控制策略中，模糊智能控制与其他控制相比：使用语言方法，不需要精确的数学模型；鲁棒性好，适合解决过程控制中的高度非线性、强耦合时变滞后等问题；有较强的容错能力，具有适应受控对象动力学、环境特征和动行条件变化的能力；操作人员易于通过人的自然语言进行人机界面联系。二自由度悬架模型能较好地反映系统在垂直方向的震动特性，本章节以半主动悬架为例，采用带修正因子的模糊控制器对二自由度悬架在不同车速下的路面进行仿真研究并与被动悬架的性能对比，悬架仿真模型如图13-1所示。

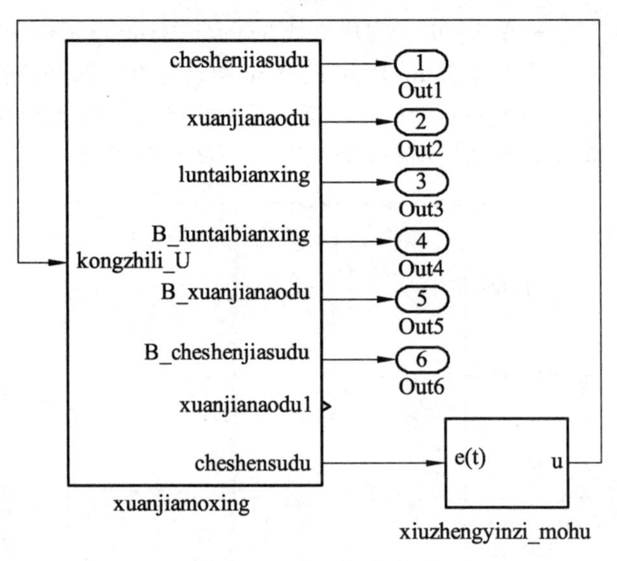

图 13-1 悬架仿真模型

学习目标

- ✧ 悬架数学模型。
- ✧ 路面模型。
- ✧ 自适应模糊控制理论算法。
- ✧ 半主动悬架仿真。

13.1 悬架数学模型

二自由度悬架模型简单，能较好地反映系统的垂直震动特性，与悬架在行驶过程中的动态特性接近。在二自由度悬架模型的建立过程中，可做如下假设：① 左右车轮受到的不平度垂直激励是一样的，车辆对其纵轴线左右对称，即车辆不存在侧倾振动，没有侧向位移，没有偏航角振动。② 车轴和与其相连的车轮视为非簧载质量，车轮在中心线上与路面为点接触。③ 由于轮胎阻尼相对于车辆减震器的阻尼来说，小到可以忽略，因此只考虑轮胎的刚度作用。④ 对于常见的四轮车辆，车辆悬架的质量分配系数为 1，即前后轴非簧载质量相等，则车身简化后的前后两部分质量是彼此独立的。经过上述的假设后，整车模型即可转化为二自由度 1/4 车辆悬架模型来进行研究。简化后的二自由度悬架模型如图 13-2 所示。悬架参数如表 13-1 所示。

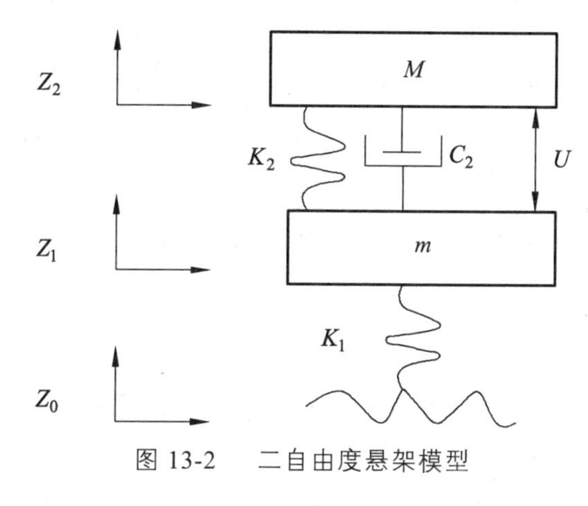

图 13-2　二自由度悬架模型

表 13-1　二自由度悬架参数

模型参数	符号	数值	单位
簧载质量	M	345	kg
非簧载质量	m	40.5	kg
悬架刚度	K_2	21	kN/m
阻尼系数	C_2	1 300	N · m/s
轮胎刚度	K_1	264.8	kN/m

主动悬架的动力学方程如下：

$$M\ddot{Z}_2 = K_2(Z_2 - Z_1) + C_2(\dot{Z}_2 - \dot{Z}_1) - U \tag{1}$$

$$m\ddot{Z}_1 = K_1(Z_1 - Z_0) - K_2(Z_2 - Z_1) - C_2(\dot{Z}_2 - \dot{Z}_1) - U \tag{2}$$

主控力计算方程如下：

$$U = K_1(Z_1 - Z_0) - K_2(Z_2 - Z_1) - C_2(\dot{Z}_2 - \dot{Z}_1) - m\ddot{Z}_1 \tag{3}$$

式中：M 为悬挂质量；m 为非悬挂质量；K_2 为悬挂系统的弹簧刚度；C_2 为悬挂系统的阻尼系数；K_1 为轮胎的刚度；U 为主动控制力；Z_0、Z_1、Z_2 分别为路面、车轮与车身位移。

根据（1）、（2）式，令主动力输入 U 等于零，建立被动悬架仿真模型，如图 13-3 所示，在 B 级路面垂向位移输入下计算被动悬架模型的车身速度、车身加速度。悬架速度及其变化量作为控制器的输入变量。根据（3）式，用车身速度及其变化量计算预控主动力 U 的大小，对主动力 U 的变化范围进行界定。

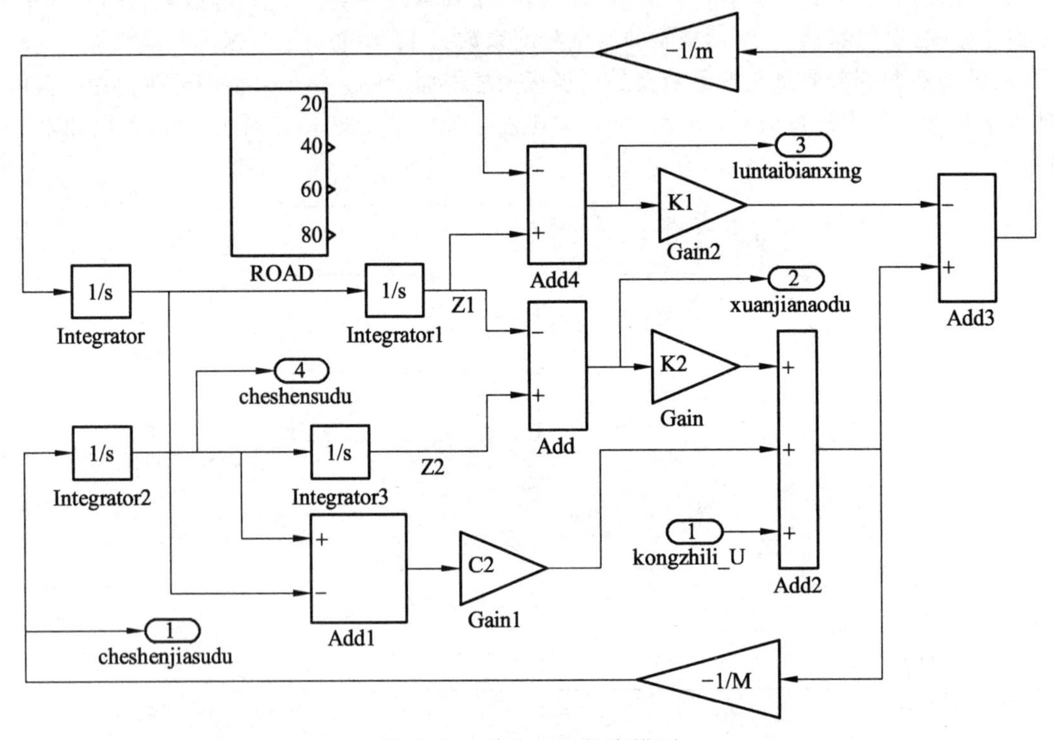

图 13-3　被动悬架仿真模型

13.2　路面模型

对悬架性能分析时需要输入路面模型。根据国家标准将公路等级分为 8 种，在不同的路段测量，很难得到两个完全相同的路面轮廓曲线。通常是把测量得到的大量路面不平度随机数据经处理得到路面功率谱密度。产生随机路面不平度时间轮廓有两种方法：由白噪声通过一个积分器产生或者由白噪声通过一个成型滤波器产生。路面时域模型可用如下公式（4）描述，B 级路面各阶段车速垂直位移计算结果如图 13-4 所示。

$$\dot{q}(t) = -2\pi f_0 q(t) + 2\pi\sqrt{G_q V}\,w(t) \tag{4}$$

式中：$q(t)$为路面随激励；$w(t)$为积分白噪声；f_0 为时间频率；G_q 为路面不平度系数；V 为汽车行驶速度。

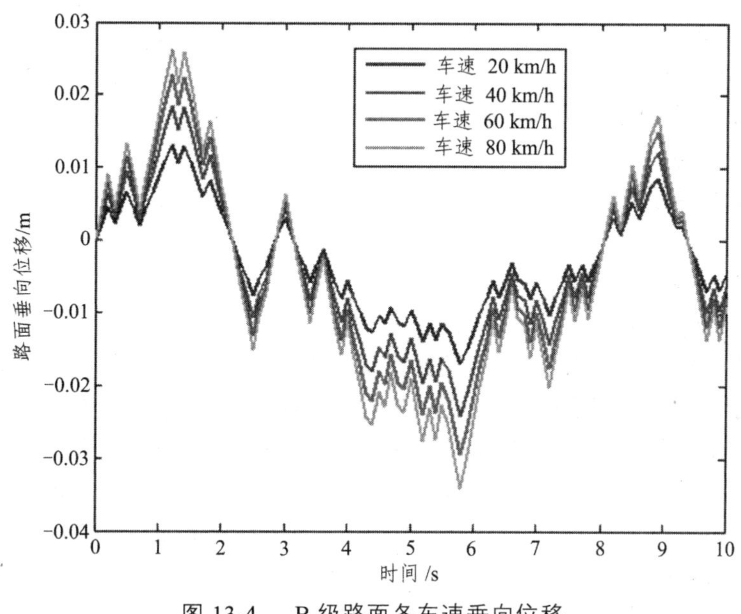

图 13-4　B 级路面各车速垂向位移

13.3　控制器设计

模糊控制规则是模糊控制器的核心，它用语言的方式描述了控制器输入量与输出量及修正因子 k 之间的关系。悬架的输入输出分别采用 7 个语言变量规则来进行描述：负大（－3）、负中（－2）、负小（－1）、零（0），正小（1）、正中（2）、正大（3）。修正因子 k 采取 4 个语言模糊集来进行描述：零（0）、正小（1）、正中（2）、正大（3）。

采用带修正因子的模糊控制器对主动控制力 U 进行控制。在控制过程中，以车身的速度 V 与期望值的误差及其变化率作为模糊控制器的输入量，用修正因子 k 控制簧载质量的速度与加速度的输入的权重，如公式（5）所示；其中修正因子 k 的大小由簧载质量的速度进行在线实时调节。

$$U=[k\cdot E+(1-k)\cdot EC] \tag{5}$$

式中 k 为修正因子系数，通过对 k 值的调节，可以控制簧载质量的速度与加速度对输出控制力 U 的加权程度。在初始状态，系统的误差比较大，控制的主要目标是消除误差，因此误差 E 的权重 k 应取较大值；当系统趋于稳定时，系统本身误差已经减小，此时控制系统的主要控制目标是减小超调量，使系统尽快稳定，此时取 k 的较小值。在不同的误差控制范围取不同的加权因子 k，以实现控制规则在线实时调整。修正因子 k 的模糊控制规则如表 13-2 所示。

表 13-2　修正因子 k 的模糊控制规则

E	－3	－2	－1	0	1	2	3
k	3	2	1	0	1	2	3

簧载质量的速度、加速度的基本论域为：

E=[－0.06，0.06]、EC=[－0.6，0.6]；

簧载质量的速度、加速度的量化因子分别为：

$K_e=3/E=3/0.06=50$；

$K_{ec}=3/EC=3/0.6=5$；

根据（3）式，求出主动力预控范围为：

$U=[-150, 150]$;

主动力的基本语言变量范围为：

$E=[-3, 3]$;

主控力 U 比例因子分别为：

$K_{U1}=U_1/E=150/3=50$。

当误差 E 为正时，实际值大于目标值；当误差 E 为负时，实际值小于目标值。当误差变化率 EC 为正时，实际值的变化趋势是逐步增大；当误差变化率 EC 为负时，实际值有逐步减小的趋势。当输出变量 U 为正时，有使实际值增大的趋势；当 U 为负时，有使实际值减小的趋势。当误差大或较大时，选择控制量以尽快消除误差为主；而误差较小时，选择控制量时应注意防止超调，以系统的稳定性为主要考量。当误差为负而误差变化率为正时，系统本身已有减小这种误差的趋势，所以为尽快消除误差且又不引起超调，应取较小的控制量。模糊化时各输入输出均采用三角形隶属函数，模糊推理采用 Mandain 法，解模糊采用重心法。在 MATLAB 模糊控制模块输入模糊控制规则并搭建二维模糊控制结构子系统，模糊控制规则如表 13-3 所示。根据公式（5）搭建带修正因子的模糊控制器如图 13-5 所示。

表 13-3　模糊控制规则

E	EC						
	−3	−2	−1	0	1	2	3
−3	3	3	3	3	3	3	3
−2	3	3	3	3	2	1	1
−1	3	3	2	2	0	0	−1
0	3	2	1	0	−1	−2	−3
1	2	0	0	−2	−2	−3	−3
2	−1	−1	−2	−3	−3	−3	−3
3	−3	−3	−3	−3	−3	−3	−3

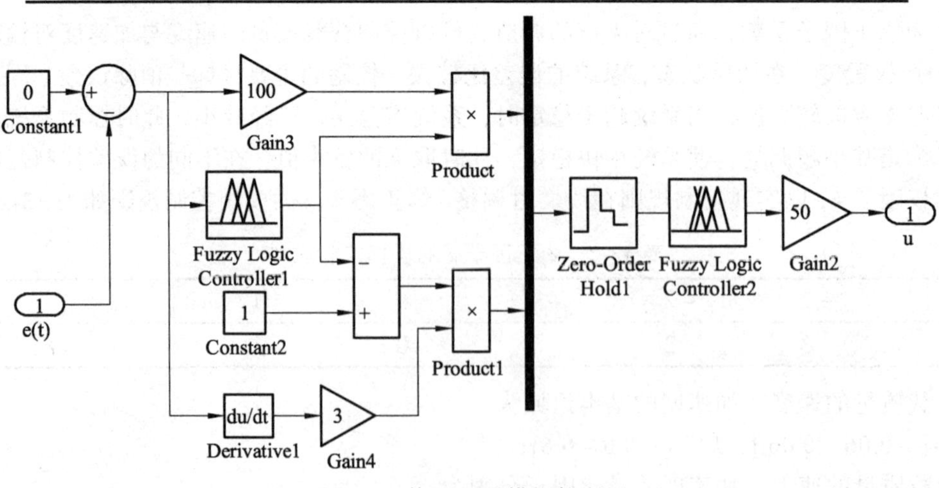

图 13-5　修正因子模糊控制器

13.4 振动分析

根据二自由度被动悬架仿真模型与带修正因子的模糊控制器模型，搭建二自由度主动悬架仿真模型，如图 13-1 所示。在 B 级路面上车辆分别以 20 km/h、40 km/h、60 km/h、80 km/h 的速度直线行驶，计算主被动悬架的车身加速度、悬架动行程、轮胎动位移。主被动悬架计算结果如图 13-6 ~ 图 13-8 所示，其中虚线为被动悬架计算结果，实线为主动悬架计算结果并在同一图中显示。仿真步长为 0.005 s，仿真时间为 10 s。

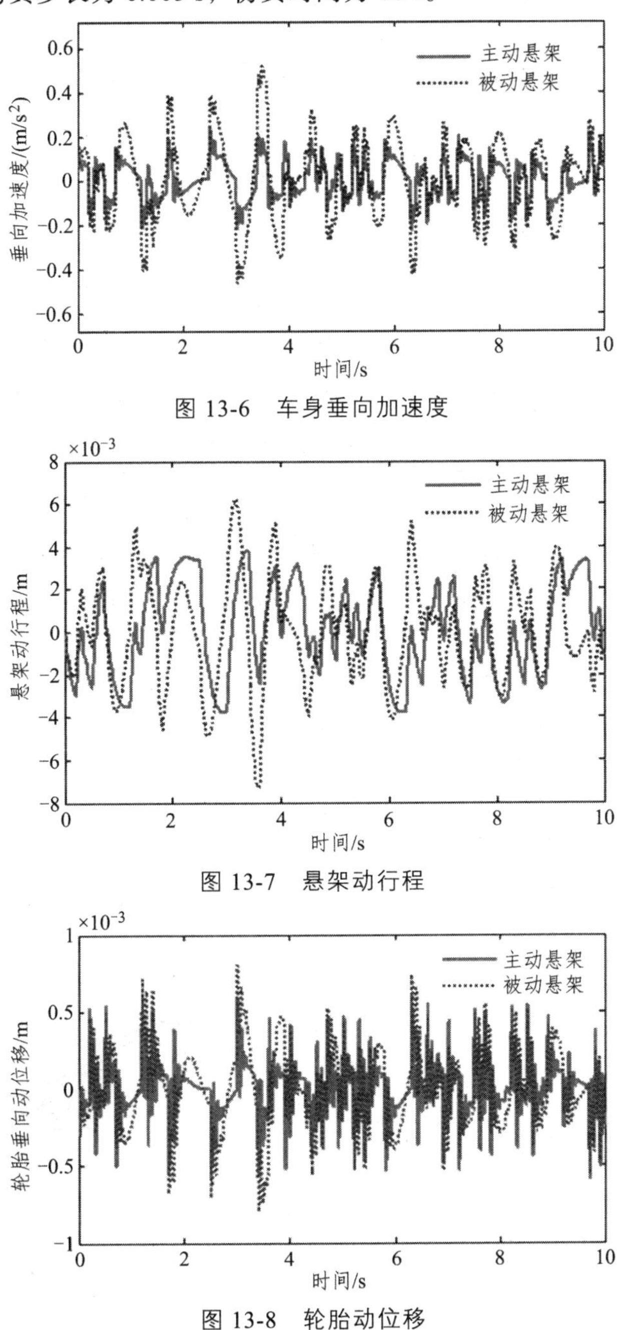

图 13-6　车身垂向加速度

图 13-7　悬架动行程

图 13-8　轮胎动位移

从计算结果可以看出，主动悬架相对于被动悬架在性能上整体都有所提升。在低速阶段，车身垂直加速度、悬架动行程、轮胎动位移性能提升明显，在轮胎动位移减小，即轮胎的动载荷减小，提升轮胎与地面之间的接触特性，增加整车行驶过程中的操作稳定性。在车速大于40 km/h 时，随着车速的增加，轮胎动位移有增大的趋势。具体性能参数变化如表 13-4 所示。

表 13-4 性能均方根值对比

均方根值	车速	主动悬架	被动悬架	优化比
垂直加速度/（m/s^2）	20 km/h	7.95E－2	1.20E－1	33.8%
悬架动行程/m		1.16E－3	1.45E－3	20.0%
轮胎动位移/m		2.46E－4	2.66E－4	7.5%
垂直加速度/（m/s^2）	40 km/h	1.25E－1	1.70E－1	26.5%
悬架动行程/m		1.62E－3	2.05E－3	20.1%
轮胎动位移/m		3.54E－4	3.79E－4	6.6%
垂直加速度/（m/s^2）	60 km/h	1.64E－1	2.09E－1	21.5%
悬架动行程/m		2.54E－3	2.51E－3	－1.2%
轮胎动位移/m		4.46E－4	4.64E－4	3.9%
垂直加速度/（m/s^2）	80 km/h	1.93E－1	2.41E－1	19.9%
悬架动行程/m		1.24E－3	1.40E－3	11.4%
轮胎动位移/m		3.27E－4	2.60E－4	－25.8%

图 13-9～图 13-11 为车身加速度、悬架动行程、轮胎动位移对应的功率谱曲线。其中点线为被动悬架计算结果，实线为主动悬架计算结果并在同一图中显示。从功率谱曲线可以看出，整车运行过程中，主动悬架的幅值相对被动悬架都较小，同时可以看出，振幅最大值都出现在频率较小处，低频路面输入信息对整车的震动特性较大。

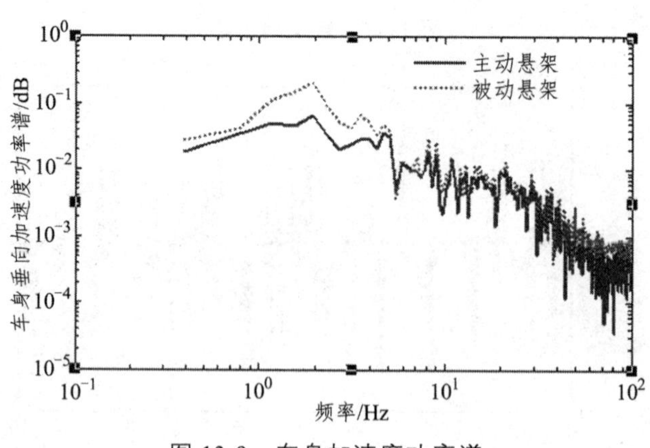

图 13-9 车身加速度功率谱

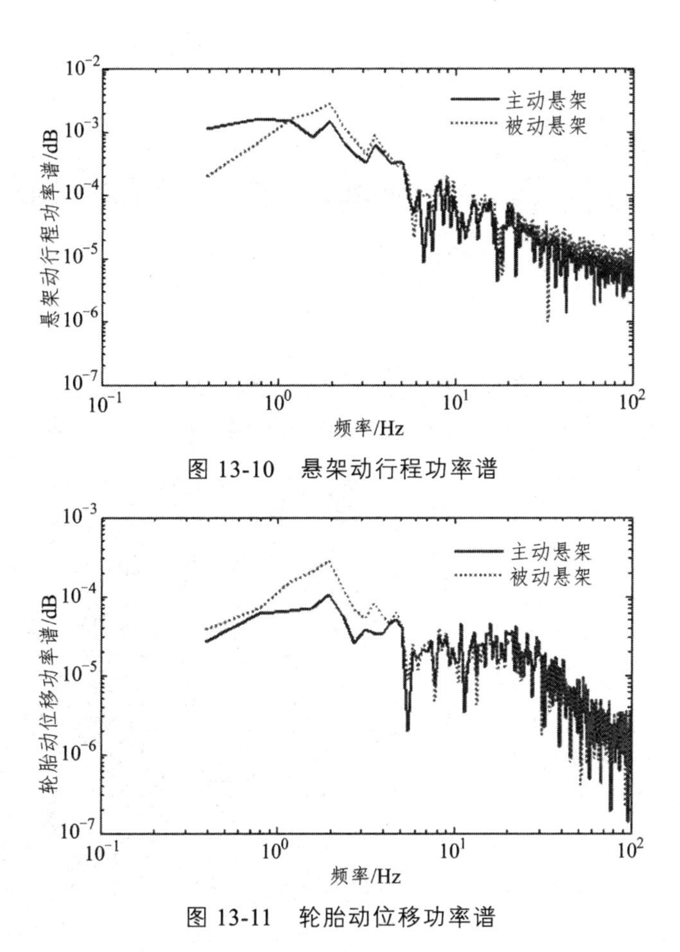

图 13-10 悬架动行程功率谱

图 13-11 轮胎动位移功率谱

结　论

本章通过建立二自由度半主动悬架模型，采用带修正因子的模糊控制器对各阶段车速进行控制。通过计算分析，可得出如下结论：

（1）车身的垂直加速度、悬架动行程在全速范围内提升明显，轮胎动位移在低速阶段改善明显，随着速度的增加，轮胎动位移有增加的趋势。

（2）车身的垂直加速度、悬架动行程、前轮动位移功率谱幅值在全频段相对被动悬架幅值都较小；低频状态时对悬架性能的影响显著。

（3）模糊控制器相对悬架参数不敏感，采用带修正因子的模糊控制器整体综合性能优越，鲁棒性强。

第 14 章　麦弗逊悬架 PID 控制联合仿真

麦弗逊悬架应用较多，几乎所有乘用车前悬架系统均采用麦弗逊悬架，其结构简单，占用空间小。在 View 模块中建立好的麦弗逊悬架模型如图 14-1 所示。麦弗逊悬架通常由两个基本部分组成：支柱式减震器和 A 字型托臂。减震器除了减震功能外还有支撑整个车身的作用，结构很紧凑，把减震器和减震弹簧集成在一起，组成一个可以上下运动的滑柱；下托臂通常是 A 字型的设计，用于给车轮提供部分横向支撑力，以及承受全部的前后方向冲击力。整车重量和汽车在运动时车轮承受的所有冲击靠这两个部件承担；占用空间小带来的直接好处就是设计师能在发动机舱布置更大的发动机，而且发动机的放置方式也能随心所欲。在中型车上能放下大型发动机，在小型车上也能放下中型发动机，让各种发动机的匹配更灵活。

图 14-1　麦弗逊悬架模型

经典的 PID（比例-积分-微分）控制算法较为简单，PID 控制器是工业控制应用中常见的反馈回路部件，由比例单元 P、积分单元 I 和微分单元 D 组成。PID 控制的基础是比例控制；积分控制可消除稳态误差，但可能增加超调；微分控制可加快大惯性系统响应速度以及减弱超调趋势。

学习目标

- ✧ 麦弗逊悬架模型建立。
- ✧ 路面模型。
- ✧ PID 控制理论算法。
- ✧ 半主动悬架联合仿真。
- ✧ 时频域、功率谱密度变换程序。

14.1 麦弗逊悬架模型建立

麦弗逊悬架模型在 Adams/View 模块中建立，悬架的硬点参数参考 Car 模块共享数据库中麦弗逊悬架的硬点参数。通用模块与专业模块建模稍有不同。

- 启动 Adams/View，选择 New Model；
- Model Name（模型名称）：adams_view_zhengche；
- 单击 OK 完成新模型名称创建，如图 14-2 所示，接下来可以在窗口中完成模型任务；

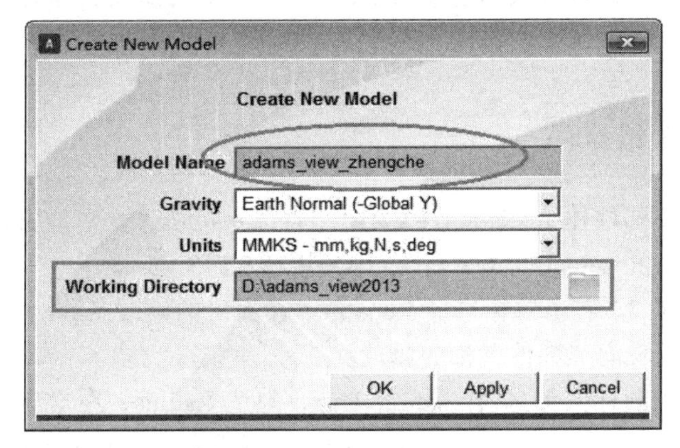

图 14-2 模型创建对话框

- 单击硬点快捷方式，右击鼠标，在弹出的方框中输入 - 200，150， - 450；
- 选中硬点，右击鼠标选择 Rename，修改硬点名称为 rca_front；
- 单击 OK，完成硬点重命名；
- 重复以上步骤，完成图 14-3 中硬点的建立。

> ➢ 单击硬点快捷方式，在左侧命令窗口选择硬点表格 Point Table 创建图 14-3 中硬点，推荐采用硬点表格方式批量创建硬点，速度较快；悬架模型建立过程中，可以边建立硬点，边建立部件、约束等，也可以批量完成硬点建立，接下来批量完成部件建立，最后建立约束。建模方法多样可行，总之模型准确无误是前提条件。

	Loc X	Loc Y	Loc Z
rca_front	-200.0	150.0	-450.0
rca_outer	0.0	150.0	-750.0
rca_rear	200.0	150.0	-450.0
r_tierod_outer	200.0	300.0	-400.0
r_tierod_inner	150.0	300.0	-750.0
r_wheel_center	0.0	300.0	-800.0
r_spring_lower	40.0	600.0	-650.0
r_spring_up	57.5	900.0	-603.8

图 14-3 硬点参数

14.1.1 下控制臂部件

- 单击 Cylinder（圆柱体），选择 Radius，在对应方框中输入 20，单位为毫米制；
- 选择硬点 rca_front 与 rca_outer，创建 PART_2；
- 重复上述步骤，选择硬点 rca_rear 与 rca_outer，创建 PART_3；
- 单击 Booleans，分别选择 PART_2 与 PART_3，完成部件的布尔合并，PART_2 与 PART_3 两个部件合并成一个独立的部件 PART_2；
- 选中部件 PART_2，右击鼠标选择 Rename，在弹出的修改名称对话框输入 lca_arm；
- 单击 OK，完成部件名称的修改。

14.1.2 转向主销部件

- 单击 Cylinder（圆柱体）；选择 New Part，勾选 Radius，在对应方框中输入 20；
- 选择硬点 r_wheel_center 与 rca_outer，创建 PART_3；
- 选中部件 PART_3，右击鼠标选择 Rename，在弹出的修改名称对话框中输入 up_right；
- 单击 OK，完成转向节部件名称的修改。
- 单击 Cylinder（圆柱体），选择 Add to Part，勾选 Radius，在对应方框中输入 20；
- 选择硬点 r_wheel_center 与 r_spring_lower，完成几何体 up_right.CYLINDER_33 创建；
- 选择硬点 r_wheel_center 与 r_tierod_inner，完成几何体 up_right.CYLINDER_32 创建。

至此完成转向节部件的建立。

> ➢ 转向节部件的创建也可采用在四个硬点之间建立三个部件，最后采用布尔操纵合并三个部件为一个部件。但本书不推荐采用此种方法，原因在于通过布尔合并后几何体的参数化失败，不能通过快捷方式调节部件的几何形状。

14.1.3 转向横拉杆部件

- 单击 Cylinder（圆柱体），选择 New Part，勾选 Radius，在对应方框中输入 15；
- 选择硬点 r_tierod_outer 与 r_tierod_inner，创建 PART_4；
- 选中部件 PART_4，右击鼠标选择 Rename，在弹出的修改名称对话框输入 tierod_right；
- 单击 OK，完成转向横拉杆部件名称的修改。

14.1.4 转向节部件

- 菜单栏单击 Setting，选择 Working Grid，弹出 Working Grid Setting 对话框；
- 单击 Set Location，选择 Pick，在屏幕中选择硬点 r_wheel_center，此时主窗口中的坐标原点位于硬点 r_wheel_center 处；
- 单击 Set Orientation，选择 Global YZ 方向，设置网格对话框，如图 14-4 所示；
- 单击 Cylinder（圆柱体），选择 New Part，勾选 Radius，在对应方框中输入 15，然后勾选 Length，在对应方框中输入 250；

• 在主窗口单击选择硬点 r_wheel_center，保持圆柱体部件与 – Z 轴平行，单击鼠标左键完成部件 PART_5 的创建；

• 选中部件 PART_5，右击鼠标选择 Rename，在弹出的修改名称对话框中输入 knuckle_right；

• 单击 OK，完成转向节部件名称的修改。

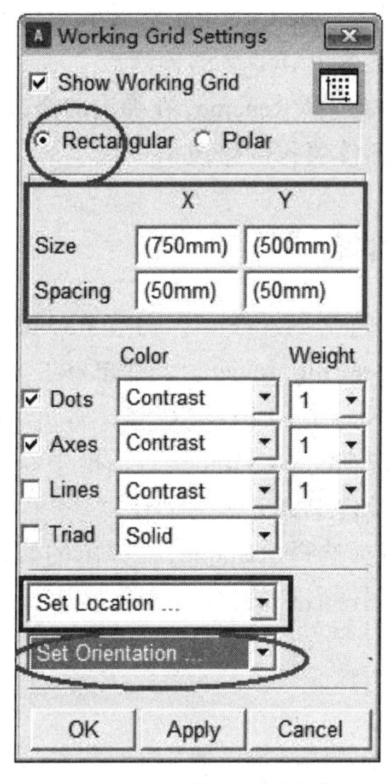

图 14-4 网格设置对话框

14.1.5 车轮部件创建

• 单击 Cylinder（圆柱体），选择 New Part，勾选 Radius，在对应方框中输入 350；勾选 Length，在对应方框中输入 215；

• 在主窗口单击选择方向点 MARKER_22，保持圆柱体部件与 Z 轴平行，单击鼠标左键完成部件 PART_6 的创建；

• 选中部件 PART_6，右击鼠标选择 Rename，在弹出的修改名称对话框中输入 wheel_right；

• 单击 OK，完成车轮部件名称的修改。

• 菜单栏单击 Setting，选择 Working Grid，弹出 Working Grid Setting 对话框；

• 单击 Set Location，选择 Pick，在屏幕中选择硬点 r_wheel_center，此时主窗口中的坐标原点位于硬点 r_wheel_center 处；

• 单击 Set Orientation，选择 Global XY 方向；

• 单击 OK，完成网格位置与方向设置。

• 单击菜单栏快捷方式 Add a hole，左侧 Radius 输入 325，勾选 Depth，输入 215，选择轮胎部件 wheel_right 的侧面，接着选择方向点 MARKER_22，完成车轮部件的掏空。

14.1.6 弹簧底座部件创建

- 单击 Cylinder（圆柱体），选择 New Part，勾选 Radius，在对应方框中输入 50；
- 选择硬点 r_spring_lower 与 r_spring_up，创建 PART_7；
- 选中部件 PART_7 下的几何体 CYLINDER_34，右击选择 Modify；
- 在弹出的 Geometry Modify Shape Cylinder 对话框中修改 Length 值为 10；
- 单击 OK，完成弹簧底座部件 PART_7 的创建。
- 选中部件 PART_7，右击鼠标选择 Rename，在弹出的修改名称对话框中输入 spring_down；
- 单击 OK，完成弹簧底座部件名称的修改。

14.1.7 弹簧顶座部件创建

- 单击 Cylinder（圆柱体），选择 New Part，勾选 Radius，在对应方框中输入 50；
- 选择硬点 r_spring_up 与 r_spring_lower，创建 PART_8，在此注意选择硬点的顺序；
- 选中部件 PART_8 下的几何体 CYLINDER_35，右击选择 Modify；
- 在弹出的 Geometry Modify Shape Cylinder 对话框中修改 Length 值为 10；
- 单击 OK，完成弹簧底座部件 PART_8 的创建。
- 选中部件 PART_8，右击鼠标选择 Rename，在弹出的修改名称对话框中输入 spring_up；
- 单击 OK，完成弹簧顶座部件名称的修改。

14.1.8 车身部件

1/4 悬架模型也需要建立简化车身模型，悬架系统包含车身部件模型较为精准。

- 单击 Sphere（球体），选择 New Part，勾选 Radius，在对应方框中输入 30；
- 选择硬点 r_spring_up，创建 PART_9；
- 选中部件 PART_9，右击鼠标选择 Rename，在弹出的修改名称对话框中输入 body；
- 单击 OK，完成车身简化部件名称的修改。
- 选中部件 body，右击选择 Modify，弹出部件修改对话框；
- Define Mass By：在下拉菜单中选择 User Input，手动输入 1/4 车身的质量及惯量；
- Mass：250；
- Ixx：5.0E+007；
- Iyy：1.5E+008；
- Izz：1.25E+008；
- 单击 OK，完成车身部件参数的修改。

14.1.9 弹簧与减震器

- 单击菜单栏 Force，选择 Flexibile Connections（柔性连接）框的 Spring（创建弹簧与减震器）；
- Properties 栏中勾选 K&C，在 K 栏中输入 17，在 C 栏中输入 1.3；

• 选择 spring_up.cm 与 spring_down.cm 两个参考点，完成弹簧与减震器的创建；弹簧创建需要选择两个不同部件对应的点或者参考点，选择时可以右击部件在弹出的快捷 Select 对话框中选择相应点；

• 选中 SPRING_1，右击选择 Modify，弹出部件修改对话框，如图 14-5 所示；

• 在 Preload（预载荷，输入四分之一车身的重力）：2 450，其余保持默认；

• 单击 OK，完成弹簧与减震器参数的设置。

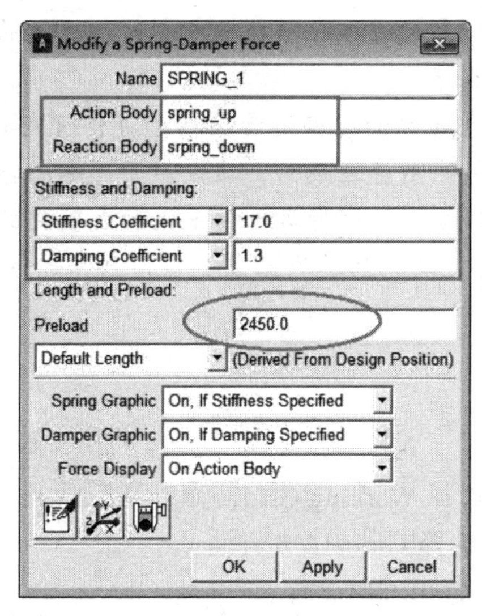

图 14-5　弹簧与减震器参数对话框

14.1.10　振动台

• 单击 Box（六面体），选择 New Part，勾选 Length、Height、Depth，分别输入 400、45、500；

• 选择位置 0.0，－50.0，0.0 单击，创建六面体部件 PART_10；

• 选中部件 PART_10 下的 MARKER_23，右击选择 Modify；

• Location：－200.0，－120.0，－1 200.0；

• 单击 OK，完成 PART_10 的位置修改；

• 选中部件 PART_10，右击鼠标选择 Rename，在弹出的修改名称对话框中输入 test_patch；

• 单击 OK，完成振动台部件名称的修改。

• 菜单栏单击 Setting，选择 Working Grid，弹出 Working Grid Setting 对话框；

• 单击 Set Location，选择 Pick，在屏幕中选择参考点 test_patch.cm，此时主窗口中的坐标原点位于参考点 test_patch.cm 处；

• 单击 OK，完成网格位置与方向设置。

• 单击 Cylinder（圆柱体），选择 Add to Part，勾选 Length、Radius，在对应方框中输入 350、50；

• 选择参考点 test_patch.cm 处，方向与－Y 轴平行重合单击，完成圆柱体 CYLINDER_25 的创建。

悬架建模探讨：

➢ 在建模过程中忽略车身部件，直接把弹簧和减震器与大地连接，这种模型对于研究车轮的运动学（狭义指车轮的运动空间）是可以满足要求的。

➢ 对于研究悬架的动力学，车身部件不可忽略（实际整车在运行过程中，车轮与车身部件存在相对运动，绝对不可以忽略）。

➢ 对于主动悬架的研究，必须考虑车身部件；有些文献即使考虑了车身，但仍存在以下错误：下控制及转向横拉杆与大地连接而非与车身连接，这样的模型虽然能正确进行仿真，但是其运动特性与真实悬架不符。

➢ 从学术上讲，对于以上建立的麦弗逊悬架模型符合研究要求。但对于汽车工程研究院中真实的整车及悬架模型来说依然存在缺陷，原因在于整车的振动与簧载质量和非簧载质量有关，以上建立的麦弗逊悬架模型控制臂等部件采用的是简化的杆件而非真实的冲压件等；除此之外，在研发过程中，对应载荷的提取结果会应用到零部件的有限元、疲劳特性等研究，因此模型与实际越接近越精确。

14.1.11 悬架部件约束

- 菜单栏单击 Setting，选择 Working Grid，弹出 Working Grid Setting 对话框；
- 单击 Set Orientation，选择 Global YZ 方向；
- 单击 OK，完成网格位置与方向设置。
- 单击菜单栏 Cennector，选择 Joint 框中的 Revolute Joint（铰接副）；
- 设置 Construction：2 Bodies -1 Location、Normal To Grid；
- 顺序选择两部件 lca_arm、body，再选择硬点 rca_rear，完成铰接副 JOINT_1 的创建；

铰接副约束 2 个旋转自由度、3 个移动自由度，两个部件之间存在一个旋转自由度，同时需要注意下控制臂与车身之间只建立一个铰接副，而非在控制臂前后硬点之间建立两个铰接副，实际部件的约束与理论模型之间存在差异，铰接副的创建如图 14-6 所示。

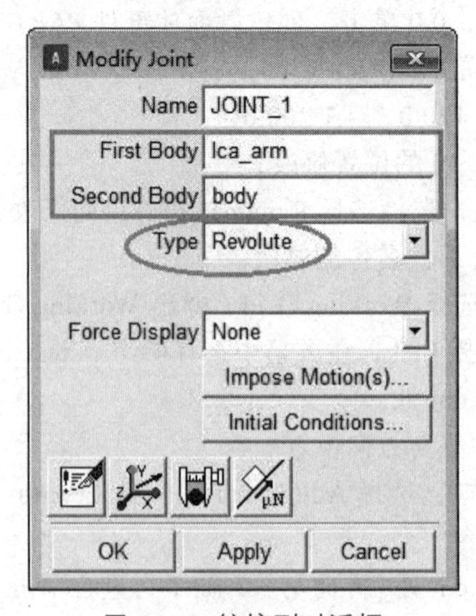

图 14-6　铰接副对话框

• 选中铰接副 JOINT_1，右击鼠标选择 Rename，在弹出的修改名称对话框中输入 rca_rear；

• 单击 OK，完成铰接副重命名为 rca_rear 的修改。

• 单击菜单栏 Cennector，选择 Joint 框中的 Spherical Joint（球形副）；

• 设置 Construction：2 Bodies -1 Location、Normal To Grid；

• 顺序选择两部件 lca_arm、up_right，再选择硬点 rca_outer，完成铰接副 JOINT_2 的创建；球形副约束 3 个移动自由度，部件之间存在 3 个旋转自由度；

• 选中铰接副 JOINT_2，右击鼠标选择 Rename，在弹出的修改名称对话框中输入 rca_outer；

• 单击 OK，完成球形副重命名为 rca_outer 的修改。

• 单击菜单栏 Cennector，选择 Joint 框中的 Spherical Joint（球形副）；

• 设置 Construction：2 Bodies -1 Location、Normal To Grid；

• 顺序选择两部件 lca_arm、up_right，再选择硬点 rca_outer，完成铰接副 JOINT_2 的创建；球形副约束 3 个移动自由度，部件之间存在 3 个旋转自由度；

• 选中铰接副 JOINT_2，右击鼠标选择 Rename，在弹出的修改名称对话框中输入 rca_outer；

• 单击 OK，完成球形副重命名为 rca_outer 的修改。

• 单击菜单栏 Cennector，选择 Joint 框中的 Fix Joint（固定副）；

• 设置 Construction：2 Bodies -1 Location、Normal To Grid；

• 顺序选择两部件 up_right、knuckle_right，再选择硬点 r_wheel_center，完成铰接副 JOINT_3 的创建；固定副约束两个部件之间的 6 个自由度；

• 选中铰接副 JOINT_3，右击鼠标选择 Rename，在弹出的修改名称对话框中输入 r_wheel_center；

• 单击 OK，完成固定副重命名为 r_wheel_center 的修改。

• 单击菜单栏 Cennector，选择 Joint 框中的 Spherical Joint（球形副）；

• 设置 Construction：2 Bodies -1 Location、Normal To Grid；

• 顺序选择两部件 tierod_right、body，再选择硬点 r_tierod_outer，完成铰接副 JOINT_4 的创建；

• 选中铰接副 JOINT_4，右击鼠标选择 Rename，在弹出的修改名称对话框中输入 r_tierod_outer；

• 单击 OK，完成球形副重命名为 r_tierod_outer 的修改。

• 单击菜单栏 Cennector，选择 Joint 框中的 Spherical Joint（球形副）；

• 设置 Construction：2 Bodies -1 Location、Normal To Grid；

• 顺序选择两部件 up_right、tierod_right，再选择硬点 r_tierod_inner，完成铰接副 JOINT_5 的创建；

• 选中铰接副 JOINT_5，右击鼠标选择 Rename，在弹出的修改名称对话框中输入 r_tierod_inner；

• 单击 OK，完成球形副重命名为 r_tierod_inner 的修改。

• 单击菜单栏 Cennector，选择 Joint 框中的 Fix Joint（固定副）；

• 设置 Construction：2 Bodies -1 Location、Normal To Grid；

• 顺序选择两部件 wheel_right、knuckle_right，再选择参考点 MARKER_38，完成铰接副 JOINT_6 的创建；

• 选中铰接副 JOINT_6，右击鼠标选择 Rename，在弹出的修改名称对话框中输入 knuckle_right_fix；

• 单击 OK，完成固定副重命名为 knuckle_right_fix 的修改。

• 单击菜单栏 Cennector，选择 Joint 框中的 Fix Joint（固定副）；

• 设置 Construction：2 Bodies -1 Location、Normal To Grid；

• 顺序选择两部件 spring_down、up_right，再选择硬点 r_spring_lower，完成铰接副 JOINT_7 的创建；

• 选中铰接副 JOINT_7，右击鼠标选择 Rename，在弹出的修改名称对话框中输入 r_spring_lower；

• 单击 OK，完成固定副重命名为 r_spring_lower 的修改。

• 单击菜单栏 Cennector，选择 Joint 框中的 Cylindrical Joint（圆柱副）；

• 设置 Construction：2 Bodies -1 Location、Pick Geometry Feature；

• 顺序选择两部件 spring_down、spring_up，再顺序选择硬点 r_spring_lower、r_spring_up，完成圆柱副 JOINT_8 的创建；圆柱副约束两部件之间的 3 个旋转自由度、2 个移动自由度；

• 选中铰接副 JOINT_8，右击鼠标选择 Rename，在弹出的修改名称对话框中输入 r_spring_lower_cylindrical；

• 单击 OK，完成圆柱副重命名为 r_spring_lower_cylindrical 的修改。

• 单击硬点快捷方式，右击鼠标，在弹出的方框中输入 57.5，950，－603.8；

• 选中硬点，右击鼠标选择 Rename，修改硬点名称为 r_spring_up_ref；

• 单击 OK，完成硬点重命名。

• 单击菜单栏 Cennector，选择 Joint 框中的 Hook Joint（胡克副）；

• 设置 Construction：2 Bodies -1 Location、Pick Geometry Feature；

• 顺序选择两部件 spring_up、body，再顺序选择硬点 r_spring_up、r_spring_lower、r_spring_up_ref，完成胡克副 JOINT_9 的创建；胡克副约束两部件之间的 1 个旋转自由度、3 个移动自由度；

• 选中铰接副 JOINT_9，右击鼠标选择 Rename，在弹出的修改名称对话框中输入 r_spring_up；

• 单击 OK，完成胡克副重命名为 r_spring_up 的修改。

• 单击菜单栏 Cennector，选择 Joint 框中的 Translational Joint（移动副）；

• 设置 Construction：2 Bodies -1 Location、Pick Geometry Feature；

• 顺序选择两部件 body、.adams_view_zhengche.ground，再选择硬点 r_spring_up、r_spring_up_ref，完成铰接副 JOINT_10 的创建；

• 选中铰接副 JOINT_10，右击鼠标选择 Rename，在弹出的修改名称对话框中输入 r_spring_up_Translational；

• 单击 OK，完成固定副重命名为 r_spring_up_Translational 的修改。

• 单击菜单栏 Cennector，选择 Joint 框中的 Translational Joint（移动副）；

• 设置 Construction：2 Bodies -1 Location、Pick Geometry Feature；

• 顺序选择两部件 test_patch、.adams_view_zhengche.ground，再选择参考点 MARKER_24，然后移动鼠标，保持箭头方向与 *Y* 轴平行单击，完成铰接副 JOINT_11 的创建；

• 选中铰接副 JOINT_11，右击鼠标选择 Rename，在弹出的修改名称对话框中输入 test_patch_Translational；

• 单击 OK，完成固定副重命名为 test_patch_Translational 的修改。

• 单击菜单栏 Cennector，选择基本约束栏 Primitives 框中的 In-Plane（点面副）；点面副限制一个部件在另一个部件的某个平面内运动，减少一个自由度；

• 设置 Construction：2 Bodies -1 Location、Pick Geometry Feature；

• 顺序选择两部件 wheel_right、test_patch，再选择参考点 MARKER_24，然后移动鼠标，保持箭头方向与 Y 轴平行单击，完成基本点面副 JPRIM_1 的创建。

至此麦弗逊悬架模型与振动试验台模型建立完成，接下来的工作需要把路面的振动数据添加到振动试验台上，当然也可以用简单的正余弦驱动验证模型的正确性。

通过工具菜单栏 Tool 下的 Model Topology Map 可以显示不同部件之间的连接关系，在参考共享数据库模型建模时经常需要判定部件之间的连接关系，除此之外，还可以在命令窗口中用图形的方式显示部件之间的连接关系，用图形显示拓扑关系更加直观。

```
Topology of model：adams_view_zhengche

  Ground Part：ground

 Part ground
  Is connected to:
  test_patch      via   test_patch_Translational      (Translational Joint)
  body            via   r_spring_up_Translational     (Translational Joint)

 Part lca_arm
  Is connected to:
  up_right        via   rca_outer                     (Spherical Joint)
  body            via   rca_rear                      (Revolute Joint)

 Part knuckle_right
  Is connected to:
  up_right        via   r_wheel_center                (Fixed Joint)
  wheel_right     via   knuckle_right_fix             (Fixed Joint)

 Part wheel_right
  Is connected to:
  test_patch      via   JPRIM_1                       (Inplane Primitive_Joint)
  knuckle_right   via   knuckle_right_fix             (Fixed Joint)

 Part spring_down
  Is connected to:
  spring_up       via   SPRING_1.sforce               (Single_Component_Force)
```

```
 up_right       via   r_spring_lower                    (Fixed Joint)
 spring_up      via   r_spring_lower_cylindrical        (Cylindrical Joint)
 spring_up      via   zhudongli                         (Single_Component_Force)

Part test_patch
 Is connected to:
 ground         via   test_patch_Translational          (Translational Joint)
 wheel_right    via   JPRIM_1                           (Inplane Primitive_Joint)

Part tierod_right
 Is connected to:
 up_right       via   r_tierod_inner                    (Spherical Joint)
 body           via   r_tierod_outer                    (Spherical Joint)

Part up_right
 Is connected to:
 knuckle_right  via   r_wheel_center                    (Fixed Joint)
 lca_arm        via   rca_outer                         (Spherical Joint)
 tierod_right   via   r_tierod_inner                    (Spherical Joint)
 spring_down    via   r_spring_lower                    (Fixed Joint)

Part spring_up
 Is connected to:
 spring_down    via   SPRING_1.sforce                   (Single_Component_Force)
 spring_down    via   r_spring_lower_cylindrical        (Cylindrical Joint)
 body           via   r_spring_up                       (Hooke Joint)
 spring_down    via   zhudongli                         (Single_Component_Force)

Part body
 Is connected to:
 lca_arm        via   rca_rear                          (Revolute Joint)
 tierod_right   via   r_tierod_outer                    (Spherical Joint)
 spring_up      via   r_spring_up                       (Hooke Joint)
 ground         via   r_spring_up_Translational         (Translational Joint)
```

14.2 路面模型

对悬架性能分析时需要输入路面模型。根据国家标准将公路等级分为 8 种，在不同的路段测量，很难得到两个完全相同的路面轮廓曲线。通常是把测量得到的大量路面不平度随机数据经处理得到路面功率谱密度。产生随机路面不平度时间轮廓有两种方法：由白噪声通过一个积分器产生或者由白噪声通过一个成型滤波器产生。路面时域模型可用如下公式（1）描述。根据公式在 MATLAB\SIMULINK 中建立 B 级路面不同车速的仿真模型，如图 14-7 所示，B 级路面不同车速的垂直位移计算结果如图 14-8 所示。

$$\dot{q}(t) = -2\pi f_0 q(t) + 2\pi\sqrt{G_q V}w(t) \tag{1}$$

式中：$q(t)$为路面随激励；$w(t)$为积分白噪声；f_0为时间频率；G_q为路面不平度系数；V为汽车行驶速度。不同级别及对应不同的车速路面参数请查看相关资料。

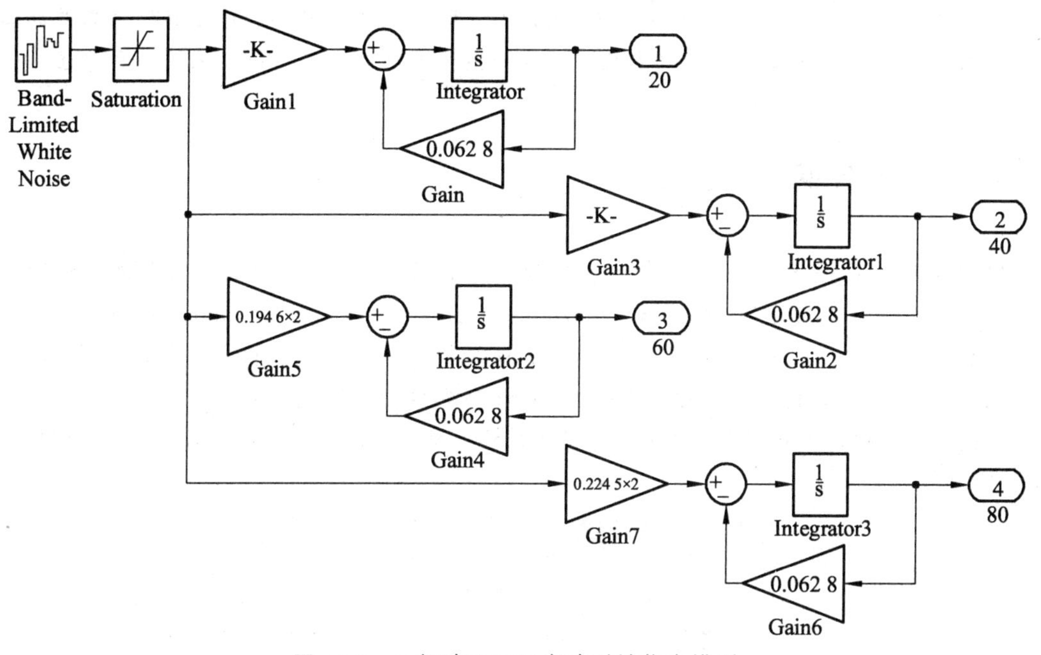

图 14-7　B 级路面不同车速时域仿真模型

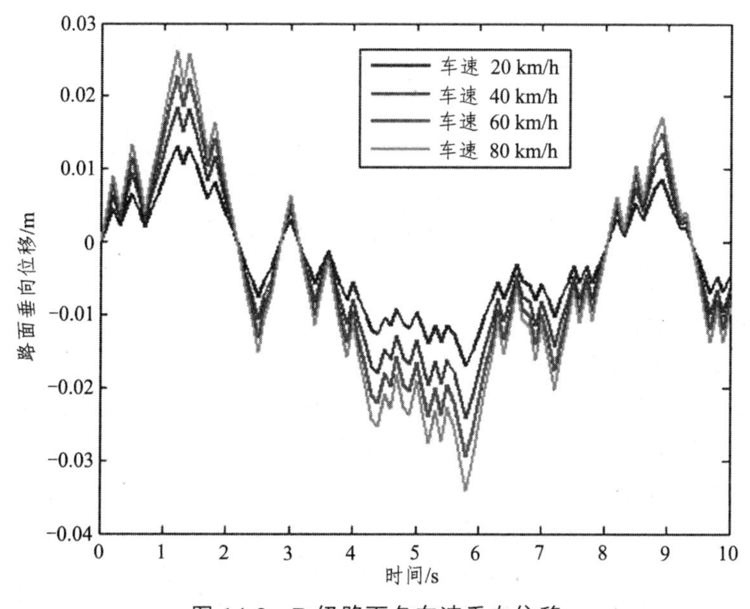

图 14-8　B 级路面各车速垂向位移

路面模型需要添加到振动试验台上，路面模型驱动添加有两种方式，在进行联合仿真时推荐采用方案B：

A. 直接把B级路面的仿真数据通过函数AKISPL（）添加到振动试验台上，在ADAMS软件中可以仿真在路面条件下麦弗逊悬架运动的真实状态，当更换路面时需要重复计算路面参数并重复添加驱动函数，尤其是在进行联合仿真时，过程较为烦琐；

B. 在ADAMS中建立状态变量函数，把此状态函数通过ADAMS\Control模块设置为系统的输入接口，路面模型在MATLAB\SIMULINK模型中搭建，如图14-7所示，输出结果直接与ADAMS_SYS的路面输入接口对接，此种方式的优点是可以预先建立好仿真需要的各种路面，联合仿真模型建立好后可以方便快速地更换不同路面，本书推荐采用此种方法。

14.3 路面驱动方案A

针对在MATLAB/SIMULINK中建立B级路面不同车速的仿真模型，仿真时间设置为10秒，运行仿真后在MATLAB的工作空间Workspace会得到两组数据：tout，yout；在D盘中新建一个文本文件，命名为：road.txt；将tout作为第一列，yout中的第一列复制到文本文件road.txt中保存。此处提供一个路面文件road.txt在光盘中，仅供参考。

• 打开ADAMS/View中所建立的麦弗逊悬架模型，在主菜单选File Import，弹出对话框，如图14-9所示；

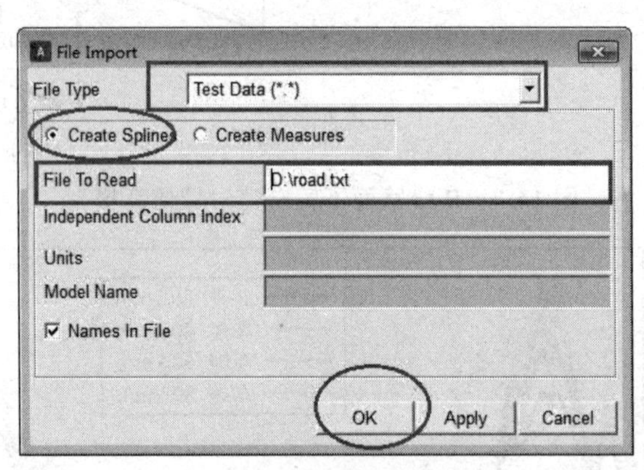

图14-9　路面数据导入对话框

• File Type：Test Data；
• 点选Create Spline；
• File To Read：D:\road.txt。
• 其余保持默认，单击OK，完成仿真路面数据导入；如果要更换其他路面模型，需要重复以上仿真过程及以上步骤的重新导入，相对较为烦琐。

打开ADAMS的数据库浏览器，如图14-10所示，SPLINE_2为生成的样条曲线数据。双击打开SPLINE_2，在弹出的Information窗口中显示如下信息，此信息包含的数据与路面文件road.txt中的数据相同。对于有多个试验振动台的整车模型，可以依次导入不同的路面模型，设置在同一个模型中不同的振动试验台有不同的振动效果。

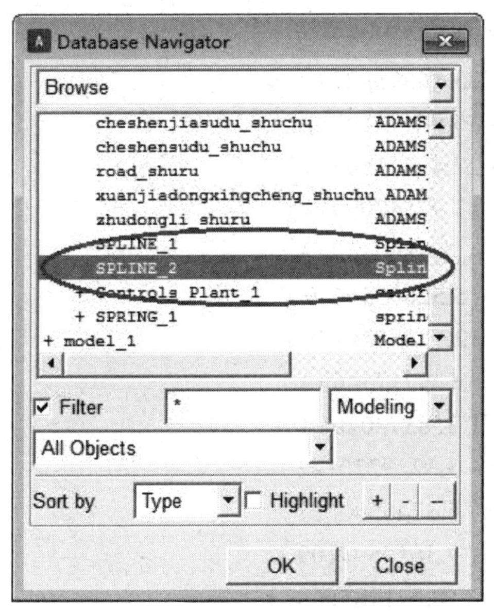

图 14-10 数据库浏览器对话框

SPLINE_2 样条数据：

Object Name	:	.adams_view_zhengche.SPLINE_2
Object Type	:	Spline
Parent Type	:	Model
Adams ID	:	0
Active	:	NO_OPINION
X Units	:	NO UNITS
Y Units	:	NO UNITS

Spline Points:

（X = 1.0,　Y = 0.2008942924）
（X = 2.0,　Y = 1.2036690038）
（X = 3.0,　Y = 2.2319211241）
（X = 4.0,　Y = 17.1592158991）
（X = 5.0,　Y = 11.6840101222）
（X = 6.0,　Y = 19.6574141868）
（X = 7.0,　Y = 20.7626001622）
（X = 8.0,　Y = 18.2043021902）
（X = 9.0,　Y = 12.3320688983）
（X = 10.0,　Y = 13.1176331434）
（X = 11.0,　Y = 16.6482607299）
（X = 12.0,　Y = 18.1223665756）
（X = 13.0,　Y = 21.2087067783）

(X = 14.0,	Y = 24.1851909962)
(X = 15.0,	Y = 23.165983258)
(X = 16.0,	Y = 30.8669520711)
(X = 17.0,	Y = 27.4372350815)
(X = 18.0,	Y = 13.9764209914)
(X = 19.0,	Y = 4.2068003494)
(X = 20.0,	Y = 15.5260556619)
(X = 21.0,	Y = 12.7388426178)
(X = 22.0,	Y = 6.6497175466)
(X = 23.0,	Y = 1.3583780206)
(X = 24.0,	Y = – 3.3223270142)
(X = 25.0,	Y = – 6.3246530621)
(X = 26.0,	Y = – 9.3619599109)
(X = 27.0,	Y = – 10.6419856681)
(X = 28.0,	Y = – 1.241284351)
(X = 29.0,	Y = – 0.7729604272)
(X = 30.0,	Y = 7.2391497849)
(X = 31.0,	Y = 12.0138478618)
(X = 32.0,	Y = 14.0406498922)
(X = 33.0,	Y = 10.2822107278)
(X = 34.0,	Y = 7.3400461246)
(X = 35.0,	Y = 5.822534108)
(X = 36.0,	Y = – 2.1005830571)
(X = 37.0,	Y = 11.3482505873)
(X = 38.0,	Y = 17.4644483624)
(X = 39.0,	Y = 13.1119102857)
(X = 40.0,	Y = 6.9110780294)
(X = 41.0,	Y = 5.9189550731)
(X = 42.0,	Y = 10.6042550475)
(X = 43.0,	Y = 8.8497533756)
(X = 44.0,	Y = 0.7340467417)
(X = 45.0,	Y = – 4.9846087554)
(X = 46.0,	Y = – 5.1291263)
(X = 47.0,	Y = 2.1813242014)
(X = 48.0,	Y = 1.8578747187)
(X = 49.0,	Y = 7.6197835954)
(X = 50.0,	Y = 4.3011814626)
(X = 51.0,	Y = 4.1085670937)

(X = 52.0,　　Y = 4.9545937392)
(X = 53.0,　　Y = – 5.3379970314)
(X = 54.0,　　Y = – 19.5222166417)
(X = 55.0,　　Y = – 16.8979451067)
(X = 56.0,　　Y = – 17.751622188)
(X = 57.0,　　Y = – 10.3357422219)
(X = 58.0,　　Y = – 10.6740149358)
(X = 59.0,　　Y = – 13.090919801)
(X = 60.0,　　Y = – 16.3579177288)
(X = 61.0,　　Y = – 12.1750299942)
(X = 62.0,　　Y = – 8.9585917002)
(X = 63.0,　　Y = – 3.5191306676)
(X = 64.0,　　Y = 8.7584919584)
(X = 65.0,　　Y = 12.5213179179)
(X = 66.0,　　Y = 1.7283436916)
(X = 67.0,　　Y = 2.5545743641)
(X = 68.0,　　Y = 11.9302113598)
(X = 69.0,　　Y = 5.6161232304)
(X = 70.0,　　Y = 5.4291102585)
(X = 71.0,　　Y = – 3.9851221492)
(X = 72.0,　　Y = – 1.6101060218)
(X = 73.0,　　Y = – 4.6170343759)
(X = 74.0,　　Y = – 14.3337974285)
(X = 75.0,　　Y = – 10.7385528551)
(X = 76.0,　　Y = 2.6601640362)
(X = 77.0,　　Y = 6.6761759735)
(X = 78.0,　　Y = 5.538095211)
(X = 79.0,　　Y = 24.859606528)
(X = 80.0,　　Y = 20.5153212318)
(X = 81.0,　　Y = 27.3536586215)
(X = 82.0,　　Y = 31.9759557217)
(X = 83.0,　　Y = 36.5164598195)
(X = 84.0,　　Y = 36.7784670709)
(X = 85.0,　　Y = 28.0611391681)
(X = 86.0,　　Y = 32.1177054177)
(X = 87.0,　　Y = 33.3570934985)
(X = 88.0,　　Y = 24.3426326995)
(X = 89.0,　　Y = 41.814734247)

(X = 90.0, Y = 51.4731759113)
(X = 91.0, Y = 51.5084722166)
(X = 92.0, Y = 44.1394257716)
(X = 93.0, Y = 40.0990967222)
(X = 94.0, Y = 38.0502028171)
(X = 95.0, Y = 37.87671055)
(X = 96.0, Y = 32.4000817014)
(X = 97.0, Y = 26.7647784662)
(X = 98.0, Y = 23.5445126387)
(X = 99.0, Y = 17.9074381032)
(X = 100.0, Y = 25.2181669987)
(X = 101.0, Y = 19.5024043564)
(X = 102.0, Y = 23.4432401045)

• 单击菜单栏 Motions，选择系统单元 Joint Motions 框中的创建移动约束副驱动快捷方式图标：Translations Joint Motions；

• 选择移动副 test_patch_Translational，完成移动副驱动 MOTION_1 的创建。

• 右击 MOTION_1，选择 Modify；在弹出的 Joint Motion 对话框中 Fuction (time): 100*AKISPL (time，0，SPLINE_2，0)，AKISPL ( ) 是 ADAMS 的一个函数，表示按 Akima 插值方法将样条数据“SPLINE_2”拟合成以时间为横轴的函数曲线。

• 单击 OK，完成 MOTION_1 的修改；

• 点击 Simulaton，仿真时间设置为 10 秒，仿真步数设置为 1 000，仿真前先让悬架系统处于静平衡，计算完成后测量车身 Body 部件在 *Y* 方向的加速度，计算结果如图 14-11 所示，从计算结果看，车身在垂向的加速度为 100 mm/s^2，效果极好。

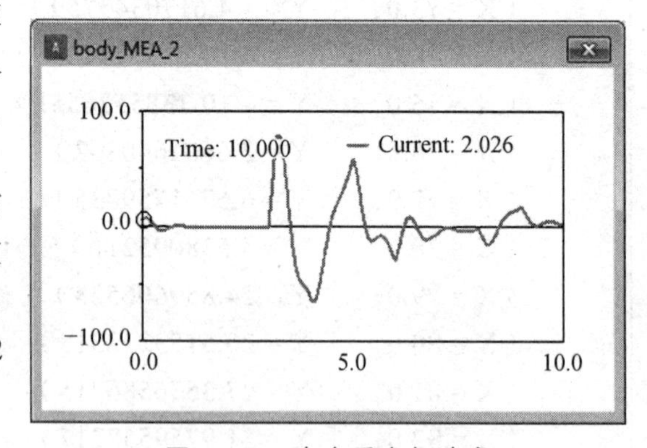

图 14-11 车身垂向加速度

检查麦弗逊悬架模型自由度，系统显示信息如下：所建立的悬架模型的部件数量、约束副等具体信息会显示出来，软件根据系统自由度计算公式，计算出所建立的麦弗逊悬架有 2 个自由度，模型正确无误。

VERIFY MODEL: .adams_view_zhengche.

2 Gruebler Count (approximate degrees of freedom).

9 Moving Parts (not including ground).

1 Cylindrical Joints.

1 Revolute Joints.

3 Spherical Joints.

2 Translational Joints.

3 Fixed Joints.

1 Hooke Joints.

1 Inplane Primitive_Joints.

1 Motions.

2 Degrees of Freedom for .adams_view_zhengche

There are no redundant constraint equations.

Model verified successfully.

14.4 路面驱动方案 B

- 单击菜单栏 Elements，选择系统单元 System Elements 框中的创建状态变量快捷方式图标：Create a State Variable defined by an Algebraic Equation；
- Name（状态变量名称）：road_shuru；
- Definition：Run-Time Expression；
- F（time，…）=0；
- 单击 OK，完成状态变量 road_shuru 的创建，如图 14-12 所示。
- 单击菜单栏 Motions，选择系统单元 Joint Motions 框中的创建移动约束副驱动快捷方式图标：Translations Joint Motions；
- 选择移动副 test_patch_Translational，完成移动副驱动 MOTION_1 的创建；
- 右击 MOTION_1，选择 Modify；
- 在弹出的 Joint Motion 对话框中 Function（time）：VARVAL（.adams_view_zhengche.road_shuru）；
- 单击 OK，完成 MOTION_1 的修改，如图 14-13 所示。

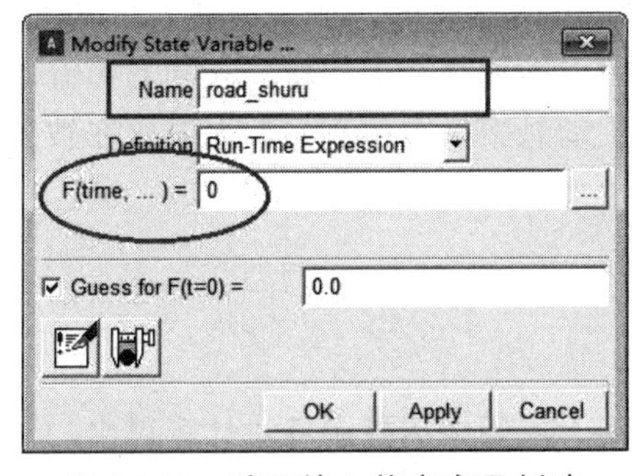

图 14-12　路面输入状态变量创建

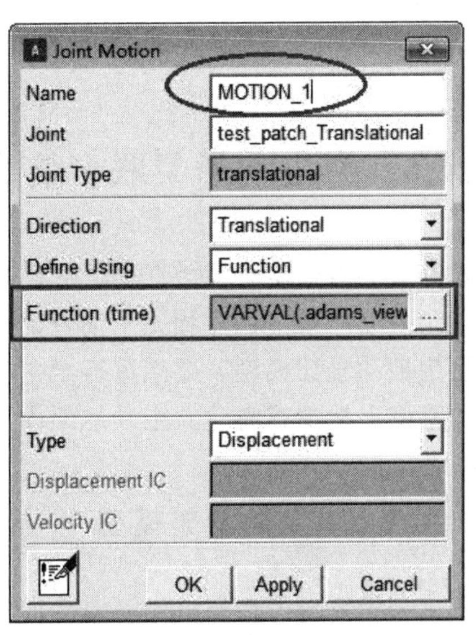

图 14-13　约束副驱动对话框

14.5 PID 控制器设计

PID 控制器具有调节原理简单、参数容易设定和实用性强等优点，其控制规律如公式（1）所示：

$$u(t)=K_{\mathrm{p}}e(t)+K_{\mathrm{I}}\int_{0}^{t}e(t)\mathrm{d}t+K_{\mathrm{D}}\frac{\mathrm{d}}{\mathrm{d}t}e(t) \tag{1}$$

其中 $K_{\mathrm{I}}=\dfrac{K_{\mathrm{p}}}{T_{\mathrm{i}}}$ $K_{\mathrm{D}}=K_{\mathrm{p}}K_{\mathrm{D}}$；

式中：K_{P}为比例系数；K_{I}为积分时间常数；K_{D}为微分时间常数；$e(t)$为实时误差，即车身速度与理想值之间的差值；$u(t)$为实时主动控制力。根据公式（1）建立好的 PID 控制器模型如图 14-14 所示。

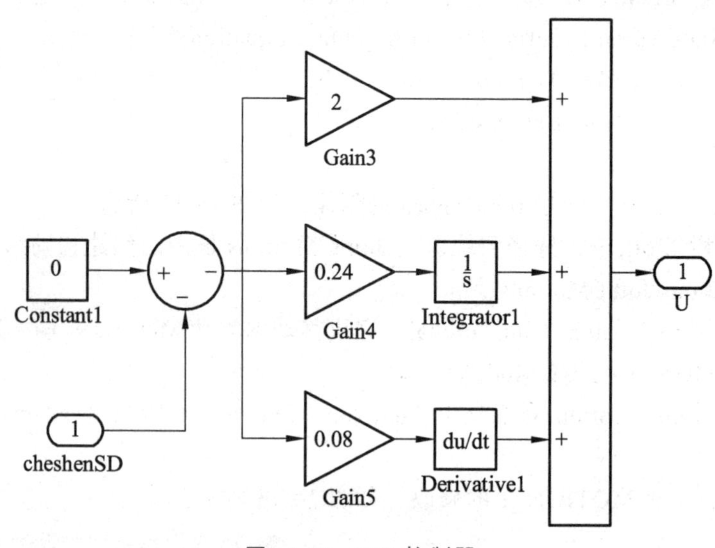

图 14-14 PID 控制器

14.6 半主动悬架联合仿真

相对于主动悬架，半主动悬架主要通过改变减震器的可变力输出来控制整车的震动特性，其性能与主动悬架接近。相比主动悬架，其结构简单、能耗小。上述所建立的麦弗逊多体悬架模型为被动悬架模型，要想进行半主动悬架或者主动悬架联合仿真，首先需要在被动悬架模型的基础上构造或者建立主动悬架模型。

14.6.1 半主动悬架模型

半主动悬架模型构建首先需要添加主动力，主动力主要根据控制算法计算得出。主动悬架模型可采用不同算法：模糊控制算法、PID 模糊、神经网络、自适应模糊等。

• 单击菜单栏 Elements，选择系统单元 System Elements 框中的创建状态变量快捷方式图标：Create a State Variable defined by an Algebraic Equation；

• Name（状态变量名称）：zhudongli_shuru；

• Definition：Run-Time Expression；

• F（time，…）=0；

• 单击 OK，完成状态变量 zhudongli_shuru 的创建，参考图 14-12。

• 单击菜单栏 Force，选择 Applied Forces 框中的 Force 快捷方式，在两部件 spring_down、spring_up 之间建单向主动力；

• Run-time Direction（主动力运行时方向）：Two Bodies；

• Construction：2 Bodies -2 Location；

• Characteristic：Custom；

• 根据命令窗口提示顺序选择两部件 spring_down、spring_up，再顺序选择参考点 spring_down.cm、spring_up.cm，完成主动力 SFORCE_1 的创建；

• 选中主动力 SFORCE_1，右击鼠标选择 Rename，修改名称为 zhudongli；

• 单击 OK，完成主动力的重命名。

• 右击 zhudongli，选择 Modify；

• 在弹出的 Modify Force 对话框中修改 Fuction：输入 VARVAL（.adams_view_zhengche.zhudongli_shuru），其余参数保持默认；

• 单击 OK，完成主动力（zhudongli）的修改函数，如图 14-15 所示。

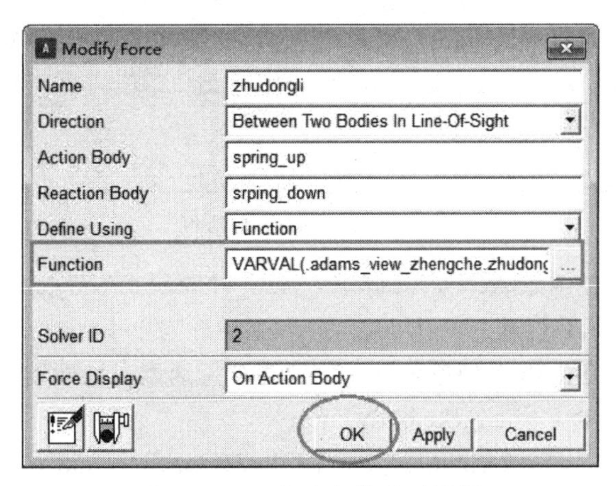

图 14-15　主动力修改对话框

建立车身速度、加速度、悬架动行程及车轮侧向滑移量状态输出函数，首先需要建立车身速度、加速度、悬架动行程及车轮侧向滑移量的测量函数。

• 单击菜单栏 Design Exploration，选择系统单元 Measures 框中的创建状态变量快捷方式图标：Create a new Function Measures，弹出函数构建对话框，如图 14-16 所示；

• Measures Name：cheshenjiasudu；

• Units：accelaeration；

• 选择 Accelaeration along Y；

• 点击 Assist，弹出 Accelaeration along Y 对话框；

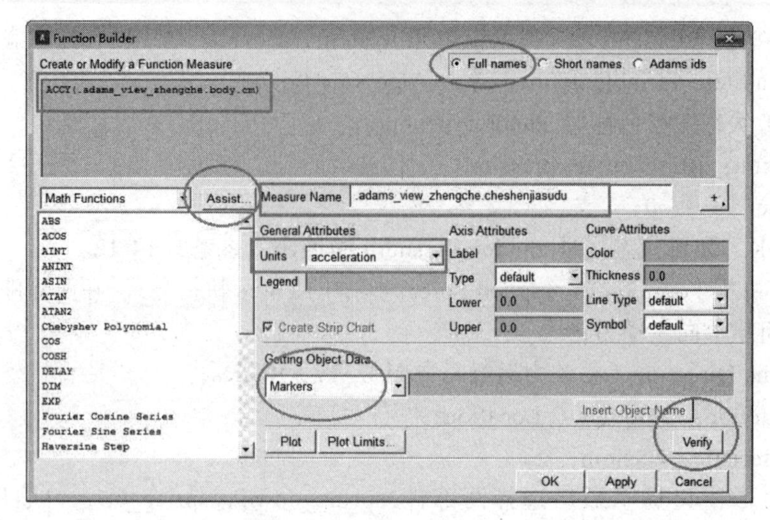

图 14-16　函数构建对话框

- To_Marker 框中输入 body.cm，其余 From_Marker、Along_Marker、Ref_Frame 框保持默认不用输入，辅助对话框如图 14-17 所示，单击 OK，完成加速度函数 ACCY（.adams_view_zhengche.body.cm）输入；

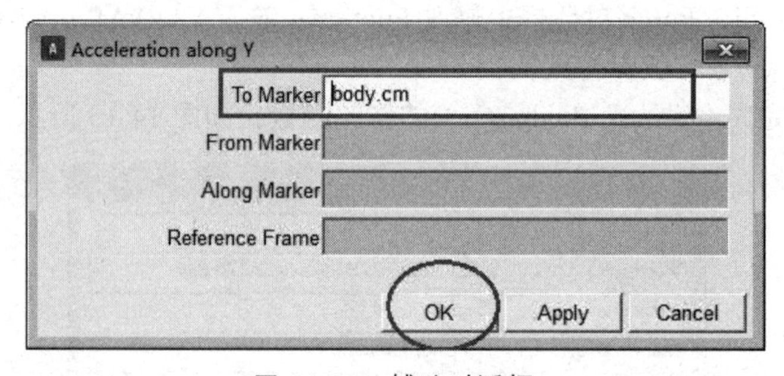

图 14-17　辅助对话框

- 单击 Verify，检查函数 ACCY（.adams_view_zhengche.body.cm）正确无误；
- 单击 OK，完成函数构建。
- 重复以上步骤，建立以下测量函数，分别为车身速度、悬架动行程、车轮侧向滑移量：

（1）VY（.adams_view_zhengche.body.cm）;

（2）DY（body.cm，wheel_right.cm）-DY（body_cm，ground.wheel_cm）+11.4;

（3）DZ（MARKER_76，test_patch.cm）+0.367 4;

- 单击菜单栏 Elements，选择系统单元 System Elements 框中的创建状态变量快捷方式图标：Create a State Variable defined by an Algebraic Equation；
- Name（状态变量名称）：chcshcnjiasudu_shuchu；
- Definition：Run-Time Expression；
- F（time，…）=ACCY（.adams_view_zhengche.body.cm）;
- 单击 OK，完成状态变量 cheshenjiasudu_shuchu 的创建，如图 14-18 所示。
- 重复以上步骤，分别建立状态变量 cheshensudu_shuchu、xuanjiadongxingcheng_shuchu、cexianghuayiliang_shuchu；

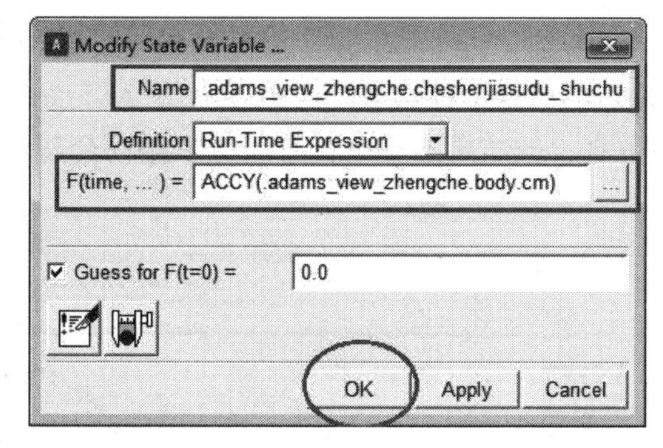

图 14-18　状态变量对话框

• 单击菜单栏 Elements，选择数据块单元 Date Elements 框中的创建输入集快捷方式图标：Create an ADAMS plant input；

• Variable Name（变量名称，输入之前建立好的输入状态变量）：.adams_view_zhengche.zhudongli_shuru,.adams_view_zhengche.road_shuru；

• 单击 OK，完成输入集.adams_view_zhengche.PINPUT_1 的创建，输入集对话框如图 14-19 所示。

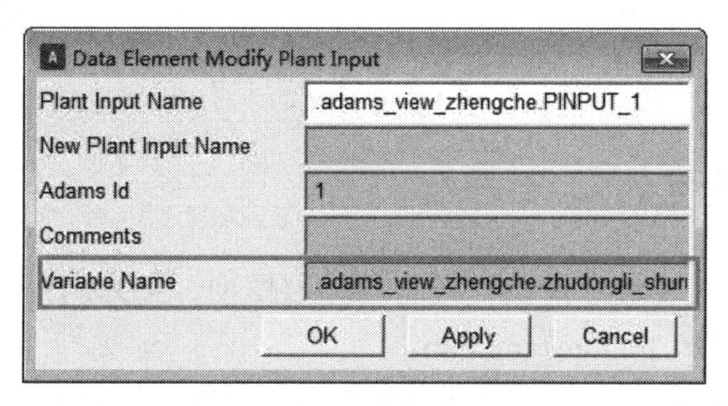

图 14-19　输入集对话框

• 单击菜单栏 Elements，选择数据块单元 Date Elements 框中的创建输出集快捷方式图标：Create an ADAMS plant output；

• Variable Name（变量名称，输入之前建立好的输出状态变量）：.adams_view_zhengche.cexianghuayiliang_shuchu,.adams_view_zhengche.cheshenjiasudu_shuchu,.adams_view_zhengche.cheshensudu_shuchu,.adams_view_zhengche.xuanjiadongxingcheng_shuchu；

• 单击 OK，完成输出集.adams_view_zhengche.POUTPUT_1 的创建，输出集对话框如图 14-20 所示。

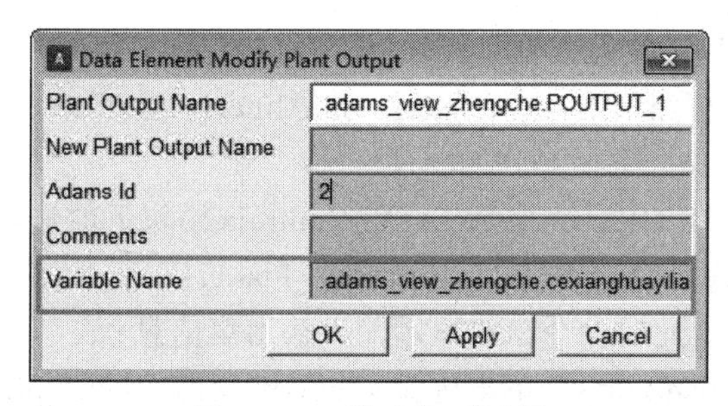

图 14-20　输出集对话框

至此，完成麦弗逊悬架被动模型到主动悬架模型的转变，建立好的主动悬架模型如图14-21 所示，不加控制系统，主动悬架模型依然可以在方案 A 下进行仿真，仿真结果准确无误；在方案 B 下也可进行仿真，但结果不正确，原因在于振动台架不动，悬架只是在重力作用下进行的静平衡计算。

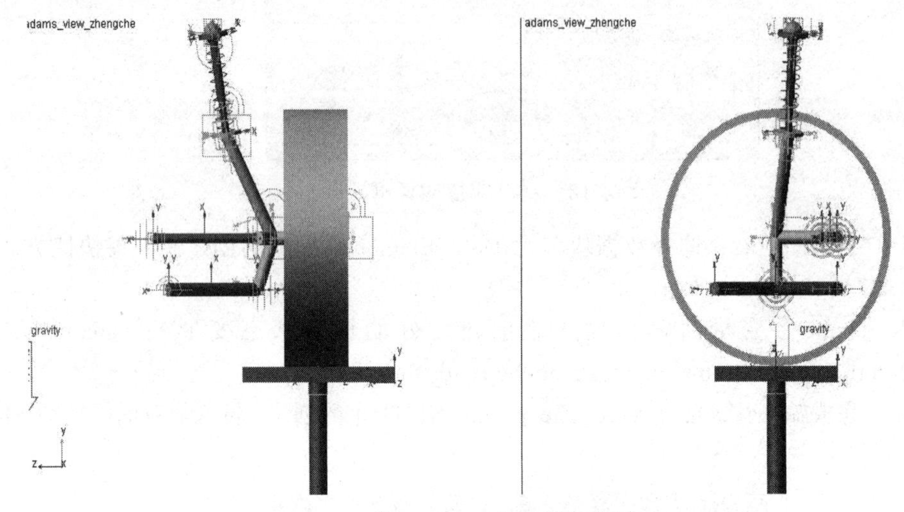

图 14-21　主动悬架模型

14.6.2　机控协同模型

通过 ADAMS/Control 模块系统机械模型与控制模型，ADMAS 与 MATLAB 软件路径统一设置为 D:/adams_view2013/adams_matlab。

- 单击菜单栏插件 Plugins，选择 Controls 单击，出现下拉列表，选择 Plant Export 命令，弹出控制接口输出对话框，如图 14-22 所示；
- File Prefix（输出文件别名）：pid;
- Initial Static Analysis（初始静态分析）：Yes，此处需要进行静平衡，静平衡完成之后再进行计算；
- 单击 From Pinput，在弹出的数据命令窗口中选择子系统，双击 adams_view_zhengche 下的 PINPUT1;
- 单击 From Poutput，在弹出的数据命令窗口中选择子系统，双击 adams_view_zhengche 下的 POUTPUT1;
- Target Software（目标软件或者对接软件）：MATLAB;
- Analysis Type（分析类型）：选择非线性 non_linear;
- Adams/Solver Choice：选择 FORTRAN;
- 其余保持默认，单击 OK，完成 ADAMS\Controls 模块下的输入输出集的创建；
- MATLAB 软件中命令窗口中输入：Controls_Plant_1;
- 单击键盘 Enter 键，此时命令窗口显示输入输出集信息；
- 命令窗口中输入 adams_sys，单击键盘 Enter 键调出 adams_plant 对话框，如图 14-23 所示。

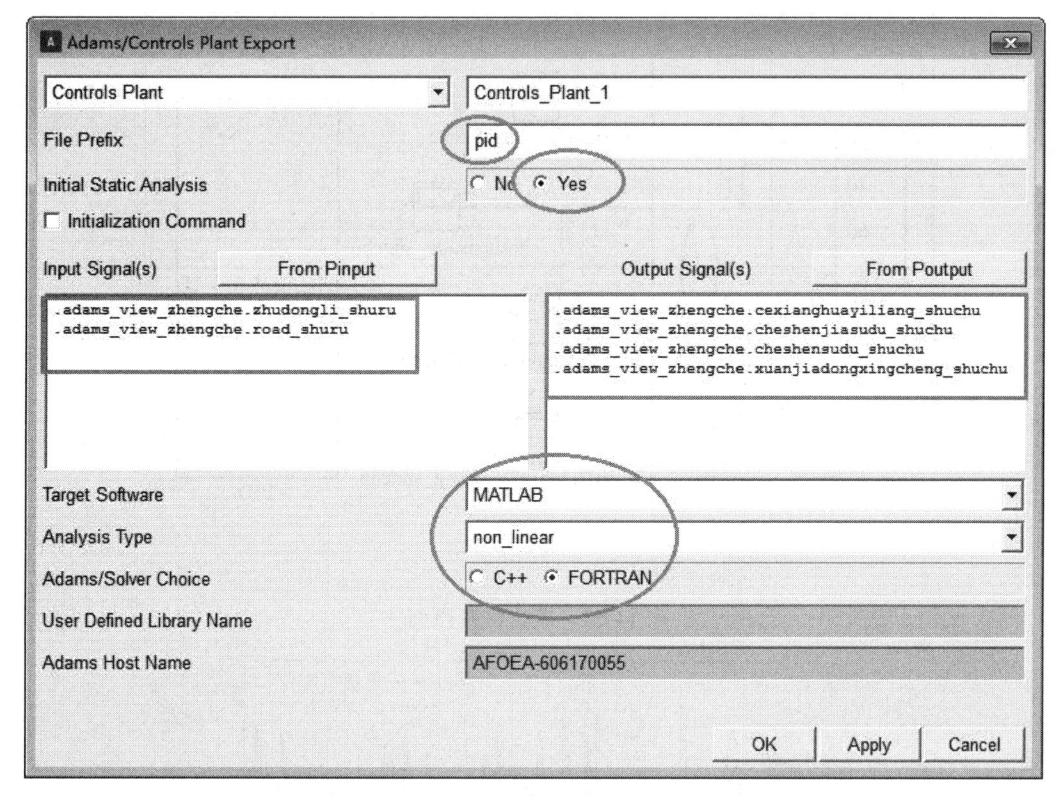

图 14-22 控制接口输出对话框

导通 ADAMS 与 MATLAB 软件之间通信，对路面及 PID 控制器进行封装，建立 ADAMS 主动悬架联合仿真模型，如图 14-24 所示。在 B 级路面上车辆分别以 20 km/h、40 km/h、60 km/h、80 km/h 的速度直线行驶，计算主被动悬架的车身加速度、悬架动行程、车轮侧向滑移量。主被动悬架计算结果如图 14-25 ~ 图 14-29 所示，仿真步长为 0.005 s，仿真时间为 10 s。

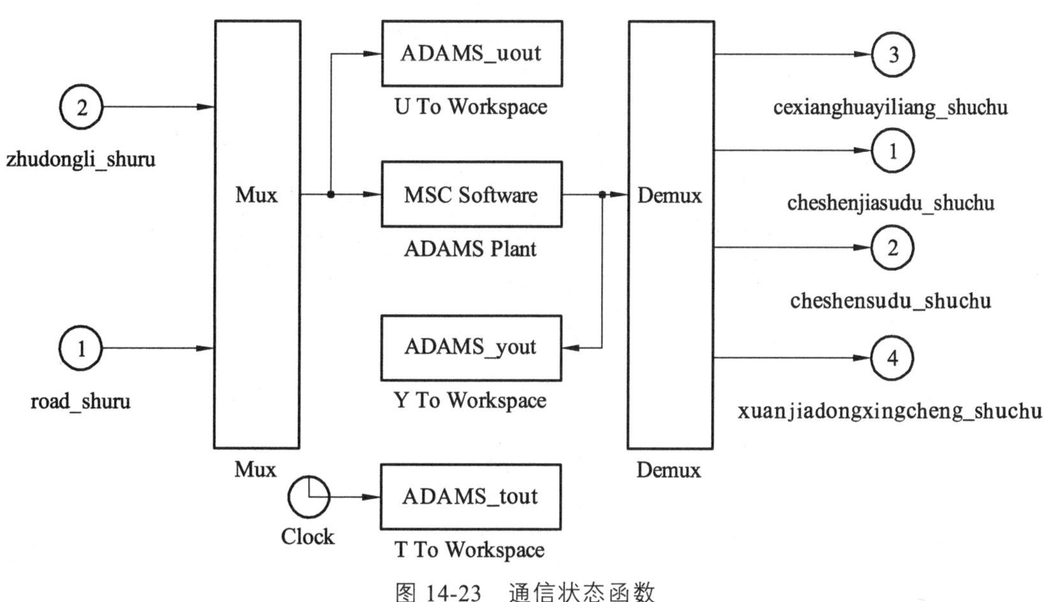

图 14-23 通信状态函数

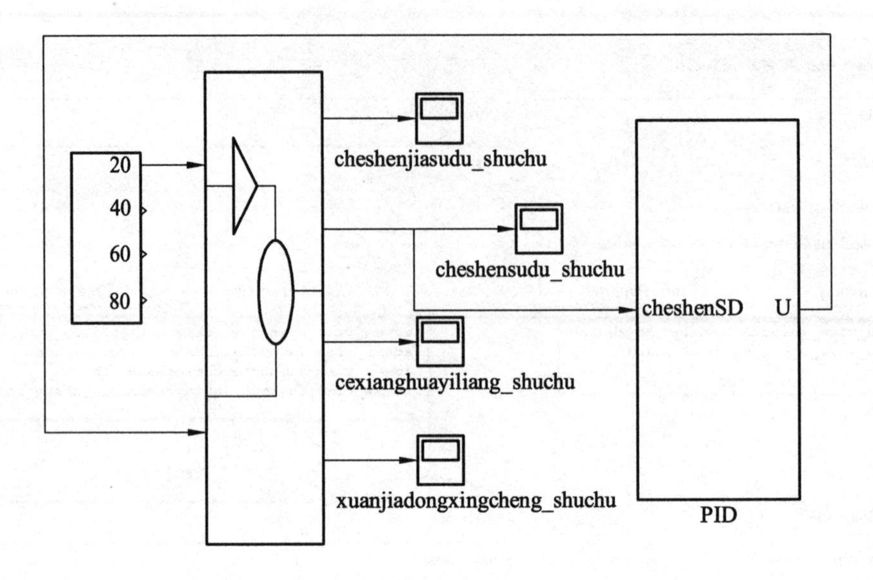

图 14-24　联合仿真模型

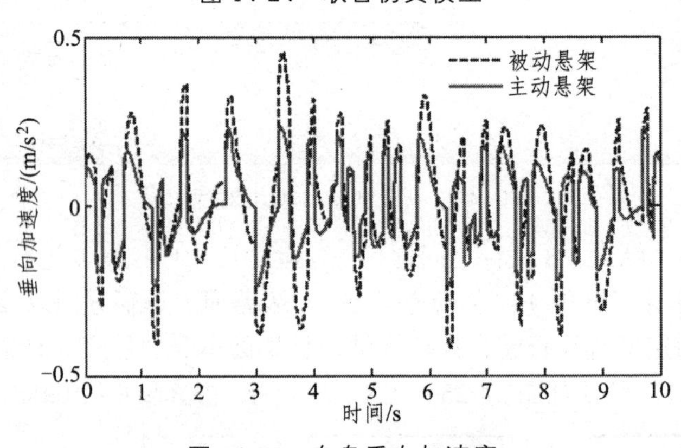

图 14-25　车身垂向加速度

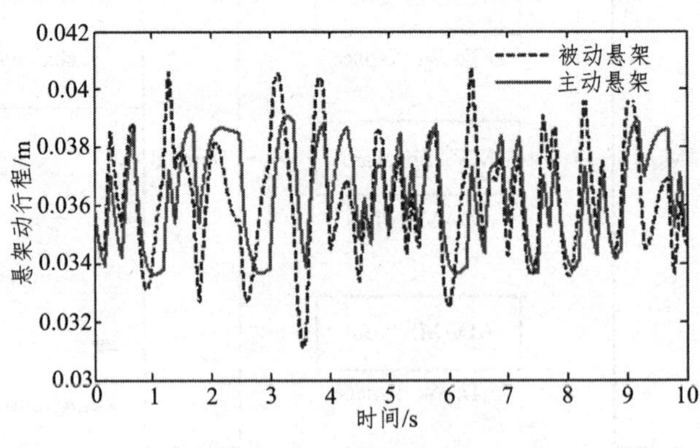

图 14-26　悬架动行程

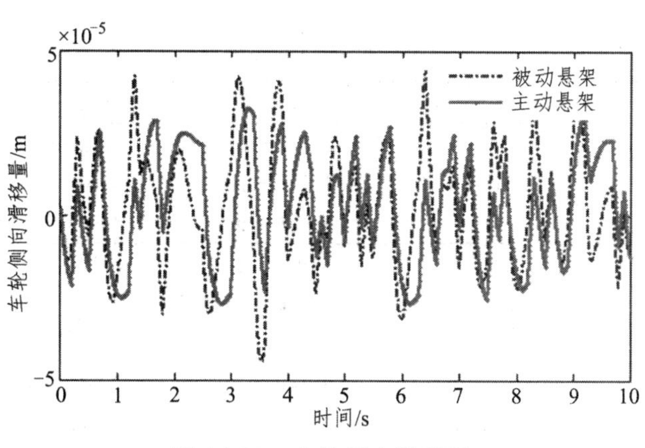

图 14-27　车轮侧向滑移量

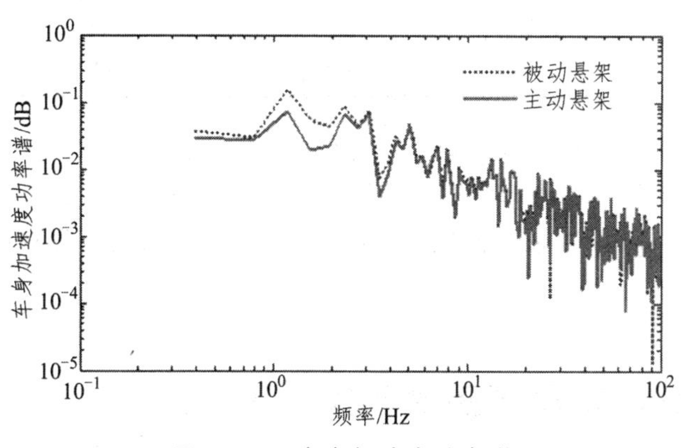

图 14-28　车身加速度功率谱

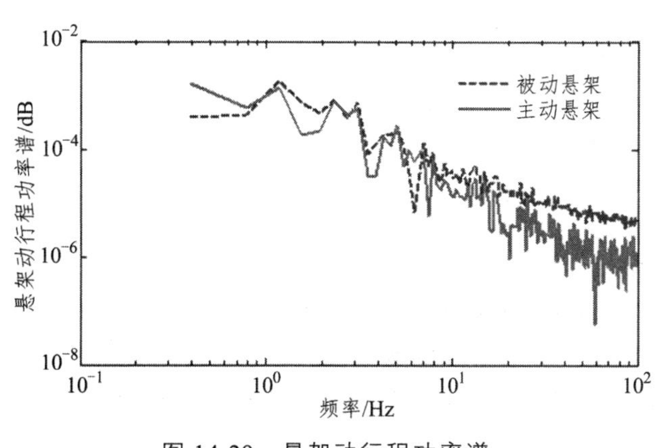

图 14-29　悬架动行程功率谱

从计算结果可以看出，主动悬架相对于被动悬架在性能上整体都有所提升。在各不同车速阶段，车身垂直加速度、悬架动行程、轮胎动位移性能均有改善，其中车身垂向加速度改善尤为突出，在全速范围内改善车辆行驶的乘坐舒适性。随着车速的增加，悬架动行程及侧向滑移量少有改善，增加整车行驶过程中的操作稳定性。各个速度段的悬架性能参数变化如表 14-1 所示。

表 14-1　性能均方根值对比

均方根值	车速	主动悬架	被动悬架	优化比
垂直加速度/（m/s^2）	20 km/h	2.33E－1	4.52E－1	48.5
悬架动行程/m		3.90E－2	4.10E－2	4.9
侧向滑移量/m		2.80E－5	4.39E－5	36.2
垂直加速度/（m/s^2）	40 km/h	3.30E－1	6.40E－1	48.4
悬架动行程/m		4.02E－2	4.27E－2	5.9
侧向滑移量/m		3.85E－5	6.11E－5	37.0
垂直加速度/（m/s^2）	60 km/h	4.04E－1	7.84E－1	48.5
悬架动行程/m		4.11E－2	4.41E－2	6.8
侧向滑移量/m		4.67E－5	7.43E－5	37.1
垂直加速度/（m/s^2）	80 km/h	4.66E－1	9.04E－1	48.5
悬架动行程/m		4.18E－2	4.53E－2	7.7
侧向滑移量/m		5.35E－5	8.53E－5	37.3

图 14-28、14-29 为车身加速度、悬架动行程的功率谱曲线。从功率谱曲线可以看出，整车运行过程中，主动悬架的幅值相对被动悬架都较小，同时可以看出，振幅最大值都出现在频率较小处，低频路面输入信息对整车的震动特性较大，悬架动行程在高频路面激励下车轮的震动得到较好的抑制。

14.7　时频域、功率谱密度变换程序

程序一：

```
k=yout(:,1);
Fs=100; %采样频率(Hz)
N=500; %采样点数
t=[0:1/Fs:N/Fs]; %采样时刻
S=k; %信号
Y = fft(S,N); %做 FFT 变换
Ayy = abs(Y); %取模
Ayy=Ayy/(N/2); %换算成实际的幅度
F=([1:N] – 1)*Fs/N; %换算成实际的频率值，Fn=(n – 1)*Fs/N
Plot[F(1:N/2),Ayy(1:N/2)]; %显示换算后的 FFT 模值结果 title（'幅度-频率曲线图'）。
```

程序二：

```
k=yout(:,1); k1=yout(:,2);
Fs=100; %采样频率(Hz)
N=500; %采样点数
t=[0:1/Fs:N/Fs]; %采样时刻
S=k;S1=k1;%信号
Y= fft(S,N); %做 FFT 变换
```

Y1 = fft(S1,N); %做 FFT 变换

Ayy = abs(Y); %取模

Ayy=Ayy/(N/2); %换算成实际的幅度

Ayy1= abs(Y1); %取模

Ayy1=Ayy1/(N/2); %换算成实际的幅度

F=([1:N] – 1)*Fs/N; %换算成实际的频率值，F_n=(n – 1)*Fs/N

plot[F(1:N/2),Ayy(1:N/2),F(1:N/2),Ayy1(1:N/2)]; %显示换算后的 FFT 模值结果 title('幅度-频率曲线图')。

程序三：

```
Nfft=2048;
Fs=200;
n=0:N – 1;
t=n/Fs;
window=hanning(Nfft);
overlap=128;
dflag='none';
xn=yout(:,1);
Pxx=psd(xn,Nfft,Fs,window,overlap,dflag);%Create frequency vector
f=(0:Nfft/2)*Fs/Nfft;
plot(f,10*log10(Pxx));
set(gca,'XScale','log');set(gca,'YScale','log');
x label['Frequency(Hz)'];y label['Power Spectrum(dB)'];
```

%此部分中 f 的创建方法：它与函数 psd 的输出 Pxx 的长度有关。若 x 为实序列,当 Nfft 为奇数时 f=[0:(Nfft+1)/2 – 1]/Nfft；%当 Nfft 为偶数时 f=(0:Nfft/2)/Nfft。

程序四：

```
Nfft=2048;
Fs=200;
n=0:N – 1;
t=n/Fs;
window=hanning(Nfft);
overlap=128;
dflag='none';
xn=yout(:,1); xn1=yout(:,2);
Pxx=psd(xn,Nfft,Fs,window,overlap,dflag);%Create frequency vector
Pxx1=psd(xn1,Nfft,Fs,window,overlap,dflag);
f=(0:Nfft/2)*Fs/Nfft;
plot[f,10*log10(Pxx),f,10*log10(Pxx1)];
set(gca,'XScale','log');set(gca,'YScale','log');
x label['频率(Hz)'];y label['车身加速度功率谱(dB)'];
```

%此部分中 f 的创建方法：它与函数 psd 的输出 Pxx 的长度有关。若 x 为实序列，当 Nfft 为奇数时 f=[0:(Nfft+1)/2 – 1]/Nfft；%当 Nfft 为偶数时 f=(0:Nfft/2)/Nfft。

第15章 驾驶室隔振联合仿真

驾驶室悬置系统的优劣关系到驾乘人员的乘坐品质感受；国内商用货车驾驶室多采用四点全浮支撑，即驾驶室前后端分别采用对称的弹簧与阻尼器进行支撑。以 6×4 底盘为基础的商用牵引货车及工程车辆常在国、省、乡道路面（减速带较多，即为阶跃或者正弦路面信号输入）及极差的工地路面运行，舒适性差，主动驾驶室悬置系统可以有效地改善垂向振动特性，提升乘坐舒适感。针对驾驶室振动特性，本章节基于商用牵引车整车平台建立主动驾驶室模型，此模型更能反映驾驶室的真实运行状态，同时又可以进行系统间参数的匹配；主动驾驶室采用模糊 PID-D 耦合算法，用车身加速度判别路面状态，对 PID 算法中的微分系数进行在线自适应实时调节，避免在较差路面及减速带路面造成定点冲击，适合多工况路面输入特性，提升驾驶室乘坐品质感。建立好的主动驾驶室模型如图 15-1 所示。

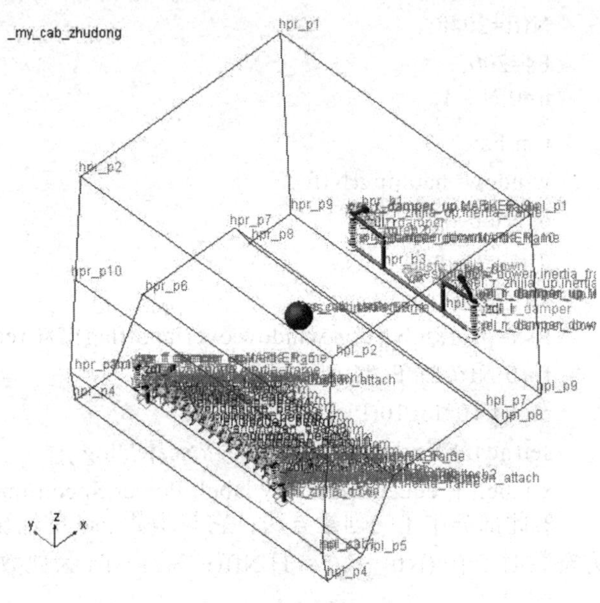

图 15-1　驾驶室模型

学习目标

- ✧ 驾驶模型。
- ✧ 横向稳定杆（离散梁）。
- ✧ 驾驶室约束关系。
- ✧ 主动驾驶室函数设定。
- ✧ 整车平台。
- ✧ ADAMS\Controls 设置。
- ✧ ADAMS 与 MATLAB 软件协同。
- ✧ PID-D 耦合算法。
- ✧ 悬架辅助系统。

15.1 驾驶模型

- 启动 Adams/Car；
- 单击 File > New 命令，弹出建模对话框，如图 15-2 所示；
- Template Name：my_cab_zhudong；
- Major Role：cab；
- 单击 OK，完成驾驶室模板建立。
- 单击 Build > Hardpoint > New 命令，弹出创建硬点对话框，如图 15-3 所示；

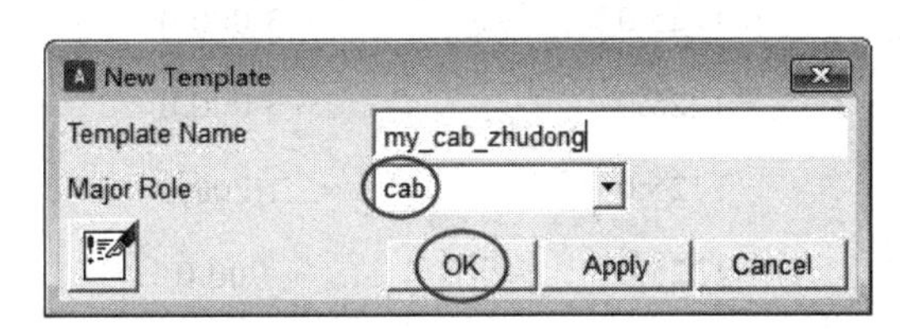

图 15-2　驾驶模板

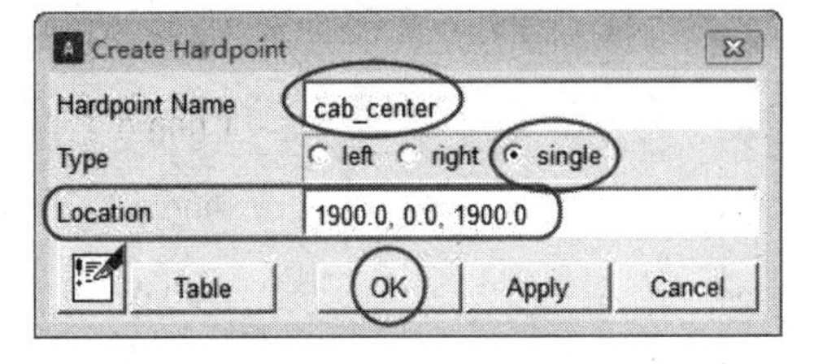

图 15-3　驾驶室硬点

- Hardpoint Name：cab_center；
- Type：single；
- Location：1 900.0，0.0，1 900.0；
- 单击 OK，完成._my_cab_zhudong.ground.hps_cab_center 硬点的创建。
- 重复上述步骤，完成表 15-1 中硬点参数的创建，创建过程中请注意左右对称的情况，具体请参考已经建立好的驾驶室模型，该模型存储于章节文件中。

表 15-1　驾驶室硬点参数

硬点名称	X 方向	Y 方向	Z 方向
r_damper_down	3 028.0	− 591.5	1 352.0
r_damper_up	3 028.0	− 591.5	1 657.0
weidinggan	1 010.0	− 456.0	1 326.0
zhijia_down	1 085.0	− 665.0	1 180.0
zhijia_front	1 085.0	− 665.0	1 340.0
cab_center	1 900.0	0.0	1 900.0
cab1	900.0	− 1225.0	1 200.0
f_damper_down	985.0	− 665.0	1 390.0
f_damper_up	985.0	− 665.0	1 590.0
f_spring_down	1 040.0	− 552.5	1 375.0
f_spring_up	1 040.0	− 552.5	1 534.5
fzb_front	1 085.0	− 665.0	1 340.0

续表

硬点名称	X 方向	Y 方向	Z 方向
fzb_rear	1 324.0	− 665.0	1 340.0
b1	3 028.0	− 470.0	1 792.6
b2	3 028.0	− 288.5	1 635.0
b3	3 028.0	− 288.5	1 352.0
b4	985.0	− 665.0	1 390.0
p1	2 950.0	− 1225.0	3 000.0
p2	1 000.0	− 1225.0	3 000.0
p3	900.0	− 1225.0	1 200.0
p4	950.0	− 1225.0	900.0
p5	1 300.0	− 1225.0	900.0
p6	1 600.0	− 1225.0	1 450.0
p7	2 500.0	− 1225.0	1 450.0
p8	2 650.0	− 1225.0	1 200.0
p9	3 050.0	− 1225.0	1 200.0
p10	950.0	− 1225.0	2 050.0

➢ 驾驶室质心部件

- 单击 Build > Part > General Part > New 命令；
- General Part：cab；
- Type：left；
- Location Dependency：Delta location from coordinate；
- Coordinate Reference：._my_cab_zhudong.ground.hps_cab_center；
- Location：0，0，0；
- Orientation Dependency：User-entered values；
- Orient using：Euler Angles；
- Euler Angles：0，0，0；
- Mass：786；
- Ixx：9.38E+008；
- Iyy：7.07E+008；
- Izz：8.18E+008；
- Density：Material；
- Material Type：.materials.steel；
- 单击 OK，完成部件._my_cab_zhudong.ges_cab 的创建，如图 15-4 所示。

- 单击 Build > Geometry > Ellipsoid > New 命令，如图 15-5 所示；

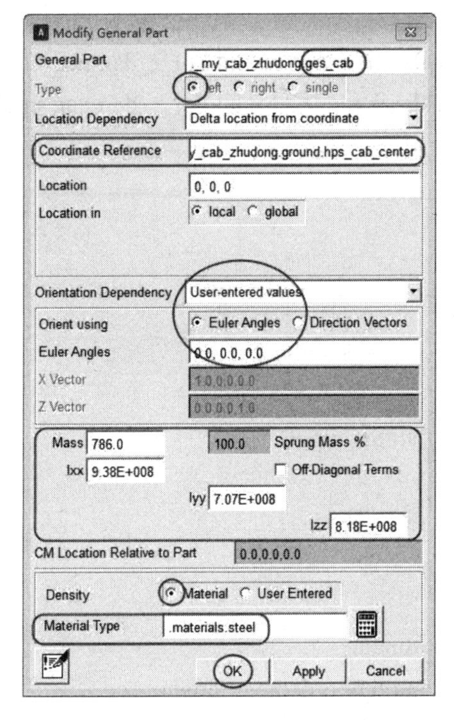

图 15-4　驾驶室简化质心部件

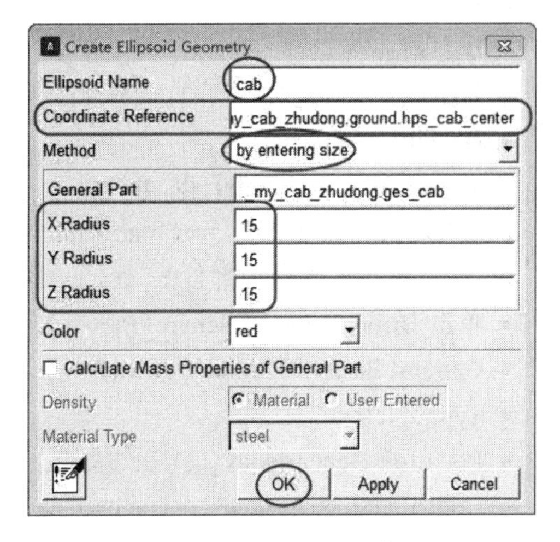

图 15-5　球形几何体

- Ellipsoid Name（连杆名称）输入几何名称：cab；
- Coordinate Reference：._my_cab_zhudong.ground.hps_cab_center；
- Method：by entering size;
- General Part 输入：._my_cab_zhudong.ges_cab；
- X Radius（半径）：15；
- Y Radius（半径）：15；
- Z Radius（半径）：15；
- Color（杆件几何体颜色）：red；
- 不勾选：Calculate Mass Properties of General Part；
- Density：Material；
- Material Type：steel；
- 单击 OK，完成驾驶室几何体 cab 的创建。

➢ 后减震器上连接处部件

- 单击 Build > Part > General Part > New 命令，参考图 15-4；
- General Part：r_damper_up；
- Type：left；
- Location Dependency：Delta location from coordinate；
- Coordinate Reference：._my_cab_zhudong.ground.hpl_r_damper_up；
- Location：0，0，0；

- Location in：local;
- Orientation Dependency：Orient axis along line;
- Coordinate Reference #1（参考坐标）:._my_cab_zhudong.ground.hpl_r_damper_down;
- Coordinate Reference #2（参考坐标）:._my_cab_zhudong.ground.hpl_r_damper_up;
- Axis: Z;
- Mass: 1;
- Ixx:1;
- Iyy: 1;
- Izz: 1;
- Density：Material;
- Material Type：.materials.steel;
- 单击 OK，完成部件._my_cab_zhudong.gel_r_damper_up 的创建。

➢ 后减震器下连接处部件

- 单击 Build > Part > General Part > New 命令，参考图 15-4;
- General Part：r_damper_down;
- Type：left;
- Location Dependency：Delta location from coordinate;
- Coordinate Reference：._my_cab_zhudong.ground.hpl_r_damper_down;
- Location：0，0，0;
- Location in：local;
- Orientation Dependency：Orient axis along line;
- Coordinate Reference #1（参考坐标）：._my_cab_zhudong.ground.hpl_r_damper_down;
- Coordinate Reference #2（参考坐标）：._my_cab_zhudong.ground.hpl_r_damper_up;
- Axis: Z;
- Mass: 1;
- Ixx:1;
- Iyy: 1;
- Izz: 1;
- Density：Material;
- Material Type：.materials.steel;
- 单击 OK，完成部件._my_cab_zhudong.gel_r_damper_down 的创建。

➢ 前减震器上连接处部件

- 单击 Build > Part > General Part > New 命令，参考图 15-4;
- General Part：f_damper_up;
- Type：left;
- Location Dependency：Delta location from coordinate;
- Coordinate Reference：._my_cab_zhudong.ground.hpl_f_damper_up;
- Location：0，0，0;
- Orientation Dependency：User-entered values;

- Orient using：Euler Angles；
- Euler Angles：0，0，0；
- Mass: 1；
- Ixx: 1；
- Iyy: 1；
- Izz: 1；
- Density：Material；
- Material Type：.materials.steel；
- 单击 OK，完成部件._my_cab_zhudong.gel_f_damper_up 的创建。

➢ 前减震器下连接处部件

- 单击 Build > Part > General Part > New 命令，参考图 15-4；
- General Part：f_damper_down；
- Type：left；
- Location Dependency：Delta location from coordinate；
- Coordinate Reference：._my_cab_zhudong.ground.hpl_f_damper_down；
- Location：0，0，0；
- Orientation Dependency：User-entered values；
- Orient using：Euler Angles；
- Euler Angles：0，0，0；
- Mass: 1；
- Ixx: 1；
- Iyy: 1；
- Izz: 1；
- Density：Material；
- Material Type：.materials.steel；
- 单击 OK，完成部件._my_cab_zhudong.gel_f_damper_down 的创建。

➢ 驾驶室前上支架部件

- 单击 Build > Part > General Part > New 命令，参考图 15-4；
- General Part：zhijia_UP；
- Type：left；
- Location Dependency：Centered between coordinates；
- Centered between：Two coordinates；
- Coordinate Reference #1（参考坐标）：._my_cab_zhudong.ground.hpl_fzb_rear；
- Coordinate Reference #2（参考坐标）：._my_cab_zhudong.ground.hpl_zhijia_up_front；
- Orientation Dependency：User-entered values；
- Orient using：Euler Angles；
- Euler Angles：0，0，0；
- Mass: 1；
- Ixx: 1；

- Iyy: 1；
- Izz: 1；
- Density：Material；
- Material Type：.materials.steel；
- 单击 OK，完成部件._my_cab_zhudong.gel_zhijia_UP 的创建。

➢ 驾驶室前上支架几何体

- 单击 Build > Geometry > Link > New 命令，弹出创建连杆对话框，如图 15-6 所示；

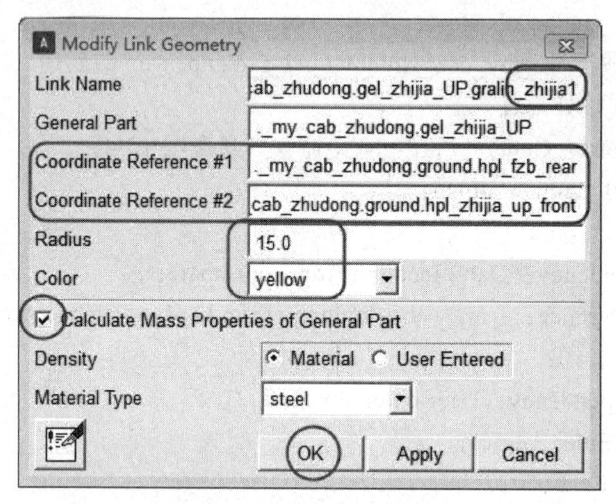

图 15-6　连杆几何体/zhijia1

- Link Name（连杆名称）输入几何名称：zhijia1；
- General Part 输入：._my_cab_zhudong.gel_zhijia_UP；
- Coordinate Reference #1（参考坐标）：._my_cab_zhudong.ground.hpl_fzb_rear；
- Coordinate Reference #2（参考坐标）：._my_cab_zhudong.ground.hpl_zhijia_up_front；
- Radius（半径）：15；
- Color：yellow；
- 选择 Calculate Mass Properties of General Part 复选框，当几何体建立好之后会更新对应部件的质量和惯量参数；
- Density：Material；
- Material Type：steel；
- 单击 Apply，完成._my_cab_zhudong.gel_zhijia_UP.gralin_zhijia1 几何体的创建。
- Link Name（连杆名称）输入几何名称：zhijia2；
- General Part 输入：._my_cab_zhudong.gel_zhijia_UP；
- Coordinate Reference #1（参考坐标）：._my_cab_zhudong.ground.hpl_zhijia_up_front；
- Coordinate Reference #2（参考坐标）：._my_cab_zhudong.ground.hpl_b4；
- Radius（半径）：15；
- Color：yellow；
- 选择 Calculate Mass Properties of General Part 复选框；

- Density：Material；
- Material Type：steel；
- 单击 Apply，完成._my_cab_zhudong.gel_zhijia_UP.gralin_zhijia_2 几何体的创建。

➢ 驾驶室前下支架部件

- 单击 Build > Part > General Part > New 命令，参考图 15-4；
- General Part：zhijia_DOWN；
- Type：left；
- Location Dependency：Centered between coordinates；
- Centered between：Two coordinates；
- Coordinate Reference #1（参考坐标）：._my_cab_zhudong.ground.hpl_fzb_front；
- Coordinate Reference #2（参考坐标）：._my_cab_zhudong.ground.hpl_zhijia_down；
- Orientation Dependency：User-entered values；
- Orient using：Euler Angles；
- Euler Angles：0，0，0；
- Mass：1；
- Ixx：1；
- Iyy：1；
- Izz：1；
- Density：Material；
- Material Type：.materials.steel；
- 单击 OK，完成部件._my_cab_zhudong.gel_zhijia_DOWN 的创建。

➢ 驾驶室前下支架几何体

- 单击 Build > Geometry > Link > New 命令，弹出创建连杆对话框，参考图 15-6；
- Link Name（连杆名称）输入几何名称：zhijia_A；
- General Part 输入：._my_cab_zhudong.gel_zhijia_DOWN；
- Coordinate Reference #1（参考坐标）：._my_cab_zhudong.ground.hpl_fzb_front；
- Coordinate Reference #2（参考坐标）：._my_cab_zhudong.ground.hpl_zhijia_down；
- Radius（半径）：15；
- Color：skyblue；
- 选择 Calculate Mass Properties of General Part 复选框，当几何体建立好之后会更新对应部件的质量和惯量参数；
- Density：Material；
- Material Type：steel；
- 单击 OK，完成._my_cab_zhudong.gel_zhijia_DOWN.gralin_zhijia_A 几何体的创建。

➢ 驾驶室后下支架部件

- 单击 Build > Part > General Part > New 命令，参考图 15-4；
- General Part：r_zhijia_down；
- Type：single；
- Location Dependency：Centered between coordinates；

- Centered between：Four coordinates；
- Coordinate Reference #1（参考坐标）：._my_cab_zhudong.ground.hpl_r_damper_down；
- Coordinate Reference #2（参考坐标）：._my_cab_zhudong.ground.hpr_r_damper_down；
- Coordinate Reference #3（参考坐标）：._my_cab_zhudong.ground.hpr_b2；
- Coordinate Reference #4（参考坐标）：._my_cab_zhudong.ground.hpl_b2；
- Orientation Dependency：User-entered values；
- Orient using：Euler Angles；
- Euler Angles：0，0，0；
- Mass：1；
- Ixx：1；
- Iyy：1；
- Izz：1；
- Density：Material；
- Material Type：.materials.steel；
- 单击 OK，完成部件._my_cab_zhudong.ges_r_zhijia_down 的创建。

➢ 驾驶室后下支架几何体

- 单击 Build > Geometry > Link > New 命令，弹出创建连杆对话框，参考图 15-6；
- Link Name（连杆名称）输入几何名称：zhijia_a；
- General Part 输入：._my_cab_zhudong.ges_r_zhijia_down；
- Coordinate Reference #1（参考坐标）：._my_cab_zhudong.ground.hpl_r_damper_down；
- Coordinate Reference #2（参考坐标）：._my_cab_zhudong.ground.hpr_r_damper_down；
- Radius（半径）：15；
- Color：green；
- 选择 Calculate Mass Properties of General Part；
- Density：Material；
- Material Type：steel；
- 单击 Apply，完成._my_cab_zhudong.ges_r_zhijia_dowen.gralin_zhijia_a 几何体的创建。
- Link Name（连杆名称）输入几何名称：zhijia_b；
- General Part 输入：._my_cab_zhudong.ges_r_zhijia_down；
- Coordinate Reference #1（参考坐标）：._my_cab_zhudong.ground.hpl_b2；
- Coordinate Reference #2（参考坐标）：._my_cab_zhudong.ground.hpl_b3；
- Radius（半径）：15；
- Color：green；
- 选择 Calculate Mass Properties of General Part；
- Density：Material；
- Material Type：steel；
- 单击 Apply，完成._my_cab_zhudong.ges_r_zhijia_dowen.gralin_zhijia_b 几何体的创建。
- Link Name（连杆名称）输入几何名称：zhijia_c；
- General Part 输入：._my_cab_zhudong.ges_r_zhijia_down；

- Coordinate Reference #1（参考坐标）：._my_cab_zhudong.ground.hpr_b2；
- Coordinate Reference #2（参考坐标）：._my_cab_zhudong.ground.hpr_b3；
- Radius（半径）：15；
- Color：green；
- 选择 Calculate Mass Properties of General Part；
- Density：Material；
- Material Type：steel；
- 单击 OK，完成._my_cab_zhudong.ges_r_zhijia_dowen.gralin_zhijia_c 几何体的创建。

➢ 驾驶室后上支架部件

- 单击 Build > Part > General Part > New 命令，参考图 15-4；
- General Part：r_zhijia_up；
- Type：left；
- Location Dependency：Centered between coordinates；
- Centered between：Two coordinates；
- Coordinate Reference #1（参考坐标）：._my_cab_zhudong.ground.hpl_b2；
- Coordinate Reference #2（参考坐标）：._my_cab_zhudong.ground.hpl_r_damper_up；
- Orientation Dependency：User-entered values；
- Orient using：Euler Angles；
- Euler Angles：0，0，0；
- Mass：1；
- Ixx：1；
- Iyy：1；
- Izz：1；
- Density：Material；
- Material Type：.materials.steel；
- 单击 OK，完成部件._my_cab_zhudong.gel_r_zhijia_up 的创建。

➢ 驾驶室后上支架几何体

- 单击 Build > Geometry > Link > New 命令，弹出创建连杆对话框，参考图 15-6；
- Link Name（连杆名称）输入几何名称：zhijia_a；
- General Part 输入：._my_cab_zhudong.gel_r_zhijia_up；
- Coordinate Reference #1（参考坐标）：._my_cab_zhudong.ground.hpl_b2；
- Coordinate Reference #2（参考坐标）：._my_cab_zhudong.ground.hpl_r_damper_up；
- Radius（半径）：15；
- Color：red；
- 选择 Calculate Mass Properties of General Part；
- Density：Material；
- Material Type：steel；
- 单击 Apply，完成._my_cab_zhudong.gel_r_zhijia_up.gralin_zhijia_a 几何体的创建。
- Link Name（连杆名称）输入几何名称：zhijia_b；

- General Part 输入：._my_cab_zhudong.gel_r_zhijia_up；
- Coordinate Reference #1（参考坐标）：._my_cab_zhudong.ground.hpl_r_damper_up；
- Coordinate Reference #2（参考坐标）：._my_cab_zhudong.ground.hpl_b1；
- Radius（半径）：15；
- Color：red；
- 选择 Calculate Mass Properties of General Part；
- Density：Material；
- Material Type：steel；
- 单击 OK，完成._my_cab_zhudong.gel_r_zhijia_up.gralin_zhijia_b 几何体的创建。

➢ 安装部件 cab_to_body

- 单击 Build > Part > Mount > New 命令，弹出创建部件对话框，如图 15-7 所示；

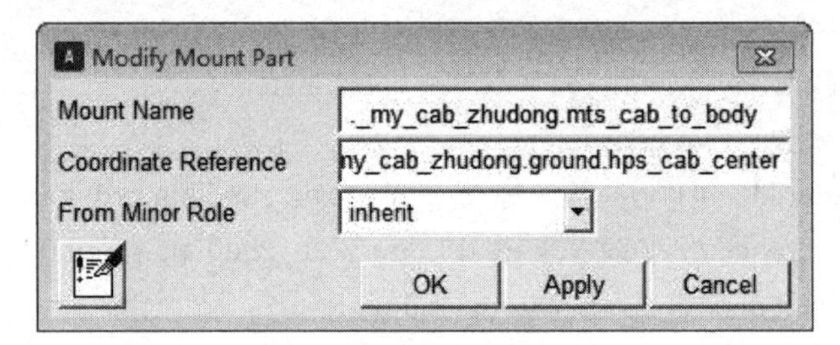

图 15-7 安装部件

- Mount name（安装件名称）：cab_to_body；
- Coordinate Reference（参考坐标）：._my_cab_zhudong.ground.hps_cab_center；
- 安装件特征选择：inherit（继承特性）；
- 单击 OK，完成._my_cab_zhudong.mts_cab_to_body 安装部件的创建。

15.2 前横向稳定杆

- 单击 Tools > Adams/View interface 命令，建模界面切换 View 通用模块；
- 单击 Bodies > Flexible Bodies > Discrete Flexible Link 命令，弹出离散梁建模界面，如图 15-8 所示；
- Name：wendinggan；
- Material：._my_cab_zhudong.steel；
- Segments：14；
- Damping Ratio：1.0E－05；
- Formulation：Linear；
- Marker 1：._my_cab_zhudong.gel_zhijia_UP.MARKER_200；
- Attachment：free；
- Marker 2：._my_cab_zhudong.gel_zhijia_UP.MARKER_199；
- Attachment：free；

• Cross Section：Solid Circular；

• Diameter：7.5；

• 单击 OK，完成前横向稳定杆离散梁的创建；

• 单击 Tools > Select Mode > Switch to A/Car Template Builder 命令，切换到 Adams/car 专家界面。

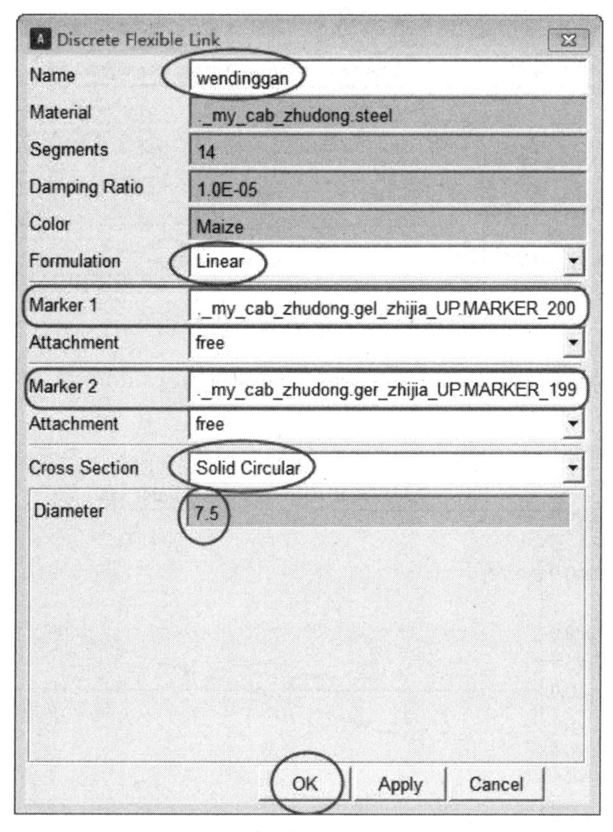

图 15-8　横向稳定杆（离散梁）

15.3　弹簧与减震器

➢ 弹簧

• 单击 Build > Force > Spring > New 命令，弹出创建部件对话框，如图 15-9 所示；

• Spring Name（减震器名称）：r_spring；

• I Part：._my_cab_zhudong.gel_r_damper_up；

• J Part：._my_cab_zhudong.gel_r_damper_down；

• I Coordinate Reference（参考坐标）：._my_cab_zhudong.ground.hpl_r_damper_up；

• J Coordinate Reference（参考坐标）：._my_cab_zhudong.ground.hpl_r_damper_down；

• Installed Length（安装长度）：单击 DM（iCoord，jCoord）自动计算弹簧的安装长度并填入方框中，此模型的安装长度为：305；

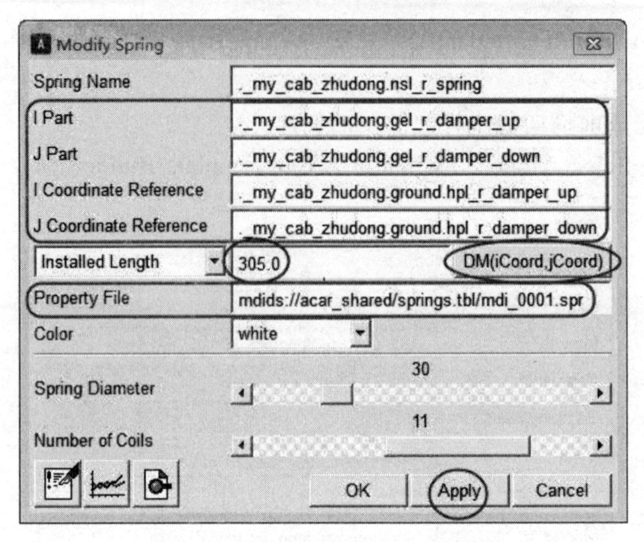

图 15-9　spring 弹簧创建对话框

• Property File（属性文件）：mdids://acar_shared/springs.tbl/mdi_0001.spr，弹簧刚度曲线如图 15-10 所示；

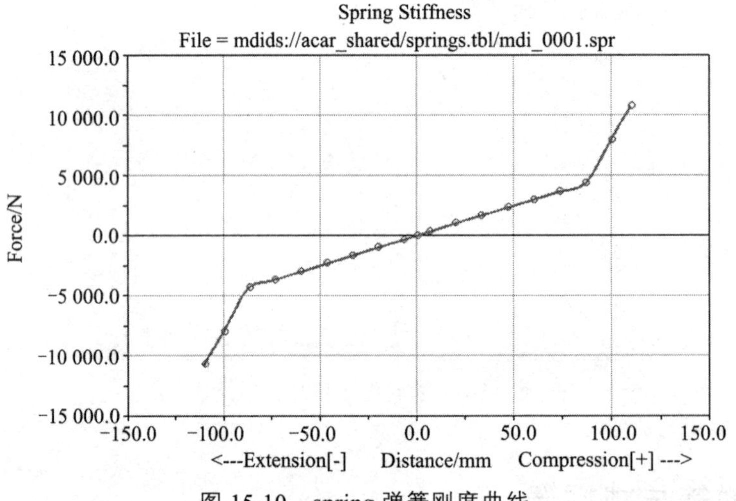

图 15-10　spring 弹簧刚度曲线

• Spring Diameter（弹簧直径）：拖动滑块选择 30 mm；
• Spring of Coils（弹簧圈数）：拖动滑块选择 11；
• 单击 Apply，完成弹簧._my_cab_zhudong.nsl_r_spring 的创建。
• Spring Name（减震器名称）：f_spring；
• I Part：._my_cab_zhudong.gel_f_damper_up；
• J Part：._my_cab_zhudong.gel_f_damper_down；
• I Coordinate Reference（参考坐标）：._my_cab_zhudong.ground.hpl_f_damper_up；
• J Coordinate Reference（参考坐标）：._my_cab_zhudong.ground.hpl_f_damper_down；
• Installed Length（安装长度）：单击 DM（iCoord，jCoord）自动计算弹簧的安装长度并填入方框中，此模型的安装长度为：310；

- Property File（属性文件）：mdids://acar_shared/springs.tbl/mdi_0001.spr；
- Spring Diameter（弹簧直径）：拖动滑块选择 26 mm；
- Spring of Coils（弹簧圈数）：拖动滑块选择 8；
- 单击 OK，完成弹簧 my_cab_zhudong.nsl_f_spring 的创建。

➢ 减震器

- 单击 Build > Force > Damper > New 命令，弹出减震器创建对话框，如图 15-11 所示；

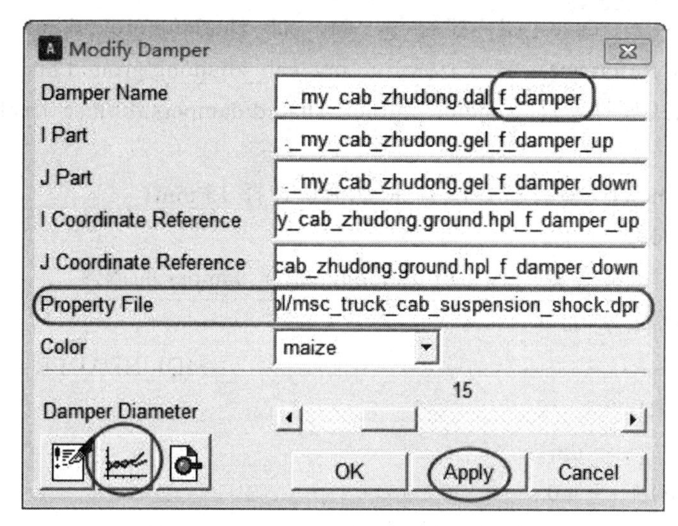

图 15-11　damper 减震器创建对话框

- Damper Name（减震器名称）：f_damper；
- I Part：._my_cab_zhudong.gel_f_damper_up；
- J Part：._my_cab_zhudong.gel_f_damper_down；
- I Coordinate Reference（参考坐标）：._my_cab_zhudong.ground.hpl_f_damper_up；
- J Coordinate Reference（参考坐标）：._my_cab_zhudong.ground.hpl_f_damper_down。
- Property File（属性文件）：mdids://atruck_shared/dampers.tbl/msc_truck_cab_suspension_shock.dpr；

阻尼器属性特性曲线如图 15-12 所示。

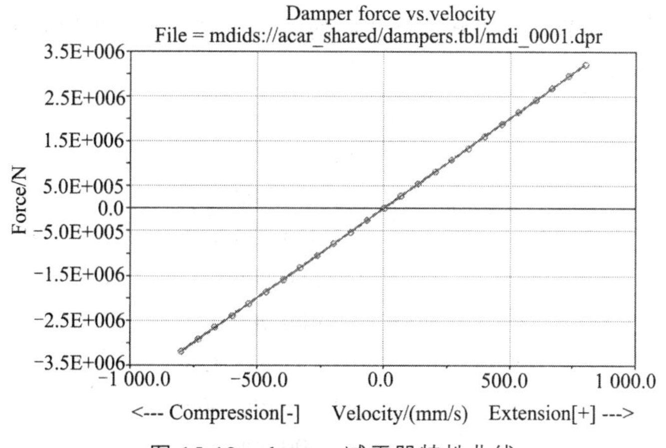

图 15-12　damper 减震器特性曲线

• Damper Diameter（减震器直径）：拖动滑块选择 15 mm；

• Color：maize；

• 单击 Apply，完成减震器._my_cab_zhudong.dal_f_damper 的创建。

• Damper Name（减震器名称）：r_damper；

• I Part：._my_cab_zhudong.gel_r_damper_up；

• J Part：._my_cab_zhudong.gel_r_damper_down；

• I Coordinate Reference（参考坐标）：._my_cab_zhudong.ground.hpl_r_damper_up；

• J Coordinate Reference（参考坐标）：._my_cab_zhudong.ground.hpl_r_damper_down；

• Property File（属性文件）：mdids://atruck_shared/dampers.tbl/msc_truck_cab_suspension_shock.dpr；

• Damper Diameter（减震器直径）：拖动滑块选择 15 mm；

• Color：maize；

• 单击 OK，完成减震器._my_cab_zhudong.dal_r_damper 的创建。

减震器属性文件信息如下

```
$---------------------------------------------------------------------MDI_HEADER
[MDI_HEADER]
 FILE_TYPE        = 'dpr'
 FILE_VERSION     = 4.0
 FILE_FORMAT      = 'ASCII'
$---------------------------------------------------------------------UNITS
[UNITS]
 LENGTH    = 'mm'
 ANGLE     = 'degrees'
 FORCE     = 'newton'
 MASS      = 'kg'
 TIME      = 'second'
$---------------------------------------------------------------------CURVE
%  以下为减震器参数，即力和速度之间的关系，对于不同车型使用过的减震器，可以通过实验获取以下参数
[CURVE]
{     vel                              force}
 - 800.0                              - 3 200 000.0
 - 733.333 3                          - 2 933 333.333 3
 - 666.666 7                          - 2 666 666.666 7
 - 600.0                              - 2 400 000.0
 - 533.333 3                          - 2 133 333.333 3
 - 466.666 7                          - 1 866 666.666 7
 - 400.0                              - 1 600 000.0
```

```
-333.333 3            -1 333 333.333 3
-266.666 7            -1 066 666.666 7
-200.0                -800 000.0
-133.333 3            -533 333.333 3
-66.666 7             -266 666.666 7
 0.0                   0.0
 66.666 7              266 666.666 7
 133.333 3             533 333.333 3
 200.0                 800 000.0
 266.666 7             1 066 666.666 7
 333.333 3             1 333 333.333 3
 400.0                 1 600 000.0
 466.666 7             1 866 666.666 7
 533.333 3             2 133 333.333 3
 600.0                 2 400 000.0
 666.666 7             2 666 666.666 7
 733.333 3             2 933 333.333 3
 800.0                 3 200 000.0
```

15.4 驾驶室约束关系

15.4.1 刚性约束

- 单击 Build > Attachments > Joint > New 命令，弹出创建约束件对话框，如图 15-13 所示。

➢ 部件 r_damper_down 与 r_damper_up 之间 cylindrical 约束

- Joint Name（约束副名称）：r_damper；
- I Part：._my_cab_zhudong.gel_r_damper_down；
- J Part：._my_cab_zhudong.gel_r_damper_up；
- Type：left；
- Joint Type（约束副类型）：cylindrical，圆柱副，约束 4 个自由度；
- Active（激活）：always；
- Location Dependency：Centered between coordinates；
- Centered between：Two Coordinates；
- Coordinate Reference #1（参考坐标）：._my_cab_zhudong.ground.hpl_r_damper_down；
- Coordinate Reference #2（参考坐标）：._my_cab_zhudong.ground.hpl_r_damper_up；
- Orientation Dependency：Orient axis along line；
- Coordinate Reference #1（参考坐标）：._my_cab_zhudong.ground.hpl_r_damper_down；

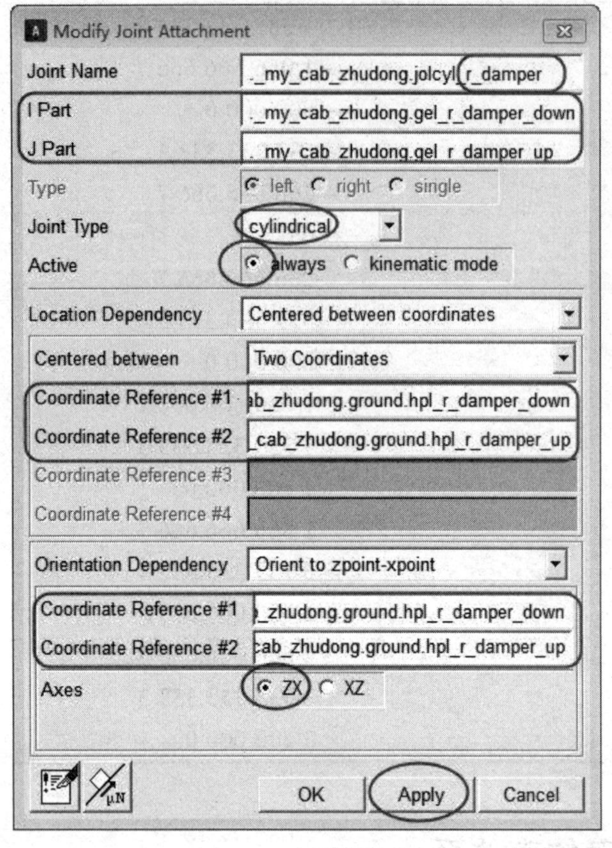

图 15-13　圆柱约束

- Coordinate Reference #2（参考坐标）：._my_cab_zhudong.ground.hpl_r_damper_up；
- 单击 Apply，完成._my_cab_zhudong.jolcyl_r_damper 圆柱副的创建。

➢ 部件 f_damper_down 与 f_damper_up 之间 cylindrical 约束

- Joint Name（约束副名称）：f_damper；
- I Part：._my_cab_zhudong.gel_f_damper_down；
- J Part：._my_cab_zhudong.gel_f_damper_up；
- Type：left；
- Joint Type（约束副类型）：cylindrical，圆柱副，约束 4 个自由度；
- Active（激活）：always；
- Location Dependency：Centered between coordinates；
- Centered between：Two Coordinates；
- Coordinate Reference #1（参考坐标）：._my_cab_zhudong.ground.hpl_f_damper_down；
- Coordinate Reference #2（参考坐标）：._my_cab_zhudong.ground.hpl_f_damper_up；
- Orientation Dependency：Orient axis along line；
- Coordinate Reference #1（参考坐标）：._my_cab_zhudong.ground.hpl_f_damper_down；
- Coordinate Reference #2（参考坐标）：._my_cab_zhudong.ground.hpl_f_damper_up；
- 单击 Apply，完成._my_cab_zhudong.jolcyl_f_damper 圆柱副的创建。

➢ 部件 zhijia_DOWN 与 cab_to_body 之间 fixed 约束

- Joint Name（约束副名称）：zhijia_body；
- I Part：._my_cab_zhudong.gel_zhijia_DOWN；
- J Part：._my_cab_zhudong.mts_cab_to_body；
- Type：left；
- Joint Type（约束副类型）：fixed，固定副，约束 6 个自由度；
- Active（激活）：always；
- Location Dependency：Delta location from coordinate；
- Coordinate Reference：._my_cab_zhudong.ground.hpl_f_damper_down；
- Location：0，0，0；
- Location in：local；
- 单击 Apply，完成._my_cab_zhudong.jolfix_zhijia_body 固定副的创建。

➢ 部件 r_zhijia_down 与 cab_to_body 之间 fixed 约束

- Joint Name（约束副名称）：zhijia_down；
- I Part：._my_cab_zhudong.ges_r_zhijia_down；
- J Part：._my_cab_zhudong.mts_cab_to_body；
- Type：single；
- Joint Type（约束副类型）：fixed，固定副，约束 6 个自由度；
- Active（激活）：always；
- Location Dependency：Centered between coordinates；
- Centered between：Four coordinates；
- Coordinate Reference #1（参考坐标）：._my_cab_zhudong.ground.hpl_r_damper_down；
- Coordinate Reference #2（参考坐标）：._my_cab_zhudong.ground.hpr_r_damper_down；
- Coordinate Reference #3（参考坐标）：._my_cab_zhudong.ground.hpl_b2；
- Coordinate Reference #4（参考坐标）：._my_cab_zhudong.ground.hpr_b2；
- 单击 Apply，完成._my_cab_zhudong.josfix_zhijia_down 固定副的创建。

➢ 部件 r_zhijia_down 与 r_zhijia_up 之间 revolute 约束

- Joint Name（约束副名称）：b2；
- I Part：._my_cab_zhudong.ges_r_zhijia_down；
- J Part：._my_cab_zhudong.gel_r_zhijia_up；
- Type：left；
- Joint Type（约束副类型）：revolute，铰接副，约束 5 个自由度；
- Active（激活）：always；
- Location Dependency：Delta location from coordinate；
- Coordinate Reference：._my_cab_zhudong.ground.hpl_b2；
- Location：0，0，0；
- Location in：local；
- Orientation Dependency：User entered values；
- Orient using：Euler Angles；

- Euler Angles：90，90，0；
- 单击 Apply，完成._my_cab_zhudong.jolrev_b2 转动副的创建。

➢ 部件 zhijia_UP 与 zhijia_DOWN 之间 revolute 约束

- Joint Name（约束副名称）：zhijia_up_to_down；
- I Part：._my_cab_zhudong.gel_zhijia_UP；
- J Part：._my_cab_zhudong.gel_zhijia_DOWN；
- Type：left；
- Joint Type（约束副类型）：revolute，铰接副，约束 5 个自由度；
- Active（激活）：always；
- Location Dependency：Delta location from coordinate；
- Coordinate Reference：._my_cab_zhudong.ground.hpl_fzb_front；
- Location：0，0，0；
- Location in：local；
- Orientation Dependency：Orient axis to point；
- Coordinate Reference：._my_cab_zhudong.ground.hpl_fzb_front；
- Axis：Z；
- 单击 Apply，完成._my_cab_zhudong.jolrev_zhijia_up_to_down 转动副的创建。

➢ 部件 zhijia_UP 与 wendinggan_elem1 之间 fixed 约束

- Joint Name（约束副名称）：f_wendinggan_right；
- I Part：._my_cab_zhudong.ger_zhijia_UP；
- J Part：._my_cab_zhudong.wendinggan_elem1；
- Type：single；
- Joint Type（约束副类型）：fixed，固定副，约束 6 个自由度；
- Active（激活）：always；
- Location Dependency：Delta location from coordinate；
- Coordinate Reference：._my_cab_zhudong.ground.hpr_fzb_front；
- Location：0，0，0；
- Location in：local；
- 单击 Apply，完成._my_cab_zhudong.josfix_f_wendinggan_right 固定副的创建。

➢ 部件 zhijia_UP 与 wendinggan_elem15 之间 fixed 约束

- Joint Name（约束副名称）：f_wendinggan_left；
- I Part：._my_cab_zhudong.wendinggan_elem15；
- J Part：._my_cab_zhudong.gel_zhijia_UP；
- Type：single；
- Joint Type（约束副类型）：fixed，固定副，约束 6 个自由度；
- Active（激活）：always；
- Location Dependency：Delta location from coordinate；
- Coordinate Reference：._my_cab_zhudong.ground.hpl_fzb_front；
- Location：0，0，0；

- Location in：local；
- 单击 OK，完成._my_cab_zhudong.josfix_f_wendinggan_left 固定副的创建。

15.4.2 柔性约束

- 单击 Build > Attachments > Bushing > New 命令，弹出创建衬套件对话框，如图 15-14 所示。

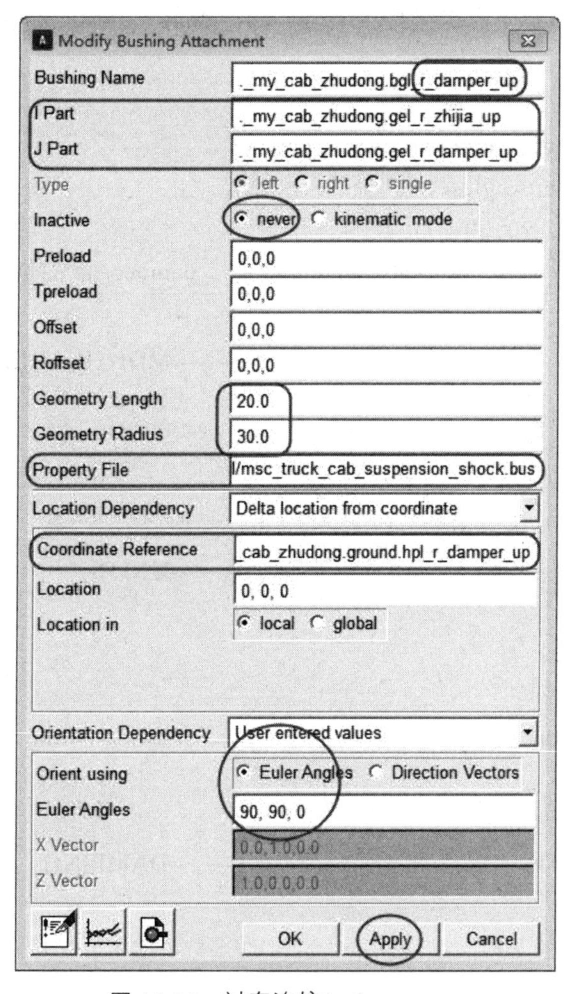

图 15-14 衬套连接/r_damper_up

➢ 部件 r_zhijia_up 与 r_damper_up 之间 bushing 约束

- Bushing Name（约束副名称）：r_damper_up；
- I Part：._my_cab_zhudong.gel_r_zhijia_up；
- J Part：._my_cab_zhudong.gel_r_damper_up；
- Inactive（抑制）：never；
- Preload：0，0，0；
- Tpreload:0，0，0；

- Offset：0，0，0；
- Roffset：0，0，0；
- Geometry Length：20；
- Geometry Radius：30；
- Property File：mdids://atruck_shared/bushings.tbl/msc_truck_cab_suspension_shock.bus；

用记事本文件打开衬套属性文件信息如下：

- Location Dependency：Delta location from coordinate；
- Coordinate Reference（参考坐标）：._my_cab_zhudong.ground.hpl_r_damper_up；
- Location：0，0，0；
- Location in：local；
- Orientation Dependency：User entered values；
- Orient using：Euler Angles；
- Euler Angles：90，90，0；
- 单击 Apply，完成轴套._my_cab_zhudong.bgl_r_damper_up 的创建。

衬套信息如下：

```
$---------------------------------------------------------------MDI_HEADER
[MDI_HEADER]
 FILE_TYPE        = 'bus'
 FILE_VERSION    = 4.0
 FILE_FORMAT     = 'ASCII'
$---------------------------------------------------------------UNITS
[UNITS]
 LENGTH    = 'mm'
 ANGLE      = 'degrees'
 FORCE      = 'newton'
 MASS       = 'kg'
 TIME       = 'second'
$---------------------------------------------------------------DAMPING
[DAMPING]
 FX_DAMPING   = 22.0
 FY_DAMPING   = 22.0
 FZ_DAMPING   = 22.0
 TX_DAMPING   = 100.0
 TY_DAMPING   = 100.0
 TZ_DAMPING   = 0.0
$---------------------------------------------------------------FX_CURVE
```

%衬套实验数据，可以通过有限元方法或者实验方法测出衬套在 X\Y\Z 三个方向的刚度与扭转刚度

```
[FX_CURVE]
{       x                   fx}
– 500.0                     – 1 100 000.0
– 458.333 3                 – 1 008 333.333 3
– 416.666 7                 – 916 666.666 7
– 375.0                     – 825 000.0
– 333.333 3                 – 733 333.333 3
– 291.666 7                 – 641 666.666 7
– 250.0                     – 550 000.0
– 208.333 3                 – 458 333.333 3
– 166.666 7                 – 366 666.666 7
– 125.0                     – 275 000.0
– 83.333 3                  – 183 333.333 3
– 41.666 7                  – 91 666.666 7
  0.0                         0.0
  41.666 7                    91 666.666 7
  83.333 3                    183 333.333 3
  125.0                       275 000.0
  166.666 7                   366 666.666 7
  208.333 3                   458 333.333 3
  250.0                       550 000.0
  291.666 7                   641 666.666 7
  333.333 3                   733 333.333 3
  375.0                       825 000.0
  416.666 7                   916 666.666 7
  458.333 3                   1 008 333.333 3
  500.0                       1 100 000.0
$-------------------------------------------------------------------FY_CURVE
[FY_CURVE]
{       y                   fy}
– 500.0                     – 1 100 000.0
– 458.333 3                 – 1 008 333.333 3
– 416.666 7                 – 916 666.666 7
– 375.0                     – 825 000.0
– 333.333 3                 – 733 333.333 3
– 291.666 7                 – 641 666.666 7
– 250.0                     – 550 000.0
– 208.333 3                 – 458 333.333 3
```

```
 - 166.666 7              - 366 666.666 7
 - 125.0                  - 275 000.0
 - 83.333 3               - 183 333.333 3
 - 41.666 7               - 91 666.666 7
   0.0                      0.0
   41.666 7                 91 666.666 7
   83.333 3                 183 333.333 3
   125.0                    275 000.0
   166.666 7                366 666.666 7
   208.333 3                458 333.333 3
   250.0                    550 000.0
   291.666 7                641 666.666 7
   333.333 3                733 333.333 3
   375.0                    825 000.0
   416.666 7                916 666.666 7
   458.333 3                1 008 333.333 3
   500.0                    1 100 000.0
$-----------------------------------------------------------------------FZ_CURVE
[FZ_CURVE]
{        z                fz}
 - 500.0                  - 1 100 000.0
 - 458.333 3              - 1 008 333.333 3
 - 416.666 7              - 916 666.666 7
 - 375.0                  - 825 000.0
 - 333.333 3              - 733 333.333 3
 - 291.666 7              - 641 666.666 7
 - 250.0                  - 550 000.0
 - 208.333 3              - 458 333.333 3
 - 166.666 7              - 366 666.666 7
 - 125.0                  - 275 000.0
 - 83.333 3               - 183 333.333 3
 - 41.666 7               - 91 666.666 7
   0.0                      0.0
   41.666 7                 91 666.666 7
   83.333 3                 183 333.333 3
   125.0                    275 000.0
   166.666 7                366 666.666 7
   208.333 3                458 333.333 3
```

```
    250.0                    550 000.0
    291.666 7                641 666.666 7
    333.333 3                733 333.333 3
    375.0                    825 000.0
    416.666 7                916 666.666 7
    458.333 3                1 008 333.333 3
    500.0                    1 100 000.0
$------------------------------------------------------------------TX_CURVE
[TX_CURVE]
{       ax                     tx}
  - 500.0                  - 5 000 000.0
  - 458.333 3              - 4 583 333.333 3
  - 416.666 7              - 4 166 666.666 7
  - 375.0                  - 3 750 000.0
  - 333.333 3              - 3 333 333.333 3
  - 291.666 7              - 2 916 666.666 7
  - 250.0                  - 2 500 000.0
  - 208.333 3              - 2 083 333.333 3
  - 166.666 7              - 1 666 666.666 7
  - 125.0                  - 1 250 000.0
  - 83.333 3               - 833 333.333 3
  - 41.666 7               - 416 666.666 7
    0.0                      0.0
    41.666 7                 416 666.666 7
    83.333 3                 833 333.333 3
    125.0                    1 250 000.0
    166.666 7                1 666 666.666 7
    208.333 3                2 083 333.333 3
    250.0                    2 500 000.0
    291.666 7                2 916 666.666 7
    333.333 3                3 333 333.333 3
    375.0                    3 750 000.0
    416.666 7                4 166 666.666 7
    458.333 3                4 583 333.333 3
    500.0                    5 000 000.0
$------------------------------------------------------------------TY_CURVE
[TY_CURVE]
{       ay                     ty}
```

```
– 500.0         – 5 000 000.0
– 458.333 3     – 4 583 333.333 3
– 416.666 7     – 4 166 666.666 7
– 375.0         – 3 750 000.0
– 333.333 3     – 3 333 333.333 3
– 291.666 7     – 2 916 666.666 7
– 250.0         – 2 500 000.0
– 208.333 3     – 2 083 333.333 3
– 166.666 7     – 1 666 666.666 7
– 125.0         – 1 250 000.0
– 83.333 3      – 833 333.333 3
– 41.666 7      – 416 666.666 7
  0.0             0.0
  41.666 7        416 666.666 7
  83.333 3        833 333.333 3
  125.0           1 250 000.0
  166.666 7       1 666 666.666 7
  208.333 3       2 083 333.333 3
  250.0           2 500 000.0
  291.666 7       2 916 666.666 7
  333.333 3       3 333 333.333 3
  375.0           3 750 000.0
  416.666 7       4 166 666.666 7
  458.333 3       4 583 333.333 3
  500.0           5 000 000.0
$-------------------------------------------------------------------TZ_CURVE
[TZ_CURVE]
{      az                tz}
 – 500.0          0.0
 – 458.333 3      0.0
 – 416.666 7      0.0
 – 375.0          0.0
 – 333.333 3      0.0
 – 291.666 7      0.0
 – 250.0          0.0
 – 208.333 3      0.0
 – 166.666 7      0.0
 – 125.0          0.0
```

− 83.333 3	0.0
− 41.666 7	0.0
0.0	0.0
41.666 7	0.0
83.333 3	0.0
125.0	0.0
166.666 7	0.0
208.333 3	0.0
250.0	0.0
291.666 7	0.0
333.333 3	0.0
375.0	0.0
416.666 7	0.0
458.333 3	0.0
500.0	0.0

➢ 部件 r_zhijia_down 与 r_damper_down 之间 bushing 约束

- Bushing Name（约束副名称）：r_damper_down；
- I Part：._my_cab_zhudong.ges_r_zhijia_down；
- J Part：._my_cab_zhudong.gel_r_damper_down；
- Inactive（抑制）：never；
- Preload：0，0，0；
- Tpreload:0，0，0；
- Offset：0，0，0；
- Roffset：0，0，0；
- Geometry Length：20；
- Geometry Radius：30；
- Property File：mdids://atruck_shared/bushings.tbl/msc_truck_cab_suspension_shock.bus；
- Location Dependency：Delta location from coordinate；
- Coordinate Reference（参考坐标）：._my_cab_zhudong.ground.hpl_r_damper_down；
- Location：0，0，0；
- Location in：local；
- Orientation Dependency：User entered values；
- Orient using：Euler Angles；
- Euler Angles：90，90，0；
- 单击 Apply，完成轴套._my_cab_zhudong.bgl_r_damper_down 的创建。

➢ 部件 zhijia_UP 与 cab 之间 bushing 约束

- Bushing Name（约束副名称）：zhijia_UP_rear；
- I Part：._my_cab_zhudong.gel_zhijia_UP；

- J Part：._my_cab_zhudong.ges_cab；
- Inactive（抑制）：never；
- Preload：0，0，0；
- Tpreload:0，0，0；
- Offset：0，0，0；
- Roffset：0，0，0；
- Geometry Length：20；
- Geometry Radius：30；
- Property File：mdids://acar_shared/bushings.tbl/mdi_0001.bus；
- Location Dependency：Delta location from coordinate；
- Coordinate Reference（参考坐标）：._my_cab_zhudong.ground.hpl_fzb_rear；
- Location：0，0，0；
- Location in：local；
- Orientation Dependency：Orient axis to point；
- Coordinate Reference（参考坐标）：._my_cab_zhudong.ground.hpr_fzb_rear；
- Axis：Z；
- 单击 Apply，完成轴套._my_cab_zhudong.bgl_zhijia_UP_rear 的创建。

➢ 部件 r_zhijia_up 与 cab 之间 bushing 约束

- Bushing Name（约束副名称）：b1；
- I Part：._my_cab_zhudong.gel_r_zhijia_up；
- J Part：._my_cab_zhudong.ges_cab；
- Inactive（抑制）：never；
- Preload：0，0，0；
- Tpreload:0，0，0；
- Offset：0，0，0；
- Roffset：0，0，0；
- Geometry Length：20；
- Geometry Radius：30；
- Property File：mdids://atruck_shared/bushings.tbl/msc_truck_cab_suspension_lateral_bar.bus；
- Location Dependency：Delta location from coordinate；
- Coordinate Reference（参考坐标）：._my_cab_zhudong.ground.hpl_b1；
- Location：0，0，0；
- Location in：local；
- Orientation Dependency：User entered values；
- Orient using：Euler Angles；
- Euler Angles：90，90，0；
- 单击 Apply，完成轴套._my_cab_zhudong.bgl_b1 的创建。

➢ 部件 f_damper_up 与 cab 之间 bushing 约束

- Bushing Name（约束副名称）：f_damper_up；

- I Part：._my_cab_zhudong.gel_f_damper_up；
- J Part：._my_cab_zhudong.ges_cab；
- Inactive（抑制）：never；
- Preload：0，0，0；
- Tpreload:0，0，0；
- Offset：0，0，0；
- Roffset：0，0，0；
- Geometry Length：20；
- Geometry Radius：30；
- Property File：mdids://acar_shared/bushings.tbl/mdi_0001.bus；
- Location Dependency：Delta location from coordinate；
- Coordinate Reference（参考坐标）：._my_cab_zhudong.ground.hpl_f_damper_up；
- Location：0，0，0；
- Location in：local；
- Orientation Dependency：Orient axis to point；
- Coordinate Reference（参考坐标）：._my_cab_zhudong.ground.hpr_f_damper_up；
- Axis：Z；
- 单击 Apply，完成轴套._my_cab_zhudong.bgl_f_damper_up 的创建。

➢ 部件 f_damper_down 与 zhijia_UP 之间 bushing 约束

- Bushing Name（约束副名称）：f_damper_down；
- I Part：._my_cab_zhudong.gel_f_damper_down；
- J Part：._my_cab_zhudong.gel_zhijia_UP；
- Inactive（抑制）：never；
- Preload：0，0，0；
- Tpreload:0，0，0；
- Offset：0，0，0；
- Roffset：0，0，0；
- Geometry Length：20；
- Geometry Radius：30；
- Property File：mdids://acar_shared/bushings.tbl/mdi_0001.bus；
- Location Dependency：Delta location from coordinate；
- Coordinate Reference（参考坐标）：._my_cab_zhudong.ground.hpl_f_damper_down；
- Location：0，0，0；
- Location in：local；
- Orientation Dependency：Orient axis to point；
- Coordinate Reference（参考坐标）：._my_cab_zhudong.ground.hpr_f_damper_down；
- Axis：Z；
- 单击 Apply，完成轴套._my_cab_zhudong.bgl_f_damper_down 的创建。

15.5 主动驾驶室函数设定

➢ 状态变量

• 单击 Build >System Elements > State variable > New 命令，弹出创建状态变量对话框，如图 15-15 所示；

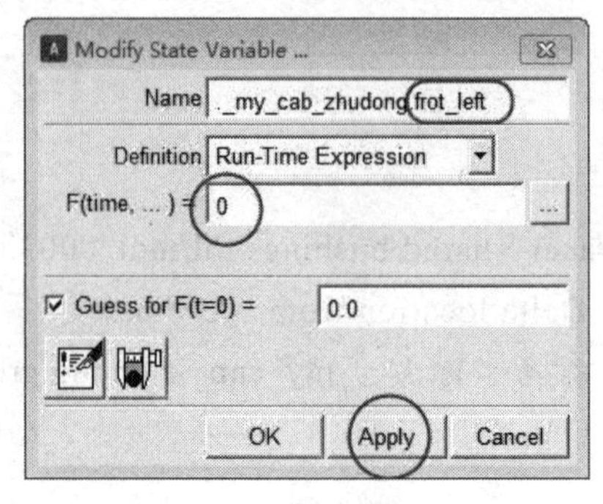

图 15-15 状态变量/frot_left

• Name（状态变量名称）：frot_left；

• Definition：Run-Time Expression；

• F（time=0）：0；

• 单击 Apply，完成状态变量._my_cab_zhudong.frot_left 的创建。

• 重复上述步骤，完成以下状态变量的建立：

（1）._my_cab_zhudong.front_right；

（2）._my_cab_zhudong.rear_left；

（3）._my_cab_zhudong.rear_right。

➢ 主动力

• 切换到 Adams/View 界面；

• 单击菜单栏 Force，选择 Applied Forces 框的 Force 快捷方式，在两部件 spring_down、spring_up 之间建单向主动力；

• Run-time Direction（主动力运行时方向）：Two Bodies；

• Construction：2 Bodies -2 Location；

• Characteristic：Custom；

• 根据命令窗口提示顺序选择两部件._my_cab_zhudong.gel_f_damper_up、._my_cab_zhudong.gel_f_damper_down，顺序选择参考点 spring_down.cm、spring_up.cm，完成主动力 SFORCE_1 的创建；

• 选中主动力 SFORCE_1，右击鼠标选择 Rename，修改名称为 f_zdl_l；

• 单击 OK，完成主动力的重命名。

• 右击 zhudongli，选择 Modify；

• 在弹出的 Modify Force 对话框中修改 Function：输入 VARVAL（._my_cab_zhudong.frot_left），其余参数保持默认；

• 单击 OK，完成主动力 f_zdl_l 的修改函数，如图 15-16 所示；

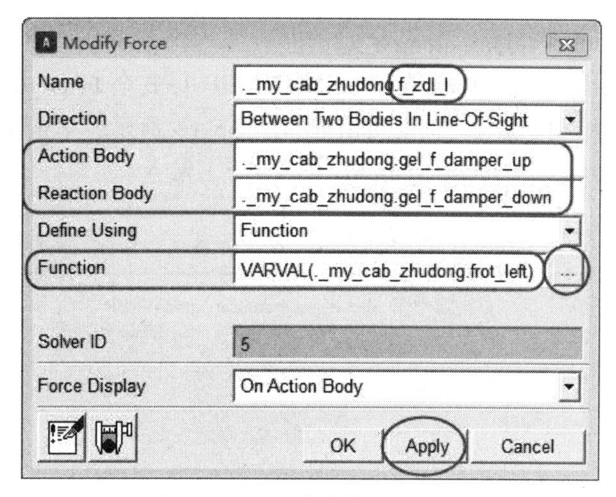

图 15-16　主动力修改对话框

- 重复上述步骤，完成以下主动力的创建：

（1）._my_cab_zhudong.f_zdl_r；

（2）._my_cab_zhudong.r_zdl_l；

（3）._my_cab_zhudong.r_zdl_r。

➢ 测量函数

构建主动驾驶室模型，需要输出驾驶室与支撑悬置连接处的速度及其他参数。测量函数的建立如图 15-17 所示。

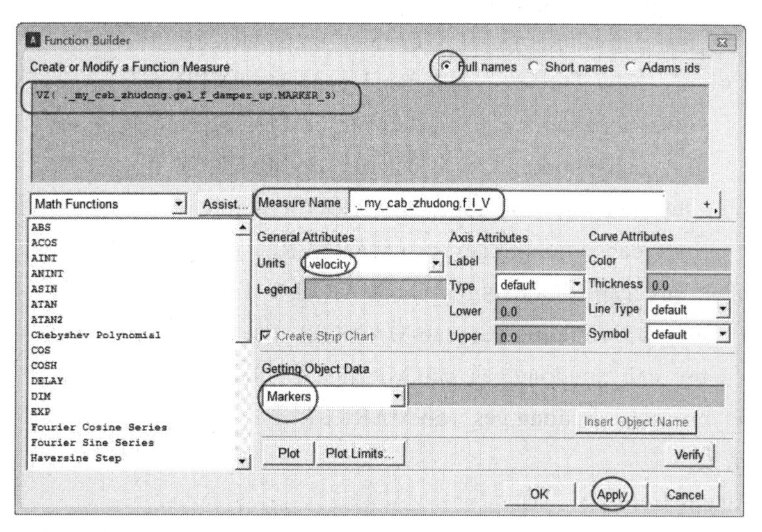

图 15-17　测量函数构建

- 单击菜单栏 Design Exploration，选择系统单元 Measures 框中的创建状态变量快捷方式图标：Create a new Function Measures，弹出函数构建对话框；
- Measures Name：f_l_V；
- Units：velocity；
- 选择 Velocity along Y；

• 点击 Assist，弹出 Velocity along Y 对话框；

• To_Marker 框中输入 gel_f_damper_up.MARKER_3，其余 From_Marker、Along_Marker、Ref_Frame 框保持默认不用输入，辅助对话框如图 15-18 所示，单击 OK，完成加速度函数 VZ（._my_cab_zhudong.gel_f_damper_up.MARKER_3）输入。

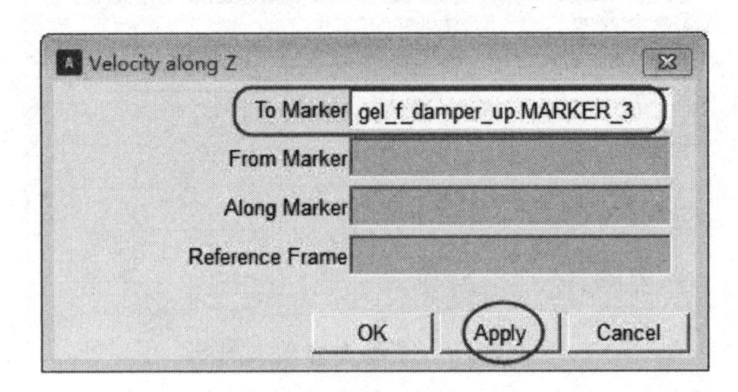

图 15-18　辅助对话框

• 单击 Verify，检查函数 VZ（._my_cab_zhudong.gel_f_damper_up.MARKER_3）正确无误；

• 单击 OK，完成函数构建。

• 重复以上步骤，完成以下测量函数的建立：

（1）VZ（._my_cab_zhudong.ger_f_damper_up.MARKER_5）;

（2）VZ（._my_cab_zhudong.gel_r_damper_up.MARKER_7）;

（3）VZ（._my_cab_zhudong.ger_r_damper_up.MARKER_9）;

（4）ACCZ（._my_cab_zhudong.gel_f_damper_up.MARKER_3）;

（5）ACCZ（._my_cab_zhudong.ger_f_damper_up.MARKER_5）;

（6）ACCZ（._my_cab_zhudong.gel_r_damper_up.MARKER_7）;

（7）ACCZ（._my_cab_zhudong.ger_r_damper_up.MARKER_9）;

（8）ACCX（._my_cab_zhudong.ges_cab.MARKER_1）;

（9）ACCY（._my_cab_zhudong.ges_cab.MARKER_1）;

（10）ACCZ（._my_cab_zhudong.ges_cab.MARKER_1）;

（11）WX（._my_cab_zhudong.ges_cab.MARKER_1）;

（12）WY（._my_cab_zhudong.ges_cab.MARKER_1）;

（13）WZ（._my_cab_zhudong.ges_cab.MARKER_1）。

➢ 输入输出集

• 切换到 Adams/Car 专家界面；

• 单击 Build >Date Elements > Plant Input > New 命令，弹出创建状态变量对话框，如图 15-19 所示；

• Variable Name（变量名称，输入之前建立好的状态变量）：._my_cab_zhudong.frot_left，._my_cab_zhudong.front_right，._my_cab_zhudong.rear_left，._my_cab_zhudong.rear_right；

• 单击 OK，完成输入集._my_cab_zhudong.PINPUT_1 的创建。

• 单击 Build >Date Elements > Plant Output > New 命令，弹出创建状态变量对话框，如图 15-20 所示；

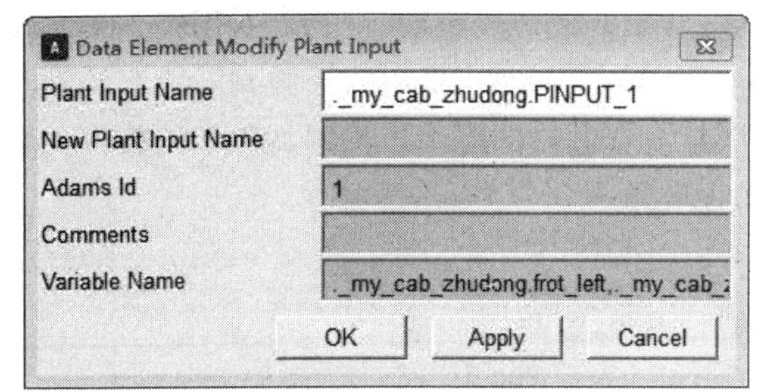
Data Element Modify Plant Input
Plant Input Name ._my_cab_zhudong.PINPUT_1
New Plant Input Name
Adams Id 1
Comments
Variable Name ._my_cab_zhudong.frot_left,._my_cab_
OK Apply Cancel

图 15-19　输入集

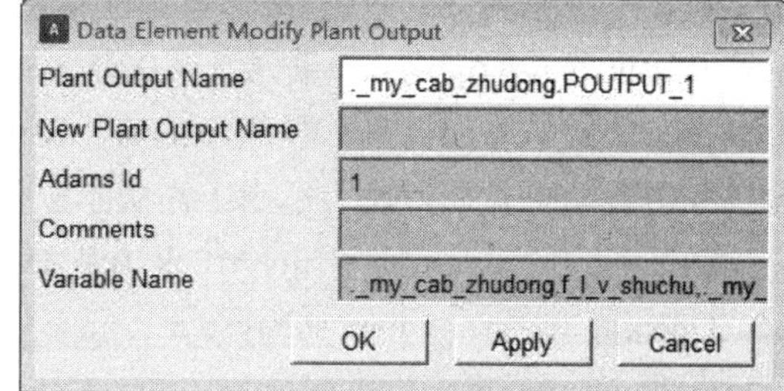
Data Element Modify Plant Output
Plant Output Name ._my_cab_zhudong.POUTPUT_1
New Plant Output Name
Adams Id 1
Comments
Variable Name ._my_cab_zhudong.f_l_v_shuchu,._my_
OK Apply Cancel

图 15-20　输出集

- Variable Name（变量名称，输入之前建立好的状态变量）：._my_cab_zhudong.f_l_v_shuchu，._my_cab_zhudong.f_r_v_shuchu，._my_cab_zhudong.r_l_v_shuchu，._my_cab_zhudong.r_r_v_shuchu，._my_cab_zhudong.f_l_av_shuchu，._my_cab_zhudong.f_r_av_shuchu，._my_cab_zhudong.r_l_av_shuchu，._my_cab_zhudong.r_r_av_shuchu，._my_cab_zhudong.cab_wx_shuchu，._my_cab_zhudong.cab_wy_shuchu，._my_cab_zhudong.cab_wz_shuchu，._my_cab_zhudong.cab_AX_shuchu，._my_cab_zhudong.cab_AY_shuchu，._my_cab_zhudong.cab_AZ_shuchu；
- 单击 OK，完成输出集._my_cab_zhudong.POUTPUT_1 的创建。

至此，主动驾驶室模型建立完成，保存主动驾驶室模型，切换到 Adams/Car 标准界面，建立主动驾驶室子系统，并在 6×2 整车上添加主动驾驶室子系统，6×2 整车模型建立请参考《车辆系统动力学仿真》一书，由于 6×2 整车模型极为复杂，在此处不再详细叙述其建模过程。

15.6　整车平台

相对于独立的驾驶室模型，整车平台环境下研究驾驶室的动态特性更符合驾驶室真实的工作状态；整车平台下可以详细地考虑驾驶室与其他系统的匹配特性，同时可以考虑不同的路面特性；整车平台下的缺点是建模工作量较大，系统的匹配与调试较为复杂，计算量大。整车平台如图 15-21 所示，包含车架、推杆式平衡悬架、前转向悬架，右舵转向系统、制动、动力传动以及轮胎多个系统，整车共包含 977 个自由度。

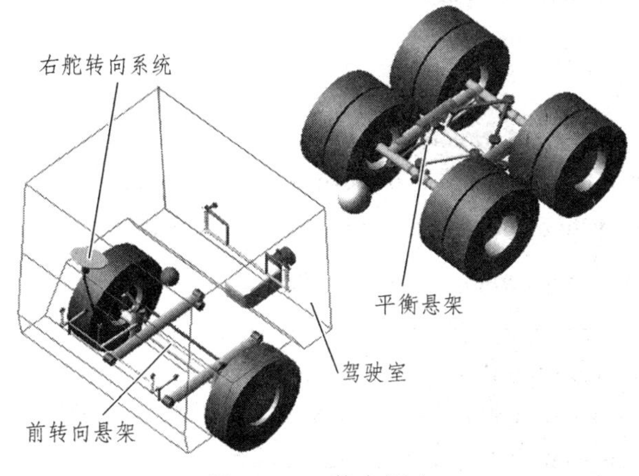

图 15-21　整车平台

包含主动驾驶室系统的 6×2 整车模型打开信息如下，可以从打开信息中看出整车包含的系统及通讯器匹配情况，如果熟悉 ADAMS/CAR 通讯器的特性，可以凭经验判断整车装配是否存在小的缺陷，如果整车装配不正确，装配信息会有适当的提示；采用高版本的软件，装配过程会自动更新或转换为适用于高版本软件的模型。

```
Opening the assembly：'my_truck_full_DX_496_cab'...
Opening the rear wheel subsystem：'msc_truck_drive_wheels'...
Opening the rear_2 wheel subsystem：'msc_truck_drive_wheels_2'...
Opening the front wheel subsystem：'msc_truck_steer_wheels'...
Opening the body subsystem：'my_truck_body'...
Opening the front steering subsystem：'my_truck_steering'...
Converting template from version 2014.0 to 2015.0 ...
-------------------------------------------------------
Template has been converted to version 2015.0.
Opening the front suspension subsystem：'my_truck_sus_f'...
Converting template from version 2014.0 to 2015.0 ...
-------------------------------------------------------
- Converting bushing：bgl_damper_down...
- Converting bushing：bgr_damper_down...
- Converting bushing：bgl_damper_up...
- Converting bushing：bgr_damper_up...
- Converting bushing：bkl_p1...
- Converting bushing：bkr_p1...
- Converting bushing：bkl_p15...
- Converting bushing：bkr_p15...
- Converting bushing：bkl_p16...
- Converting bushing：bkr_p16...
- Converting damper：dal_damper...
- Converting damper：dar_damper...
-------------------------------------------------------
Template has been converted to version 2015.0.
Opening the powertrain subsystem：'my_truck_powertrain'...
Opening the brake_system subsystem：'my_truck_brake'...
Converting template from version 2014.0 to 2015.0 ...
-------------------------------------------------------
Template has been converted to version 2015.0.
Opening the rear suspension subsystem：'my_truck_driveaxle_DX_496'...
Opening the cab subsystem：'my_cab_zhudong'...
```

```
Converting template from version 2014.0 to 2015.0 ...
----------------------------------------------------
- Converting bushing: bgl_b1...
- Converting bushing: bgr_b1...
- Converting bushing: bgl_f_damper_down...
- Converting bushing: bgr_f_damper_down...
- Converting bushing: bgl_f_damper_up...
- Converting bushing: bgr_f_damper_up...
- Converting bushing: bgl_r_damper_down...
- Converting bushing: bgr_r_damper_down...
- Converting bushing: bgl_r_damper_up...
- Converting bushing: bgr_r_damper_up...
- Converting bushing: bgl_zhijia_UP_rear...
- Converting bushing: bgr_zhijia_UP_rear...
- Converting damper: dal_f_damper...
- Converting damper: dar_f_damper...
- Converting damper: dal_r_damper...
- Converting damper: dar_r_damper...
----------------------------------------------------
Template has been converted to version 2015.0.
Assembling subsystems...
Assigning communicators...
WARNING: The following input communicators were not assigned during assembly:
%以下为不匹配的输入通讯器，但不影响整车的正常仿真。
testrig.cis_downforce_coefficient
testrig.cis_crankshaft_ratio
testrig.cis_transmission_efficiency
testrig.cis_drive_torque_bias_front
testrig.cil_svs_ride_height_front
testrig.cir_svs_ride_height_front
testrig.cil_svs_ride_height_rear
testrig.cir_svs_ride_height_rear
testrig.cis_svs_trim_part
testrig.cis_engine_idle_speed
Assignment of communicators completed.
Assembly of subsystems completed.
Full vehicle assembly ready.
```

15.7 ADAMS/Controls 设置

通过 ADAMS/Control 模块系统机械模型与控制模型，ADAMS 与 MATLAB 软件路径统一设置为 D:/cab_cosimulation。

• 单击菜单栏插件 Plugins，单击选择 Controls，出现下拉列表，选择 Plant Export 命令，弹出控制接口输出对话框，如图 15-22 所示；

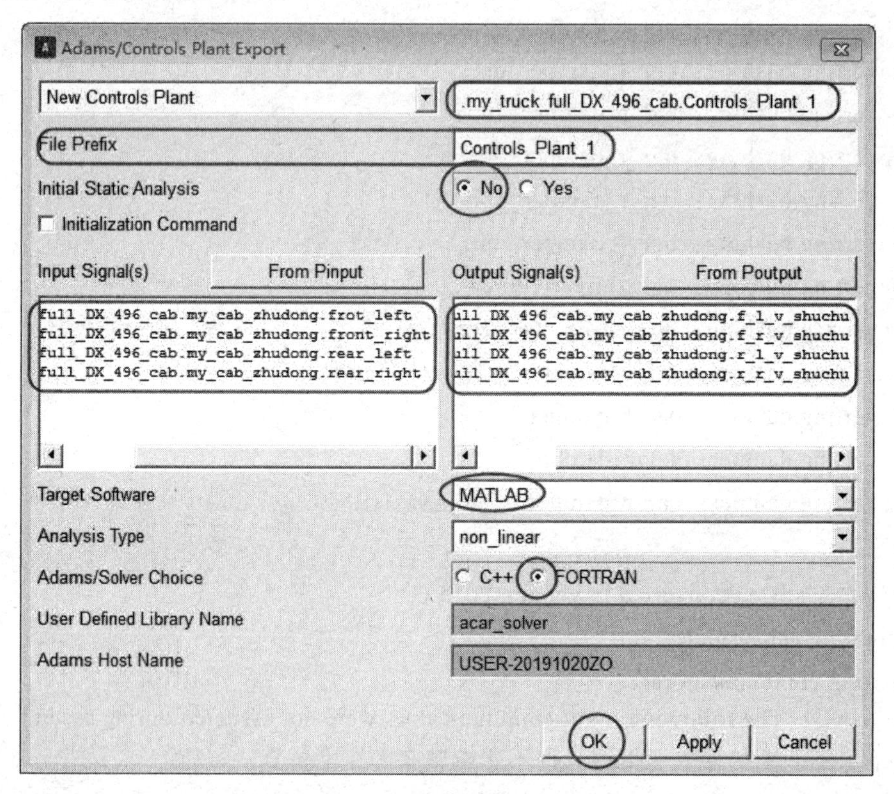

图 15-22　控制接口输出对话框

• File Prefix（输出文件别名）：Controls_Plant_1；

• Initial Static Analysis（初始静态分析）：No；

• 单击 From Pinput，从输入集中快速输入以下变量：

（1）.my_truck_full_DX_496_cab.my_cab_zhudong.frot_left；

（2）.my_truck_full_DX_496_cab.my_cab_zhudong.front_right；

（3）.my_truck_full_DX_496_cab.my_cab_zhudong.rear_left；

（4）.my_truck_full_DX_496_cab.my_cab_zhudong.rear_right。

• 单击 From Poutput，从输出集中快速输入以下变量（可以删除输出集中不必要的变量，此处只保留主动驾驶室连接的速度变量）：

（1）.my_truck_full_DX_496_cab.my_cab_zhudong.f_l_v_shuchu；

（2）.my_truck_full_DX_496_cab.my_cab_zhudong.f_r_v_shuchu；

（3）.my_truck_full_DX_496_cab.my_cab_zhudong.r_l_v_shuchu；

（4）.my_truck_full_DX_496_cab.my_cab_zhudong.r_r_v_shuchu。

- Target Software（目标软件或者对接软件）：MATLAB；
- Analysis Type（分析类型）：选择非线性 non_linear；
- Adams/Solver Choice：选择 FORTRAN；
- 其余保持默认，单击 OK，完成 ADAMS/Controls 模块下的输入输出集的创建。

15.8 匀速直线仿真

- 单击 Simulate > Full-Vehicle Analysis > Straight Line Events > Acceleration 命令，弹出整车加速仿真对话框，如图 15-23 所示；

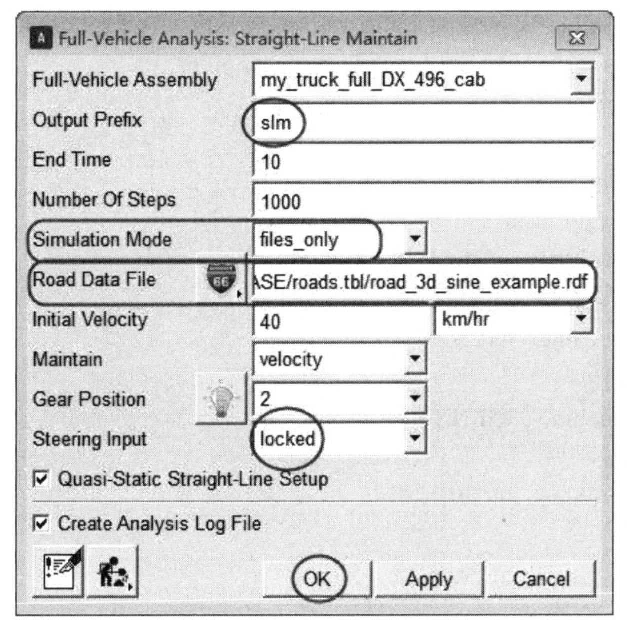

图 15-23 匀速仿真设定

- Output Prefix（输出别名）：slm；
- End Time：10；
- Number of Steps（仿真步数）：1 000；
- Simulation Mode：files_only；
- Road Date File：mdids://FASE/roads.tbl/road_3d_sine_example.rdf；
- Initial Velocity：40 km/hr；
- Maintain：velocity；
- Gear Position：2；
- Steering Input：locked；
- 勾选 Quasi-Static Straight-Line Setup；
- 单击 OK，完成匀速直线行驶仿真设置并提交运算。

15.9 ADAMS 与 MATLAB 协同

15.9.1 协同方案 A

用记事本打开文件 Controls_Plant_1.m：

A. 修改 ADAMS_prefix = 'slm_maintain';

B. 修改 ADAMS_init ="file/command=Controls_Plant_1_controls.acf' 为 ADAMS_init=" file/command= file/command=slm_maintain_controls.acf;

C. 具体操作过程如下，程序修改部分用下划线斜体区别：

```
% Adams / MATLAB Interface - Release 2015.0.0
system（'taskkill /IM scontrols.exe /F >NUL'）;clc;
global ADAMS_sysdir; % used by setup_rtw_for_adams.m
global ADAMS_host; % used by start_adams_daemon.m
machine=computer;
datestr（now）
if strcmp（machine，'SOL2'）
    arch = 'solaris32';
else if strcmp（machine，'SOL64'）
    arch = 'solaris32';
else if strcmp（machine，'GLNX86'）
    arch = 'linux32';
else if strcmp（machine，'GLNXA64'）
    arch = 'linux64';
else if strcmp（machine，'PCWIN'）
    arch = 'win32';
else if strcmp（machine，'PCWIN64'）
    arch = 'win64';
else
    disp（'%%% Error：Platform unknown or unsupported by Adams/Controls.'）;
    arch = 'unknown_or_unsupported';
    return
end
if strcmp（arch，'win64'）
    [flag，topdir]=system（'adams2015_x64 -top'）;
else
    [flag，topdir]=system（'adams2015 -top'）;
end
if flag == 0
   temp_str=strcat（topdir，'/controls/'，arch）;
   addpath（temp_str）
```

```
        temp_str=strcat ( topdir, '/controls/', 'matlab' );
        addpath ( temp_str )
        temp_str=strcat ( topdir, '/controls/', 'utils' );
        addpath ( temp_str )
        ADAMS_sysdir = strcat ( topdir, '' );
    else
        addpath ( 'D:\MSC ~ 1.SOF\ADAMS_ ~ 1\2015\controls/win64' );
        addpath ( 'D:\MSC ~ 1.SOF\ADAMS_ ~ 1\2015\controls/win32' );
        addpath ( 'D:\MSC ~ 1.SOF\ADAMS_ ~ 1\2015\controls/matlab' );
        addpath ( 'D:\MSC ~ 1.SOF\ADAMS_ ~ 1\2015\controls/utils' );
        ADAMS_sysdir = 'D:\MSC ~ 1.SOF\ADAMS_ ~ 1\2015\';
    end
    ADAMS_exec = 'acar_solver';
    ADAMS_host = 'USER-20191020ZO';
    ADAMS_cwd ='D:\cab_cosimulation';
    ADAMS_prefix = 'slm_maintain ';
    ADAMS_static = 'no';
    ADAMS_solver_type = 'Fortran';
    if exist ( [ADAMS_prefix, '.adm'] ) == 0
        disp ( '' ) ;
        disp ( '%%% Warning: missing ADAMS plant model file ( .adm ) for Co-simulation or
Function Evaluation.' ) ;
        disp ( '%%% If necessary, please re-export model files or copy the exported plant model
files into the' ) ;
        disp ( '%%% working directory.  You may disregard this warning if the Co-simulation/
Function Evaluation' ) ;
        disp ( '%%% is TCP/IP-based ( running Adams on another machine ), or if setting up
MATLAB/Real-Time Workshop' ) ;
        disp ( '%%% for generation of an External System Library.' ) ;
        disp ( '' ) ;
    end
    ADAMS_init = 'file/command= slm_maintain _controls.acf';
    ADAMS_inputs='my_cab_zhudong.frot_left!my_cab_zhudong.front_right!my_cab_zhudong.rear
_left!my_cab_zhudong.rear_right';
    ADAMS_outputs = 'my_cab_zhudong.f_l_v_shuchu!my_cab_zhudong.f_r_v_shuchu!my_cab_
zhudong.r_l_v_shuchu!my_cab_zhudong.r_r_v_shuchu';
    ADAMS_pinput = 'Controls_Plant_1.ctrl_pinput';
    ADAMS_poutput = 'Controls_Plant_1.ctrl_poutput';
    ADAMS_uy_ids   = [
                    532
```

```
                    533
                    534
                    535
                    547
                    548
                    549
                    550
                ];
ADAMS_mode    = 'non-linear';
tmp_in   = decode ( ADAMS_inputs );
tmp_out = decode ( ADAMS_outputs );
disp ( '' ) ;
disp ( '%%% INFO：ADAMS plant actuators names :' );
disp ( [int2str ( [1:size ( tmp_in， 1 ) ]' )， blanks ( size ( tmp_in， 1 )) '， tmp_in] );
disp ( '%%% INFO：ADAMS plant sensors    names :' ) ;
disp ( [int2str ( [1:size ( tmp_out， 1 ) ]' )， blanks ( size ( tmp_out， 1 )) '， tmp_out] );
disp ( '' ) ;
clear tmp_in tmp_out;
% Adams / MATLAB Interface - Release 2015.0.0
```

15.9.2 协同方案 B

用记事本打开文件 slm_maintain.m，如下参数与 Controls_Plant_1.m 文件对应的参数相同，可以把 Controls_Plant_1.m 中对应的参数复制粘贴过来保存即可。

A. 修改 ADAMS_outputs = '……';

B. 修改 ADAMS_poutput = '……';

C. 修改 ADAMS_uy_ids='……';

具体操作过程如下，程序修改部分用斜体区别：斜体与 Controls_Plant_1.m 文件对应的参数相同：

```
% Adams / MATLAB Interface - Release 2015.0.0
system ( 'taskkill /IM scontrols.exe /F >NUL' ) ;clc;
global ADAMS_sysdir; % used by setup_rtw_for_adams.m
global ADAMS_host; % used by start_adams_daemon.m
machine=computer;
datestr ( now )
if strcmp ( machine， 'SOL2' )
    arch = 'solaris32';
else if strcmp ( machine， 'SOL64' )
    arch = 'solaris32';
else if strcmp ( machine， 'GLNX86' )
```

```
    arch = 'linux32';
else if strcmp ( machine, 'GLNXA64' )
    arch = 'linux64';
else if strcmp ( machine, 'PCWIN' )
    arch = 'win32';
else if strcmp ( machine, 'PCWIN64' )
    arch = 'win64';
else
    disp ( '%%% Error: Platform unknown or unsupported by Adams/Controls.' ) ;
    arch = 'unknown_or_unsupported';
    return
end
if strcmp ( arch, 'win64' )
    [flag, topdir]=system ( 'adams2015_x64 -top' ) ;
else
    [flag, topdir]=system ( 'adams2015 -top' ) ;
end
if flag == 0
  temp_str=strcat ( topdir, '/controls/', arch ) ;
  addpath ( temp_str )
  temp_str=strcat ( topdir, '/controls/', 'matlab' ) ;
  addpath ( temp_str )
  temp_str=strcat ( topdir, '/controls/', 'utils' ) ;
  addpath ( temp_str )
  ADAMS_sysdir = strcat ( topdir, '' ) ;
else
  addpath ( 'D:\MSC ~ 1.SOF\ADAMS_ ~ 1\2015\controls/win64' ) ;
  addpath ( 'D:\MSC ~ 1.SOF\ADAMS_ ~ 1\2015\controls/win32' ) ;
  addpath ( 'D:\MSC ~ 1.SOF\ADAMS_ ~ 1\2015\controls/matlab' ) ;
  addpath ( 'D:\MSC ~ 1.SOF\ADAMS_ ~ 1\2015\controls/utils' ) ;
  ADAMS_sysdir = 'D:\MSC ~ 1.SOF\ADAMS_ ~ 1\2015\';
end
ADAMS_exec = 'acar_solver';
ADAMS_host = '';
ADAMS_cwd ='D:\cab_cosimulation'  ;
ADAMS_prefix = 'slm_maintain';
ADAMS_static = 'no';
ADAMS_solver_type = 'Fortran';
if exist ( [ADAMS_prefix, '.adm'] ) == 0
    disp ( '' ) ;
```

```
        disp ( '%%% Warning: missing ADAMS plant model file ( .adm ) for Co-simulation or Function Evaluation.' ) ;
        disp ( '%%% If necessary, please re-export model files or copy the exported plant model files into the' ) ;
        disp ( '%%% working directory.  You may disregard this warning if the Co-simulation/Function Evaluation' ) ;
        disp ( '%%% is TCP/IP-based ( running Adams on another machine ), or if setting up MATLAB/Real-Time Workshop' ) ;
        disp ( '%%% for generation of an External System Library.' ) ;
        disp ( '' ) ;
    end
    ADAMS_init = 'file/command=slm_maintain_controls.acf';
    ADAMS_inputs = 'my_truck_brake.front_left_INPUT!my_truck_brake.front_right_INPUT!my_truck_brake.mid_left_INPUT!my_truck_brake.mid_right_INPUT!my_truck_brake.rear_left_INPUT!my_truck_brake.rear_right_INPUT!my_cab_zhudong.frot_left!my_cab_zhudong.front_right!my_cab_zhudong.rear_left!my_cab_zhudong.rear_right';
    ADAMS_outputs = 'my_cab_zhudong.f_l_v_shuchu!my_cab_zhudong.f_r_v_shuchu!my_cab_zhudong.r_l_v_shuchu!my_cab_zhudong.r_r_v_shuchu';
    ADAMS_pinput = 'Controls_Plant_1.ctrl_pinput';
    ADAMS_poutput = 'Controls_Plant_1.ctrl_poutput';
    ADAMS_uy_ids  = [
                    532
                    533
                    534
                    535
                    547
                    548
                    549
                    550
                  ];
    ADAMS_mode   = 'non-linear';
    tmp_in  = decode ( ADAMS_inputs  ) ;
    tmp_out = decode ( ADAMS_outputs ) ;
    disp ( '' ) ;
    disp ( '%%% INFO: ADAMS plant actuators names :' ) ;
    disp ( [int2str ( [1:size ( tmp_in, 1 ) ]' ), blanks ( size ( tmp_in, 1 )) ', tmp_in] ) ;
    disp ( '%%% INFO: ADAMS plant sensors   names :' ) ;
    disp ( [int2str ( [1:size ( tmp_out, 1 ) ]' ), blanks ( size ( tmp_out, 1 )) ', tmp_out] ) ;
```

```
disp ('');
clear tmp_in tmp_out;
% Adams / MATLAB Interface - Release 2015.0.0
```

- MATLAB 软件命令窗口中输入：Controls_Plant_1；
- 单击键盘 Enter 键，此时命令窗口显示出如下信息，信息包含输入输出集信息。

```
Matlab 窗口界面显示如下信息：
Controls_Plant_1

%%% INFO：ADAMS plant actuators names:
1 my_cab_zhudong.frot_left
2 my_cab_zhudong.front_right
3 my_cab_zhudong.rear_left
4 my_cab_zhudong.rear_right
%%% INFO：ADAMS plant sensors names:
1 my_cab_zhudong.f_l_v_shuchu
2 my_cab_zhudong.f_r_v_shuchu
3 my_cab_zhudong.r_l_v_shuchu
4 my_cab_zhudong.r_r_v_shuchu
```

- 运行 adams_sys，调出 adams_plant 对话框，如图 15-24 所示。

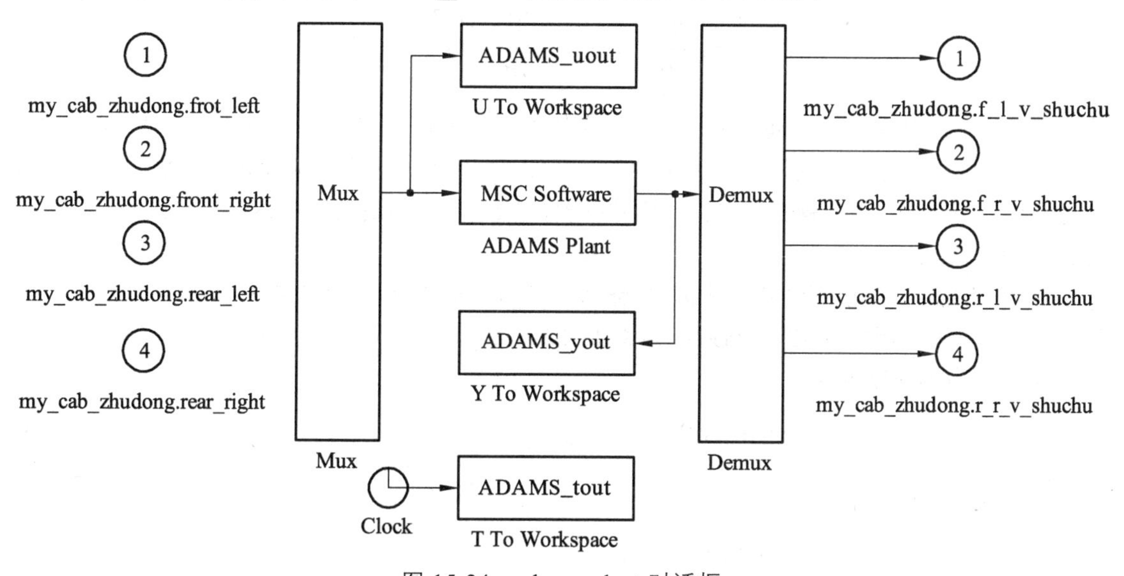

图 15-24　adams_plant 对话框

15.10　模糊 PID-D 耦合算法

6 × 4 驱动底盘形式主要用于工程车辆和商用牵引车，一般工程车辆的工作路面较差，牵引车多在国道及高速路面运输。对于不同的路面工作状态，驾驶室输出的振动特性不同；当工作路面较差且整车运行速度较小时，输入信号等同于阶跃信号，在驾驶室主动悬置系统控制过程中会造成定点冲击，增加驾驶室的瞬间振动；对于固定的路面信号输入，微分先行 PID 控制可以有效地改善瞬时定点冲击现象，但当路面输入改变时，已调整好的系统调节参数已不适用，针对此问题提出模糊 PID-D 耦合算法，通过车身加速度判定路面的输入状态，然后通过模糊算法在线自适应调节 PID-D 微分系数，使整车在各状态运行时都可以适度地减小及避免定点冲击，改善驾驶室的舒适性。

磁流变阻尼器实验请参考文献《磁流变式驾驶室悬置系统隔振研究》。

以左前磁流变阻尼器为例，模糊 PID-D 耦合算法公式推导如下：

$$u(t)=K_{\mathrm{P}}e(t)+K_{\mathrm{I}}\int_0^t e(t)\mathrm{d}t+K_{\mathrm{D1}}F_1\frac{\mathrm{d}}{\mathrm{d}t}e(t)-K_{\mathrm{D2}}F_2\frac{\mathrm{d}}{\mathrm{d}t}y(t) \tag{1}$$

$$e(t)=0-y(t) \tag{2}$$

$$F_1=\Omega(V_z) \tag{3}$$

$$F_2=1-\Omega(V_z) \tag{4}$$

将公式（2）~（4）代入公式（1）中整理得

$$u(t)=-K_{\mathrm{P}}y(t)-K_{\mathrm{I}}\int_0^t y(t)\mathrm{d}t-\frac{\mathrm{d}}{\mathrm{d}t}y(t)-\Omega(V_{\mathrm{Z}})\left[K_{\mathrm{D1}}\frac{\mathrm{d}}{\mathrm{d}t}y(t)-K_{\mathrm{D2}}\frac{\mathrm{d}}{\mathrm{d}t}y(t)\right] \tag{5}$$

式中：$e(t)$ 为输入输出之间误差；$y(t)$ 为驾驶室与阻尼器连接处垂向速度；K_{P} 为缩放系数；K_{I} 为积分系数；K_{D1} 为误差反馈预设微分系数；K_{D2} 为输出反馈预设微分系数；F_1、F_2 为微分在线调节系数，由模糊算法根据路面状态输出；$u(t)$ 为磁流变阻尼器输出控制力；$\Omega(V_{\mathrm{Z}})$ 为模糊控制规则。

微分在线调节系数由模糊算法输出，输入为车身垂向加速度，系统模糊控制规则如表 15-2 所示。建立好的模糊 PID-D 控制系统如图 15-25 所示。

车身垂向加速度论域：

$$E=[-1\,500,1\,500] \tag{6}$$

量化因子：

$$K=3/E=0.002 \tag{7}$$

表 15-2　微分系数调节模糊规则

$\dot{y}(t)$	−3	−2	−1	0	1	2	3
F_1	0.1	0.2	0.5	0.8	0.5	0.2	0.1
F_2	0.9	0.8	0.5	0.2	0.5	0.8	0.9

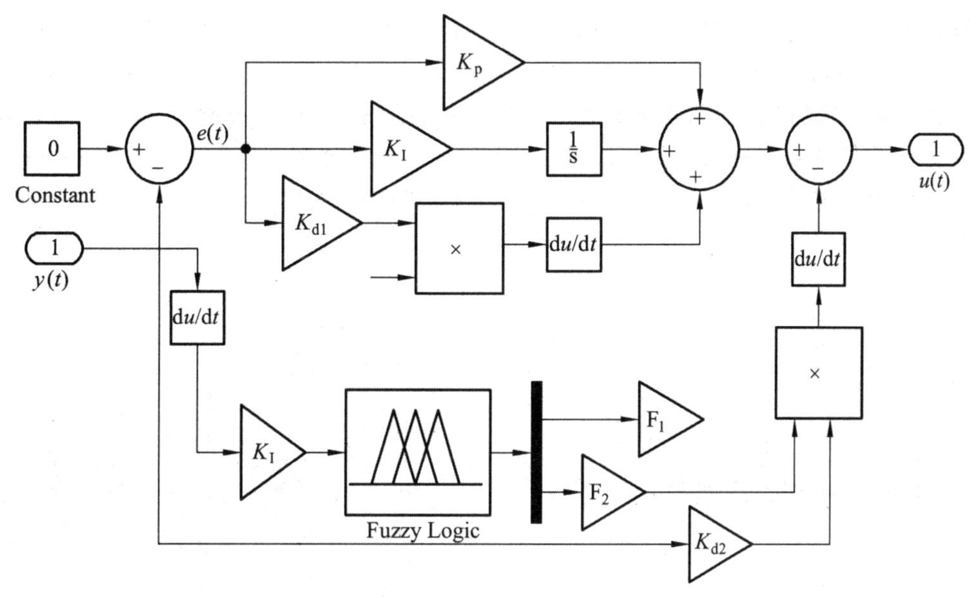

图 15-25　模糊 PID-D 系统

15.11　机控联合仿真

➢ 路面模型

按要求编制连续正弦波路面文件谱，波纹路面宽 2 m，路面摩擦系数为 0.9，路面垂向峰值为 10 mm，波长 8 m，路面特征为“sine”，波纹路面无偏移；编制好的正弦波路面如图 15-26 所示。

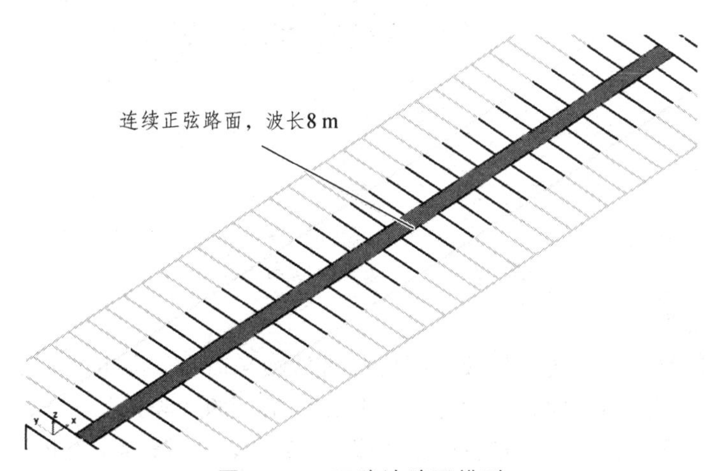

图 15-26　正弦波路面模型

➢ 速度保持仿真

整车保持匀速直线行驶状态，速度 40 km/h，方向盘锁定，仿真计算时间为 10 s。计算结果如图 15-27 ~ 图 15-29 所示，图中 passive 为常规阻尼器仿真结果曲线，active 为磁流变阻尼器仿真结果曲线；驾驶室垂向加速度改善明显，极值从 1 026.98 降低为 403.50，均方根值从 415.65 降低为 107.47，垂向加速度极值与均方根性能分别提升 60.71%、74.14%；驾驶室横摆角速度极值从 0.022 4 降低为 0.017 3，均方根值从 0.007 4 降低为 0.005 0，横摆角速度极值与均方根性能分别提升 22.77%、32.43%；驾驶室侧倾角速度极值从 1.466 2 降低为 0.772 0，均方根值从 0.319 5 降低为 0.272 0，侧倾角速度极值与均方根性能分别提升 47.35%、14.87%。

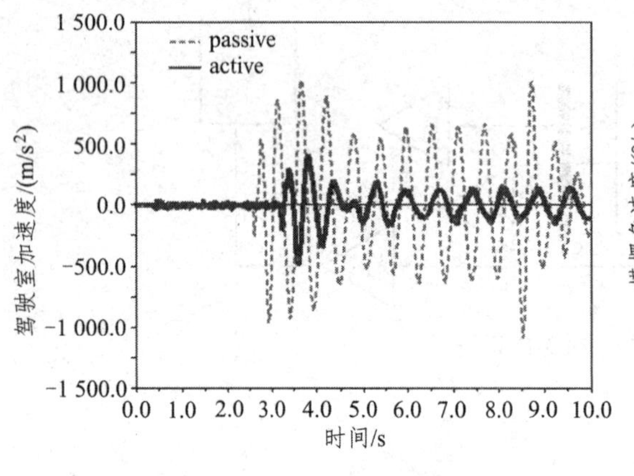

图 15-27　驾驶室垂向加速度/Z

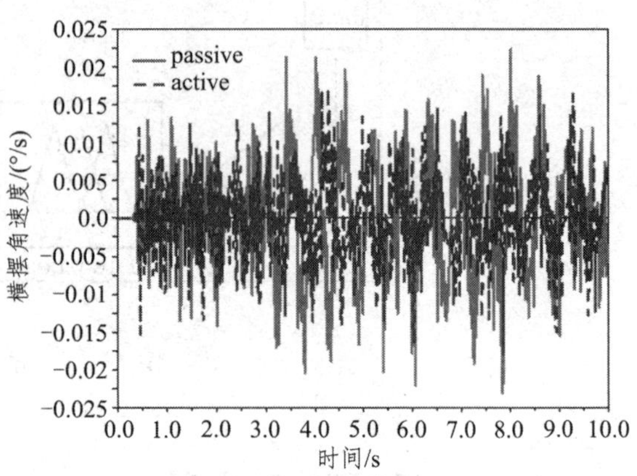

图 15-28　驾驶室横摆角速度/Z

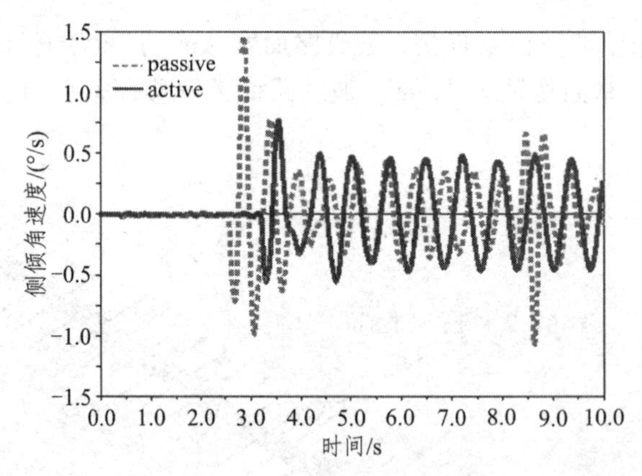

图 15-29　驾驶室侧倾角速度/X

➢ 转向桥减震器

牵引车轴距较长，同时转向桥板簧刚度相对后轴平衡悬架刚度要小很多，在经过坑洼路面时导致整车的俯仰角过大，因而导致安装在车架上的驾驶振动过大。针对此问题，提出在转向桥加装阻尼器，阻尼器安装位置如图 15-30 所示。按同工况进行速度保持仿真，车身垂向加速度计算结果如图 15-31、15-32 所示，auxiliary 为转向桥加装阻尼器仿真结果曲线；驾驶室垂向加速度极值为 243.57，均方根值为 37.54，磁流变主动阻尼器的基础上驾驶室垂向加速度的极值与均方根性能分别继续提升 39.64%、65.07%；功率谱显示在全频域范围内，驾驶室性能均提升，低频段改善明显。

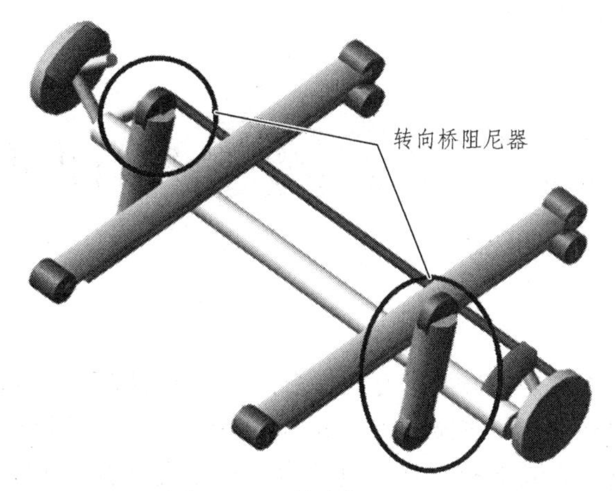

图 15-30　转向桥阻尼器

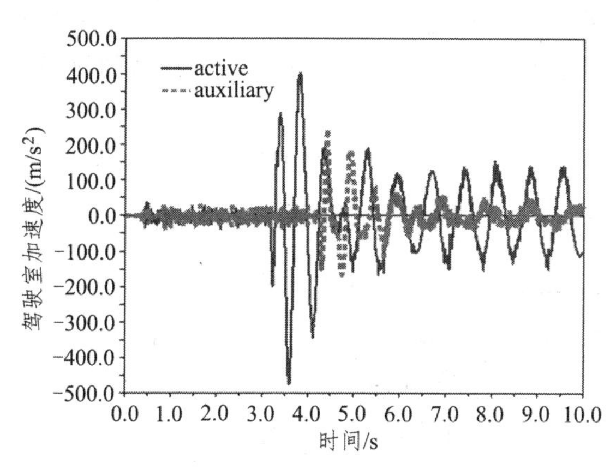

图 15-31　驾驶室垂向加速度/阻尼器

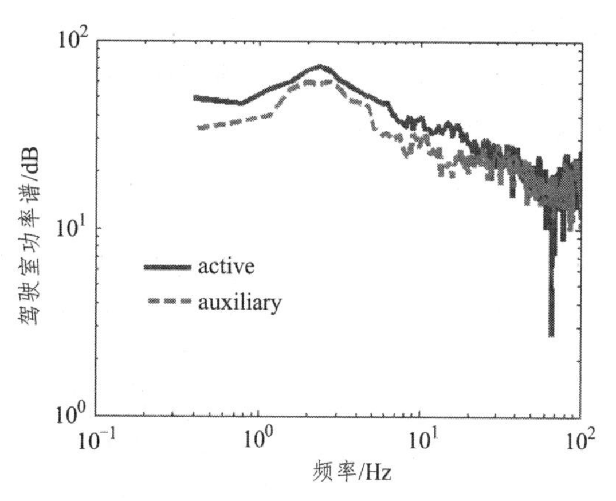

图 15-32　驾驶室垂向加速度功率谱

结　论

（1）磁流变阻尼器变电流实验表明：随着电流的增加，阻尼力增加，阻尼特性为非重合曲线；变频率实验表明，随着频率的增加，阻尼力亦增加，同时阻尼器有效工作区域范围增加，适当提升阻尼器工作频率对系统有益。

（2）采用模糊 PID-D 耦合算法后，驾驶室垂向加速度、横摆角速度、侧倾角速度指标参数均有改善，其中驾驶室垂向加速度改善较为明显，垂向加速度极值与均方根性能分别提升60.71%、74.14%。

（3）转向桥加装阻尼器后，在磁流变主动阻尼器的基础上驾驶室垂向加速度极值与均方根性能继续提升 39.64%、65.07%；功率谱显示在全频域范围内提升，低频段改善明显。

（4）整车平台下研究驾驶室与其他系统匹配、优化等特性对于车辆理论及工程研究均具有指导意义。

第 16 章　四自由度主动悬架

1/2 整车即半车（摩托车）模型具有四个自由度，分别为：车身的垂直振动、车身俯仰运动及前后车轮的垂向运动。在建模过程中做如下假设：① 在低频路面的激励下，左右两个车轮的路面模型输入具有较高的相关性，可认为左右轮路面输入基本一致；再考虑到车辆的几何尺寸及质量分布通常为左右对称，则可以认为车辆左右两侧以完全相同的方式运动。② 在高频激励下，车辆所受到的激励实际上大多只涉及车轮的跳动，对车身的影响较小，车身两边的相对运动可以忽略。经简化建立的半车模型如图 16-1 所示。图 16-1 中各参数的解释见下文半车数学模型。

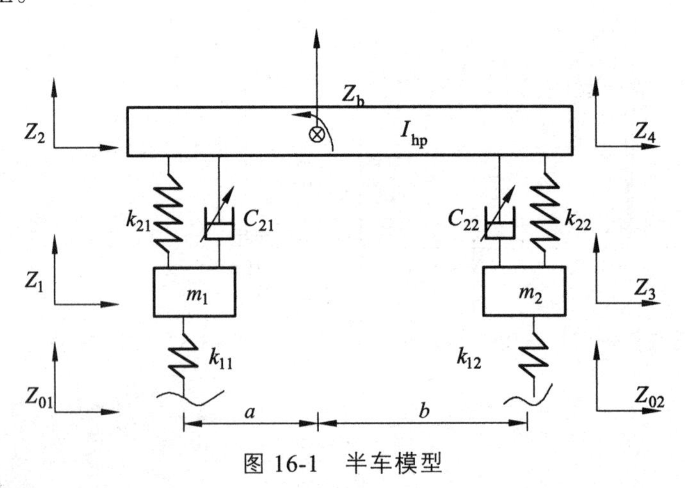

图 16-1　半车模型

学习目标

- ✧ 半车数学模型。
- ✧ 路面模型。
- ✧ 双模糊控制算法。
- ✧ PID 算法。
- ✧ 模糊 PID 算法。
- ✧ 半车主动悬架仿真。

16.1　半车数学模型建立

根据简化的半车模型，半车各运动方程如下：

车身垂向运动：

$$m_{hb}\ddot{z}_b = F_f + F_r \tag{1}$$

前轮垂向运动：

$$m_1\ddot{z}_1 = K_{11}(z_{01} - z_1) - K_{21}(z_1 - z_2) - C_{21}(\dot{z}_1 - \dot{z}_2) - U_1 \tag{2}$$

后轮垂向运动：

$$m_3\ddot{z}_3 = K_{12}(z_{02} - z_3) - K_{22}(z_3 - z_4) - C_{21}(\dot{z}_3 - \dot{z}_4) - U_2 \tag{3}$$

车身俯仰运动：

$$I_{hp}\ddot{\theta}_b = -aF_f + bF_r \tag{4}$$

其中

$$F_f = K_{21}(z_1 - z_2) + C_{21}(\dot{z}_1 - \dot{z}_2) + U_1 \tag{5}$$

$$F_r = K_{22}(z_3 - z_4) + C_{21}(\dot{z}_3 - \dot{z}_4) + U_2 \tag{6}$$

车身质心、俯仰角加速度、前后悬架簧载质量存在如下关系：

$$\ddot{z}_2 = \ddot{z}_b + a\ddot{\theta}_b \tag{7}$$

$$\ddot{z}_4 = \ddot{z}_b + b\ddot{\theta}_b \tag{8}$$

式中，m_{hb}为半车身质量；I_{hp}为半车身转动惯量；m_1为前轮非簧载质量；m_3为后轮非簧载质量；K_{11}为前轮胎刚度；K_{12}为后轮胎刚度；K_{21}为前悬架弹簧刚度；K_{22}为后悬架弹簧刚度；C_{21}为前悬架阻尼系数；C_{22}为后悬架阻尼系数；a为质心到前轴距离；b为质心到后轴距离；U_1为前轴主动力；U_2为后轴主动力。

以上为半车数学模型，此模型悬架为半主动悬架模型，令U_1、U_2前后轴主动力为0，此时半主动悬架模型转换为被动悬架模型。

根据半车4自由度模型，MATLAB/Simulink模型搭建如图16-1所示，根据公式（2）、（5）建立系统，如图16-2所示，图中的ROAD模块即为Z_{01}；根据公式（3）、（6）建立系统，如图16-3所示，图中的ROAD1模块即为Z_{02}，后轮路面与前轮路面输入相比会有对应的延迟，延迟的时间根据车速进行计算，计算出的结果输入到延迟模块中，本车轴距为2.76 m，行车速度为20 km/h，经计算后轮延迟0.138 s。

后轮路面延迟输入有两种建立方法：① 直接在路面模型中建立，然后封装创建子系统，如图16-6所示；② 路面系统模型建立完成后封装，然后把延迟模块放在对应的速度接口后面，如图16-3所示，本书推荐采用第②种方法。

根据公式（1）、（7）、（8）建立系统如图16-4所示，图中接口3→5、4→6、5→7、6→8为接口桥路，桥路的主要作用是保证整体系统图美观；当系统比较复杂时，整体系统图中的线路对接非常复杂，且不同线路之间会有交叉，如果模型仿真时存在问题，检查时没有头绪，较难理顺，建议建模时大量使用桥路，并调整桥路与后续模块的对接顺序，使系统模型简单整洁有序。

对图16-2与图16-3进行封装创建子系统，命名为F_f—F_f；对图16-4进行封装创建子系统，命名为Z_1—Z_2；把子系统F_f—F_f、Z_1—Z_2进行对接，创建半车被动悬架整车模型如图16-5所示。

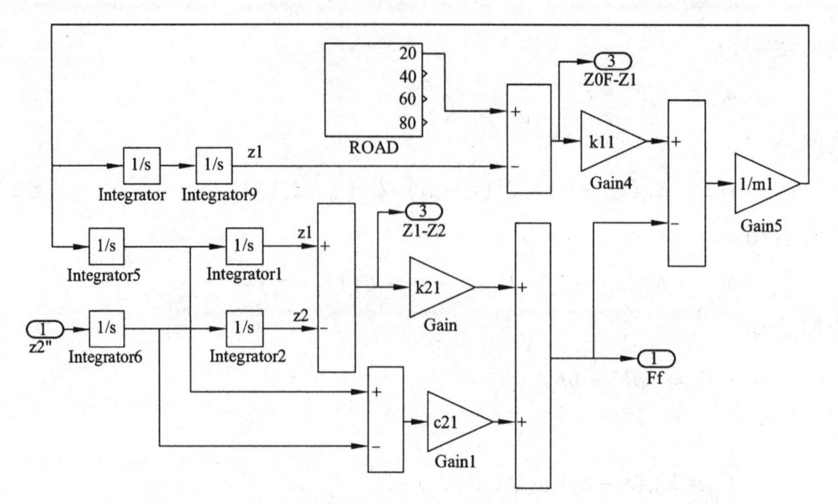

图 16-2　公式（2）、（5）系统图

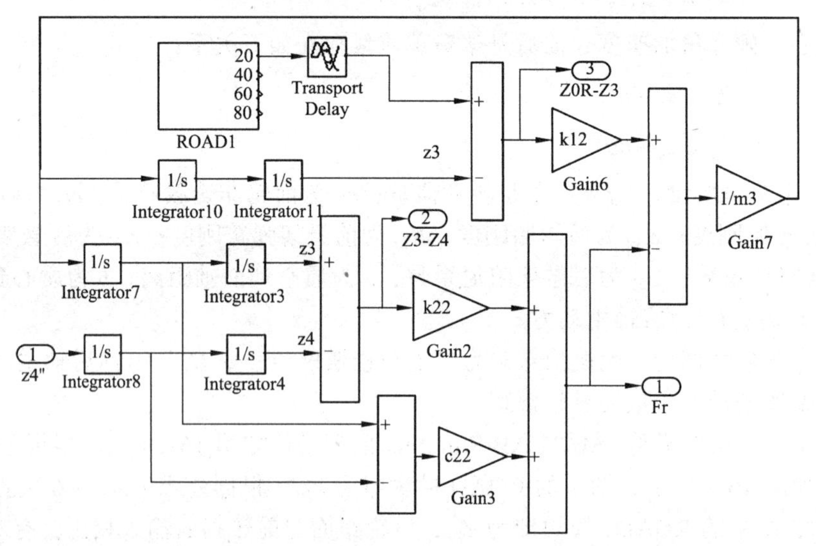

图 16-3　公式（3）、（6）系统图

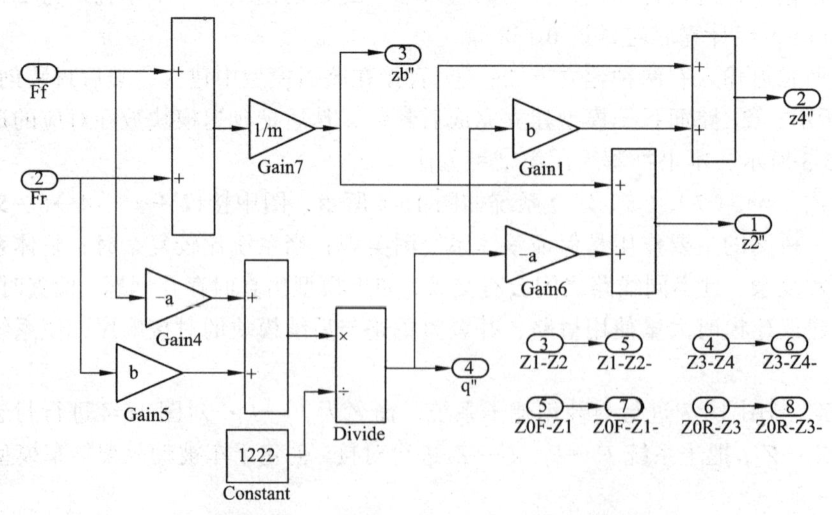

图 16-4　公式（1）、（7）、（8）系统图

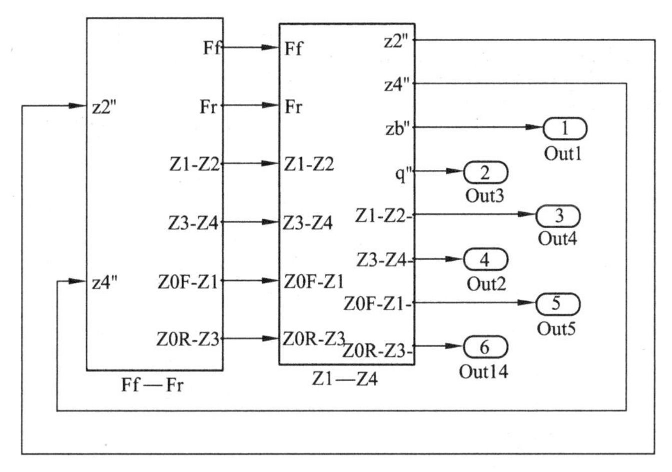

图 16-5　半车被动悬架仿真模型

整车参数如表 16-1 所示。

表 16-1　整车参数

模型参数	符号	数值	单位
1/2 车身质量	m_{hb}	690	kg
1/2 转动惯量	I_{hp}	1 222	kg · m^2
前轮非簧载质量	m_1	40.5	kg
后轮非簧载质量	m_3	45.4	kg
前轮胎刚度	K_{11}	192	kN/m
后轮胎刚度	K_{12}	192	kN/m
前悬架刚度	K_{21}	17	kN/m
后悬架刚度	K_{22}	22	kN/m
前悬架阻尼系数	C_{21}	1 500	N/（s · m^{-1}）
后悬架阻尼系数	C_{22}	1 500	N/（s · m^{-1}）
车身质心至前轴距离	a	1.25	m
车身质心至后轴距离	b	1.51	m

对悬架性能分析时需要输入路面模型。根据国家标准将公路等级分为 8 种，在不同的路段测量，很难得到两个完全相同的路面轮廓曲线。通常是把测量得到的大量路面不平度随机数据，经数据处理得到路面功率谱密度。产生随机路面不平度时间轮廓有两种方法：由白噪声通过一个积分器产生或者由白噪声通过一个成型滤波器产生。路面时域模型可用以下公式描述：

$$\dot{q}(t) = -2\pi f_0 q(t) + 2\pi\sqrt{G_q V} w(t) \tag{9}$$

式中：$q(t)$ 为路面随激励；$w(t)$ 为积分白噪声；f_0 为时间频率；G_q 为路面不平度系数；V 为汽车行驶速度。

在整车行驶过程中，由于前后轮轴距的存在，后车轮的路面输入相对于前车轮要有相对的时间滞后。本车轴距为 2.76 m，行车速度为 20 km/h，经计算后轮延迟 0.138 s。根据公式（9）搭建路面 Simulink 仿真及延迟路面模型，如图 16-6 所示。仿真时间为 10 s，经计算后得到前后轮输入路面，如图 16-7 所示；20 km/40 km/60 km 前后轮路面输入垂直位移如图 16-8 所示。

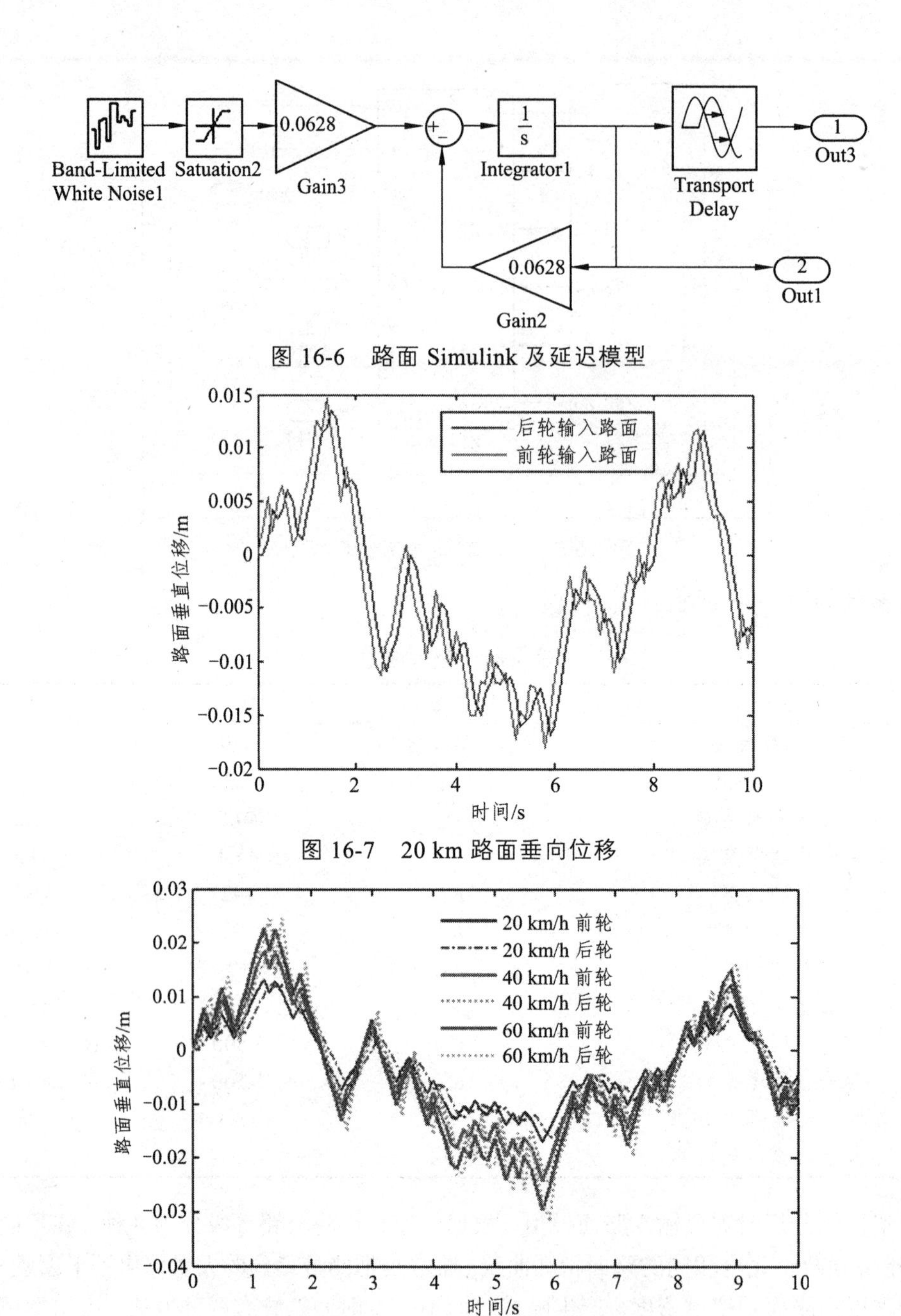

图 16-6　路面 Simulink 及延迟模型

图 16-7　20 km 路面垂向位移

图 16-8　20 km/40 km/60 km 路面垂向位移

16.2　双模糊控制器设计

采用双模糊控制器分别对前后悬架的主动控制力 U_1、U_2 进行控制。对于前悬架：在控制过程中，以车身的速度与期望值的误差及其变化率作为模糊控制器的输入量、U_{11} 作为模糊控制器的一个输出量；以车身俯仰角速度与期望值的误差及其变化率作为另一个模糊控制器的输入量、U_{12} 作为模糊控制器的另外一个输出量。对于后悬架：在控制过程中，以车身的速度与期望值的误差及其变化率作为模糊控制器的输入量、U_{21} 作为模糊控制器的一个输出量；以车身和车身之间的动行程与期望值的误差及其变化率作为另一个模糊控制器的输入量、U_{22} 作为模糊控制器的另外一个输出量。其中，前后悬架总控制力分别为模糊控制器输出量之和，公式如下：

$$U_1 = U_{11} + U_{12} \tag{10}$$

$$U_2 = U_{21} + U_{22} \tag{11}$$

根据公式（10）搭建前悬架双模糊控制器输出控制力的仿真计算模型，如图 16-9 所示。

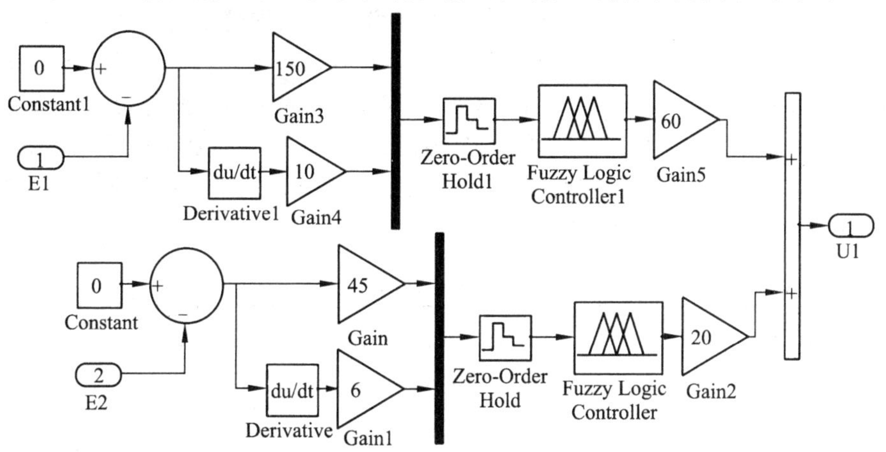

图 16-9　前悬架双模糊控制器

模糊控制器的特点是不依赖于精确的数学模型、鲁棒性好，适合解决过程控制中的高度非线性、强耦合时变滞后等问题；有较强的容错能力；操作人员易于通过人机交互界面联系。

模糊控制规则是模糊控制器的核心，它用语言的方式描述了控制器输入量与输出量之间的关系。前后悬架的输入变量分别为车身质心速度及其变化量、车身俯仰角速度及其变化量、后悬架动行程及其变化量。采用 7 个语言变量规则来进行描述：负大（－3）、负中（－2）、负小（－1）、零（0）、正小（1）、正中（2）、正大（3）。输出变量控制力 U 同样采取 7 个语言模糊集来进行描述：负大（－3）、负中（－2）、负小（－1）、零（0）、正小（1）、正中（2）、正大（3）。其中各模糊控制器输入量的误差和误差变化的论域分别取：

前悬架与车身连接处的速度与期望值的误差及其变化率、量化因子分别为：

E=[－0.06，0.06]、EC=[－0.6，0.6]；

K_e = 3/0.006=50、K_{ec}=3/0.6=5；

车身俯仰角速度与期望值误差及其变化率、量化因子分别为：

E=[－0.025，0.025]、EC=[－0.25，0.25]；

K_e = 3/0.025=120、K_{ec}=3/0.25=12；

后悬架与车身连接处的速度与期望值的误差及其变化率、量化因子分别为：

E=[－0.08，0.08]、EC=[－0.8，0.8]；

K_e= 3/0.08=37.5、K_{ec}=3/0.8=3.75；

后悬架车身和车身之间的动行程与期望值的误差及其变化率、量化因子分别为：

E=[－0.000 8，0.000 8]、EC=[－0.00 8，0.00 8]；

K_e = 3/0.000 8=3750、K_{ec}=3/0.00 8=375；

当误差 E 为正时，实际值大于目标值；当误差 E 为负时，实际值小于目标值；当误差变

化率 EC 为正时，实际值的变化趋势逐步增大；当误差变化率 EC 为负时，实际值有逐步减小的趋势。当输出变量 U 为正时，有使实际值增大的趋势；当 U 为负时，有使实际值减小的趋势。当误差大或较大时，选择控制量时以尽快消除误差为主；而误差较小时，选择控制量时应注意防止超调，以系统的稳定性为主要考量。当误差为负而误差变化率为正时，系统本身已有减小这种误差的趋势，所以为尽快消除误差且又不引起超调，应取较小的控制量。模糊化时各输入输出均采用三角形隶属函数，模糊推理采用 Mandain 法，解模糊采用重心法。

在 MATLAB 模糊控制模块输入模糊控制规则并搭建二维模糊控制结构子系统，模糊控制规则如表 16-2 所示。根据半车被动悬架仿真模型与双模糊控制器模型，搭建半车主动悬架仿真模型如图 16-10 所示。在 B 级路面上车辆以 20 km/h 的速度直线行驶，计算主被动悬架的车身加速度、俯仰角、前后悬架动行程、前后轮胎动行程。主被动悬架计算结果如图 16-11 ~ 图 16-16 所示，其中蓝线为被动悬架计算结果，红线为主动悬架计算结果并在同一图中显示。仿真步长为 0.005 s，仿真时间为 10 s。

表 16-2　模糊控制规则

$\dot{Z}_2/\dot{\theta}/(\dot{Z}_4-\dot{Z}_3)$	$Z_2/\theta/(Z_4-Z_3)$						
	−3	−2	−1	0	1	2	3
−3	3	3	2	1	1	−1	−2
−2	3	3	2	1	0	−1	−2
−1	3	2	1	1	−1	−2	−3
0	3	2	1	0	−1	−2	−3
1	3	2	1	−1	−1	−2	−3
2	2	1	0	−1	−2	−3	−3
3	2	1	−1	−1	−2	−3	−3

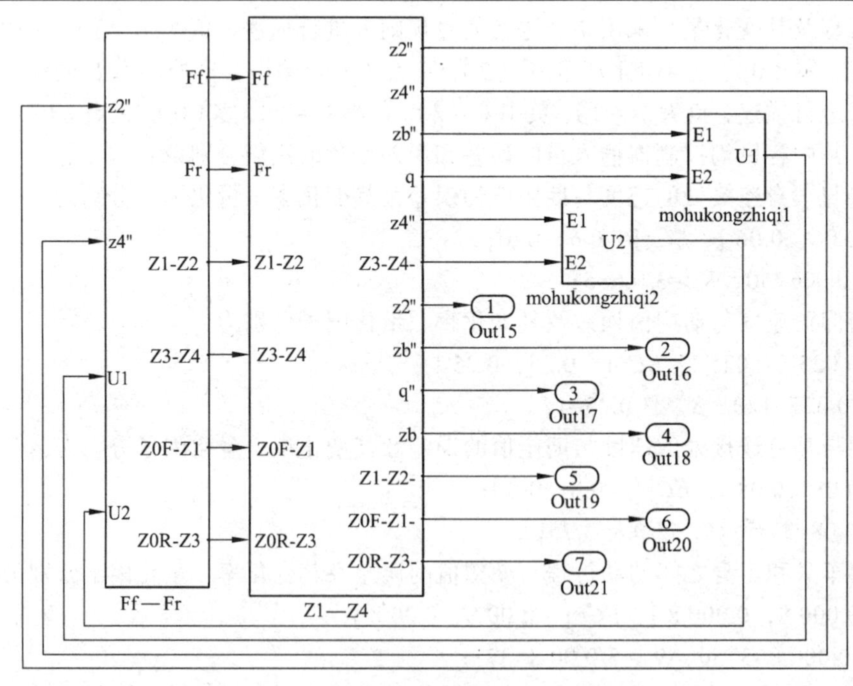

图 16-10　半车双模糊控制主动悬架仿真模型

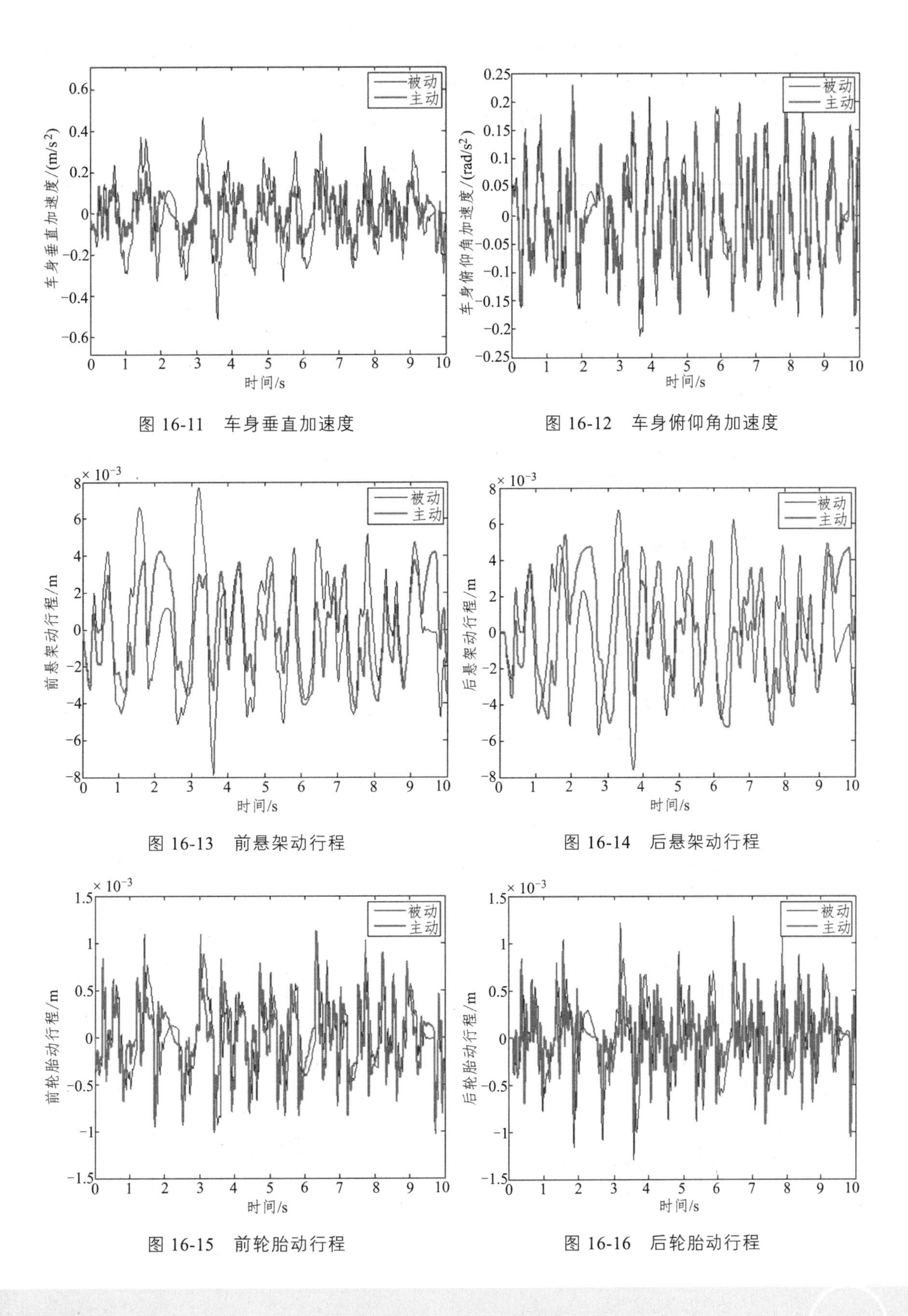

图 16-11　车身垂直加速度

图 16-12　车身俯仰角加速度

图 16-13　前悬架动行程

图 16-14　后悬架动行程

图 16-15　前轮胎动行程

图 16-16　后轮胎动行程

从计算结果可以看出，主动悬架相对于被动悬架在性能上整体都有所提升。其中车身垂直加速度、前后悬架动行程性能提升明显，但后轮胎动行程有恶化的倾向，由于变化量为 10^{-3} 量级，变化量极小，可忽略。具体性能参数变化如表 16-3 所示。

表 16-3　性能均方根值对比

均方根值	被动	主动	优化比
垂直加速度/（m/s^2）	4.49e－2	3.42e－2	23.8%
俯仰角加速度/（rad/s^2）	1.07e－1	9.74e－2	8.97%
前悬架动行程/m	3.51e－3	1.86e－3	47.0%
后悬架动行程/m	2.03e－3	6.63e－4	67.3%
前轮胎动行程/m	3.96e－4	3.84e－4	3.03%
后轮胎动行程/m	2.79e－5	6.84e－5	－130.3%

16.3　PID 控制器设计

模糊 PID 复合控制器具有 PID 与模糊控制器各自的优势；PID 控制具有调节原理简单、参数容易整定和实用性强等优点，其控制规律如公式（12）所示：

$$u(t)=K_{\rm P}e(t)+K_{\rm I}\int_0^t e(t){\rm d}t+K_{\rm D}\frac{\rm d}{{\rm d}t}e(t) \tag{12}$$

其中
$$K_{\rm I}=\frac{K_{\rm P}}{T_i}，\ K_{\rm D}=K_{\rm p}K_{\rm D}$$

式中：$K_{\rm P}$ 为比例系数；$K_{\rm I}$ 为积分时间常数；$K_{\rm D}$ 为微分时间常数；$e(t)$ 为实时误差，即车身速度与理想值之间差值；$u(t)$ 为实时主动控制力。根据公式（12）建立好的前后轴主动力控制 PID 控制器模型如图 16-17 所示。

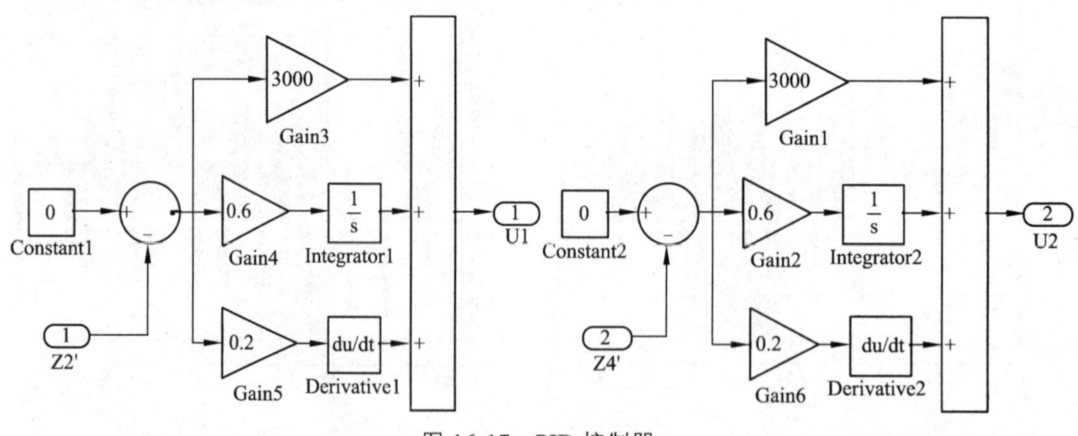

图 16-17　PID 控制器

根据半车被动悬架仿真模型与 PID 控制器模型，搭建半车主动悬架仿真模型如图 16-18 所示。在 B 级路面上车辆分别以 20 km/h、40 km/h、60 km/h 的速度直线行驶，计算主被动悬架的车身加速度、俯仰角加速度、前后悬架动行程、前后轮胎动行程。主被动悬架在 20 km/h 的速度下直线行驶计算结果如图 16-19 ~ 图 16-24 所示，其中虚线为被动悬架计算结果，实线为主动悬架计算结果并在同一图中显示。仿真步长为 0.005 s，仿真时间为 10 s。各个速度段的悬架性能参数变化如表 16-4 所示。

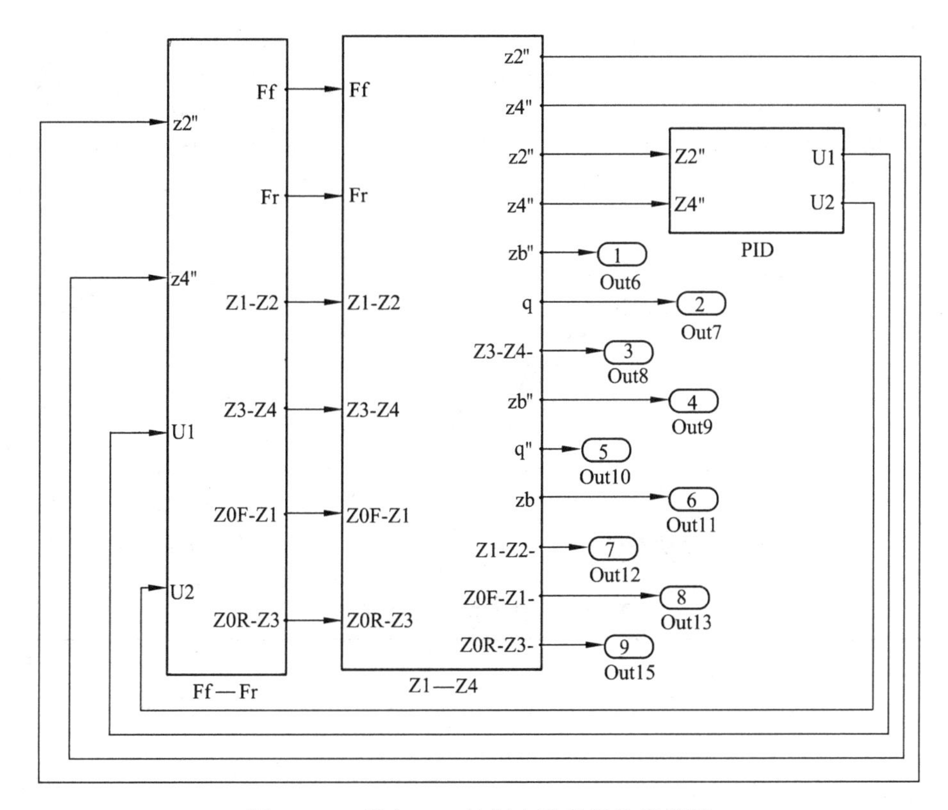

图 16-18　半车 PID 控制主动悬架仿真模型

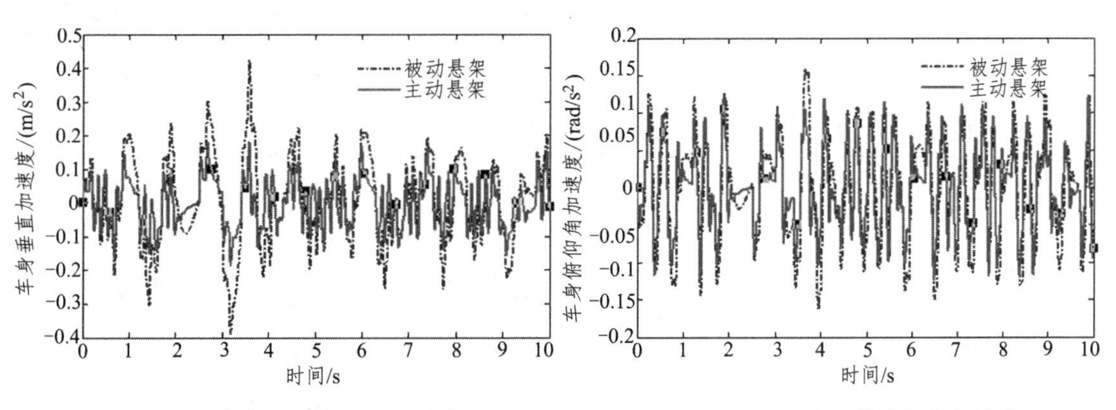

图 16-19　车身质心处垂直加速度

图 16-20　车身质心处俯仰角加速度

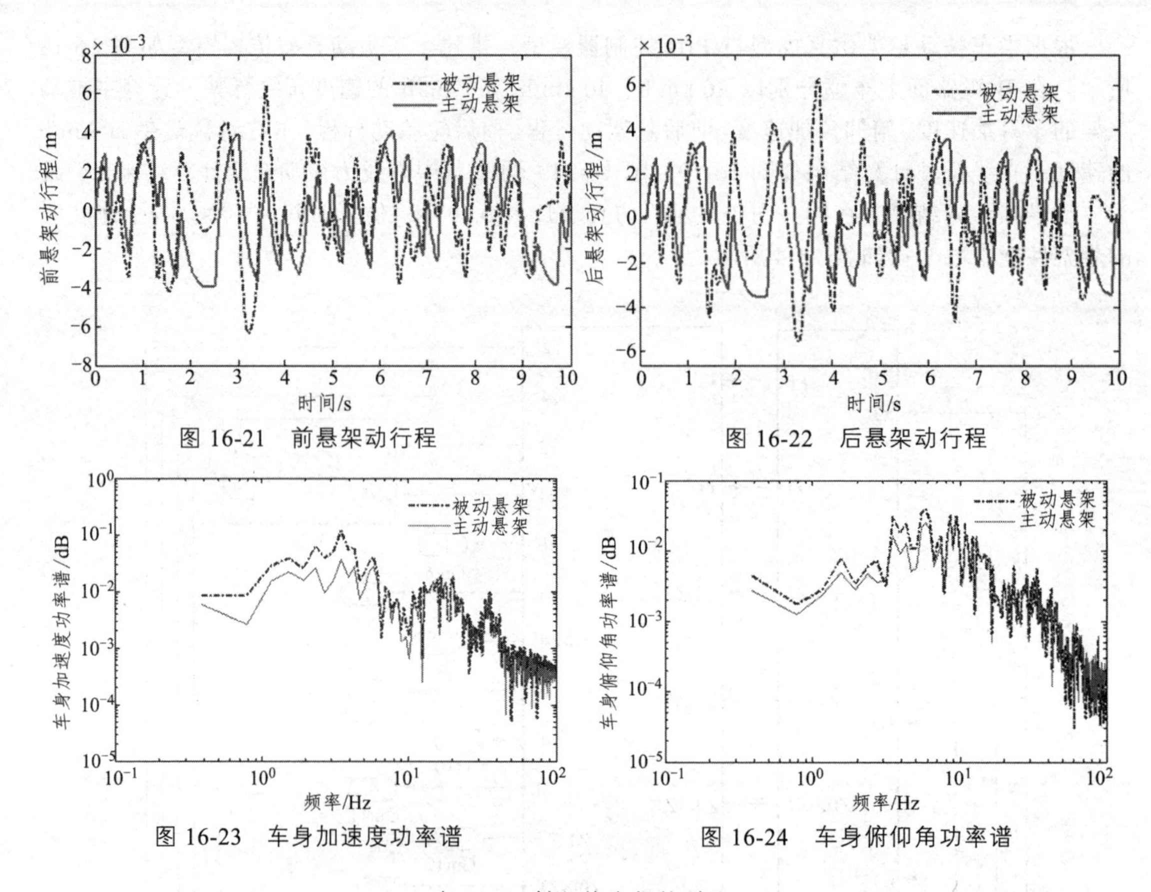

图 16-21　前悬架动行程　　图 16-22　后悬架动行程

图 16-23　车身加速度功率谱　　图 16-24　车身俯仰角功率谱

表 16-4　性能均方根值对比

均方根值	车速	被动	主动	优化比
垂向加速度/（m/s^2）	20 km/h	4.23e－1	1.82e－1	58.6%
俯仰角加速度/（rad/s^2）		1.60e－1	1.22e－1	23.6%
前悬架动行程/m		6.30e－3	4.00e－3	36.5%
后悬架动行程/m		6.30e－3	3.60e－3	42.9%
前车胎动行程/m		7.62e－4	7.40e－4	2.9%
后车胎动行程/m		1.00e－3	7.75e－4	22.5%
垂向加速度/（m/s^2）	40 km/h	6.00e－1	2.57e－1	57.2%
俯仰角加速度/（rad/s^2）		2.26e－1	1.73e－1	23.5%
前悬架动行程/m		9.00e－3	5.70e－3	36.7%
后悬架动行程/m		8.90e－3	5.10e－3	42.7%
前车胎动行程/m		1.10e－3	1.00e－3	9.1%
后车胎动行程/m		1.40e－3	1.10e－3	21.4%

续表

均方根值	车速	被动	主动	优化比
垂向加速度/（m/s²）	60 km/h	7.34e－1	3.14e－1	57.2%
俯仰角加速度/（rad/s²）		2.77e－1	2.11e－1	23.8%
前悬架动行程/m		1.10e－2	7.00e－3	36.4%
后悬架动行程/m		1.09e－2	6.20e－3	43.1%
前车胎动行程/m		1.30e－3	1.30e－3	0.0%
后车胎动行程/m		1.80e－3	1.30e－3	27.8%

从计算结果可以看出，主动悬架相对于被动悬架在性能上整体都有所提升。在各不同车速阶段，车身垂向加速度、俯仰角加速度、前后悬架动行程、轮胎动位移性能均有改善，其中车身垂向加速度改善尤为突出，前后悬架动行程，在全速范围内改善车辆行驶的乘坐舒适性与操纵稳定性。

16.4 模糊 PID 控制器设计

模糊 PID 控制器结合模糊控制器与 PID 控制器的优势，对系统控制有较好的效果。模糊控制的特点是鲁棒性好，PID 控制的特点是快速灵敏，但对系统的参数变化特别敏感。模糊 PID 控制起主导作用的还是 PID 控制器，模糊算法的主要作用是根据系统参数的变化在小范围调节 PID 的参数，计算结果与单独采用 PID 算法结果相似，读者可进行对比或者进行计算仿真体会。模糊 PID 控制器系统在 MATLAB 中搭建完成，如图 16-25 所示。

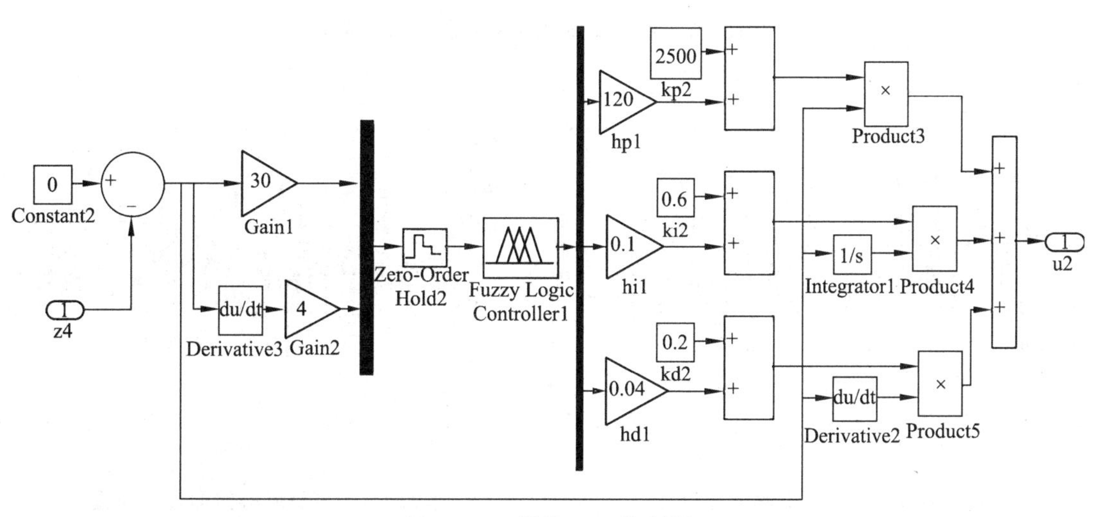

图 16-25 模糊 PID 控制器

对模糊 PID 控制器进行封装创建子系统，命名为 fuzzy-pid，搭建半车模糊 PID 控制器主动悬架系统，如图 16-26 所示。从计算结果图 16-27 ~ 图 16-32 可以看出，主动悬架相对于被动悬架在性能上整体都有所提升。在各不同车速阶段，车身垂向加速度、俯仰角加速度、前后悬架动行程、轮胎动位移性能均有改善，其中车身垂向加速度改善尤为突出，前后悬架动行程，在全速范围内改善车辆行驶的乘坐舒适性与操纵稳定性。各个速度段的悬架性能参数变化如表 16-5 所示。

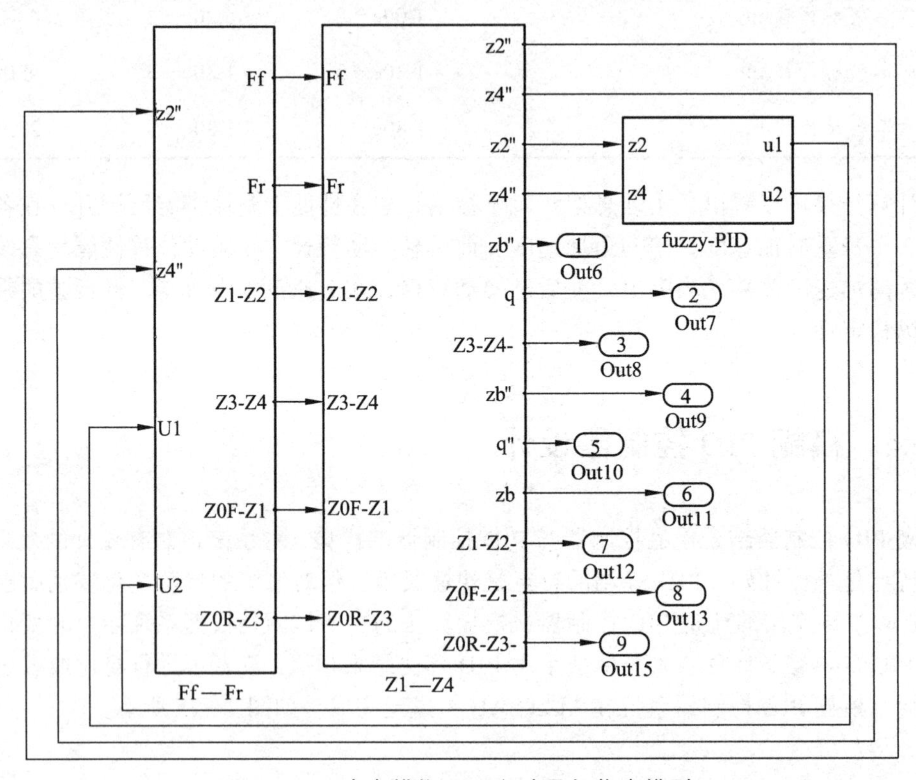

图 16-26　半车模糊 PID 主动悬架仿真模型

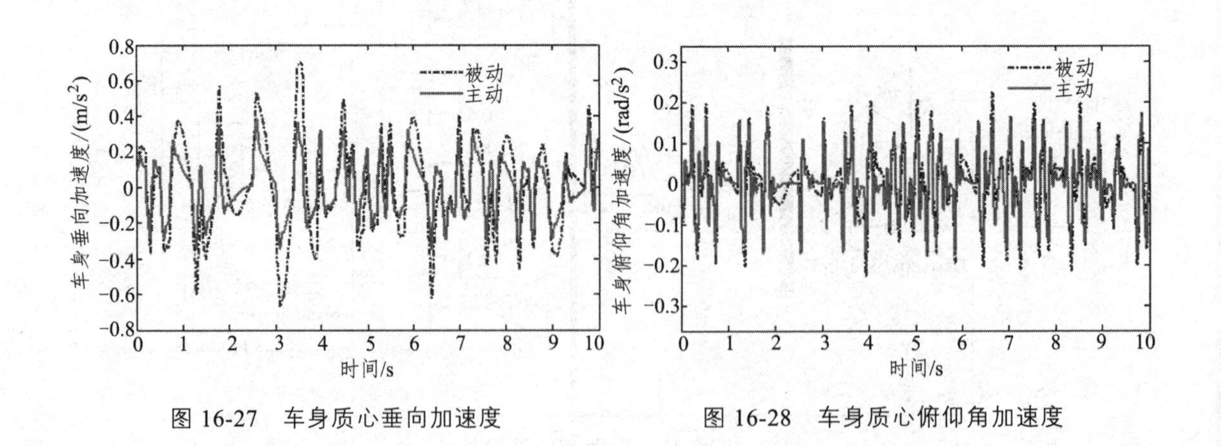

图 16-27　车身质心垂向加速度

图 16-28　车身质心俯仰角加速度

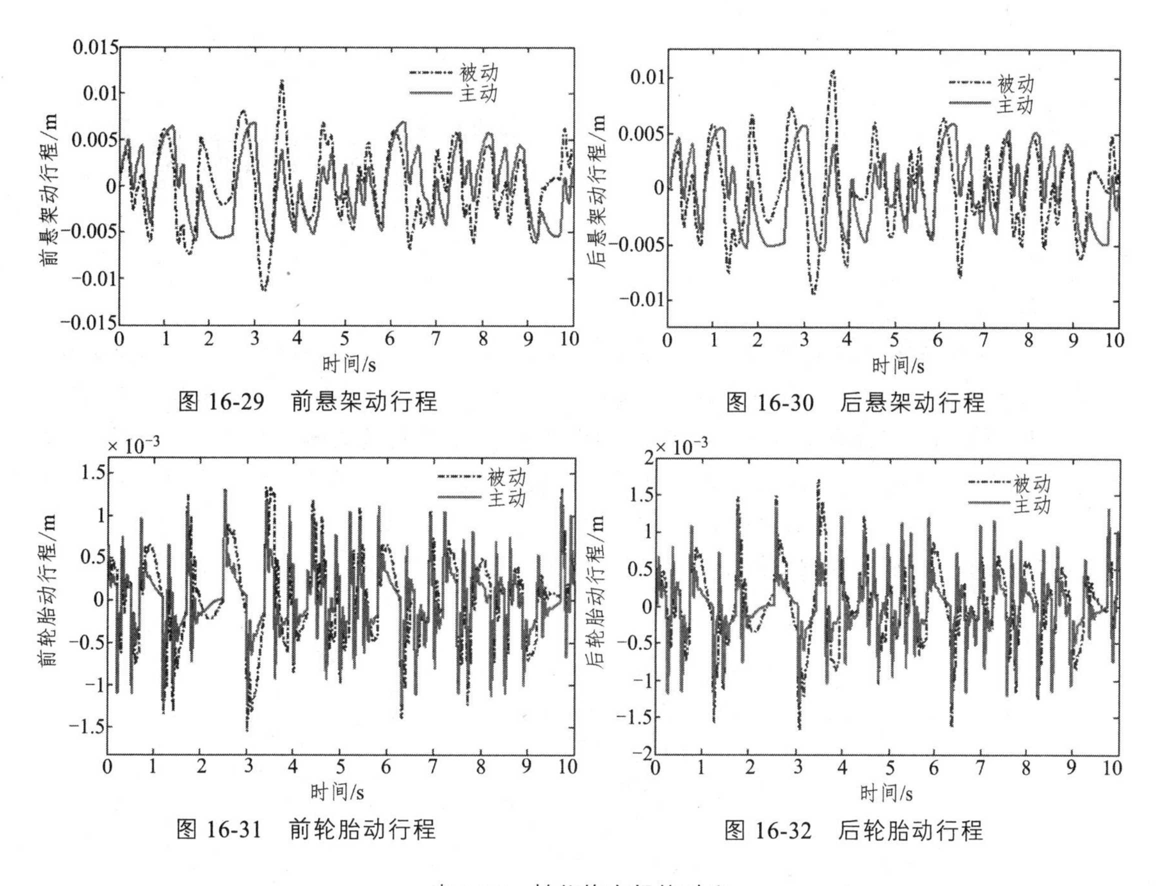

图 16-29　前悬架动行程

图 16-30　后悬架动行程

图 16-31　前轮胎动行程

图 16-32　后轮胎动行程

表 16-5　性能均方根值对比

均方根值	车速	被动	主动	优化比
垂向加速度/（m/s^2）	20 km/h	4.23e − 1	1.97e − 1	53.4%
俯仰角加速度/（rad/s^2）		1.60e − 1	1.30e − 1	18.7%
前悬架动行程/m		6.30e − 3	3.90e − 3	38.1%
后悬架动行程/m		6.30e − 3	3.30e − 3	47.6%
前轮胎动行程/m		7.62e − 4	7.45e − 4	2.2%
后轮胎动行程/m		1.00e − 3	7.88e − 4	21.2%
垂向加速度/（m/s^2）	40 km/h	6.00e − 1	3.11e − 1	48.2%
俯仰角加速度/（rad/s^2）		2.26e − 1	1.78e − 1	21.2%
前悬架动行程/m		9.00e − 3	5.60e − 3	37.8%
后悬架动行程/m		8.90e − 3	4.80e − 3	46.1%
前轮胎动行程/m		1.10e − 3	1.10e − 3	0.0%
后轮胎动行程/m		1.40e − 3	1.10e − 3	21.4%
垂向加速度/（m/s^2）	60 km/h	7.01e − 1	3.91e − 1	44.2%
俯仰角加速度/（rad/s^2）		2.23e − 1	1.65e − 1	26.0%
前悬架动行程/m		1.14e − 2	6.80e − 3	40.4%
后悬架动行程/m		1.07e − 3	5.90e − 4	44.9%
前轮胎动行程/m		1.30e − 3	1.30e − 3	0.0%
后轮胎动行程/m		1.70e − 3	1.30e − 3	23.5%

第17章 七自由度整车

七自由度模型包括刚性车身的垂向运动、俯仰运动、侧倾运动及四个车轮的垂向运动。采用七自由度整车模型，整车的运动特性能较全面体现。在建模过程中，可做如下假设：① 左右车轮受到的不平度垂直激励是不同的，左侧车轮的垂向位移为右侧车轮的二倍，用来模拟整车行驶过程中的侧倾角特性，车辆对其纵轴线左右对称。② 车轴和与其相连的车轮视为非簧载质量，车轮在中心线上与路面为点接触；③ 由于轮胎阻尼相对于车辆减震器的阻尼来说，小到可以忽略，因此只考虑轮胎的刚度作用。经过上述的假设简化后，七自由度整车模型如图 17-1 所示。

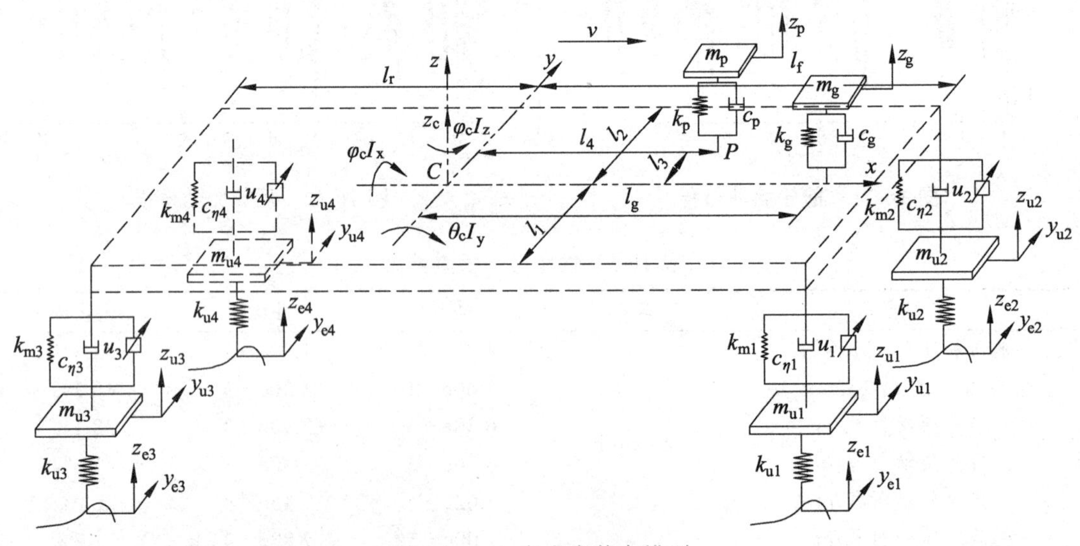

图 17-1 七自由度整车模型

学习目标

- ✧ 七自由度整车数学模型。
- ✧ 整车 Simulink 系统模型。
- ✧ 车轮#1～#4 路面模型。
- ✧ 基于整车半主动悬架模糊控制算法。
- ✧ 整车半主动悬架仿真。
- ✧ 附录：14 自由度整车半主动悬架 Simulink 系统模型。

17.1 七自由度整车数学模型

根据整车模型，建立七自由度整车动力学微分方程。

车身垂向、俯仰、侧倾动力学方程如下：

$$
\begin{aligned}
m_c\ddot{z}_c = u_1^z - k_{m1}^z(z_{c1}-z_{u1}) - c_{\eta 1}^z(\dot{z}_{c1}-\dot{z}_{u1}) - k_{m2}^z(z_{c2}-z_{u2}) - \\
c_{\eta 2}^z(\dot{z}_{c2}-\dot{z}_{u2}) + u_2^z - k_{m3}^z(z_{c3}-z_{u3}) - c_{\eta 3}^z(\dot{z}_{c3}-\dot{z}_{u3}) + \\
u_3^z - k_{m4}^z(z_{c4}-z_{u4}) - c_{\eta 4}^z(\dot{z}_{c4}-\dot{z}_{u4}) + u_4^z
\end{aligned}
\tag{1}
$$

$$
\begin{aligned}
I_y\ddot{\theta}_c = k_{m1}^z(z_{c1}-z_{u1})l_f + c_{\eta 1}^z(\dot{z}_{c1}-\dot{z}_{u1})l_f - u_1^z l_f + k_{m2}^z(z_{c2}-z_{u2})l_f + \\
c_{\eta 2}^z(\dot{z}_{c2}-\dot{z}_{u2})l_f - u_2^z l_f - k_{m3}^z(z_{c3}-z_{u3})l_r - c_{\eta 3}^z(\dot{z}_{c3}-\dot{z}_{u3})l_r + \\
u_3^z l_r - k_{m4}^z(z_{c4}-z_{u4})l_r - c_{\eta 4}^z(\dot{z}_{c4}-\dot{z}_{u4})l_r + u_4^z l_r
\end{aligned}
\tag{2}
$$

$$
\begin{aligned}
I_x\ddot{\Phi} = -k_{m1}^z(z_{c1}-z_{u1})l_1 - c_{\eta 1}^z(\dot{z}_{c1}-\dot{z}_{u1})l_f + u_1^z l_1 + k_{m2}^z(z_{c2}-z_{u2})l_2 + \\
c_{\eta 2}^z(\dot{z}_{c2}-\dot{z}_{u2})l_2 - u_2^z l_2 - k_{m3}^z(z_{c3}-z_{u3})l_1 - c_{\eta 3}^z(\dot{z}_{c3}-\dot{z}_{u3})l_1 + u_3^z l_1 + \\
k_{m4}^z(z_{c4}-z_{u4})l_2 + c_{\eta 4}^z(\dot{z}_{c4}-\dot{z}_{u4})l_2 - u_4^z l_2
\end{aligned}
\tag{3}
$$

车轮垂向动力学方程如下：

$$m_{u1}\ddot{z}_{u1} = k_{m1}^z(z_{c1}-z_{u1}) + c_{\eta 1}^z(\dot{z}_{c1}-\dot{z}_{u1}) - u_1^z - k_{u1}(z_{u1}-z_{e1}) \tag{4}$$

$$m_{u2}\ddot{z}_{u2} = k_{m2}^z(z_{c2}-z_{u2}) + c_{\eta 2}^z(\dot{z}_{c2}-\dot{z}_{u2}) - u_2^z - k_{u2}(z_{u2}-z_{e2}) \tag{5}$$

$$m_{u1}\ddot{z}_{u3} = k_{m3}^z(z_{c3}-z_{u3}) + c_{\eta 3}^z(\dot{z}_{c3}-\dot{z}_{u3}) - u_3^z - k_{u3}(z_{u3}-z_{e3}) \tag{6}$$

$$m_{u1}\ddot{z}_{u4} = k_{m4}^z(z_{c4}-z_{u4}) + c_{\eta 4}^z(\dot{z}_{c4}-\dot{z}_{u4}) - u_4^z - k_{u4}(z_{u4}-z_{e4}) \tag{7}$$

车轮与车身连接处位置和刚性车身质心处位置用下列方程描述：

$$z_{c1} = z_c - l_f\theta_c + l_1\phi_c \tag{8}$$

$$z_{c2} = z_c - l_f\theta_c - l_2\phi_c \tag{9}$$

$$z_{c3} = z_c + l_r\theta_c + l_1\phi_c \tag{11}$$

$$z_{c4} = z_c + l_r\theta_c - l_2\phi_c \tag{12}$$

根据（1）~（12）式，令作动器的输出控制力 $u_1 - u_4$ 为零，此时半主动悬架转化成被动悬架模型。

整车参数如表 17-1 所示。

表 17-1　整车参数

名　称	数　值	单 位
簧载质量 m_c	1 380	kg
俯仰转动惯量 I_y	2 440	kg · m^2
侧倾转动惯量 I_x	380	kg · m^2
1#～2#非簧载质量 m_{ui}	40.5	kg
3#～4#非簧载质量 m_{ui}	45.4	kg
1#～4#悬架阻尼系数 $c_{\eta i}$	17 000	N · s/m
质心至前轴距离 l_f	1.25	m
质心至后轴距离 l_r	1.51	m
1#～2#悬架刚度 k_{mi}	17 000	N/m
3#～4#悬架刚度 k_{mi}	22 000	N/m
1#～4#轮胎刚度 k_{ui}	192 000	N/m

式中，z_c：簧载质量在三个不同坐标方向的位移；I_x、I_y：簧载质量分别绕三个不同坐标的转动惯量；θ_c、ϕ_c、φ_c：簧载质量俯仰、侧倾、横摆角位移；$z_{u1} \sim z_{u4}$：编号从第 1～4 个轮系处的非簧载质量位移；$z_{e1} \sim z_{e4}$：车轮底部的路面激励；$k_{u1} \sim k_{u4}$：编号从第 1～4 个轮胎刚度；$k_{m1} \sim k_{m4}$：编号从第 1～4 个轮系处的簧载质量刚度；$c_{\eta 1} \sim c_{\eta 4}$：编号从第 1～4 个轮系处的簧载质量阻尼系数；$m_{u1} \sim m_{u4}$：编号从第 1～4 个轮系处的非簧载质量；$u_1 \sim u_4$：编号从第 1～4 个轮系处的半主动作动器的输出力。

17.2　整车 Simulink 系统模型

七自由度以上的整车 Simulink 系统模型搭建较为复杂，通常需要创建 3～4 级子系统并同时有接口桥路的配合才能搭建成美观的系统图。单级子系统也可以搭建完成，但系统过于复杂，当系统出现错误，检查等存在很大的问题。章节文件中存放七自由度整车 Simulink 模型：qiziyoudu_zhengche_banzhudong.mdl，读者可以自行查看。

根据公式（1）搭建车身垂向运动系统图，创建子系统命名为：chuizhi；

根据公式（2）搭建车身俯仰运动系统图，创建子系统命名为：fuyang；

根据公式（3）搭建车身侧倾运动系统图，创建子系统命名为：ceqing；

根据公式(4)~(7)搭建非簧载质量运动系统图，创建子系统命名为：feihuangzaizhiliang；

根据公式（1）~（7）搭建完成的系统如图 17-2 所示，对图 17-2 再次创建子系统，封装命名为：7ziyoudu_zhengche；封装后的系统如图 17-3 中的绿色模块所示。

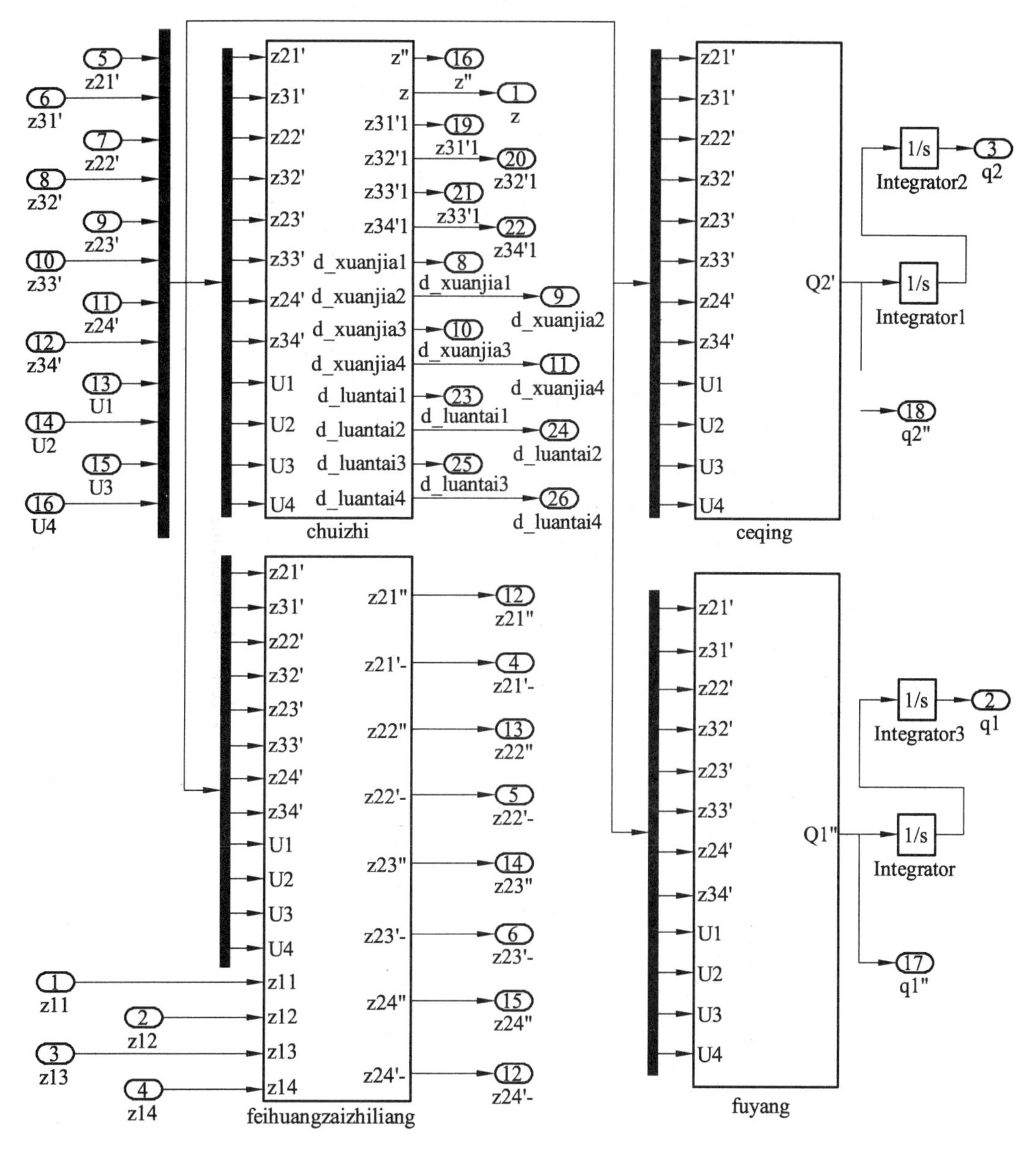

图 17-2　公式（1）~（7）Simulink 系统图

根据公式（8）~（12）搭建悬架和车身连接处与车身质心处之间的运动关系的系统图，创建子系统后自命名为：Subsystem2；在 Subsystem2 中搭建输入输出接口桥路。

将系统 7ziyoudu_zhengche、Subsystem2 及路面模块对接整合完成整车模型的搭建，整车模型如图 17-4 所示。

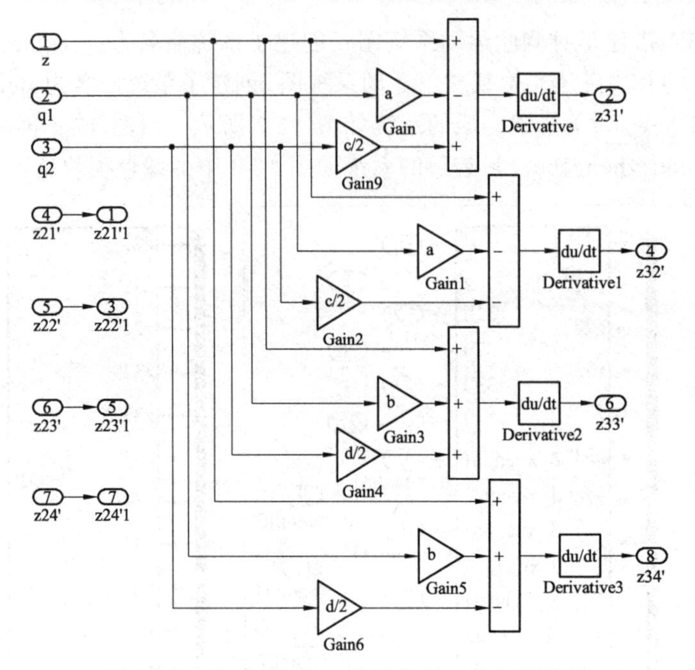

图 17-3 公式（8）~（12）Simulink 系统图

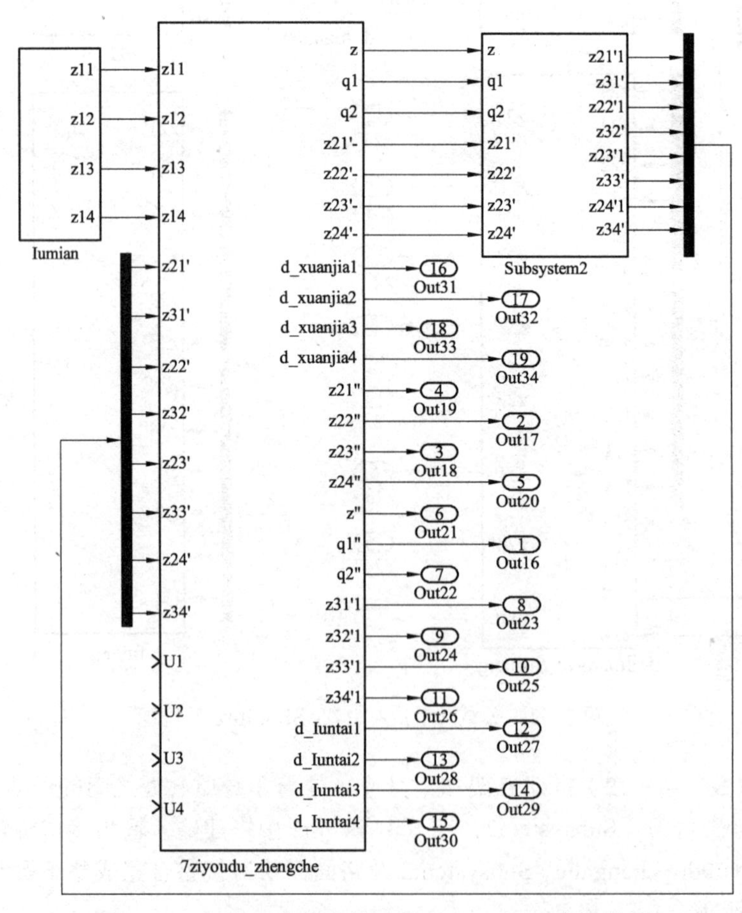

图 17-4 七自由度整车被动悬架 Simulink 仿真模型

17.3　车轮#1 ~ #4 路面模型

对悬架性能分析时需要输入路面模型。根据国家标准将公路等级分为 8 种，在不同的路段测量，很难得到两个完全相同的路面轮廓曲线。通常是把测量得到的大量路面不平度随机数据，经数据处理得到路面功率谱密度。产生随机路面不平度时间轮廓有两种方法：由白噪声通过一个积分器产生或者由白噪声通过一个成型滤波器产生。路面时域模型可用如下公式（13）描述；考虑在实际行驶过程中，轮 3 与轮 4 和轮 1 与轮 2 接收到路面激励的时间都有相对延迟，因此对轮 3 与轮 4 加入时间延迟输入。延迟时间为 $t = l/v$。根据公式建立路面仿真模型如图 17-5 所示，路面垂直位移计算结果如图 17-6 所示。

$$\dot{q}(t) = -2\pi f_0 q(t) + 2\pi\sqrt{G_q V}w(t) \tag{13}$$

式中：q（t）为路面随激励；w（t）为积分白噪声；f_0 为时间频率；G_q 为路面不平度系数；V 为汽车行驶速度。

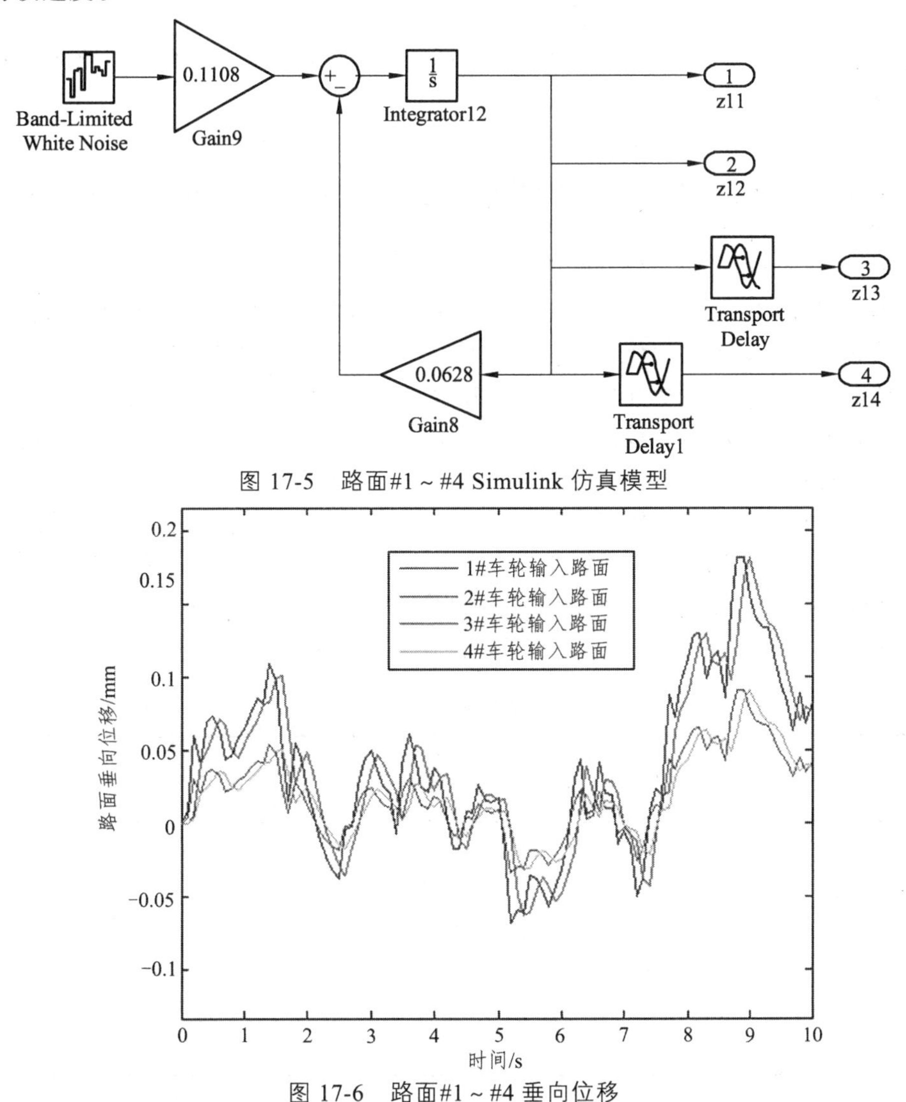

图 17-5　路面#1 ~ #4 Simulink 仿真模型

图 17-6　路面#1 ~ #4 垂向位移

17.4 基于整车半主动悬架模糊控制算法

模糊控制规则是模糊控制器的核心，它用语言的方式描述了控制器输入量与输出量之间的关系。前后悬架的输入变量分别为车身质心速度及其变化量、车身俯仰角速度及其变化量、后悬架动行程及其变化量。采用 7 个语言变量规则来进行描述：负大（-3）、负中（-2）、负小（-1）、零（0）、正小（1）、正中（2）、正大（3）。输出变量控制力 U 同样采取 7 个语言模糊集来进行描述：负大（-3）、负中（-2）、负小（-1）、零（0）、正小（1）、正中（2）、正大（3）。

前轴左右车轮悬架与车身连接处的速度和期望值的误差及其变化率范围、量化因子分别为：

E=[-0.06，0.06]、EC=[-0.6，0.6]；

K_e = 3/0.006=50、K_{ec}=3/0.6=5；

车身俯仰角速度与期望值误差及其变化率范围、量化因子分别为：

E=[-0.025，0.025]、EC=[-0.25，0.25]；

K_e = 3/0.025=120、K_{ec}=3/0.25=12；

后轴左右车轮悬架与车身连接处的速度和期望值的误差及其变化率、量化因子分别为：

E=[-0.08，0.08]、EC=[-0.8，0.8]；

K_e= 3/0.08=37.5、K_{ec}=3/0.8=3.75；

后轴左右车轮悬架车身和车身之间的动行程与期望值的误差及其变化率、量化因子分别为：

E=[-0.000 8，0.000 8]、EC=[-0.008，0.008]；

K_e = 3/0.000 8=375、K_{ec}=3/0.008=375；

当误差 E 为正时，实际值大于目标值；当误差 E 为负时，实际值小于目标值；当误差变化率 EC 为正时，实际值的变化趋势是逐步增大；当误差变化率 EC 为负时，实际值有逐步减小的趋势。当输出变量 U 为正时，有使实际值增大的趋势，当 U 为负时，有使实际值减小的趋势。当误差大或较大时，选择控制量以尽快消除误差为主；而误差较小时，选择控制量时应注意防止超调，以系统的稳定性为主要考量。当误差为负而误差变化率为正时，系统本身已有减小这种误差的趋势，所以为尽快消除误差且又不引起超调，应取较小的控制量。模糊化时各输入输出均采用三角形隶属函数，模糊推理采用 Mandain 法，解模糊采用重心法。

在 Matlab 模糊控制模块输入模糊控制规则并搭建二维模糊控制结构子系统，模糊控制规则如表 17-2 所示。

表 17-2 模糊控制规则

$\dot{z}_{ci}/\dot{\theta}/$	$\dot{z}_{ci}/(z_{ci}-z_{ui})$						
	-3	-2	-1	0	1	2	3
-3	3	3	2	1	1	-1	-2
-2	3	3	2	1	0	-1	-2
-1	3	2	1	1	-1	-2	-3
0	3	2	1	0	-1	-2	-3
1	3	2	1	-1	-1	-2	-3
2	2	1	0	-1	-2	-3	-3
3	2	1	-1	-1	-2	-3	-3

17.5 整车半主动悬架仿真

根据整车七自由度被动悬架仿真模型与模糊控制器模型，搭建整车半主动悬架仿真模型，如图 17-7 所示。仿真步长为 0.005 s，仿真时间为 10 s。车身质心处的垂向加速度、俯仰角加速度、侧倾角加速度、悬架动行程、轮胎动位移仿真结果对比曲线如图 17-8 ~ 图 17-14 所示，具体性能参数变化如表 17-3 所示。其中红色实线为主动仿真结果，蓝色为传统七自由度整车被动模型仿真结果。

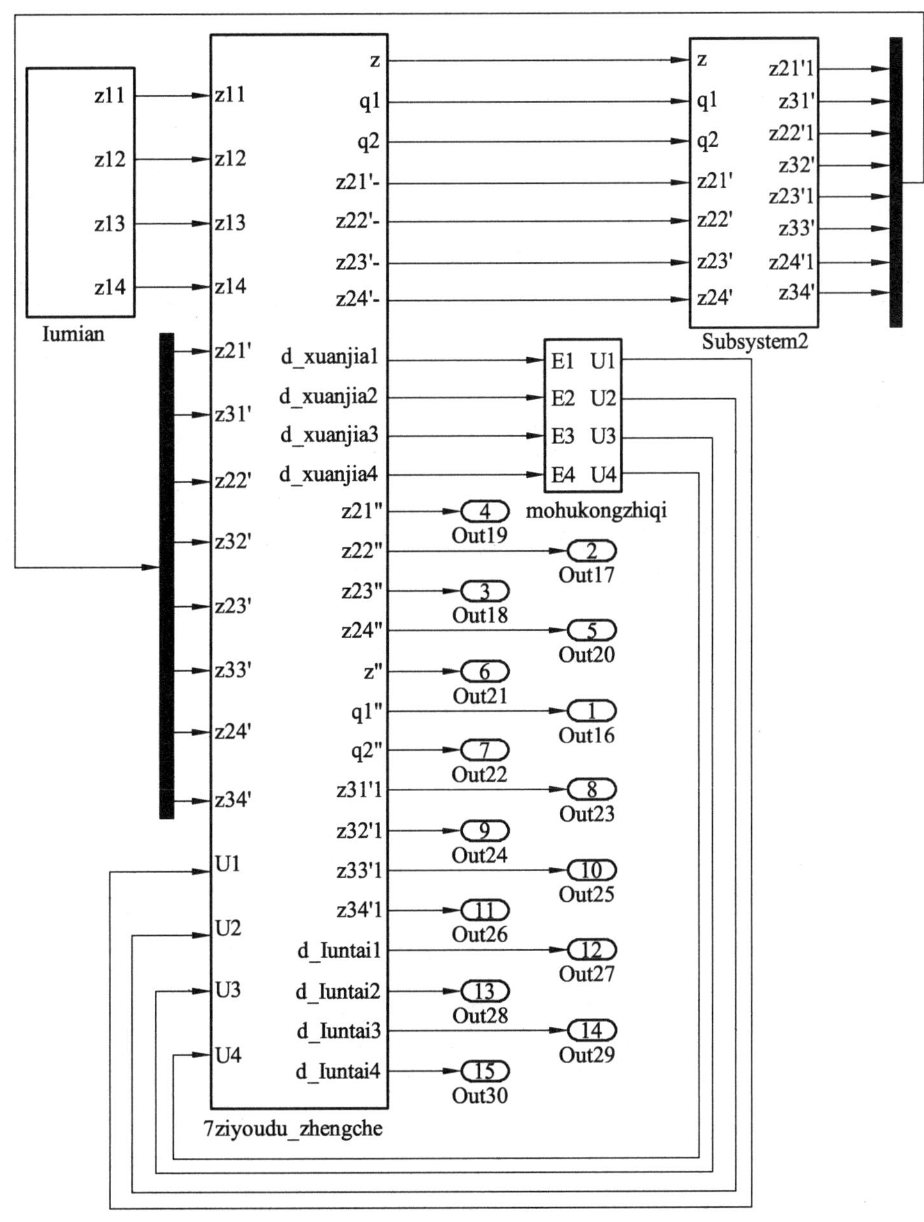

图 17-7　七自由度整车半主动悬架 Simulink 仿真模型

从有效值计算结果看，刚性车身的垂向加速度、俯仰角加速度、悬架动行程性能提升明显，分别提升 27.2%、19.6%、95.5%、33.8%。轮胎动位移改善效果不明显。

从最大幅值计算结果看，刚性车身的侧倾角加速度相对被动悬架最大幅值较大，控制效果较差，但有效值性能提升 33.3%。刚性车身垂向加速度、俯仰角加速度幅值改善不明显。

悬架动行程改善较为明显，从多次调试系统仿真结果看，随着第二主动力权系数的增加，悬架动行程改善较为积极，符合控制系统位移跟踪控制的特点，但刚性车身垂向加速度增加，此时整车操纵性能有较好的提升，但舒适性较差。

表 17-3　性能均方根值对比

均方根值	被动	主动	优化比
垂向加速度/（m/s^2）	4.48e－2	3.26e－2	27.2%
俯仰角加速度/（rad/s^2）	1.53e－2	1.23e－2	19.6%
侧倾角加速度/（rad/s^2）	5.19e－18	3.46e－18	33.3%
悬架 1～2 垂向动行程/（m/s）	8.31e－4	3.77e－5	95.5%
悬架 3～4 垂向动行程/（m/s）	2.16e－4	1.43e－5	33.8%
轮胎 1～2 垂向动行程/（m/s）	7.21e－4	7.11e－4	1.4%
轮胎 3～4 垂向动行程/（m/s）	4.818e－4	4.816e－4	0.4%

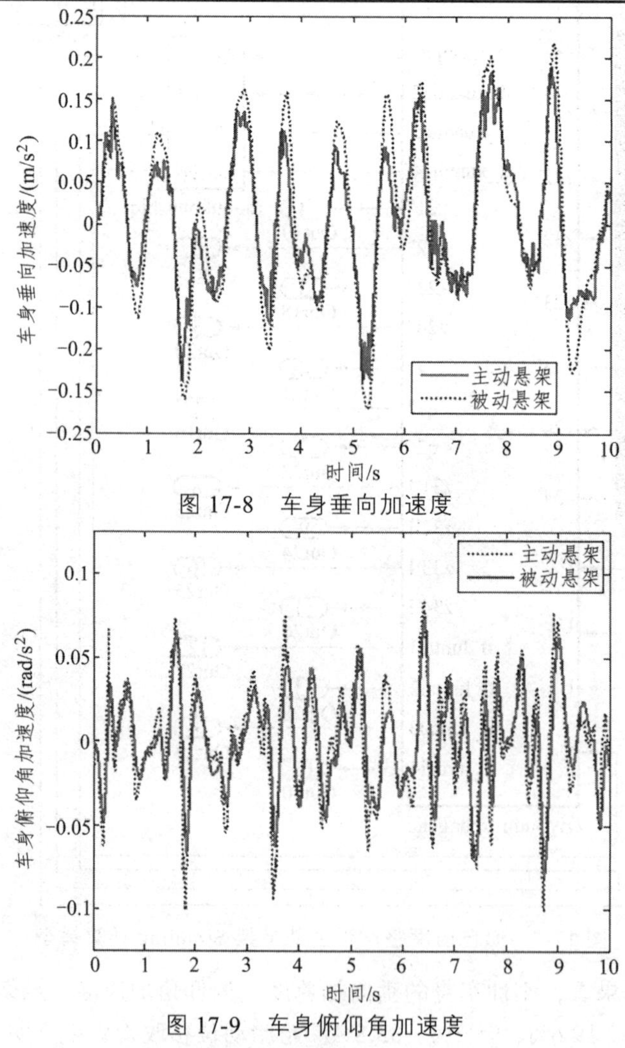

图 17-8　车身垂向加速度

图 17-9　车身俯仰角加速度

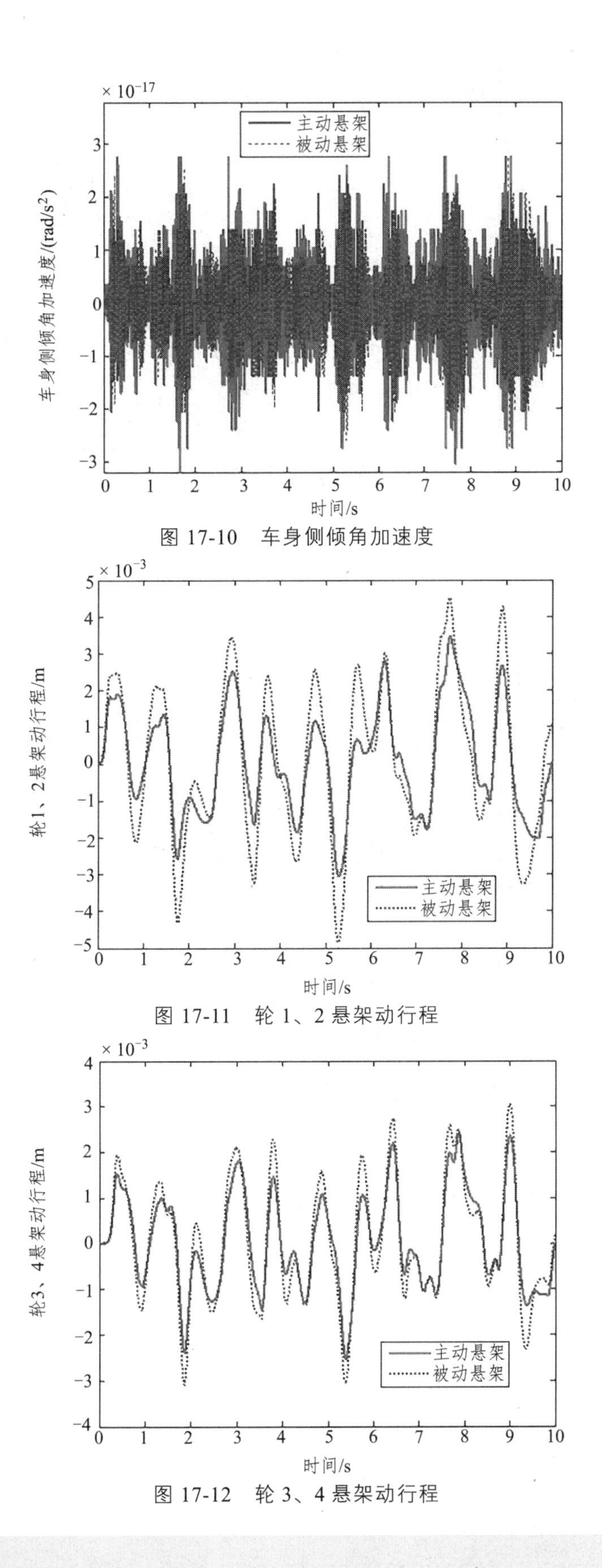

图 17-10　车身侧倾角加速度

图 17-11　轮 1、2 悬架动行程

图 17-12　轮 3、4 悬架动行程

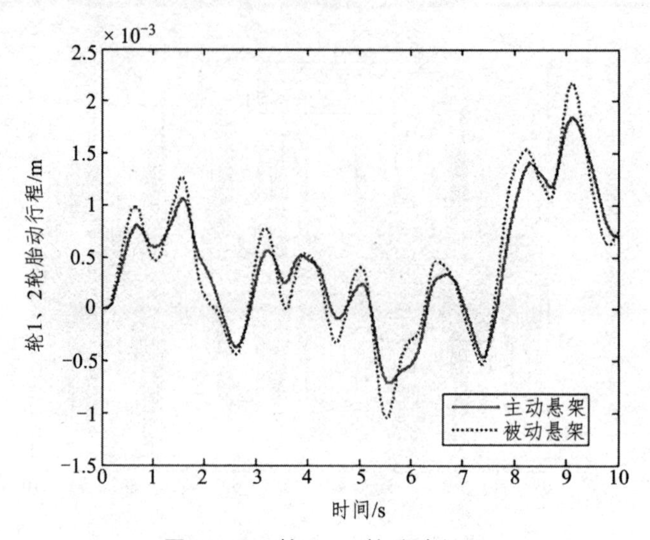

图 17-13　轮 1、2 轮胎动行程

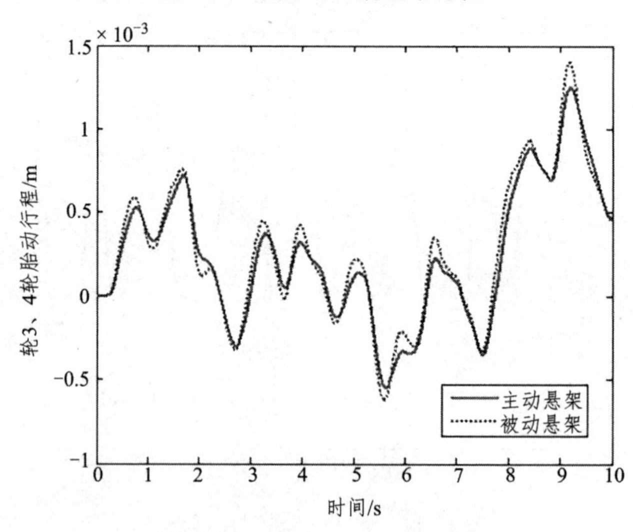

图 17-14　轮 3、4 轮胎动行程

第 18 章 FSAE 整车变刚度悬架特性研究

通过变刚度横置板簧悬架模型设计，板簧刚度可实现 9 倍范围变化，FSAE 赛车可实现 16 种变刚度底盘特性组合；弯道仿真实验表明，FSAE 赛车前后悬架不同刚度组合均可降低整车质心高度，提升稳定性，其中 BB 刚度组合性能改善最为明显，车身高度降低 81.18 mm，整车横摆角速度指标提升 35.39%，侧向加速度指标提升 57.50%；横置板簧与车身及下控制连接处添加衬套后，可有效改善实验初期震荡现象；板簧结构优化后，质量减少 24.00%，稳定性指标微幅提升，但实验过程伴有较小的震荡现象，建立好的整车模型如图 18-1 所示。

图 18-1　FSAE 整车

学习目标

- ✧ 板簧有限元前处理。
- ✧ 板簧模态。
- ✧ 板簧刚度。
- ✧ FSAE 整车。
- ✧ 定常半径转向转弯。
- ✧ 板簧结构优化。

18.1　横置板簧悬架

FSAE 赛车设计关注的重点是整车的操控稳定性，操稳性对整车的底盘要求较高。纵观国内近些年赛事，绝大多数 FSAE 赛车前后悬架均采用推杆式双横臂悬架，有少数车辆采用双横臂悬架。推杆式悬架与双横臂悬架对于整车稳定的提升均有改善作用，但推杆式悬架最大的缺点是安装时需要占用较大的车身空间。FSAE 赛车驱动采用中置后驱模式，发动机、传动系统、车身附属装置及悬架系统均布置在后轮附近空间，集成度较高，同时导致整车质心后移，稳定性变差。针对此问题提出横置板簧悬架模型设计，旨在去掉推杆及螺旋弹簧部件，减少空间占用，同时车轮及非簧载质量减轻，固有频率提升，车辆振动减小；横置板簧既起到螺旋弹簧作用，同时又起到横向拉杆作用。在横置板簧悬架模型的基础上，通过改变板簧与车身的固定位置即可以改变板簧横向力臂，最终可以分段调节板簧的刚度特性，板簧两端与下控制臂连接，安装在悬架最底部，不占用空间，可以进一步降低整车质心高度，对于提升操控稳定性极为有利。

国内 FSAE 赛车前后悬架均为推杆式双 A 臂悬架模型，此悬架的优点是悬架空气动力学性能较好，阻尼效率高；缺点是悬架的整体质量增幅较大，占用较多的安装空间。FSAE 赛车为中后置后轮驱动，后悬架附近需要安装发动机、变速器、传动机构及悬架等附属装置，系统部件布置空间小且后轴系偏中。针对此问题提出一种横置板簧悬架模型设计，增大后轴布置空间，降低车身质心，进一步提升整车稳定性。

18.2 变刚度板簧模型

变刚度板簧模型如图 18-2 所示。钢板宽度为 20 mm，厚度为 5 mm，长度为 730 mm；板簧长度中心线上设计出 9 个孔，孔直径为 5 mm。此板簧有 4 种刚度：RP-5 为板簧长度的中心，固定 RP-5 时，单侧臂 RP-5 与 RP-1 之间的刚度为 A，单侧臂 RP-5 与 RP-9 之间的刚度为 A；RP-4 与 RP-6 关于 RP-5 对称，固定 RP-4 与 RP-6 时，单侧臂 RP-4 与 RP-1 之间的刚度为 B，单侧臂 RP-6 与 RP-9 之间的刚度为 B；RP-3 与 RP-7 关于 RP-5 对称，固定 RP-4 与 RP-6 时，单侧臂 RP-3 与 RP-1 之间的刚度为 C，单侧臂 RP-7 与 RP-9 之间的刚度为 C；RP-2 与 RP-8 关于 RP-5 对称，固定 RP-2 与 RP-8 时，单侧臂 RP-2 与 RP-1 之间的刚度为 D，单侧臂 RP-8 与 RP-9 之间的刚度为 D；RP-1 和 RP-9 与下控制臂刚性固定连接。

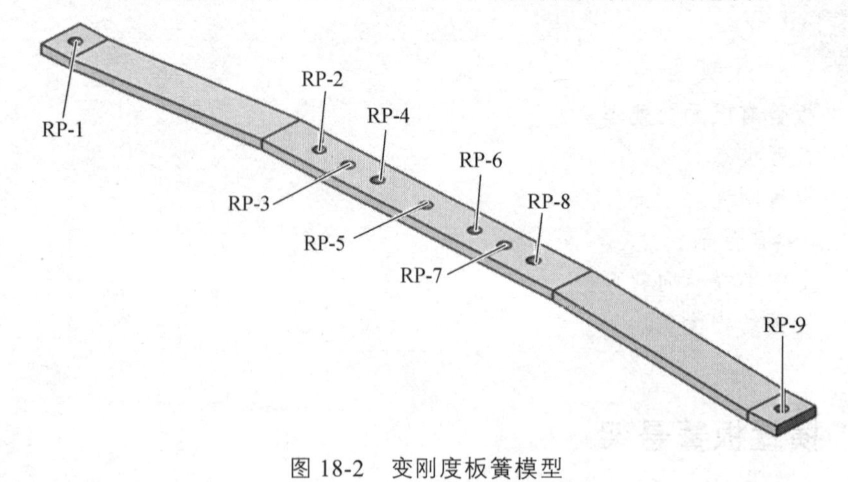

图 18-2　变刚度板簧模型

18.3 板簧模态

在 ABAQUS 软件中计算板簧前 20 阶模态并输出板簧中性模态文件 MNF 到 ADAMS 软件中构建横置板簧悬架模型。在 RP-1 ~ RP-9 孔中分别建立 MPC 多点约束，输出模态中固定约束 RP-1、RP-5、RP-9；网格划分为六面体，共 2 808 个单元，单元类型 C3D8R；计算并生成子数据块，其中 5、6、7 阶模态如图 18-3 ~ 图 18-5 所示。

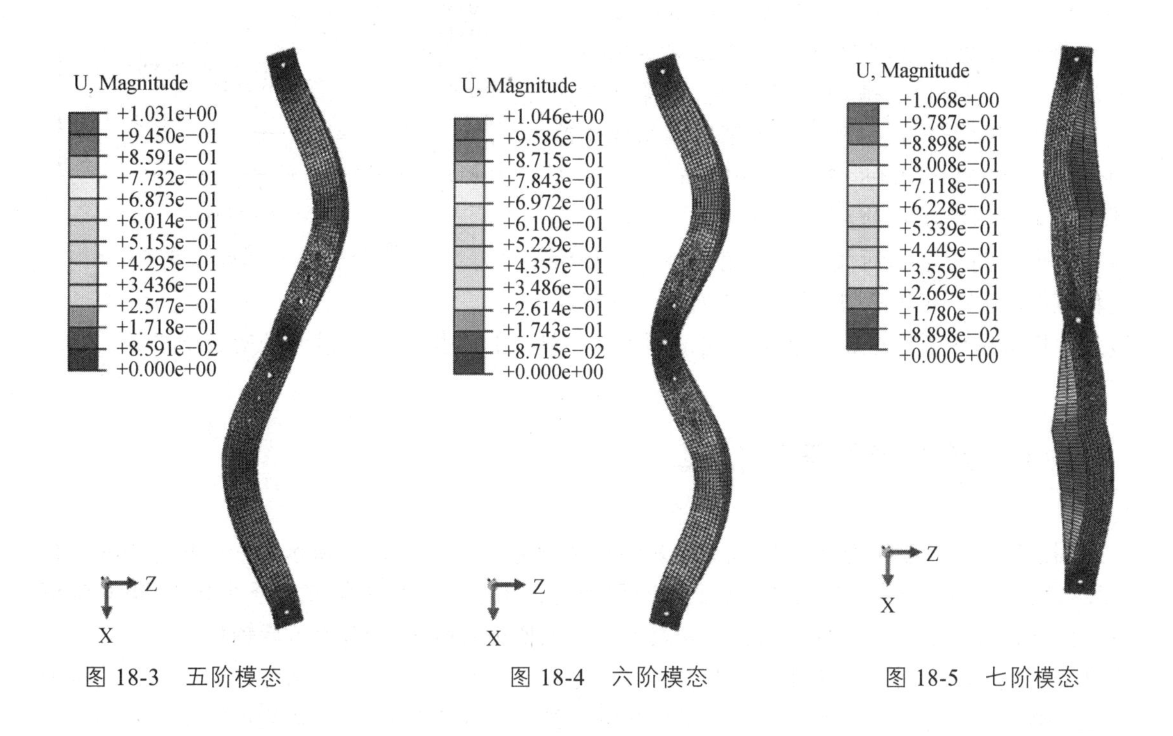

图 18-3　五阶模态　　图 18-4　六阶模态　　图 18-5　七阶模态

18.4 板簧刚度

板簧子数据块完成计算后通过转换命令生成板簧中性文件 MNF,在 ADAMS 中导入中性文件添加约束、驱动，计算板簧刚度，单侧臂刚度测试过程如下：RP-9 处添加与 Y 轴平行的移动副，在移动副上添加驱动位移，每秒运动 20 mm，分别固定约束 RP-5、RP-6、RP-7、RP-8，计算出刚度 A、B、C、D，如图 18-6 所示；刚度 A 为 26.10 N/mm、刚度 B 为 56.04 N/mm、刚度 C 为 107.54 N/mm、刚度 D 为 232.55 N/mm。从计算结果可以看出，同一片钢板弹簧，通过改变力臂大小，刚度实现了约 9 倍范围内变化。

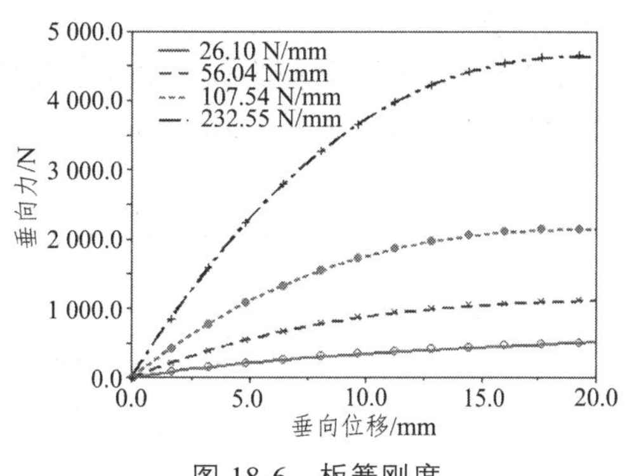

图 18-6　板簧刚度

18.5 参数测试

前横置板簧悬架模型前束角设置为 1°，车轮外倾角设置为 – 5°，外倾角为负且角度较大有利于提升整车稳定性；对前横置板簧悬架模型进行同向车轮激振实验，车轮跳动距离为 50 mm，计算出推杆式双横臂悬架与横置板簧悬架的前束角变化范围分别为 – 1.17 ~ 2.85、 – 1.30 ~ 2.75；车轮外倾角变化范围分别为 – 2.53 ~ – 7.83、 – 2.57 ~ – 7.90；主销内倾角变化范围分别为 12.66 ~ 17.97、12.70 ~ 18.04；主销后倾角变化范围分别为 0.004 9 ~ 0.084 3、 – 0.01 ~ 6.8e – 5。从计算结果可以看出：前束角、外倾角、内倾角曲线重合度较高，主销后倾角变化角度小，但相对变化范围较大，变化趋势如图 18-7 所示。横置板簧悬架模型后倾角在车轮跳动中变化范围不大，性能相对推杆式双横臂悬架有所提升。

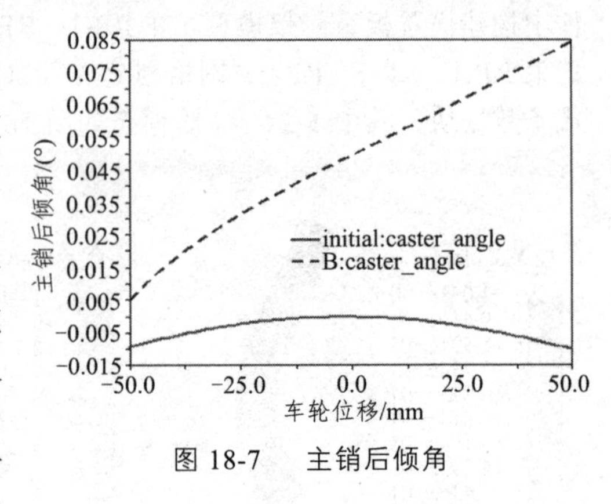

图 18-7 主销后倾角

18.6 定常半径弯道仿真

用前后横置板簧悬架模型完成 FSAE 整车模型建立，如图 18-1 所示，整车共有 196 个自由度。前后横置板簧均有 A、B、C、D 四种刚度，通过前后悬架刚度组合共有 16 组刚度可调，刚度组合如表 18-1 所示，表中 G_1 表示前轴悬架板簧刚度，G_2 表示后轴板簧刚度。板簧刚度 C、D 相对于刚度 A 大很多，接近于刚性连接，同时由于后悬架刚度相对于前悬架刚度一般会略大或者相同，在表 18-1 刚度组合中，具有实际研究意义的刚度组合为 AA、BA、BB、CC、DD；如果变刚度板簧的刚度增量变化较小，表中 16 组刚度组合均具有研究意义。AA、BA、BB、CC、DD 五种刚度组合中，AA 组合整车静平衡发散，原因在于后悬架板簧刚度为 A 时变形量过大导致；BA、BB 两种刚度组合计算结果相近，说明后轴刚度对整车稳定性具有主导作用，因此选取 BB、CC、DD 三种刚度组合与采用推杆式悬架 FSAE 整车进行对比分析。对整车进行定常值半径转弯仿真，相同工况下测试整车横摆角速度、侧向加速度稳定性参数，车辆转向半径为 15 m，初始速度为 10 km/h，最终速度为 50 km/h，发动机变速器均为 3 挡工况，运行时间 10 s。

表 18-1 刚度组合

G_2	G_1			
	A	B	C	D
A	AA	AB	AC	AD
B	BA	BB	BC	BD
C	CA	CB	CC	CD
D	DA	DB	DC	DD

图 18-8 中，initial 曲线表示推杆式双横臂悬架 FSAE 整车模型计算结果。从图 18-8 中可以看出，推杆式双横臂悬架整车模型车身高度为 348.17 mm，采用横置板簧悬架后整车的车身高均有降低，BB 刚度组合后车身高度为 302.75 mm，降低 45.42 mm；CC 组合后车身高度为 310.88 mm，降低 37.29 mm；采用 DD 组合后车身高度为 314.37 mm，降低 33.8 mm。图 18-9 为车身横摆角速度变化曲线，initial 为 29.39°/s；BB 刚度组合最大值为 24.50°/s，性能提升 16.64%；CC 刚度组合最大值为 26.65°/s，性能提升 9.32%；DD 刚度组合最大值为 27.48°/s，性能提升 6.50%。图 18-10 为车身侧向加速度，initial 为 – 0.40 mm/s^2；BB 刚度组合最大值为 – 0.28 mm/s^2，性能提升 30.00%；CC 刚度组合最大值为 – 0.33 mm/s^2，性能提升 17.50%；DD 刚度组合最大值为 – 0.35 mm/s^2，性能提升 12.50%。

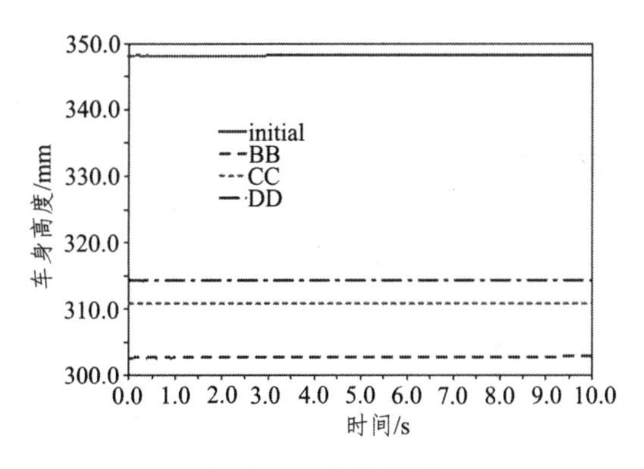

图 18-8　车身高度

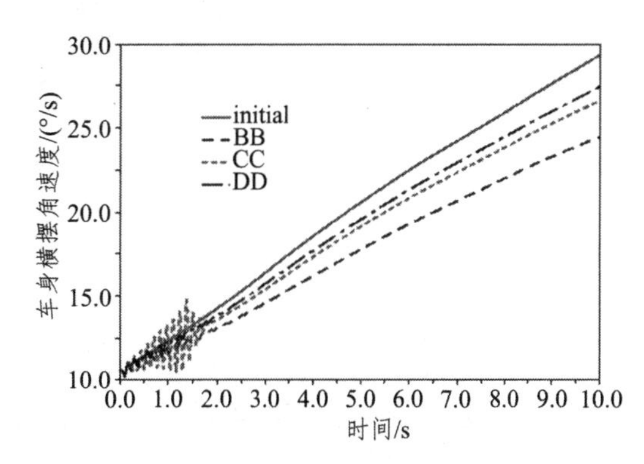

图 18-9　车身横摆角速度

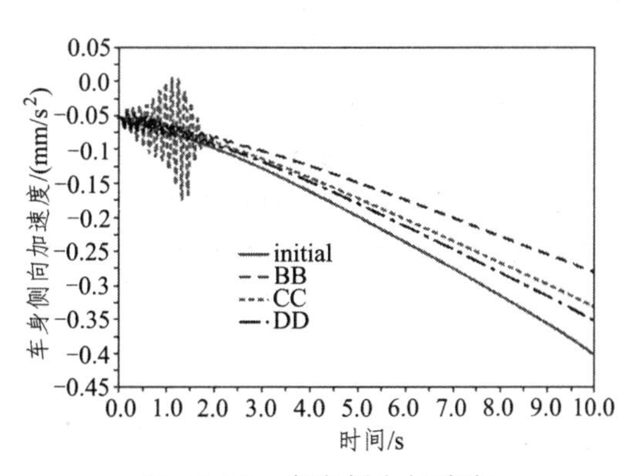

图 18-10　车身侧向加速度

18.7　板簧优化

通过定值半径转弯计算，采用横置板簧悬架的整车稳定性均具有提升，其中 BB 刚度组合的整车性能最佳。但 BB、CC 刚度组合在实验初始都伴有较大的震荡现象，针对此问题对板簧继续进行优化。

18.7.1 板簧衬套

针对实验初期存在的震荡现象，当刚度组合为 BB 时，在板簧孔 RP-4、RP-6 与 RP-1、RP-9 处添加柔性衬套；当刚度组合为 CC 时，在板簧孔 RP-3、RP-7 与 RP-1、RP-9 处添加柔性衬套；刚度组合为 CC 时添加衬套如图 18-11 所示。

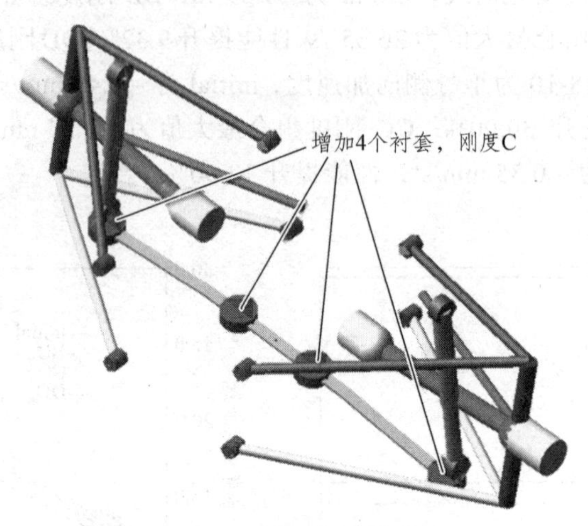

图 18-11 横置板簧衬套

对优化后的横置板簧悬架整车模型进行计算，当刚度组合为 CC 时，图 18-12 中显示整车实验初期震荡现象改善明显，同时稳定性指标参数进一步提升，其中横摆角度最大值降低为 25.44°/s，性能相对添加衬套前提升 4.54%，相对于推杆式双横臂悬架提升 13.44%；侧向加速度最大降低为 – 0.30 mm/s^2，性能相对添加衬套前提升 9.10%，相对于推杆式双横臂悬架提升 25.00%。

当刚度组合为 BB 时，图 18-13 中显示整车稳定性指标参数进一步提升，其中横摆角度最大值降低为 18.99°/s，性能相对添加衬套前提升 22.49%，相对于推杆式双横臂悬架提升 35.39%；侧向加速度最大降低为 – 0.17 mm/s^2，性能相对添加衬套前提升 39.29%，相对于推杆式双横臂悬架提升 57.50%；车身高度降低为 266.99 mm，相对于推杆式悬架整车模型整车降低 81.18 mm。

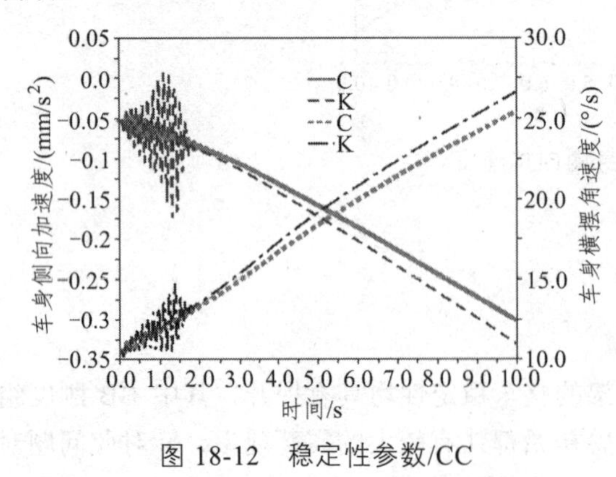

图 18-12 稳定性参数/CC

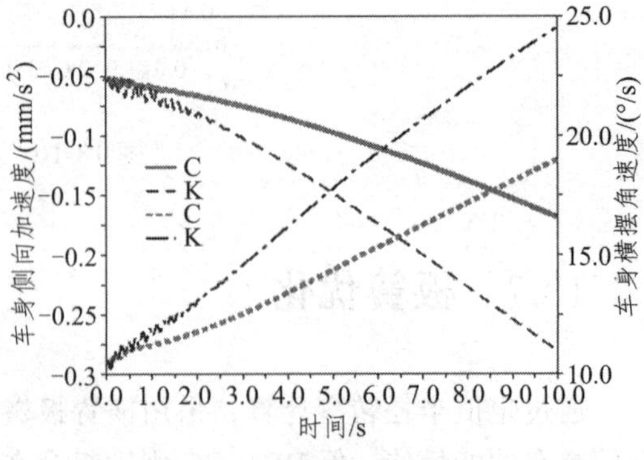

图 18-13 稳定性参数/BB

18.7.2　板簧轻量化

对 FSAE 赛车右后轮处板簧与下控制臂连接点测量受力如图 18-14 所示，其中侧向力最大为 4 650 N，垂向力为 183 N；板簧纵向力微小，可以忽略。从计算结果可以看出，横置板簧主要承受侧向力与垂向力，其作用相当于在悬架上增加了一根横向拉杆同时起到弹簧的作用，这也是采用横置板簧悬架整车模型弯道模式下侧向加速度参数大幅降低的最主要原因，整车纵向力主要由悬架上下控制臂承受。

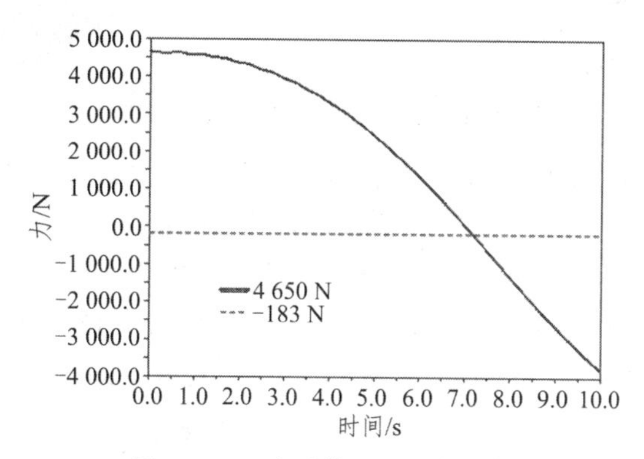

图 18-14　右后轮 RP-1 点受力

横置板簧材料：60Si2Mn；弹性模量：（2.06E－5）MPa；泊桑比：0.29；密度：（7.74E－9）t/mm^3；抗拉强度 1 270 MPa。对板簧进行有限元分析，单侧臂应力变化如图 18-15 所示，最大应力为 449.7 MPa，最大应变为 28.3 mm。图中绿色区域承受应力较小，远小于抗拉强度，对此区域进行拓扑优化，循环计算 30 次，在拓扑优化的基础上输出板簧几何图形并对其进行形貌与尺寸修正，最终板簧单侧几何体如图 18-16 所示；对优化后的板簧再次进行分析，约束与载荷条件相同，计算结果显示最大应力为 555.90 MPa，最大应变为 28.10 mm，与优化之前对比最大应力增加，最大应变减小，最大应力依然小于抗拉强度，符合设计要求。

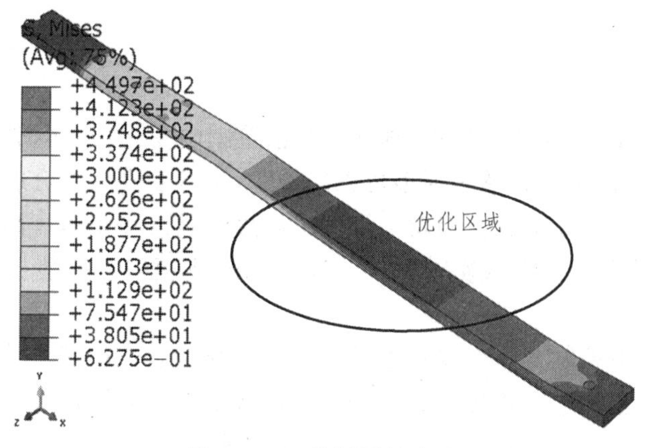

图 18-15　单侧板簧应力

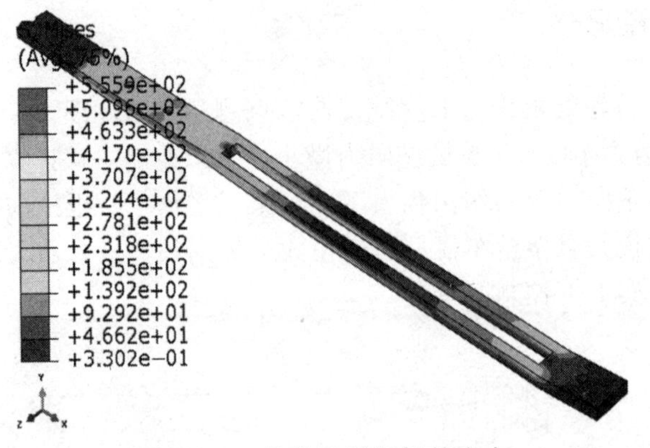

图 18-16 优化后单侧板簧应力

优化前横置板簧质量为 0.595 7 kg，优化后质量为 0.452 7 kg，质量减少 24.0%，优化效果较明显；对优化后的板簧进行刚度测试，计算显示优化后的板簧刚度为 50.65 N/mm，如图 18-17 所示，相对优化前刚度 56.04 N/mm 有所减小；横置板簧替换后通过仿真实验计算整车稳定性参数，如图 18-18 所示，整车侧向加速度与横摆角速度分别为：0.157 7 mm/s^2、18.32°/s，性能相对优化前整车 BB 刚度组合提升：8.05%、4.58%，但运行过程中伴有微小振荡现象。

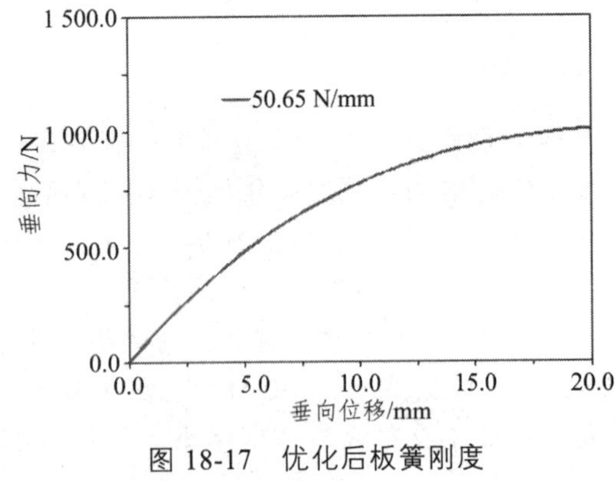

图 18-17 优化后板簧刚度

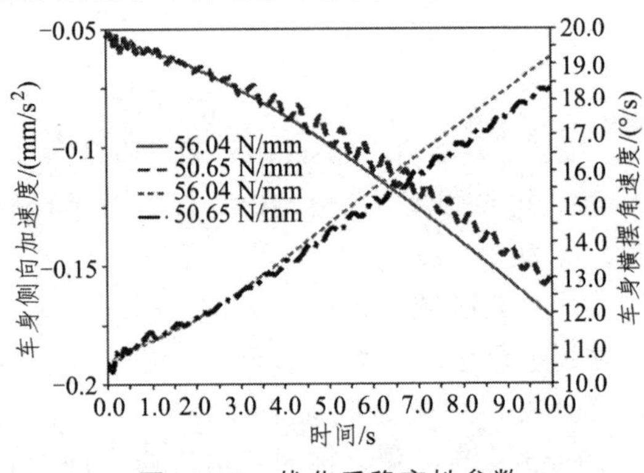

图 18-18 优化后稳定性参数

结 论

（1）变刚度横置板簧可以实现弹簧刚度在 9 倍范围内变化，最小刚度为 26.10 N/mm，最大刚度为 232.55 N/mm，FSAE 整车模型可以实现 16 种可变刚度组合底盘模型。

（2）FSAE 采用横置板簧后，相对于推杆式双横臂悬架整车车身高度均有所降低，侧向加速度、横摆角速度等稳定性参数均提升，其中 BB 刚度组合性能提升最为明显，分别为 16.64%、30.00%。

（3）横置板簧与下控制臂、车身连接处添加柔性衬套后，仿真实验初期震荡现象改善明显，同时整车稳定性指标进一步提升，车身总高度降低 81.18 mm。

（4）板簧结构优化后，质量减少 24%，FSAE 整车稳定性继续改善，但伴有振荡现象。

（5）对 FSAE 赛车悬架设计及底盘参数匹配及进一步整车其他系统优化具有重要指导意义。

第 19 章　后轮随动转向

通过理论分析建立后轮瞬态随动转向系统数学模型，分析得出摆臂旋转角度及摆臂与车身连接衬套刚度是影响随动转向的主要因素。为验证理论模型的正确性，用 ADAMS 软件建立包含后轮随动转向特性的 FSAE 整车模型，后轮随动悬架模型设计为扭力梁悬架，衬套刚度通过动静刚度试验机获取，柔性扭转梁通过 ABAQUS 输出模态中性文件获取。反向车轮激振仿真表明：左右车轮中心可以获取随动转向位移，与理论数模模型对比，误差仅为 1.7%。整车弯道仿真表明：车辆入弯时为过渡转向，出弯时为不足转向，整车兼顾平顺与操稳性。扭力梁安装位置 C 值变动时，随着 C 值的增加，不足转向特性趋势减小，整车稳定性能变差；衬套安装角度 θ 增加时不足转向特性趋势减小，整车稳定性能提升。后轮随动转向 FSAE 整车模型如图 19-1 所示。

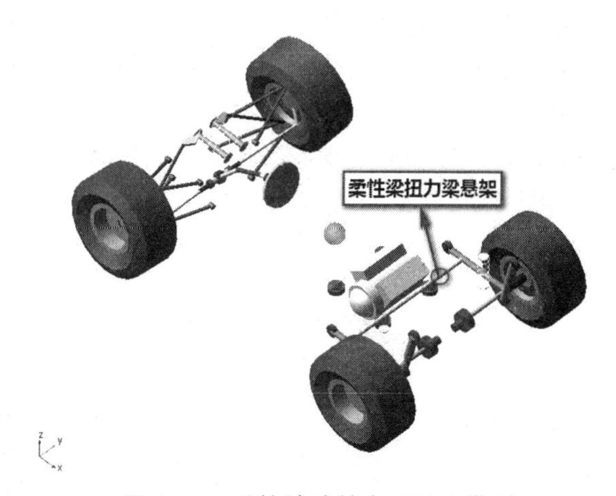

图 19-1　后轮随动转向 FSAE 模型

学习目标

- ✧ 随动转向数学模型。
- ✧ 随动转向物理模型。
- ✧ 衬套实验。
- ✧ 扭转梁 MNF。
- ✧ 反向激振仿真。
- ✧ 扭力梁位置因素。
- ✧ 衬套安装角度。

19.1 随动转向数学模型

后轮随动转向特性在一定程度上可以改善整车行驶的平顺性并兼顾稳定性，主要体现在低速模式下转弯半径小，高速模式下入弯半径小、出弯半径大。后轮随动转向特性相关文献较少，检索相关文献主要集中在两方面：（1）商用车后轮随动转向特性设计，商用车后驱动轮及挂车随动转向以减小整车及汽车列车转向半径为目的，不考虑整车瞬时转向特性及整车稳定性；（2）采用控制算法设计控制后轮转向，文献研究的重心主要在于验证算法，并没有从理论上及结构模型特性上对随动转向特性进行系统分析，此类文献研究主旨本质上是四轮转向。FSAE 赛车属于小型赛车，设计定位的方向是以操控稳定性为主导。适宜的后轮随动转向特性对于提升 FSAE 赛车稳定性具有促进作用。要实现后轮随动转向特性，后悬架需设计成半独立式扭转梁悬架或独立式扭转梁悬架；从设计效果上看，独立式扭转梁悬架瞬时转向特性效果更好，但两根独立的扭转梁在车身底部占用较大空间，扭转梁的作用是替代了螺旋弹簧，同时独立式扭转梁悬架与车身之间需要安装四个不同刚度的柔性衬套才能实现较好的转向特性；因此选择较为简单半独立式扭转梁比较适宜，占用空间小、结构简单、成本低，同时半独立式扭转梁悬架存在旋转臂（拖拽臂），在整车长度一定的前提下可以进一步减少车身的长度，降低车身质量，提升稳定性。

FSAE 赛车向左转向时，车身向右侧倾斜，右侧车身向下压缩，即右侧轮胎向上跳动，左侧车轮向下跳动，后悬架车轮跳动模型简化为如图 19-2 所示。FSAE 赛车在静止状态时后悬架摆臂与车身之间的安装位置高于车轮中心时摆臂角为正，反之为负。当摆臂角为正时，转向瞬间整车为过渡转向状态，后轮转向与前轮方向相反，FSAE 整车模型简化为如图 19-3 所示。后轮瞬态转向数学模型如下：

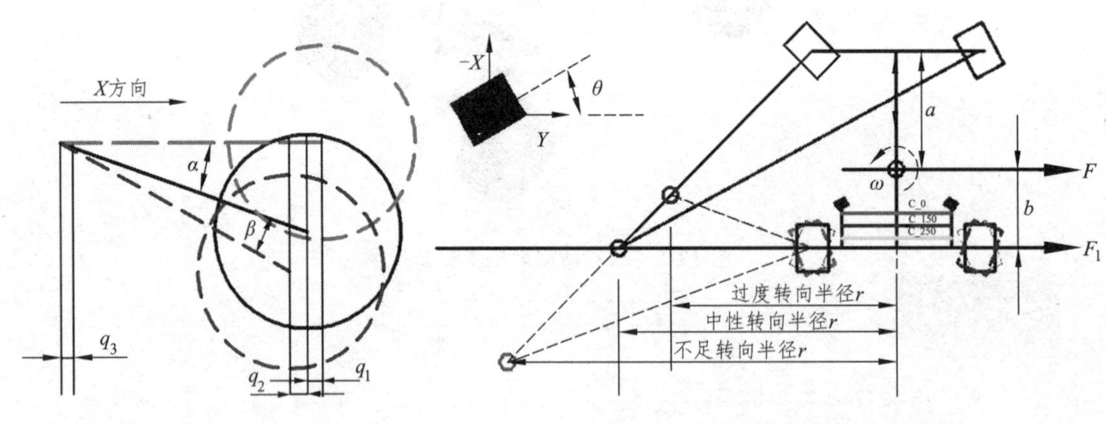

图 19-2　后悬架车轮跳动模型　　　　图 19-3　FSAE 整车瞬态转向模型

右后车轮正 X 方向运动位移：

$$l - l\cos\alpha = q_1 \tag{1}$$

左后车轮负 X 方向运动位移：

$$l - l\cos\beta = q_2 \tag{2}$$

FSAE 赛车离心力：

$$F = mrw^2 \tag{3}$$

忽略轮胎侧偏力及轮胎本身的迟滞特性，后左右轮胎侧向受力总和为

$$F_1 = F\frac{a}{a+b} \tag{4}$$

右后车轮摆臂衬套 X 方向的位移量为

$$F_1 \sin\theta = 2k\frac{q_3}{\cos\theta} \tag{5}$$

衬套有增加过渡转向的趋势，后悬架左右车轮在 X 方向之间的总位移为

$$q_1 + q_2 + q_3 = q \tag{6}$$

将公式（1）～（5）代入（6）式并整理得

$$l(2-\cos\alpha-\cos\beta)+\frac{mrw^2 a\sin\theta}{2k(a+b)}\cos\theta = q \tag{7}$$

摆臂角为负时，后轮转向与前轮保持同方向，整车弯道转向为不足转向状态，同时衬套有减小不足转向趋势：

$$q_1 + q_2 - q_3 = q \tag{8}$$

将公式（1）～（5）代入（8）式并整理得

$$l(2-\cos\alpha-\cos\beta)-\frac{mrw^2 a\sin\theta}{2k(a+b)}\cos\theta = q \tag{9}$$

式中：l 为摆臂长度；α 为右侧车轮摆臂旋转角度；β 为左侧车轮摆臂旋转角度；q_1 为右侧车轮中心移动距离；q_2 为左侧车轮中心移动距离；q_3 为摆臂衬套 X 方向的位移量；q 为左右车轮中心偏移总距离；m 为整车质量；r 为车辆转向半径；w 为车身横摆角速度；a 为车辆质心距前轴距离；b 为车辆质心距后轴距离；θ 为摆臂与车身连接衬套安装角度；k 为衬套径向刚度。

从公式中可以看出，影响瞬态转向的因素很多，其中摆臂旋转角度及摆臂与车身连接衬套刚度是影响随动转向的主要因素。当摆臂角为正时，即后轮与前轮转向相反，较小的衬套刚度会加大转向的力度，此时整车舒适性变好但稳定性变差；当摆臂角为负时，即后轮与前轮转向相同，较小的衬套刚度会抵消车轮的同向偏转，因此必须增加衬套刚度，增大不足转向特性，提升整车稳定性。

19.2 随动转向物理模型

由于赛车稳定性要求较高，应选择摆臂角为负，此时在结构上存在如下问题：悬架与车

身之间没有空间安装减震器与螺旋弹簧；借鉴雪铁龙系列车型的特点，螺旋弹簧可以改为双横置扭杆弹簧，减震器为大角度斜置，但由于 FSAE 赛车的中置后驱底盘布置形式依然不能实现，因此选择半独立式扭力梁悬架设计后轮随动转向特性。

19.2.1 衬套刚度实验

衬套刚度采用衬套动静刚度试验机获取，实验前需要将衬套嵌套在夹具内，然后把夹具安装在丝杠上。实验之前要确保接线准确并进行预热 15 min，以保证传感器稳定性。实验过程中，上下限位块的位移需要合理设定，防止过大位移导致夹具和试样损坏。*X* 方向的位移设定为 9 mm，扭转角度设定为 10°；*Y* 方向的位移设定为 6 mm，扭转角度设定为 10°；Z 方向的位移设定为 15 mm，扭转角度设定为 15°；衬套实验如图 19-4 所示，各方向刚度如图 19-5、19-6 所示。

图 19-4　衬套刚度实验

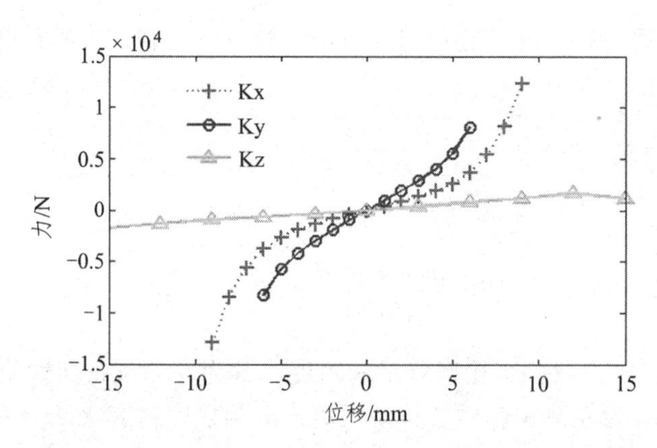

图 19-5　衬套 *X*/*Y*/*Z* 垂向刚度

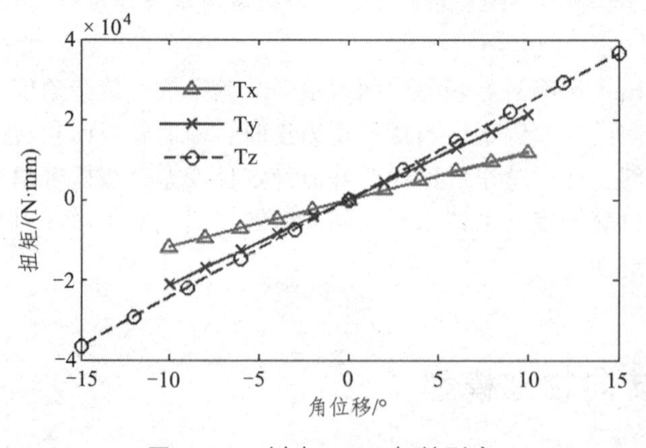

图 19-6　衬套 *X*/*Y*/*Z* 扭转刚度

19.2.2 柔性扭转梁

扭力梁物理模型建立过程的核心是扭转梁柔性化处理，采用 ABAQUS 软件输出扭转杆模态中性文件，将文件导入到 ADAMS 中建立扭力梁悬架模型，建模过程中要保证悬架通讯器与发动机总成及车身正确匹配。ABAQUS 创建扭力梁模态中性文件程序如下：

子结构数据块生成程序：

Substructure Generate，overwrite，type=Z1，recovery matrix=YES，MASS MATRIX=YES

柔性体转换程序：

FLEXIBLE BODY，TYPE=ADAMS

应力应变输出程序：

ELEMENT RECOVERY MATRIX，POSITION=AVERAGED AT NODES

S,

E,

模态中性文件 MNF 生成程序：

abaqus adams job=torsion_beam substructure_sim= torsion_beam _Z1 model_odb= torsion_beam length=mm mass=tonne time=sec force=N

扭转梁模态中性文件转换完后共 20 阶，其中 4 阶、6 阶、8 阶位移变化如图 19-7 ~ 图 19-9 所示。

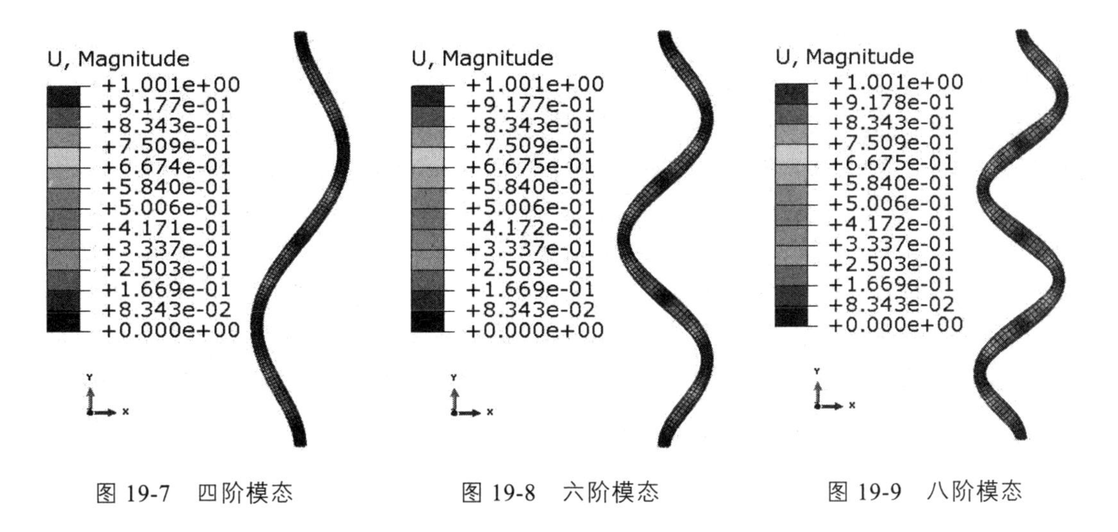

图 19-7 四阶模态　　图 19-8 六阶模态　　图 19-9 八阶模态

19.2.3 反向激振仿真

扭力梁物理悬架模型建立好后对其进行车轮反向激振仿真，如图 19-10 所示。车轮反向激振实验的目的是获取车轮上下跳动过程中车轮中心在纵向位移偏移量，计算结果如图 19-11 所示。左侧车轮下跳最大位移为 10.60 mm，平衡状态位移为 0.89 mm，上跳最大位移为 13.45 mm；右侧车轮位移变化量与左侧数值大小相反。左转向过程中，左侧车轮跳动量较小，测试左右车轮之间最大偏移量为 12.56 mm，可以实现后轮瞬态转向特性。

图 19-10　车轮反向激振实验

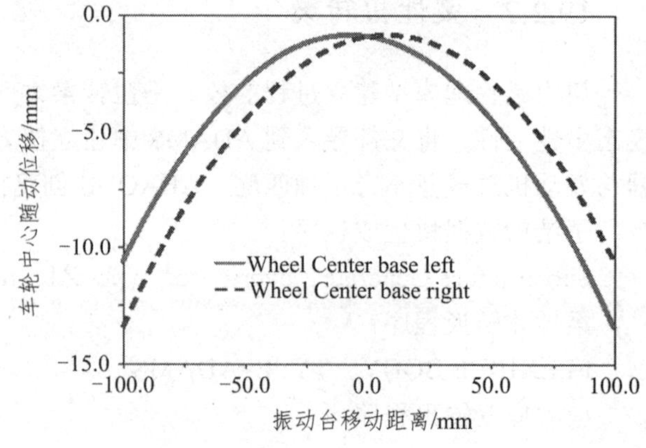

图 19-11　车轮中心运动偏移量

悬架摆臂的长度为 375.63 mm，车轮上跳 100 mm，实测车轮上调角度为 14.907°，车轮反向激振实验不考虑衬套安装角度，把参数代入公式（1）、（2），计算出左右车轮之间最大偏移量为 12.77 mm，误差仅为 1.7%。

19.3　弯道仿真

构建包含扭力梁悬架的整车模型，当扭力悬架中的扭转梁为刚体时，整车模型为 58 个自由度。把刚性扭转梁替换为柔性扭转梁时，整车为 84 个自由度。通过阶跃转向弯道仿真，对比后扭力梁悬架在整车环境模式下瞬时随动转向特性对整车性能的影响。仿真时间为 5 s，方向盘向左转 180°，转向时刻在 0 s，即仿真初始状态已经开始转向，转向时间持续 2 s，初始速度为 50 km/h，挡位为 2 挡。整车模型如图 19-1 所示。

图 19-12 中实线为整车在刚性扭转梁悬架模式下的运动轨迹，虚线为把刚性梁替换为柔性扭转梁后整车的运动轨迹。通过提取 0 s 时刻数据，刚性扭力梁整车模型初始位移为 0 mm，柔性扭力梁整车模型初始位移为（5.5e – 15）mm，说明在仿真开始时后轮随动转向已经起作用。从图中可以看出，柔性扭力梁的运动轨迹整体比刚性梁略大，在 4 s 之前，重合度较高，

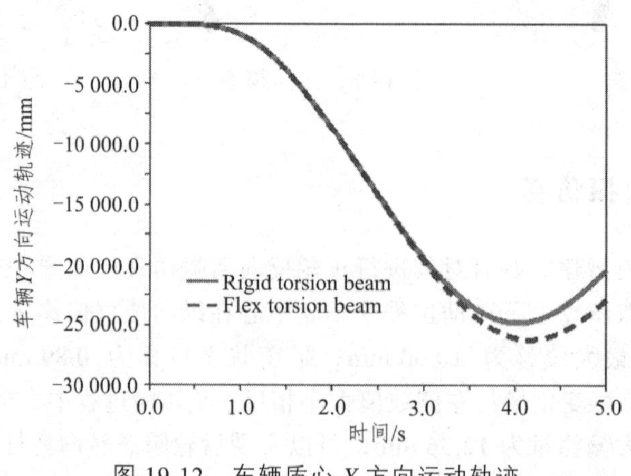

图 19-12　车辆质心 Y 方向运动轨迹

即整车在入弯时进入到瞬时过渡转向，转向半径减小，4 s 之后整车在出弯道时进入不足转向状态，转向半径增大，整车稳定性能提升。

为进一步验证整车的稳定性是否提升，通过计算车身质心处的侧向速度与横摆角速度，如图 19-13、图 19-14 所示，从图中可以看出，柔性梁悬架模式下整车的侧向速度及横摆角速度变化范围均比刚性扭转梁小，横摆角速度 RMS 值分别为：54.29、50.95，性能提升 6.15%；车身侧向速度最大值分别为：1.24、1.06，性能提升 14.52%。

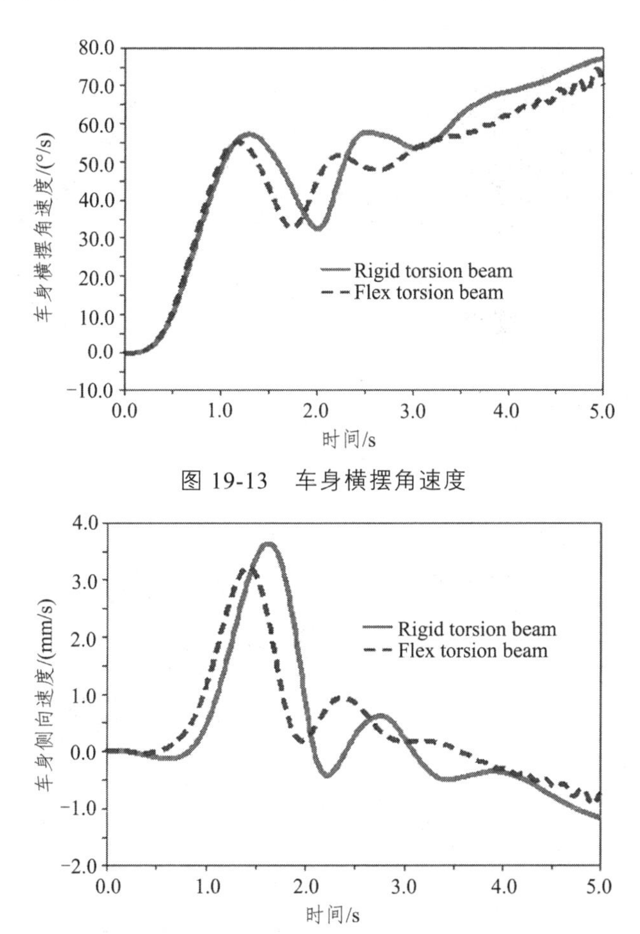

图 19-13　车身横摆角速度

图 19-14　车身侧向速度

19.4　扭力梁位置因素

扭力梁悬架中扭转梁的安装位置不同会导致车轮中心随动位移大小产生变化。为系统研究此问题，分别把柔性扭转梁安装在摆臂上不同的 3 个位置：C_0 指原有柔性梁安装位置；C_150 指在原有位置上向正 *X* 方向移动 150 mm；C_250 指在原有位置上向正 *X* 方向移动 250 mm。图 19-15 柔性扭转梁安装的位置为 C_150，计算结果如图 19-16 所示，随着柔性梁偏移距离的增加，后轮随动转向特性逐渐减小；C_0 的 RMS 值为 24 591.33，C_150 的 RMS

值为 24 423.17，C_250 的 RMS 值为 24 257.48。从图 19-17、19-18 中可以看出，随着柔性梁偏移距离的增加，车身侧向速度、横摆角速度幅值逐渐增加，车辆稳定性变差。车身侧向速度：C_0 的 RMS 值为 1.06，C_150 的 RMS 值为 1.00，C_250 的 RMS 值为 1.07；车身横摆角速度：C_0 的 RMS 值为 64.99，C_150 的 RMS 值为 65.62，C_250 的 RMS 值为 66.07。

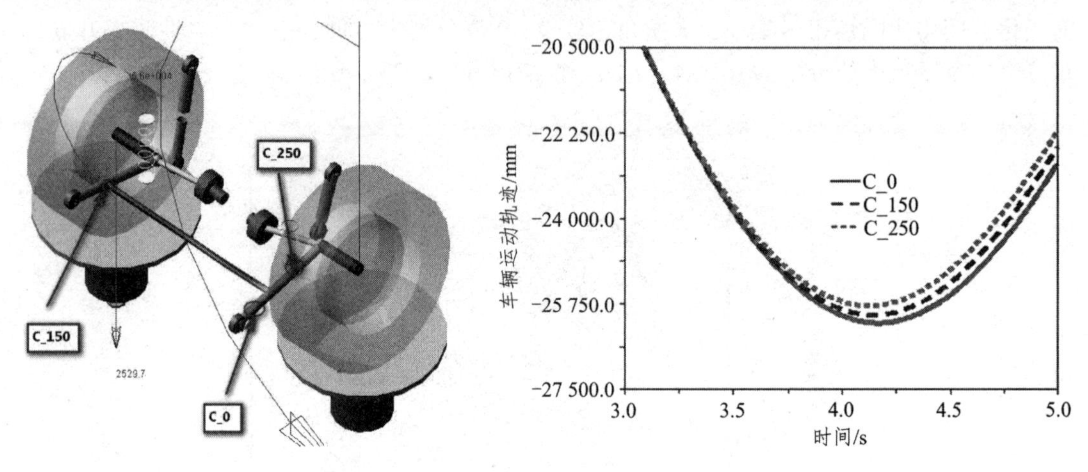

图 19-15　扭转梁安装位置　　图 19-16　车辆质心 Y 方向运动轨迹/C

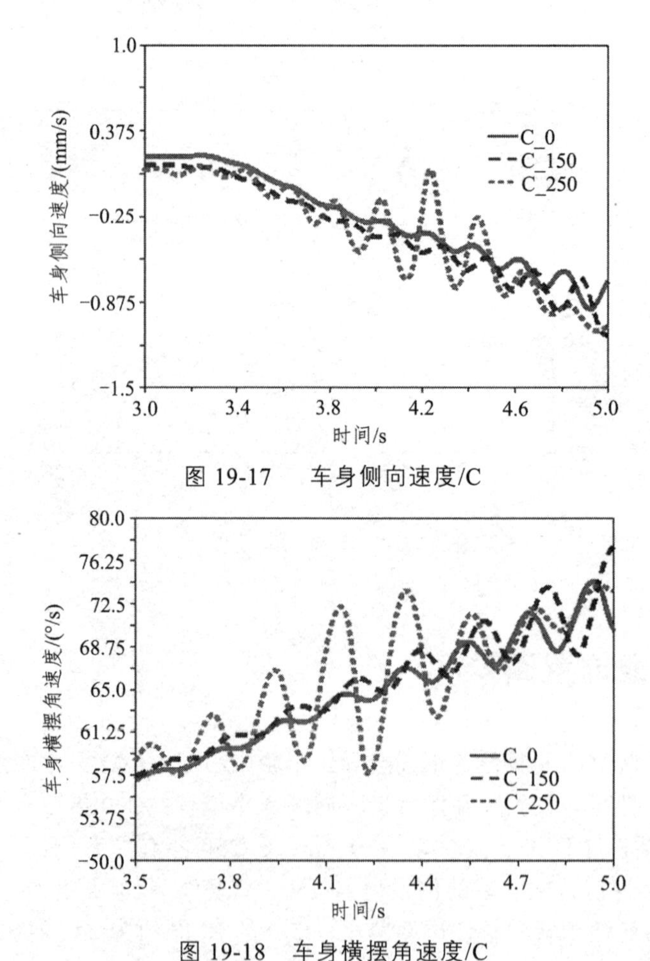

图 19-17　车身侧向速度/C

图 19-18　车身横摆角速度/C

19.5 衬套安装角度

柔性衬套安装角度会影响整车的稳定性，如果采用与扭转梁轴向平行布置会导致后悬架整体横向偏移量过大，此时需要添加横向连杆保证侧向位移，这对于 FSAE 赛车后悬架安装空间来说不可行。由于衬套的各方向刚度不同，采用不同安装角度会抑制侧向偏移，但衬套受力较大，图 19-19 所示衬套安装角度为 45°。

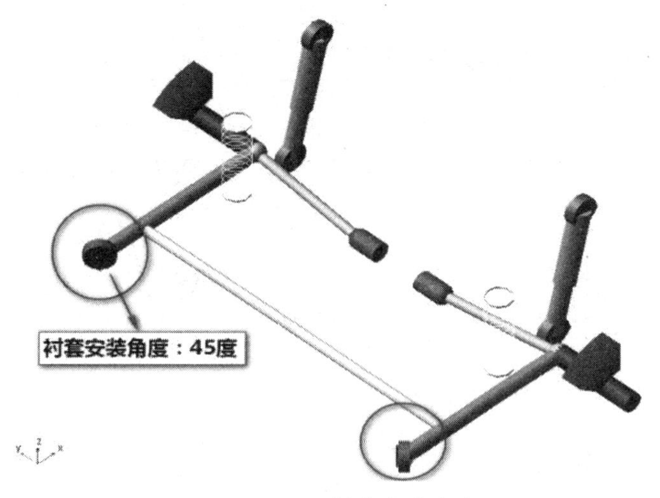

图 19-19 衬套安装角度/θ

图 19-20 为不同安装角度衬套力，从图中可以看出，45°角安装衬套受力最大，最大值为 760.78 N，RMS 值为 626.10；30°角安装衬套受力其次，最大值为 703.76 N，RMS 值为 593.18；0°角安装衬套受力最小，最大值为 531.0 N，RMS 值为 538.88。

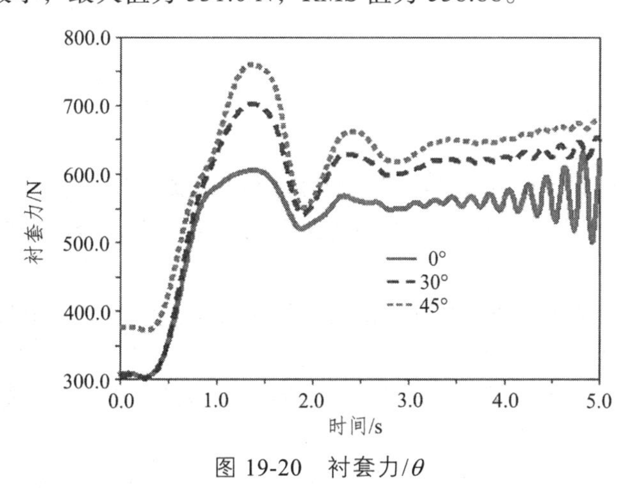

图 19-20 衬套力/θ

从图 19-21 中可以看出，随着衬套安装角度的逐步增加，整车不足转向有减小的趋势，衬套 0°安装时 RMS 值为 25 597.84；衬套 30°安装时 RMS 值为 25 479.06；衬套 45°安装时 RMS 值为 25 369.80。从图 19-22 中可以看出，随着衬套安装角度的逐步增加，整车身横摆角速度逐步减小，整车稳定性能提升。

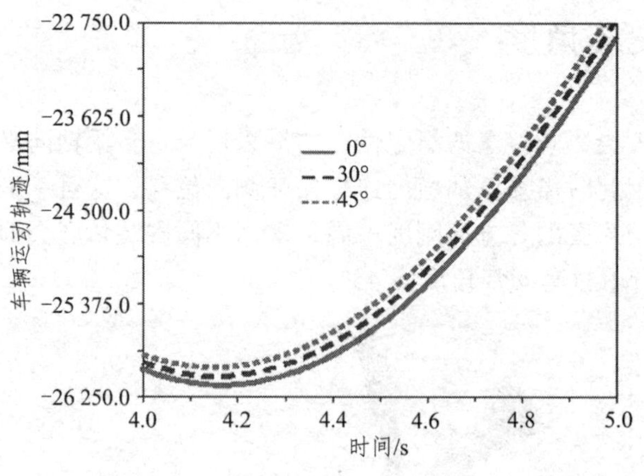

图 19-21　车辆质心 Y 方向运动轨迹/θ

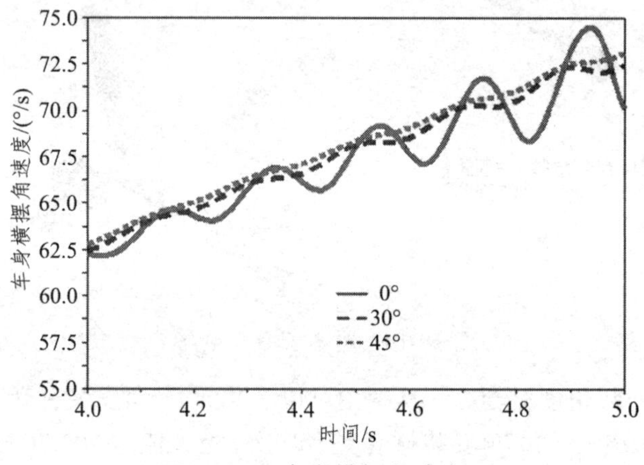

图 19-22　车身横摆角速度/θ

结　论

（1）摆臂旋转角度及摆臂与车身连接处的衬套刚度是影响瞬态转向的两个最主要因素。

（2）与刚性扭力梁悬架对比，柔性扭力梁悬架入弯半径小、出弯半径大，兼顾平顺性与操纵稳定性。

（3）扭转梁位置影响随动转向特性，随着安装位置距离的增加，不足转向趋势减小，整车稳定性变差。

（4）衬套安装角度逐步增加时，整车不足转向特性趋势减小，整车稳定性能提升。

第 20 章 平衡悬架

通过 CAR 模块编写白驱动轴状态参数程序及 BEAM 离散梁方法，建立平行式推杆与 V 型推杆平衡悬架模型，采用 VIEW 模块自建四柱振动试验台测试出平衡悬架垂向与扭转总刚度分别为：5 515.2 N/mm、2 677.8 N/mm。推力杆传力模型表明随着推杆角度的增加，推杆抵消侧向平衡力增加，传递到车架上的侧向力减小。连续减速带制动极限工况仿真表明：V 型推杆随着开口角度的增加，商用整车稳定性指标参数持续提升，同时验证了推力杆传递模型的正确性，但 V 型推杆安装受到车架宽度物理空间限制，只能安装在车架边梁上。建立好的平衡悬架与振动台耦合模型如图 20-1 所示。

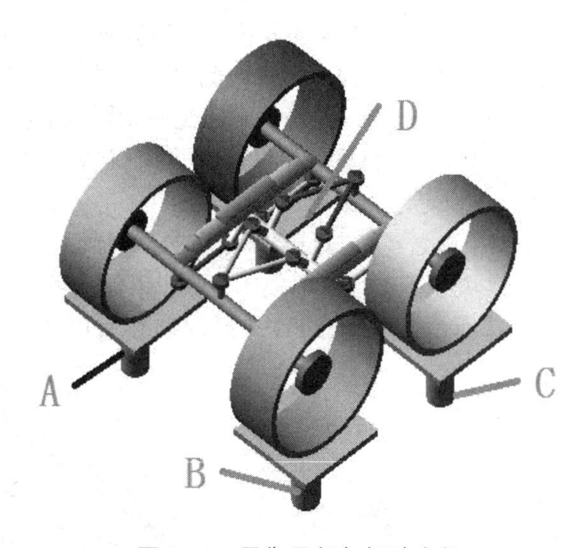

图 20-1 平衡悬架与振动台架

学习目标

- ✧ 平衡悬架模型。
- ✧ 横振动台模型。
- ✧ 垂向刚度。
- ✧ 扭转刚度。
- ✧ 推力杆传力模型。
- ✧ 稳定性仿真。

20.1 平衡悬架模型

国内商用牵引车与国外同类型车辆设计及执行标准不同，主要体现在国外商用牵引车底盘全部采用拖拽式非独立单驱动桥或者双轴系及多轴系车桥，弹性元件多采用空气弹簧；国内商用货运牵引车、水泥搅拌车、消防车以及特殊工程车辆后悬架多采用推杆式平衡悬架。平衡式悬架的物理动力学模型难点主要体现在：① 板簧精确模型建立；② 双轴系及多轴系集成参数的建立。文献中平衡悬架模型建模主要采用 3 种方法：① 采用弹簧质量系统建立双轴系及多轴系，此模型只考虑悬架系统的垂向振动特性；② 在 VIEW 模块建立平衡悬架模型，此模型为物理动力学悬架模型，与真实的平衡悬架模型贴近，缺点是平衡悬架模型缺少集成参数，只能作为单一的系统部件进行研究，基于 VIEW 模块商用整车模型建立及匹配复杂程度高；③ 平衡悬架装配体有限元模型，此模型主要对悬架的总刚度、零部件进行分析，并不能较好地考虑悬架的动力学特性；文献主要对平衡悬架板簧间的摩擦粗糙问题进行了二次开发并提出了一种动刚度公式定义方法，提升板簧模型的准确性；文献采用弹簧质量模型建立牵引车及挂车的数模并采用 MATLAB 计算模型的垂向特性，文献并没有系统考虑平衡悬架的侧向特性及物理结构因素；文献采用有限元法对装配体平衡悬架对称模型进行模态分析，从疲劳和耐久特性角度找出平衡悬架系统及零部件损伤与破坏的原因；针对此问题，提出 CAR 模块中通过编写白驱动轴状态参数程序，采用与钢板弹簧模型合并特性可以把驱动轴悬架模型任意拓展到 N 轴系，用此种方法建立的平衡悬架可以快速组装整车并与其他子系统进行匹配，在整车架构下研究平衡悬架推杆结构特性变化对整车稳定性的影响。

平衡悬架建模的核心是钢板弹簧模型与悬架集成参数，双轴及多轴模型参数需要采用通用模块合并功能实现，CAR 模块并不支持多轴集成参数；钢板弹簧采用非线性梁建模，完成平衡悬架模型建立，如图 20-2 所示，平衡悬架共包含 476 个自由度。

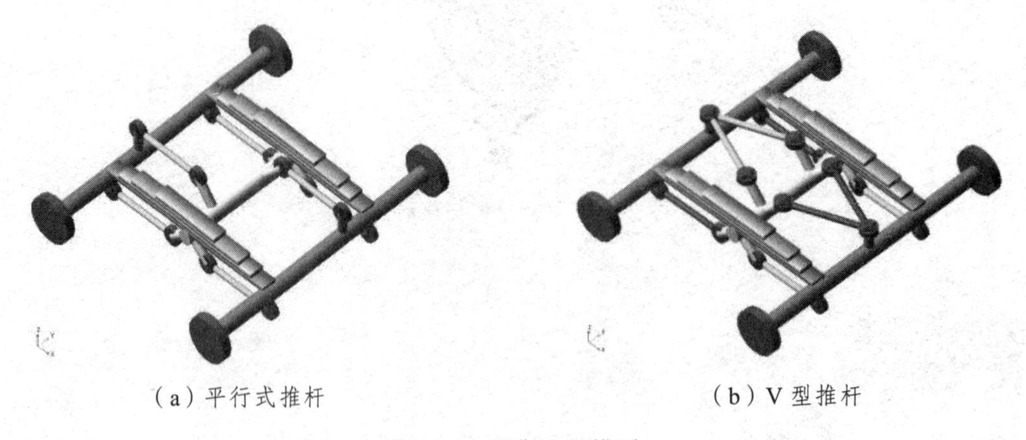

（a）平行式推杆　　（b）V 型推杆

图 20-2　平衡悬架模型

20.2 白双驱动轴程序

白双驱动轴指驱动轴模型仅包含描述动力传递的方程及车辆定位主销参数等，并不考虑其物理结构。平衡悬架的双驱动轴参数需要通过单驱动轴合并功能实现，单驱动轴状态参数程序如下：

左半轴转速程序：halfshaft_omega_left:1004.0，(._my_bus_drive_axle.gel_hub.jxl_joint_i_7.adams_id)，(._my_bus_drive_axle.gel_drive_axle.jxl_joint_j_7.adams_id)，(._my_bus_drive_axle.gel_drive_axle.jxl_joint_j_7.adams_id)，(._my_bus_drive_axle.cil_tire_force_adams_id)。

右半轴转速程序：halfshaft_omega_right:1004.0，(._my_bus_drive_axle.ger_hub.jxr_joint_i_7.adams_id)，(._my_bus_drive_axle.ger_drive_axle.jxr_joint_j_7.adams_id)，(._my_bus_drive_axle.ger_drive_axle.jxr_joint_j_7.adams_id)，(._my_bus_drive_axle.cir_tire_force_adams_id)。

左右半轴转速差程序：delta_halfshaft_omega:[varval(._my_bus_drive_axle.halfshaft_omega_left)-varval(._my_bus_drive_axle.halfshaft_omega_right)]*9.5493。

差速器力矩程序：differential_torque:sign(AKISPL(ABS(varval(._my_bus_drive_axle.delta_halfshaft_omega))，0，._my_bus_drive_axle.gss_differential)，varval(._my_bus_drive_axle.delta_halfshaft_omega))。

白双驱动轴通过两个单轴系驱动轴合并建立，合并过程包含单驱动轴程序，合并完成后白双驱动轴模型如图 20-3 所示。

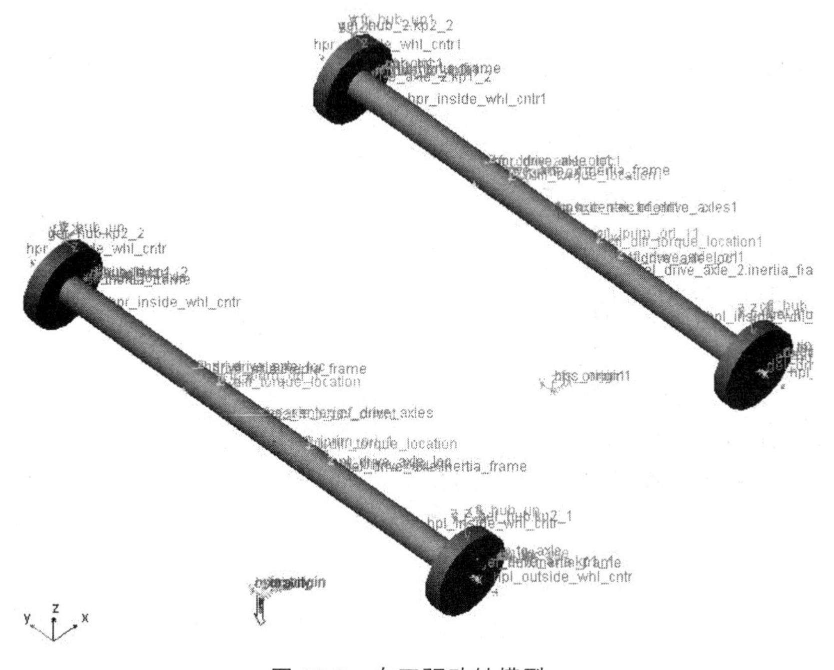

图 20-3　白双驱动轴模型

20.3 振动台模型

采用 Beam 梁建立 4 片装配体钢板弹簧对称模型，如图 20-4 所示，板簧对应 Beam 块之间采用接触属性模拟簧片之间的摩擦特性，点面副约束限制 Beam 块之间的运动方向，起到弹簧夹的作用。板簧在 X 方向对称中心的上下 Beam 块之间采用 3 个固定副约束，此固定副起到板簧无效长度作用，即板簧通过骑马螺栓与车轴固定后，骑马螺栓固定长度范围对板簧的刚度并没有影响。Beam 块的参数为 30 × 100，单位：毫米。

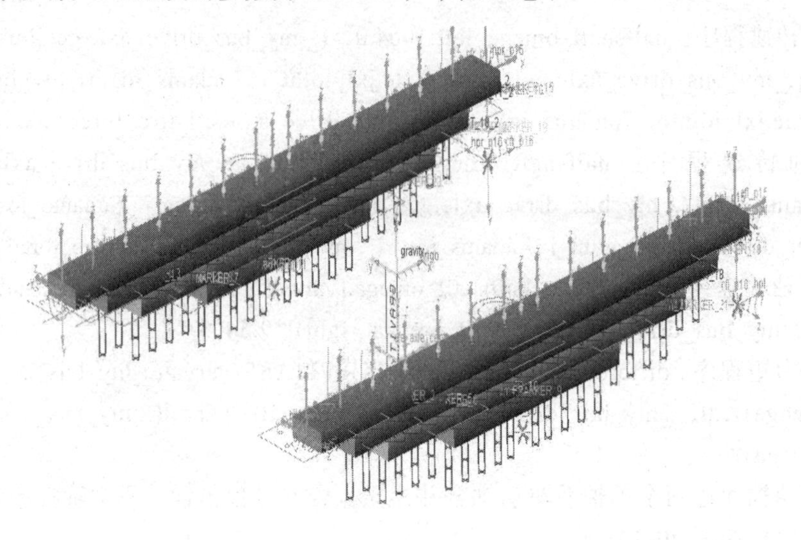

图 20-4　对称板簧模型

构建平衡悬架刚度仿真测试台架如图 20-1 所示。在轮毂处建立四个刚性轮胎，轮胎与轮毂采用固定副约束；修改轮毂与白驱动轴之间的旋转约束副为固定约束副；四个垂向振动试验台与大地采用移动副约束；刚性轮胎与振动台采用点面虚约束，此约束副的主要作用是保证刚性轮胎在振动台架的平面上进行移动。

20.4　垂向刚度测试

A 振动台与 B 振动台在移动副上分别施加驱动位移函数：50.0 * SIN（180d*time），运行仿真时间 1 s，A、B 试验台垂向运动 50 mm 后返回初始位置，经计算平衡悬架垂向总刚度如图 20-5 所示，平衡悬架垂向刚度曲线为闭合非重合曲线，由于板簧前端与白车轴之间的移动副存在间隙，接触瞬间产生撞击导致力较大，接触间隙抵消后板簧力恢复到整车状态。

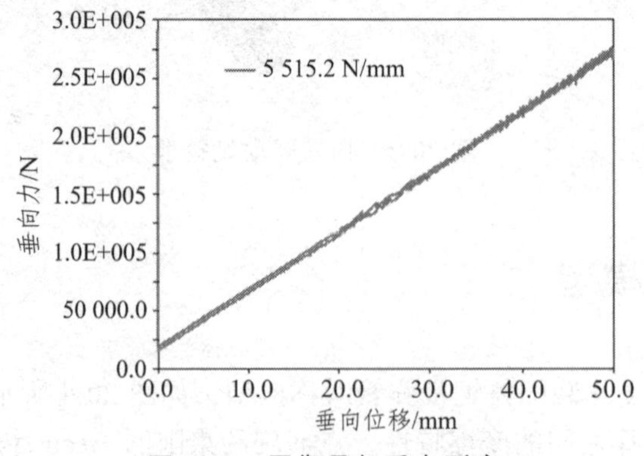

图 20-5　平衡悬架垂向刚度

20.5 扭转刚度测试

平衡悬架在经过坑洼路面时整车车桥会产生扭转刚度，测试时，A 振动台施加驱动位移函数：50.0 * SIN（180d*time），其余三个实验振动台放空保持静止，运行仿真时间 1 s，经计算平衡悬架扭转刚度如图 20-6 所示，扭转刚度曲线同为闭合非重合曲线。

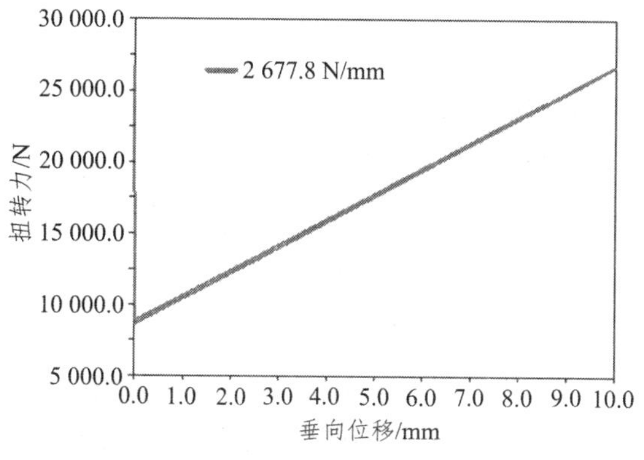

图 20-6 平衡悬架扭转刚度

20.6 推杆传力模型

推杆开口角度大小会影响到平衡悬架的侧向力，侧向力大小是影响整车稳定性最关键的参数。整车动力传动路径如图 20-7 所示，由传动轴同时驱动前后驱动桥，前后驱动桥通过推杆与车架连接处 B、C、B'、C'点传递纵向驱动力带动整车行驶。推杆受力模型如图 20-8 所示。

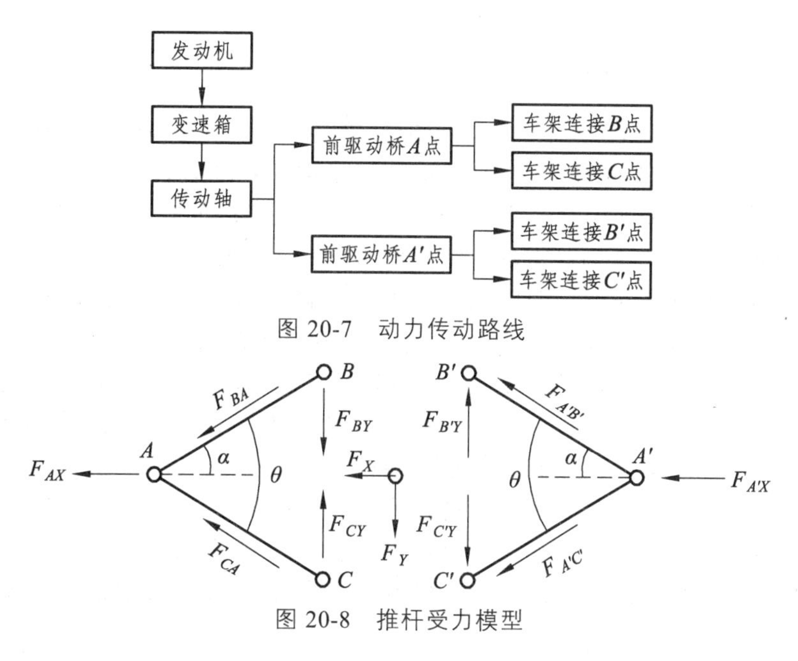

图 20-7 动力传动路线

图 20-8 推杆受力模型

推杆受力公式如下：

$$F_X = (F_{AX} + F_{A'X}) \tag{1}$$

$$F_{AX} = F_{BA} + F_{CA} \tag{2}$$

$$F_{A'X} = F_{A'B'} + F_{A'C'} \tag{3}$$

$$F_{BY} = F_{BA}\sin\alpha \tag{4}$$

$$F_{CY} = F_{CA}\sin\alpha \tag{5}$$

$$F_{B'Y} = F_{A'B'}\sin\alpha \tag{6}$$

$$F_{C'Y} = F_{A'C'}\sin\alpha \tag{7}$$

$$\theta = 2\alpha \tag{8}$$

将公式（2）~（7）代入公式（1）中整理得

$$F_X \sin\alpha = (F_{BY} + F_{CY} + F_{B'Y} + F_{C'Y}) = F_Y \tag{9}$$

式中：F_X为 X 方向驱动力；F_Y为平衡悬架平衡力；F_{AX}为连接 A 点 X 方向驱动力；$F_{A'X}$为连接 A'点 X 方向驱动力；F_{BA}为前推力杆 BA 方向传递力；F_{CA}为前推力杆 CA 方向传递力；$F_{A'B'}$为后推力杆 $A'B'$方向传递力；$F_{A'C'}$为后推力杆 $A'C'$方向传递力；F_{BY}为连接 B 点 Y 方向驱动力；F_{CY}为连接 C 点 Y 方向驱动力；$F_{B'Y}$为连接 B'点 Y 方向驱动力；$F_{C'Y}$为连接 C'点 Y 方向驱动力；θ 为推杆夹角。

公式（4）与（5）为前推杆在 Y 方向上的平衡力，大小相等，方向相反；公式（6）与（7）为后推杆在 Y 方向上的平衡力，大小相等，方向相反。从公式（9）中可以看出，随着推杆夹角 θ 增加，推杆侧向平衡力 F_Y增加，即驱动力 F_X通过平衡悬架推杆平衡抵消掉的力增加，因而传递车架上的力减少，整车稳定性提升。

20.7 稳定性仿真

考虑三种 V 型推杆安装方式：① V 型推杆角度为 17.4°，此时 V 型推杆开口与中轴中心部位连接；② V 型推杆角度为 35.2°，此时 V 型推杆开口与中轴左右侧中心部位连接；③ V 型推杆角度为 49.6°，此时 V 型推杆开口与车架连接；车架宽度限制 V 型推杆开口的最大角度。为检验推杆对平衡悬架的稳定特性的影响，需要整车在特殊路面下进行极限工况测试。构造连续减速带路面模型如图 20-9 所示，路面包含 3 个等间距分别为 10 m 的减速带，路面宽度为 12 m，路面摩擦系数为 0.9，减速带断面宽度为 0.35 m，高度为 0.05 m。整车模型的难点是平衡悬架模型的建立及系统之间的匹配，构建 6×4 整车模型如图 20-10 所示，整车模型包含后平衡悬架、前转向桥、右舵转向系统、发动机、简化刚性车型、盘式制动系统、前后轮胎模型，整车模型包含 841 个自由度。整车在制动过程中通过减速度，更能检验平衡悬架的稳定特性，同时更能体现不同推杆位置与角度对稳定性的影响。整车制动参数设置如下：初始制动速度为 50 km/h，制动开始时间为第 4 s，制动减速度设置为 0.6g，制动过程中方向盘角度锁定，制动过程为闭环控制。制动过程中整车过减速如图 20-10 所示。

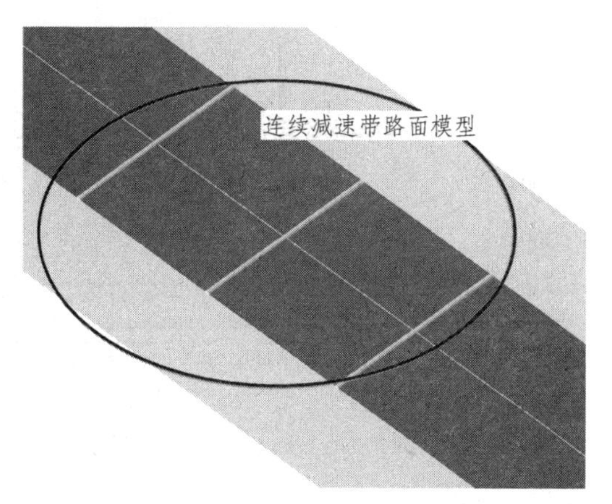

图 20-9　连续减速带路面模型

图 20-10　6×4 整车模型

计算结果如图 20-11 ~ 图 20-14 所示，图中 B1 为基于平行式推杆式平衡悬架整车参数变化曲线，B2 为基于 V 型推杆（35.2°）式平衡悬架整车参数模式下变化曲线。侧向加速度 B1 的 RMS 值为 33.61，幅值最大绝对值为 307.72；B2 的 RMS 值为 8.69，幅值最大绝对值为 60.74，有效值 RMS 提升 74.14%，最大振荡幅值改善 80.26%；侧倾角速度 B1 的 RMS 值为 0.33，幅值最大绝对值为 2.92；B2 的 RMS 值为 0.16，幅值最大绝对值为 0.87，有效值 RMS 提升 51.52%，最大振荡幅值改善 70.21%；俯仰角速度 B1 的 RMS 值为 5.37，幅值最大绝对值为 20.50；B2 的 RMS 值为 4.91，幅值最大绝对值为 17.92，有效值 RMS 提升 8.57%，最大振荡幅值改善 12.59%；横摆角速度 B1 的 RMS 值为 0.081，幅值最大绝对值为 0.57；B2 的 RMS 值为 0.037，幅值最大绝对值为 0.14，有效值 RMS 提升 54.32%，最大振荡幅值改善 75.44%。

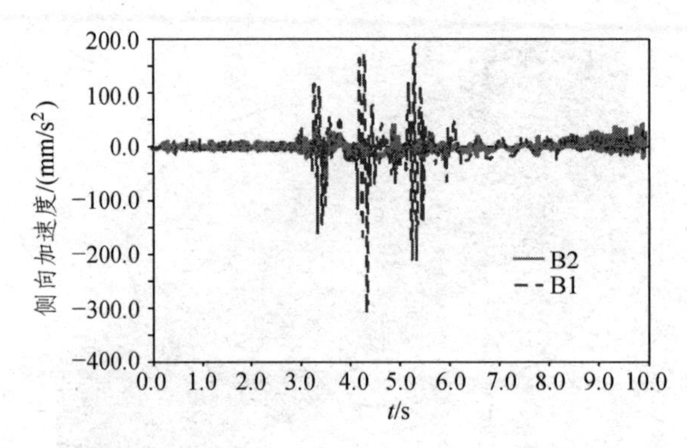

图 20-11　侧向加速度（平行式、V 型）

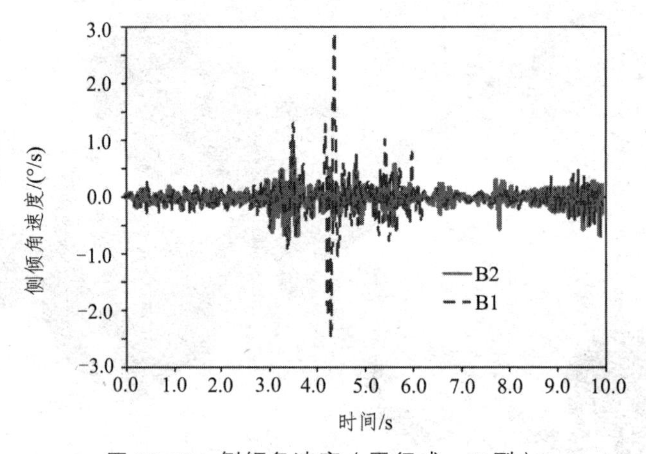

图 20-12　侧倾角速度（平行式、V 型）

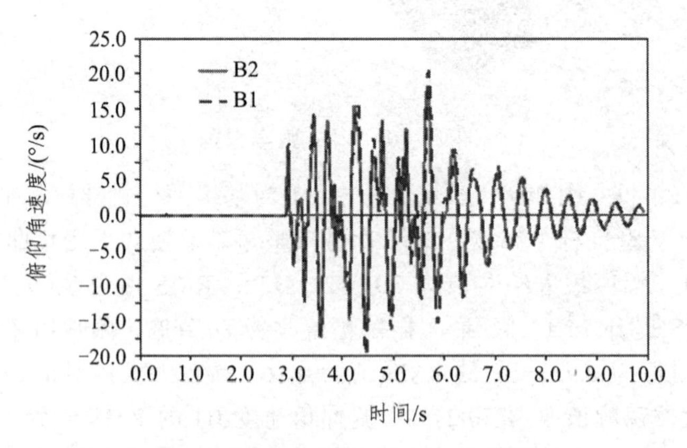

图 20-13　俯仰角速度（平行式、V 型）

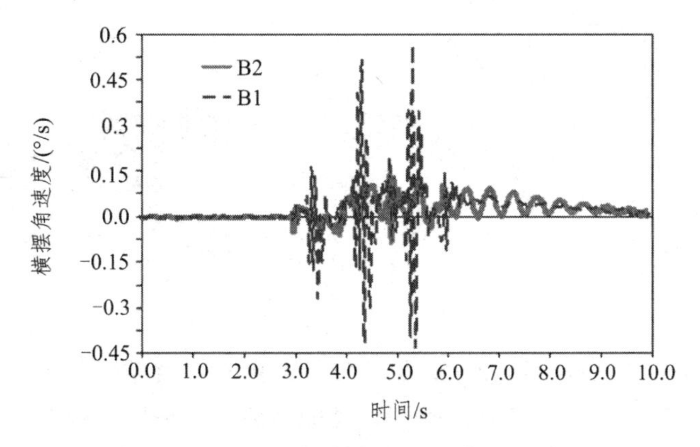

图 20-14　横摆角速度（平行式、V 型）

当 V 型推杆角度为 17.4°与 49.6°时，整车稳定性参数如表 20-1 所示。从表中数据可以看出，随着推杆角度的增加，整车稳定参数指标都明显提升。

表 20-1　稳定性指标参数

稳定性参数	推杆角度 θ/（°）	RMS	最大幅值/（°/s）
侧倾角速度	17.4	0.48	5.23
	49.6	0.14	0.65
俯仰角速度	17.4	5.02	17.56
	49.6	4.87	17.58
横摆角速度	17.4	0.054	0.33
	49.6	0.036	0.17

结　论

（1）通过编写白驱动轴状态参数程序及 BEAM 梁法建立平行杆式与 V 型推杆式平衡悬架精准模型，振动台架仿真计算出平衡悬架总垂向刚度与弯曲刚度分别为 5 515.2 N/mm、2 677.8 N/mm。

（2）推杆传力模型表明随着 V 型推杆开口角度的增加，推杆 Y 方向抵消平衡力增加，通过推杆传递到车身上的侧向力减少，稳定性提升。

（3）整车连续减速带制动仿真表明：相对于平行推杆式平衡悬架，V 型推杆式平衡悬架在提升整车稳定性方面优势明显，且随着 V 型推杆开口角度增加，稳定性能持续提升，同时验证了推力杆模型的正确性。

（4）平衡悬架模型对于商用整车模型建立及系统分析具有理论与工程上的指导意义。

第 21 章 优化设计

对于一个动力学模型，设计越复杂，影响设计的因素也就越多。由于各个参数之间是相互影响的，所以每次改变一个参数很难提高设计的性能。如果同时改变多个参数，需要大量的仿真计算，并产生庞大的仿真数据，这样很难判断到底哪个参数是主要的，哪个是次要的。利用 Adams/Insight，工程师们可以对虚拟样机和物理样机进行系统的研究、深入的分析，并可以与整个团队分享自己的成果。研究策略可以应用于部件或子系统，或者扩展到评估多层次问题中，实现跨部门的设计方案优化。Adams/Insight 可以通过网页或者数据表格实现数据交换，从而使设计人员、研究人员以及项目管理人员能够直接参与到“如果?—怎样?”的研究中，而不需要接触到实际的仿真模型。

Adams/Insight 特点如下：① 研究策略:设计研究、蒙特卡罗法研究、设计实验、扫描研究、周期研究、单目标和多目标优化；② 支持用户自定义策略或将已有策略应用于其他模型；③ 响应曲面法（Response Surface Methods）是通过对试验数据进行数学回归分析的方法，帮助工程师更好地理解产品的性能和系统内部各个参数之间的相互关系；④ 可综合考虑各种制造因素的影响（例如:公差、装配误差、加工精度等）；⑤ 对拥有共同输入的不同域的实验进行综合分析；⑥ 将实验结果与解算结果进行综合比较，以便更深入地研究；⑦ 网络发布实验结果；⑧ 可输出为 Excel、Matlab 以及 Visual Basic 文件格式；⑨ 既可与其他 MSC.Adams 模块联合使用，也可脱离 MSC.Adams 环境单独使用。

学习目标

- ✧ 双 A 臂悬架前束角优化。
- ✧ 运载火箭模型优化。
- ✧ 推杆式悬架模型外倾角优化。

21.1 双 A 臂悬架前束角优化——AVIEW

➢ 数据库导入模型

- 启动 Adams/View，保持界面默认设置；
- 单击 File > Import...，弹出导入模型界面，如图 21-1 所示；
- File Type：选择 Adams/View Command File（*.cmd）；

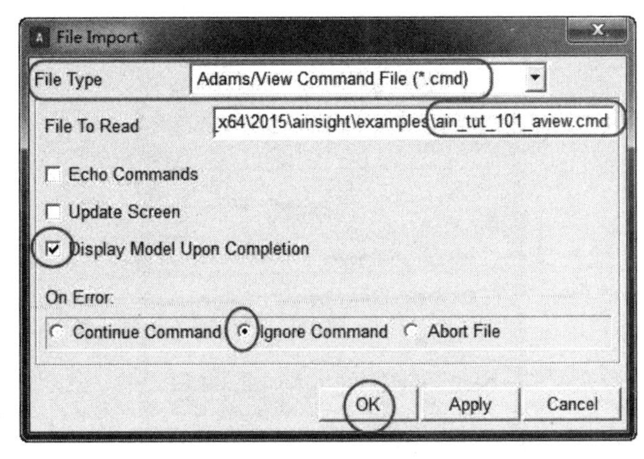

图 21-1　导入 CMD 模型

- File To Read：D:/MSC.Software/Adams_x64/2015/ainsight/examples/ain_tut_101_aview.cmd;
- 勾选 Display Model Upon Completion；
- 单击 OK，完成模型导入，如图 21-2 所示，图 21-2 为双 A 臂悬架概念化模型，模型中的部件特性、约束、驱动等参数请读者自行查看学习，此处不做详细的叙述。

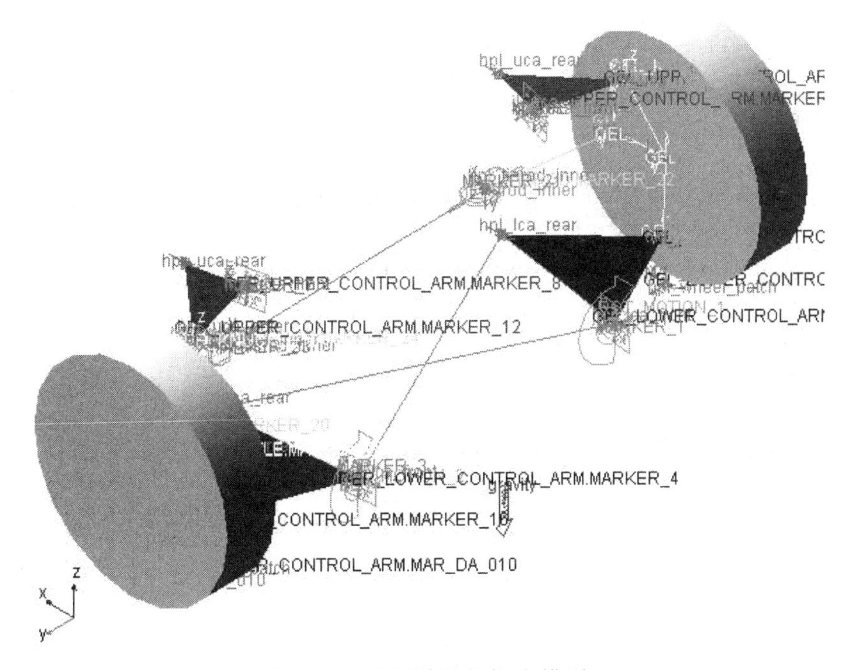

图 21-2　双 A 臂悬架概念模型

➢ 运行仿真设定

- 单击 Simulation > Simulate 命令；
- End Time：5；
- Steps：500；
- 其余保持默认设置；
- 单击 Start simulation，运行完成仿真，如图 21-3 所示。

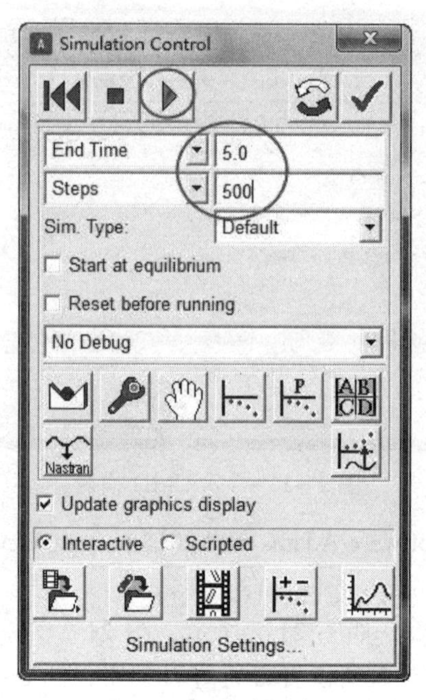

图 21-3　仿真设定

➢ 优化设计实验

- 单击 Design Exploration > Adams/Insight Export Dialog box 命令，弹出优化输出界面，如图 21-4 所示；

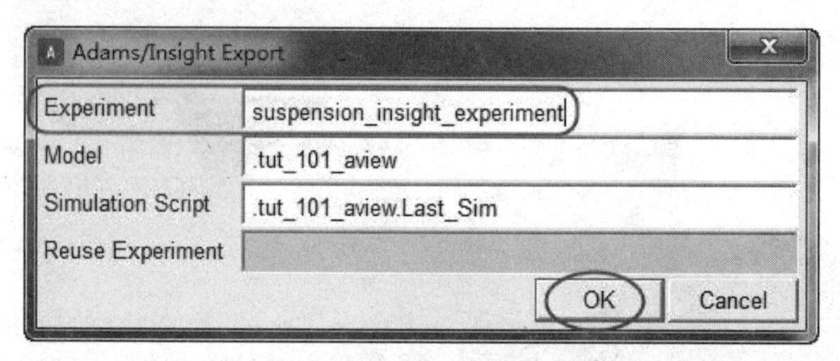

图 21-4　Adams/Insight 输出界面

- Experiment：suspension_insight_experiment；
- Model：tut_101_aview；
- Simulation Script：.tut_101_aview.Last_Sim。
- 单击 OK，完成输出接口的设置，此时 Adams/View 界面消失，弹出 ADAMS/Insight 界面，其界面较为简单，包含菜单栏、工具条、模型树及显示窗口四部分；实验矩阵的设置、分析等将在此界面完成。

➢ 创建设计矩阵（优化变量选取）

- 选取优化变量，按如下顺序依次展开模型树：Factors > Candidates > tut_101_aview > ground > hpl_tierod_outer；
- 选择：ground.hpl_tierod_outer.x，此时视窗显示如图 21-5 所示；

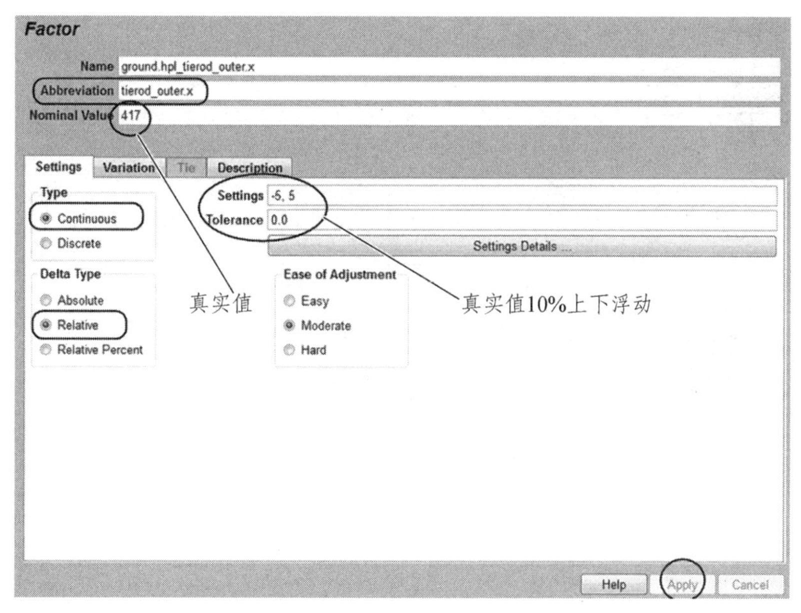

图 21-5　设计变量因素

- 单击 Promote to inclusion，将设计因素：ground.hpl_tierod_outer.x 提升为设计变量；
- Abbreviation（简称）：ground.hpl_tierod_outer.x；
- Nominal Value：417，此数值为转向横拉杆在 *X* 方向真实值；
- Type：Continuous；
- Delta Type：Relative，相对值，一般允许其变化范围为 Nominal Value 的 10%；
- Settings：－5，5；在 Nominal Value 的基础减少/增加 5，即允许数值的变化范围为[412，422]；
- 切换到 Description 菜单；
- Units：mm；
- 单击 Apply，完成 ground.hpl_tierod_outer.x 参数的设定。
- 重复上述步骤，完成以下设计因素的设定：

（1）ground.hpl_tierod_outer.y；

（2）ground.hpl_tierod_outer.z。

➢ 优化目标

- 选取优化目标，按如下顺序依次展开模型树：Responses > Candidates > tut_101_aview > toe_left_REQ，此优化目标模型导入之前已经创建好，因此不需要创建，如果是自建模型，则需要根据优化的任务创建自己所希望的优化目标；
- 选择：toe_left_REQ，此时视窗显示如图 21-6 所示；
- 单击 Promote to inclusion，将响应因素 ground.hpl_tierod_outer.x 提升为响应目标（优化目标）；
- Abbreviation（简称）：toe_left_REQ；
- Units：degrees；
- 单击 Apply，完成 toe_left_REQ 优化目标的设定；
- 重复上述步骤，完成 toe_right_REQ 优化目标的设定。

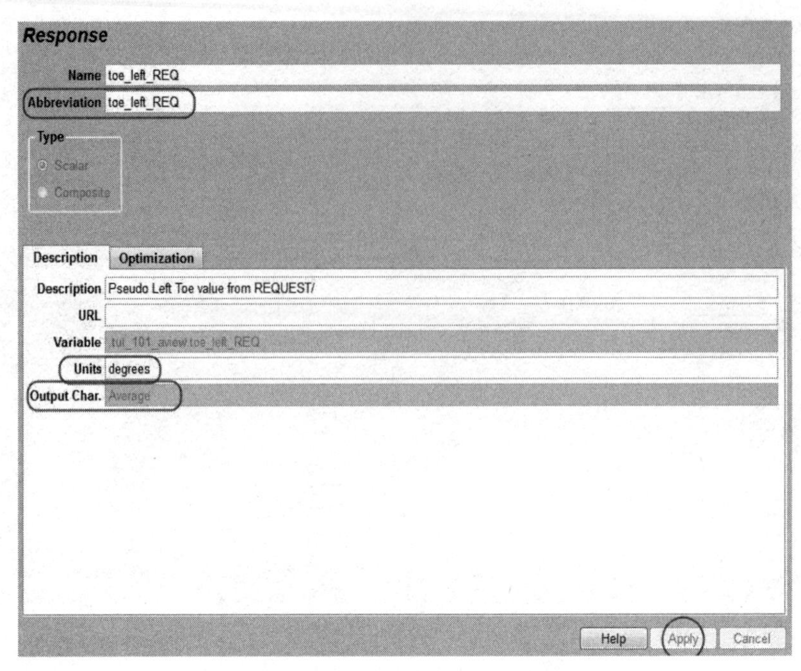

图 21-6 优化目标

➢ 设置设计规范

• 单击 Define > Experiment Design > Set Design Specification，弹出设计规范界面，如图 21-7 所示；

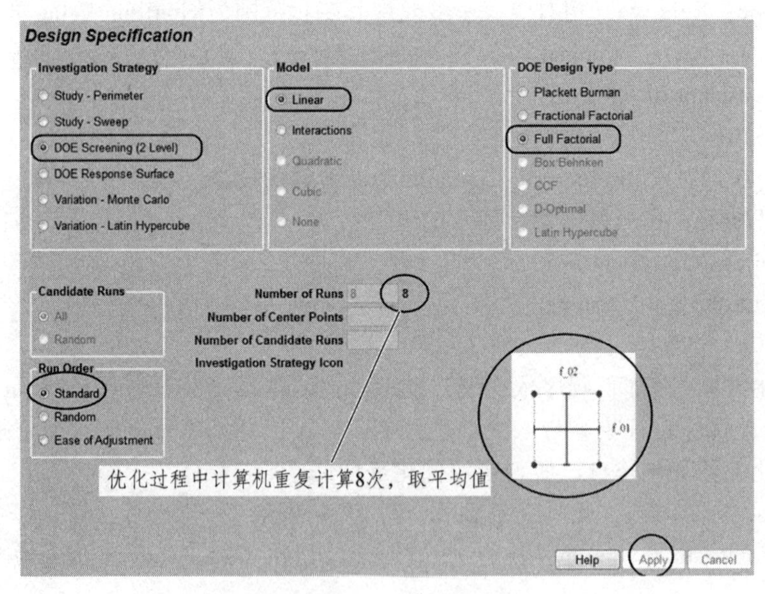

图 21-7 设计规范

• Investigation Strategy：DOE Screening（2 Level）；
• Model：Linear；
• DOE Design Type：Full Factorial；
• 单击 Apply，完成设计规范中参数设定。

➢ 创建设计与工作空间

- 单击 Define > Experiment Design > Create Design Space.;
- 单击 Define > Experiment Design > Create Work Space.;
- 模型树上单击 Work Space，视图窗口如图 21-8 所示，在图 21-8 中，可以看到上述所选取的优化变量及优化目标参数，优化变量通过不同的组合共有 8 种，提交计算后计算机需要重复计算 8 次。

Work Space

	Trial	tierod outer.y	tierod outer.z	tierod outer.x	toe right REQ	toe left REQ
1	Trial 1	-755	325	412		
2	Trial 2	-755	325	422		
3	Trial 3	-755	335	412		
4	Trial 4	-755	335	422		
5	Trial 5	-745	325	412		
6	Trial 6	-745	325	422		
7	Trial 7	-745	335	412		
8	Trial 8	-745	335	422		

图 21-8　工作空间

➢ 提交计算

- 单击 Simulation > Build-Run-Load > All;
- Adams/View 打开并运行由实验定义的仿真，Adams/View 状态栏显示模拟进度的消息，消息窗口也会出现并显示有关关键位置的警告，在本教程中可以忽略这些警告。
- 计算完成后，界面显示如图 21-9、21-10 所示；图 21-9 所示参数保持恒定值并没有变化，原因在于左右车轮为独立悬架并不相互影响，同时优化变量选取的是右侧横向拉杆外侧点 X、Y、Z 三个方向的参数，因此优化目标输出变化仅为左侧车轮的前束角。

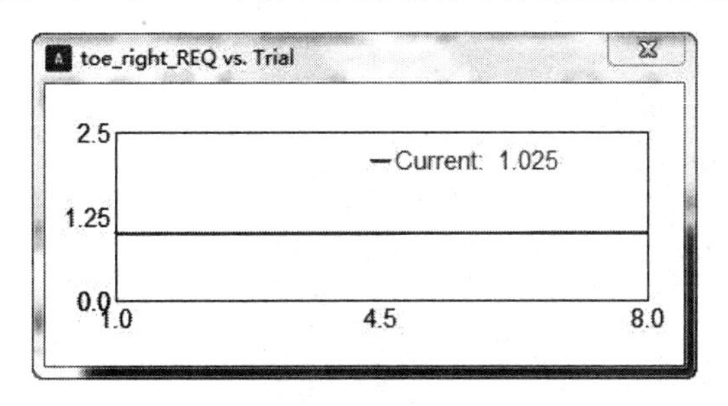

图 21-9　右轮前束角

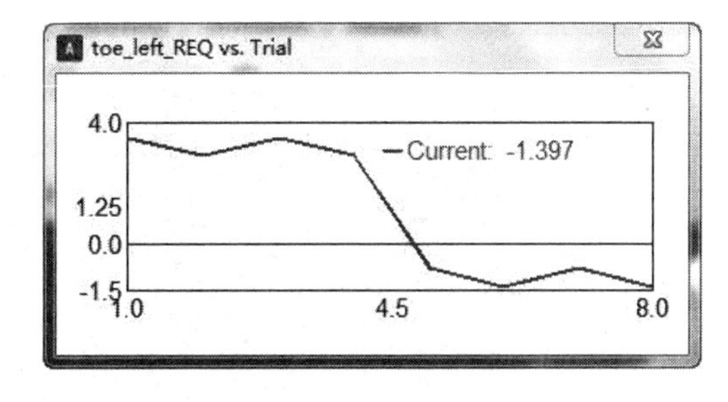

图 21-10　左轮前束角

➢ 优化结果

- 单击 Simulation > Adams/Insight > Display 命令，显示如图 21-11 所示的界面；

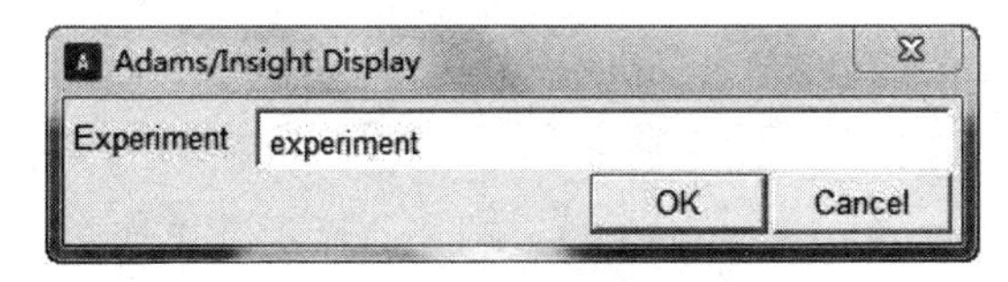

图 21-11　优化结果输出界面

• 模型树下单击：Work Space，计算优化出的结果，如图 21-12 所示，从结果可以看出，每种不同的组合左侧车轮前束角的值完全不同，根据设计要求，可以选取最符合目标的一组值。

Work Space

	Trial	tierod outer.y	tierod outer.z	tierod outer.x	toe right REQ	toe left REQ
1	Trial 1	-755	325	412	1.02452	3.5103
2	Trial 2	-755	325	422	1.02452	2.90266
3	Trial 3	-755	335	412	1.02452	3.5103
4	Trial 4	-755	335	422	1.02452	2.90266
5	Trial 5	-745	325	412	1.02452	-0.777356
6	Trial 6	-745	325	422	1.02452	-1.39724
7	Trial 7	-745	335	412	1.02452	-0.777356
8	Trial 8	-745	335	422	1.02452	-1.39724

图 21-12　优化结果

➢ 拟合结果

Adams/View 已经完成了工作空间矩阵中定义的测试，接下来可以使用 Adams/Insight 将结果拟合到多项式或响应曲面。

• 单击 Tools > Fit New Model 命令；

• 单击 Regression > toe_left_REQ 命令；

• Display 界面可以选择需要显示的参数，此处选择 Fit，显示结果如图 21-13 所示；

（1）绿色表示所有拟合标准均满足或超过最高拟合阈值；

（2）黄色表示适合标准可能需要调查；

（3）红色表示应调查拟合标准；

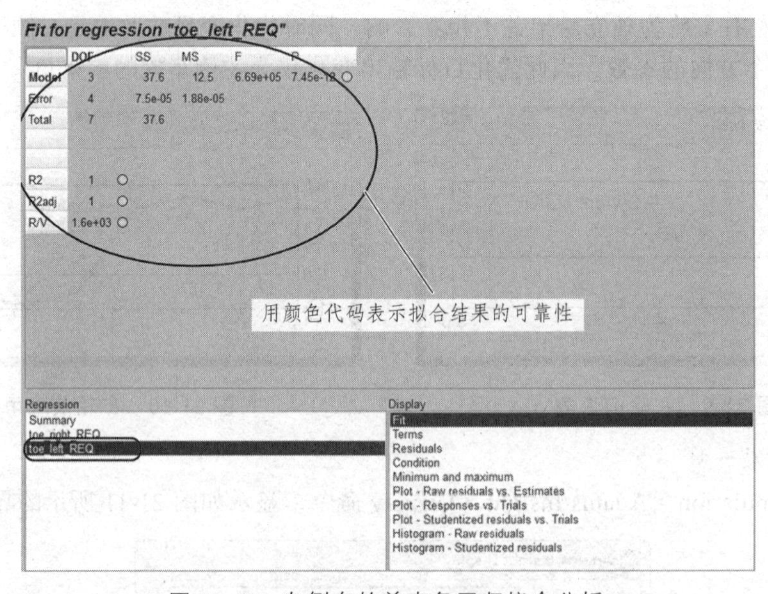

图 21-13　左侧车轮前束角回归拟合分析

• Display 界面可以选择 Plot-Responses vs.Trials，显示结果如图 21-14 所示，图 21-14 与图 21-12 中的数值相同。

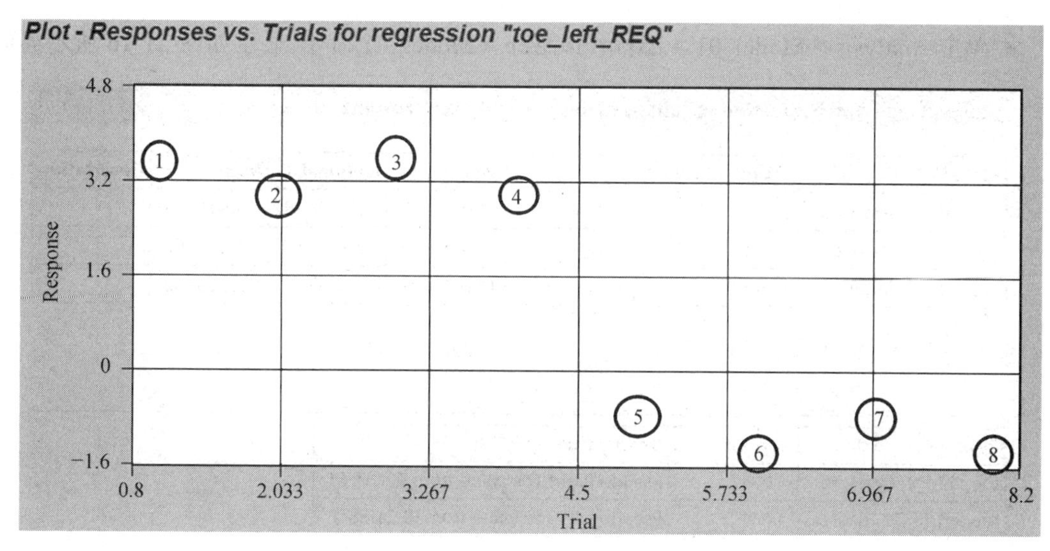

图 21-14　响应（Responses vs.Trials）

➢ 刷新因素设定

可以使用 Adams / Insight 执行单目标和多目标优化。单目标优化旨在标量响应；多目标优化涉及多个标量响应。

- 单击 Tools > Optimize Model 命令，显示如图 21-15 所示界面。
- 在优化模型界面中，可以通过滑动条幅修改参数 tierod_outer.x/tierod_outer.y/tierod_outer.z 的值，修改完成后，下列的设计目标值会通过刷新按钮更新。

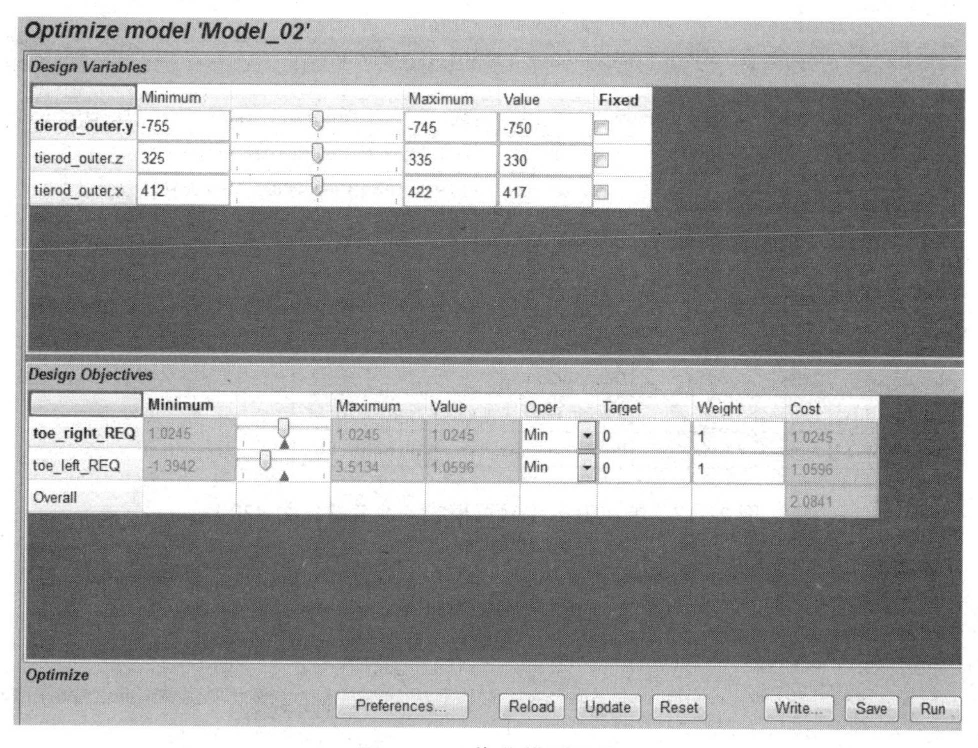

图 21-15　优化模型界面

• 单击 Analysis > Model_01 > Export to Web > Model_01 命令，显示如图 21-16 所示界面。

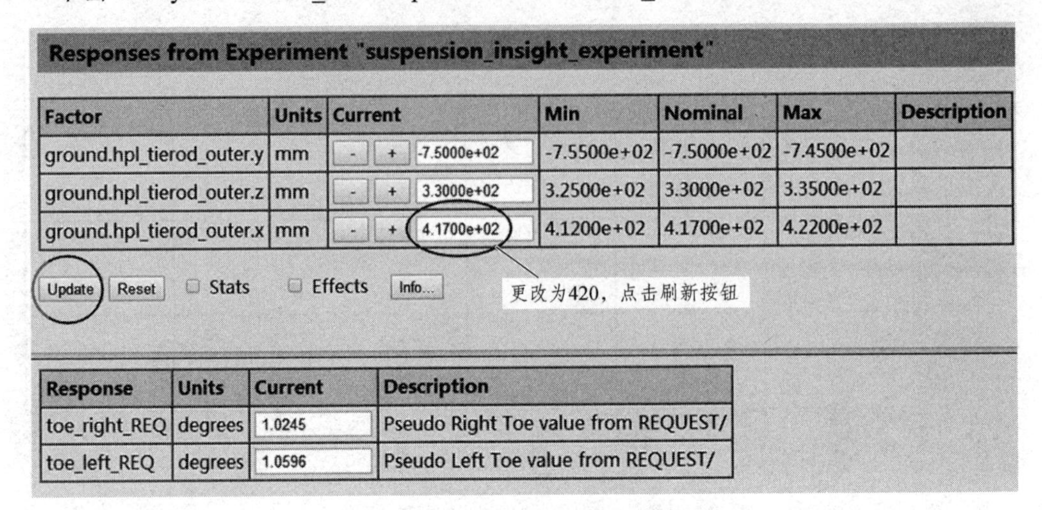

Responses from Experiment "suspension_insight_experiment"

Factor	Units	Current	Min	Nominal	Max	Description
ground.hpl_tierod_outer.y	mm	- + -7.5000e+02	-7.5500e+02	-7.5000e+02	-7.4500e+02	
ground.hpl_tierod_outer.z	mm	- + 3.3000e+02	3.2500e+02	3.3000e+02	3.3500e+02	
ground.hpl_tierod_outer.x	mm	- + 4.1700e+02	4.1200e+02	4.1700e+02	4.2200e+02	

Update Reset Stats Effects Info...

Response	Units	Current	Description
toe_right_REQ	degrees	1.0245	Pseudo Right Toe value from REQUEST/
toe_left_REQ	degrees	1.0596	Pseudo Left Toe value from REQUEST/

图 21-16　响应输出（网页模式）

• 将第一个因子 hpl_tierod_outer.x 的值从 417 更改为 420，然后选择 Update，目标响应会进行调整以反映新的因子值。注意，只有一个值的响应中的 toe_left_REQ 反映了变化，因为模型是一个独立的悬架，其中右拉杆未与左拉杆相连，您所做的因子值更改仅影响悬架的左侧，左车轮前束角变化如图 21-17 所示。

• 勾选 Effects，优化变量灵敏度显示如图 21-18 所示，可以看出，Y 方向的数值对前束角的影响最大。

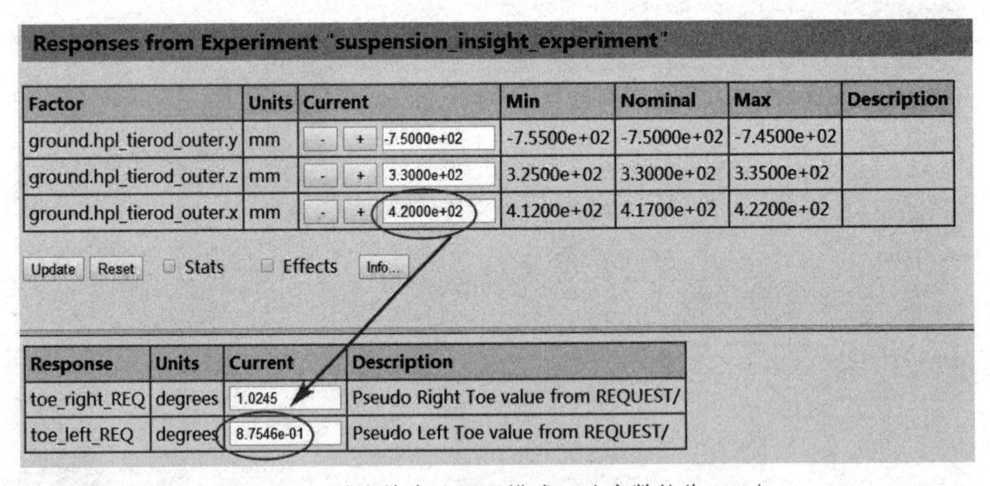

Responses from Experiment "suspension_insight_experiment"

Factor	Units	Current	Min	Nominal	Max	Description
ground.hpl_tierod_outer.y	mm	- + -7.5000e+02	-7.5500e+02	-7.5000e+02	-7.4500e+02	
ground.hpl_tierod_outer.z	mm	- + 3.3000e+02	3.2500e+02	3.3000e+02	3.3500e+02	
ground.hpl_tierod_outer.x	mm	- + 4.2000e+02	4.1200e+02	4.1700e+02	4.2200e+02	

Update Reset Stats Effects Info...

Response	Units	Current	Description
toe_right_REQ	degrees	1.0245	Pseudo Right Toe value from REQUEST/
toe_left_REQ	degrees	8.7546e-01	Pseudo Left Toe value from REQUEST/

图 21-17　响应输出（网页模式，改变数值为 420）

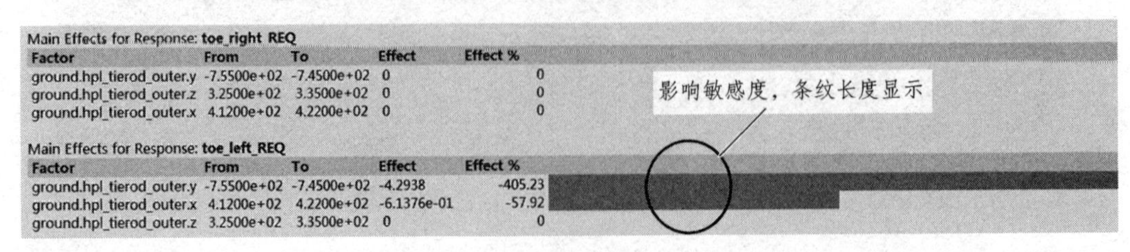

Main Effects for Response: **toe_right_REQ**

Factor	From	To	Effect	Effect %
ground.hpl_tierod_outer.y	-7.5500e+02	-7.4500e+02	0	0
ground.hpl_tierod_outer.z	3.2500e+02	3.3500e+02	0	0
ground.hpl_tierod_outer.x	4.1200e+02	4.2200e+02	0	0

Main Effects for Response: **toe_left_REQ**

Factor	From	To	Effect	Effect %
ground.hpl_tierod_outer.y	-7.5500e+02	-7.4500e+02	-4.2938	-405.23
ground.hpl_tierod_outer.x	4.1200e+02	4.2200e+02	-6.1376e-01	-57.92
ground.hpl_tierod_outer.z	3.2500e+02	3.3500e+02	0	0

图 21-18　响应参数灵敏度分析

21.2 运载火箭模型优化

应用于机械系统的蒙特卡罗分析方法涉及多次运行参数，目的是为预测机构性能提供统计依据；该方法的基础涉及使用概率密度函数（PDF）表征参数，必须为将在分析中变化的每个参数指定此功能，例如弹簧刚度、阻尼率和初始旋转率等。

- 启动 Adams/View，保持界面默认设置；
- 单击 File > Import，弹出导入模型界面，参考图 21-1；
- File Type：选择 ADAMS/View Command File（*.cmd）；
- File To Read：D:\MSC.Software\Adams_x64\2015\ainsight\examples\ain_tut_141_aview.cmd；
- 勾选 Display Model Upon Completion；
- 单击 OK，完成运载火箭模型的导入，如图 21-19 所示。

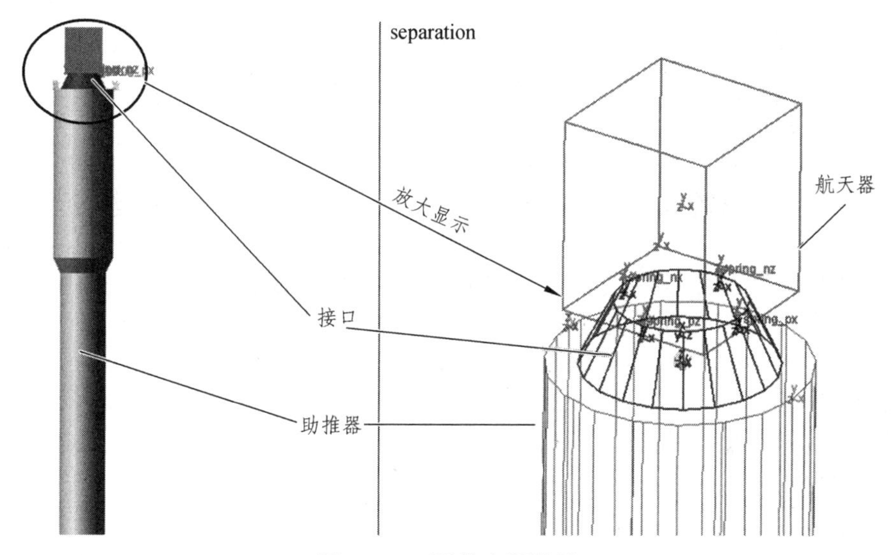

图 21-19　运载火箭模型

➢ 火箭运行仿真设定

- 单击 Simulation > Simulate 命令；
- End Time：5；
- Steps：500；
- 其余保持默认设置；
- 单击 Start simulation，运行完成仿真，仿真完成观看动画效果如图 21-20 所示，航天器与接口分离。

➢ 优化设计实验

- 单击 Design Exploration > Adams/Insight Export Dialog box 命令，弹出优化输出界面，如图 21-21 所示；
- Experiment:MC_tutorial；
- Model：separation；

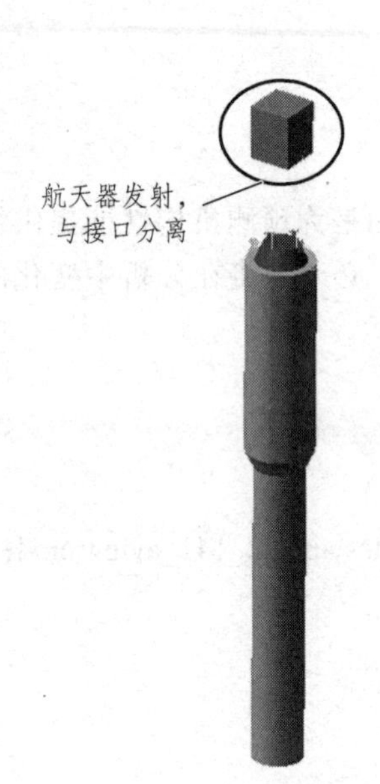

图 21-20　航天器发射

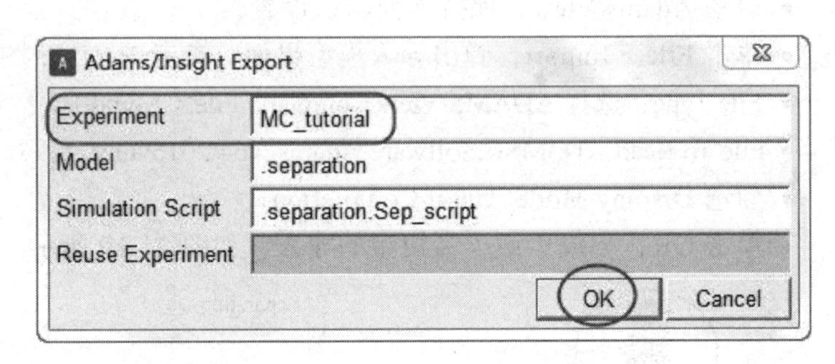

图 21-21　Adams/Insight 输出接口

• Simulation Script：. separation.Sep_script；

• 单击 OK，完成输出接口的设置，此时 Adams/View 界面消失，弹出 Adams/Insight 界面；

• 参考双 A 臂悬架设定优化变量与优化目标，设定完成后的运载火箭模型树如图 21-22 所示，设置过程中需要修改的参数如图 21-23 所示。

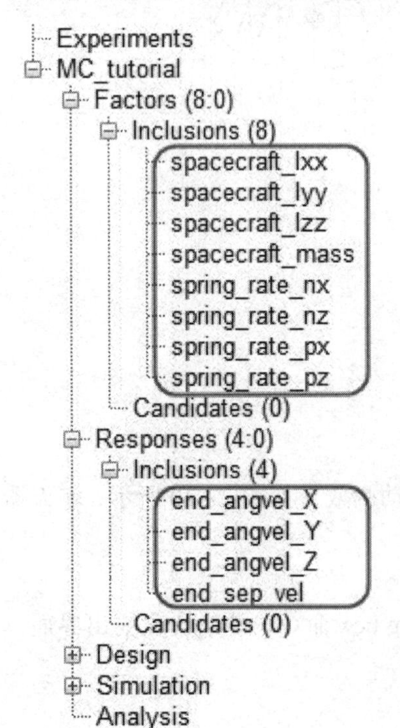

图 21-22　运载火箭优化界面模型树

Factor:	Variation Distribution:	Tolerance:
spacecraft_Iyy	Normal	30
spacecraft_Izz	Normal	35
spacecraft_mass	Uniform	23
spring_rate_nx	Normal	200
spring_rate_nz	Normal	200
spring_rate_px	Normal	200
spring_rate_pz	Normal	200

图 21-23　优化变量参数修订值

➢ 设置设计规范

• 单击 Define > Experiment Design > Set Design Specification，弹出设计规范界面，如图 21-24 所示；

• Investigation Strategy：Variation-Monte Carlo；

• Model：Linear；

• Number of Runs：100；

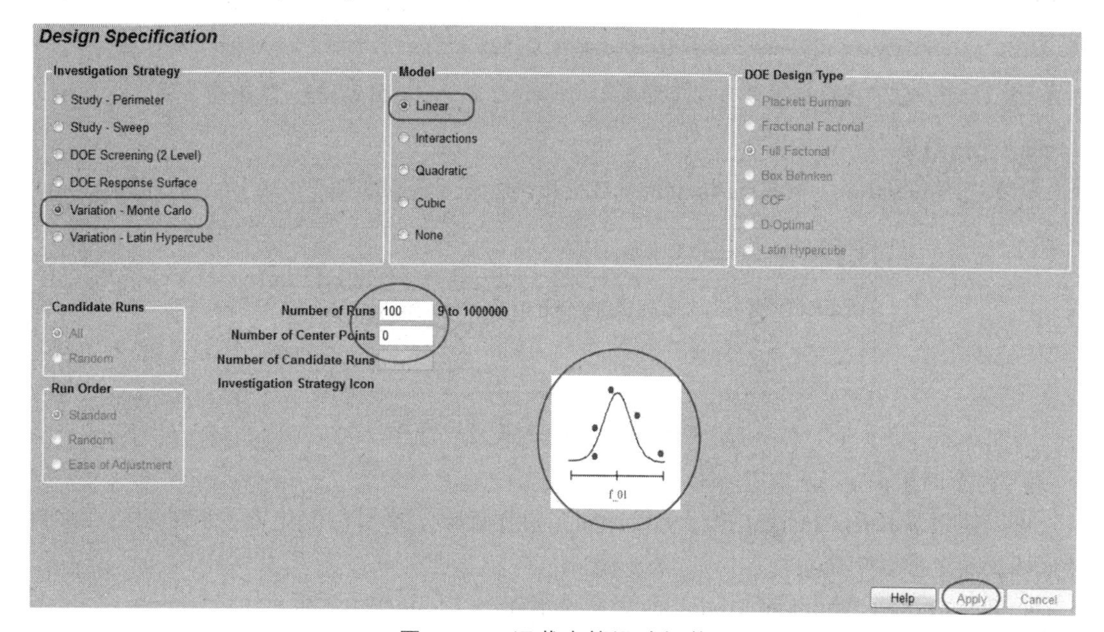

图 21-24　运载火箭设计规范

• Number of Center Points：0；

• 单击 Apply，完成设计规范中参数设定。

➢ 提交计算

• 单击 Simulation > Build-Run-Load > All；

• Adams/View 打开并运行由实验定义的仿真，Adams/View 状态栏显示模拟进度的消息，消息窗口也会出现并显示有关关键位置的警告，在本教程中可以忽略这些警告；

• 运载火箭模型计算较为缓慢，计算机需要重复计算 128 次，计算完成后界面显示如图 21-25 ~ 图 21-28 所示。

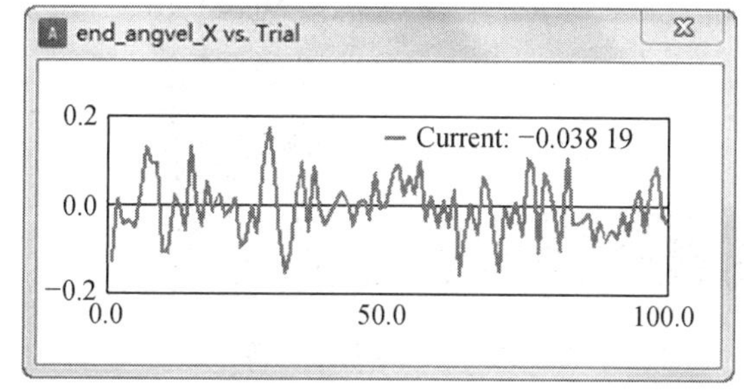

图 21-25　航天器终点时 *X* 方向角速度

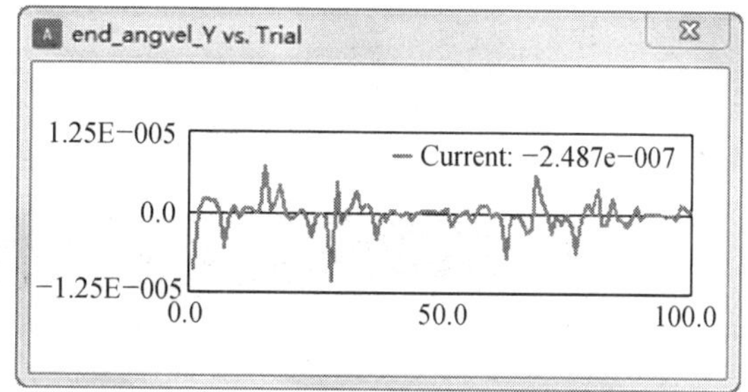

图 21-26　航天器终点时 *Y* 方向角速度

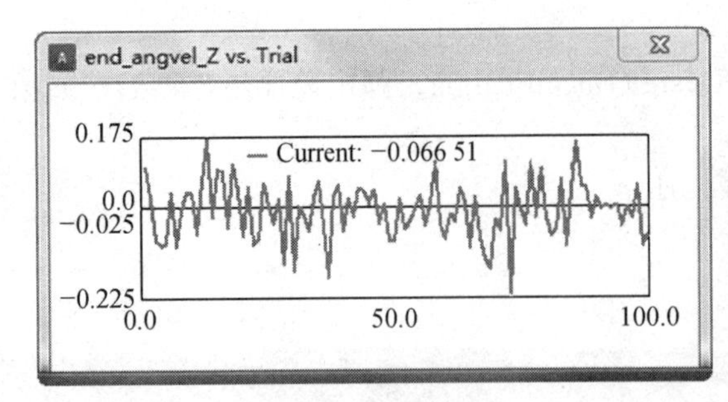

图 21-27　航天器终点时 Z 方向角速度

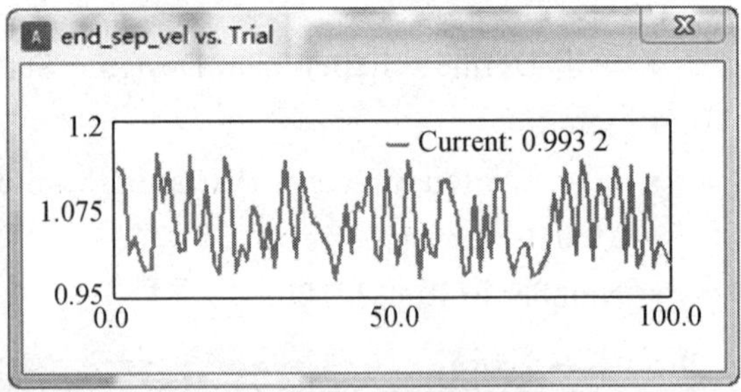

图 21-28　助推器速度

➢ 优化结果

- 单击 Simulation > Adams/Insight > Display 命令，显示如图 21-29 所示的界面。

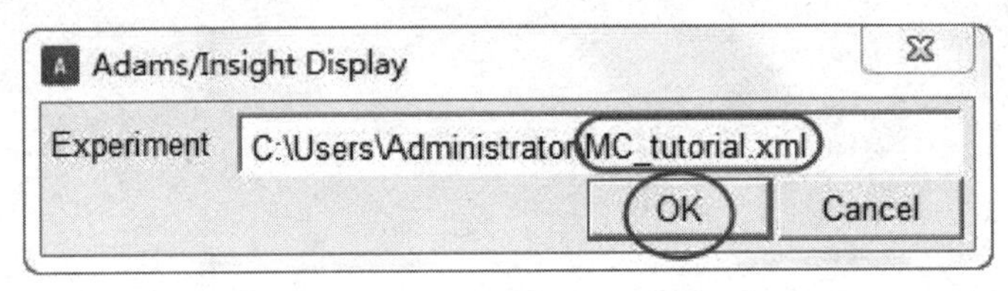

图 21-29　优化结果输出界面

➢ 刷新因素设定

可以使用 Adams / Insight 执行单目标和多目标优化。单目标优化旨在标量响应，多目标优化涉及多个标量响应。

- 单击 Tools > Optimize Model 命令，显示如图 21-30 所示界面；

Optimize model 'Model_01'

Design Variables

	Minimum	Maximum	Value	Fixed
f_01	1699.5	2811.3	2811.3	
f_02	2809.1	2883.4	2851	
f_03	2317.5	2365.6	2339.6	
f_04	2874.7	2943.8	2908.8	
f_05	9867.3	10140	9867.3	
f_06	9834	10217	10217	
f_07	9887.9	10161	10161	
f_08	9859.3	10133	9859.3	

Design Objectives

	Minimum	Maximum	Value	Oper	Target	Weight	Cost
r_01	0.96582	1.1511	0.96563	Min	0	1	0.96563
r_02	-0.23098	0.18698	-0.23139	Min	0	1	-0.23139
r_03	-9.5934e-07	-3.1287e-07	-1.1184e-06	Min	0	1	-1.1184e-06
r_04	-0.26506	0.23094	-0.2657	Min	0	1	-0.2657
Overall							0.46854

Optimize

Preferences... Reload Update Reset Write... Save Run

图 21-30　优化模型界面

• 在优化模型界面中，可以通过滑动条幅修改参数值，修改完成后，下列的设计目标值会通过刷新按钮更新。

21.3 推杆式悬架外倾角优化——ACAR

➢ 悬架装配

• 单击 File > New > Suspension Assembly 命令，弹出推杆式悬架装配对话框，如图 21-31 所示；

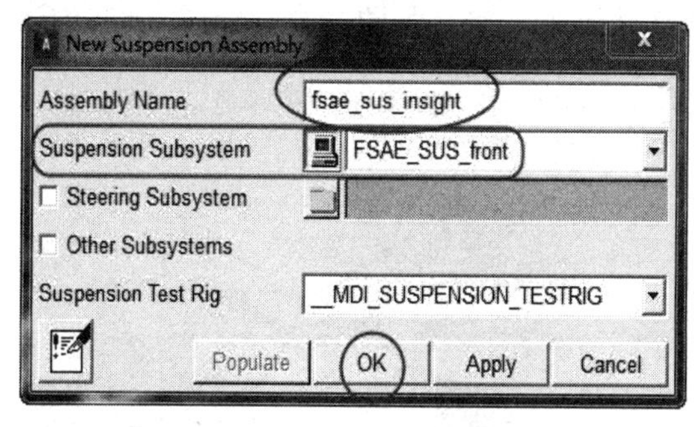

图 21-31 推杆式悬架装配

• Assembly Name（系统名称）：fsae_sus_insight；
• Suspension Subsystem（模板路径）：FSAE_SUS_front；
• 单击 OK，完成推杆式悬架的装配。

➢ 仿真设置

• 单击 Simulate > Suspension Analysis > Opposite Travel 命令，弹出车轮同向激振对话框，如图 21-32 所示；

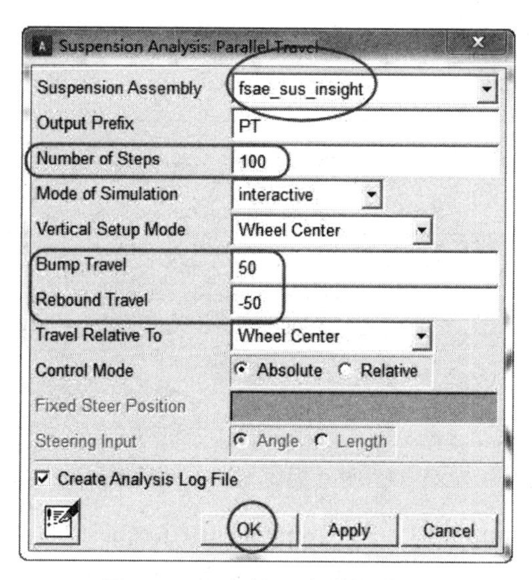

图 21-32 车轮同向激振仿真

- Output Prefix：PT；
- Number of Steps（仿真步数）：100；
- Mode of Simulation：interactive；
- Vertical Setup Mode：Wheel Center；
- Bump Travel：50；
- Rebound Travel：－50；
- Travel Relative To：Wheel Center；
- Control Mode：Absolute；
- Coordinate System：Vehicle；
- 单击 OK，完成耦合悬架在 C 模式下的仿真，如图 21-33 所示。

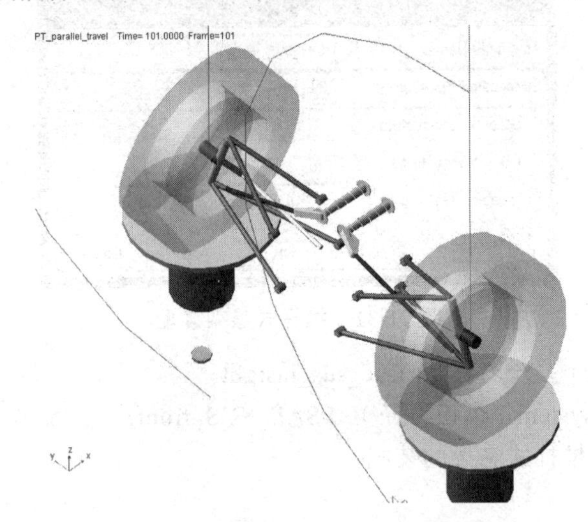

图 21-33 推杆式悬架车轮同向激振仿真

➢ 创建优化目标

- 单击 Simulate > DOE Interface > Design Objective > New 命令，弹出设计目标对话框，如图 21-34 所示；

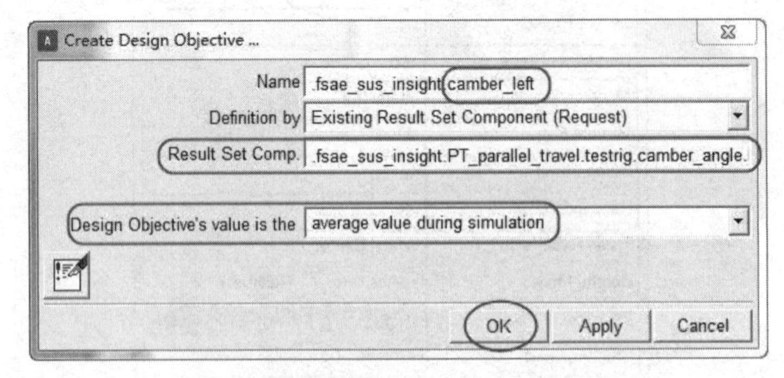

图 21-34 设计目标对话框/Camber_left

- Definition by：Existing Result Set Component（Request）；
- Result Set Comp：.fsae_sus_insight.PT_parallel_travel.testrig.camber_angle.left；
- Design Objective's value is the：average value during simulation；

- 单击 Apply，完成 camber_angle.left 优化目标的创建。
- Result Set Comp：.fsae_sus_insight.PT_parallel_travel.testrig.camber_angle.right；
- Design Objective's value is the：average value during simulation；
- 单击 OK，完成 camber_angle. right 优化目标的创建。

➢ 优化设计实验

- 单击 Simulate > DOE Interface > Adams/Insight > Export 命令，弹出优化输出界面，如图 21-35 所示；
- Assembly：fsae_sus_insight；
- Experiment：PT_parallel_travel_doe；
- Simulation Script：fsae_sus_insight.simulation_script；
- 单击 OK，完成输出接口的设置，此时 Adams/View 界面消失，弹出 Adams/Insight 界面。

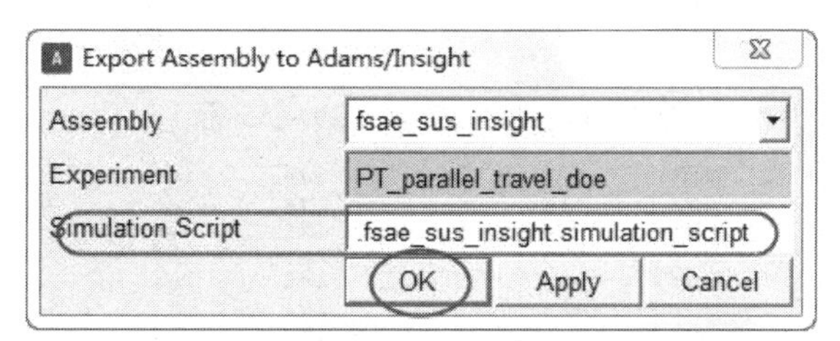

图 21-35　Adams/Insight 输出接口

➢ 优化结果

- 后续具体操作请参考前束角优化，此处不再详细叙述，计算机共运行 64 次，优化结果如图 21-36 ~ 图 21-38 所示；优化变量敏感度如图 21-39 所示。

Work Space

	Trial	hpl uca outer.x	hpl uca outer.y	hpl uca outer.z	hpr uca outer.x	hpr uca outer.y	hpr uca outer.z	camber angle left	camber angle right
1	Trial 1	-5	-487.6	350.6	-5	477.6	350.6	-7.64193	-7.71144
2	Trial 2	-5	-487.6	350.6	-5	477.6	360.6	-7.64193	-7.94597
3	Trial 3	-5	-487.6	350.6	-5	487.6	350.6	-7.64193	-7.64193
4	Trial 4	-5	-487.6	350.6	-5	487.6	360.6	-7.64193	-7.87602
5	Trial 5	-5	-487.6	350.6	5	477.6	350.6	-7.64193	-7.7873
6	Trial 6	-5	-487.6	350.6	5	477.6	360.6	-7.64193	-8.0239
7	Trial 7	-5	-487.6	350.6	5	487.6	350.6	-7.64193	-7.7165
8	Trial 8	-5	-487.6	350.6	5	487.6	360.6	-7.64193	-7.95269
9	Trial 9	-5	-487.6	360.6	-5	477.6	350.6	-7.87602	-7.71144
10	Trial 10	-5	-487.6	360.6	-5	477.6	360.6	-7.87602	-7.94597
11	Trial 11	-5	-487.6	360.6	-5	487.6	350.6	-7.87602	-7.64193
12	Trial 12	-5	-487.6	360.6	-5	487.6	360.6	-7.87602	-7.87602
13	Trial 13	-5	-487.6	360.6	5	477.6	350.6	-7.87602	-7.7873
14	Trial 14	-5	-487.6	360.6	5	477.6	360.6	-7.87602	-8.0239
15	Trial 15	-5	-487.6	360.6	5	487.6	350.6	-7.87602	-7.7165
16	Trial 16	-5	-487.6	360.6	5	487.6	360.6	-7.87602	-7.95269
17	Trial 17	-5	-477.6	350.6	-5	477.6	350.6	-7.71144	-7.71144
18	Trial 18	-5	-477.6	350.6	-5	477.6	360.6	-7.71144	-7.94597
19	Trial 19	-5	-477.6	350.6	-5	487.6	350.6	-7.71144	-7.64193
20	Trial 20	-5	-477.6	350.6	-5	487.6	360.6	-7.71144	-7.87602
21	Trial 21	-5	-477.6	350.6	5	477.6	350.6	-7.71144	-7.7873
22	Trial 22	-5	-477.6	350.6	5	477.6	360.6	-7.71144	-8.0239
23	Trial 23	-5	-477.6	350.6	5	487.6	350.6	-7.71144	-7.7165
24	Trial 24	-5	-477.6	350.6	5	487.6	360.6	-7.71144	-7.95269
25	Trial 25	-5	-477.6	360.6	-5	477.6	350.6	-7.94597	-7.71144
26	Trial 26	-5	-477.6	360.6	-5	477.6	360.6	-7.94597	-7.94597
27	Trial 27	-5	-477.6	360.6	-5	487.6	350.6	-7.94597	-7.64193
28	Trial 28	-5	-477.6	360.6	-5	487.6	360.6	-7.94597	-7.87602

图 21-36　优化结果（1 ~ 28 行）

29	Trial 29	-5	-477.6	360.6	5	477.6	350.6	-7.94597	-7.7873
30	Trial 30	-5	-477.6	360.6	5	477.6	360.6	-7.94597	-8.0239
31	Trial 31	-5	-477.6	360.6	5	487.6	350.6	-7.94597	-7.7165
32	Trial 32	-5	-477.6	360.6	5	487.6	360.6	-7.94597	-7.95269
33	Trial 33	5	-487.6	350.6	-5	477.6	350.6	-7.7165	-7.71144
34	Trial 34	5	-487.6	350.6	-5	477.6	360.6	-7.7165	-7.94597
35	Trial 35	5	-487.6	350.6	-5	487.6	350.6	-7.7165	-7.64193
36	Trial 36	5	-487.6	350.6	-5	487.6	360.6	-7.7165	-7.87602
37	Trial 37	5	-487.6	350.6	5	477.6	350.6	-7.7165	-7.7873
38	Trial 38	5	-487.6	350.6	5	477.6	360.6	-7.7165	-8.0239
39	Trial 39	5	-487.6	350.6	5	487.6	350.6	-7.7165	-7.7165
40	Trial 40	5	-487.6	350.6	5	487.6	360.6	-7.7165	-7.95269
41	Trial 41	5	-487.6	360.6	-5	477.6	350.6	-7.95269	-7.71144
42	Trial 42	5	-487.6	360.6	-5	477.6	360.6	-7.95269	-7.94597
43	Trial 43	5	-487.6	360.6	-5	487.6	350.6	-7.95269	-7.64193
44	Trial 44	5	-487.6	360.6	-5	487.6	360.6	-7.95269	-7.87602
45	Trial 45	5	-487.6	360.6	5	477.6	350.6	-7.95269	-7.7873
46	Trial 46	5	-487.6	360.6	5	477.6	360.6	-7.95269	-8.0239
47	Trial 47	5	-487.6	360.6	5	487.6	350.6	-7.95269	-7.7165
48	Trial 48	5	-487.6	360.6	5	487.6	360.6	-7.95269	-7.95269
49	Trial 49	5	-477.6	350.6	-5	477.6	350.6	-7.7873	-7.71144
50	Trial 50	5	-477.6	350.6	-5	477.6	360.6	-7.7873	-7.94597
51	Trial 51	5	-477.6	350.6	-5	487.6	350.6	-7.7873	-7.64193
52	Trial 52	5	-477.6	350.6	-5	487.6	360.6	-7.7873	-7.87602
53	Trial 53	5	-477.6	350.6	5	477.6	350.6	-7.7873	-7.7873
54	Trial 54	5	-477.6	350.6	5	477.6	360.6	-7.7873	-8.0239
55	Trial 55	5	-477.6	350.6	5	487.6	350.6	-7.7873	-7.7165

图 21-37　优化结果（29 ~ 55 行）

56	Trial 56	5	-477.6	350.6	5	487.6	360.6	-7.7873	-7.95269
57	Trial 57	5	-477.6	360.6	-5	477.6	350.6	-8.0239	-7.71144
58	Trial 58	5	-477.6	360.6	-5	477.6	360.6	-8.0239	-7.94597
59	Trial 59	5	-477.6	360.6	-5	487.6	350.6	-8.0239	-7.64193
60	Trial 60	5	-477.6	360.6	-5	487.6	360.6	-8.0239	-7.87602
61	Trial 61	5	-477.6	360.6	5	477.6	350.6	-8.0239	-7.7873
62	Trial 62	5	-477.6	360.6	5	477.6	360.6	-8.0239	-8.0239
63	Trial 63	5	-477.6	360.6	5	487.6	350.6	-8.0239	-7.7165
64	Trial 64	5	-477.6	360.6	5	487.6	360.6	-8.0239	-7.95269

图 21-38　优化结果（56 ~ 64 行）

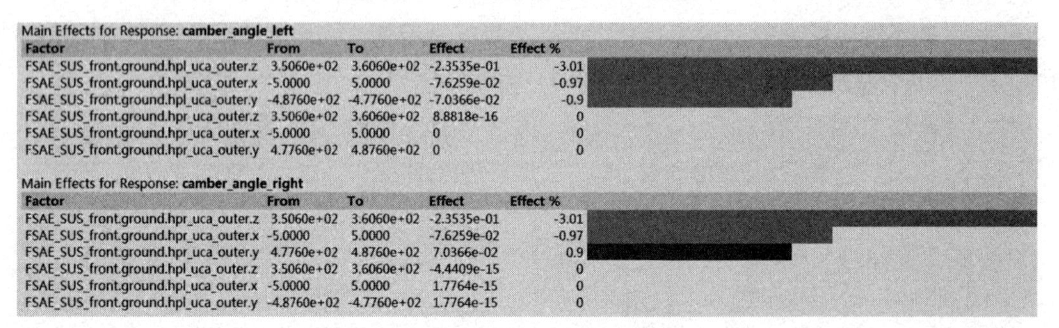

Main Effects for Response: **camber_angle_left**

Factor	From	To	Effect	Effect %
FSAE_SUS_front.ground.hpl_uca_outer.z	3.5060e+02	3.6060e+02	-2.3535e-01	-3.01
FSAE_SUS_front.ground.hpl_uca_outer.x	-5.0000	5.0000	-7.6259e-02	-0.97
FSAE_SUS_front.ground.hpl_uca_outer.y	-4.8760e+02	-4.7760e+02	-7.0366e-02	-0.9
FSAE_SUS_front.ground.hpr_uca_outer.z	3.5060e+02	3.6060e+02	8.8818e-16	0
FSAE_SUS_front.ground.hpr_uca_outer.x	-5.0000	5.0000	0	0
FSAE_SUS_front.ground.hpr_uca_outer.y	4.7760e+02	4.8760e+02	0	0

Main Effects for Response: **camber_angle_right**

Factor	From	To	Effect	Effect %
FSAE_SUS_front.ground.hpr_uca_outer.z	3.5060e+02	3.6060e+02	-2.3535e-01	-3.01
FSAE_SUS_front.ground.hpr_uca_outer.x	-5.0000	5.0000	-7.6259e-02	-0.97
FSAE_SUS_front.ground.hpr_uca_outer.y	4.7760e+02	4.8760e+02	7.0366e-02	0.9
FSAE_SUS_front.ground.hpl_uca_outer.z	3.5060e+02	3.6060e+02	-4.4409e-15	0
FSAE_SUS_front.ground.hpl_uca_outer.x	-5.0000	5.0000	1.7764e-15	0
FSAE_SUS_front.ground.hpl_uca_outer.y	-4.8760e+02	-4.7760e+02	1.7764e-15	0

图 21-39　外倾角优化变量敏感度分析

参考文献

[1] 王孝鹏. 磁流变式驾驶室悬置系统隔振研究[J]. 机械设计与制造，2020（7）：129-133.

[2] 靳建龙，孙桓五. 重型商用车平衡悬架系统运动学分析[J]. 汽车实用技术，2020（13）：125-128.

[3] 陈丽, 常勇. 后钢板弹簧悬架布置对不足转向性能的影响[J]. 重型汽车, 2018（4）: 15-16.

[4] 王孝鹏, 陈秀萍, 马豪, 等. 基于 PID 控制器的 1/2 整车半主动悬架仿真研究[J]. 太原科技大学学报，2017，38（5）：337-342.

[5] 王孝鹏，陈秀萍，纪联南，等. 基于模糊 PID 控制策略的二自由度半主动悬架仿真研究[J]. 广西科技大学学报，2017，28（2）：35-41.

[6] 田宇. 基于 ADAMS 的某 8×8 车辆通过性仿真与分析[D]. 合肥：合肥工业大学，2018.

[7] 李江. 6×2 牵引车前轴定位参数优化及转向传动系优化[D]. 西安：长安大学，2017.

[8] 辛国强. 基于 ADMAS 侧倾特性仿真的某轻型载货汽车后悬架及后轴优化设计[D]. 青岛：青岛理工大学，2016.

[9] 黄黎源. 商用车非线性动力学模型建模方法研究及平顺性仿真分析[D]. 长沙：湖南大学，2016.

[10] 王孝鹏. 弯道模式下 FSAE 赛车后轮随动转向特性研究[J]. 机械设计与制造，2020（2）：129-133.

[11] 古玉锋，吕彭民，单增海，等. 某 8×4 型工程车辆参数化多体动力学建模及试验[J]. 机械设计，2015，32（6）：33-38.

[12] 宋韩韩. 基于 ADAMS 的刚柔耦合整车模型平顺性仿真研究[D]. 锦州：辽宁工业大学，2015.

[13] 唐兴. 微型车钢板弹簧动力学建模及其对整车平顺性影响的研究[D]. 柳州：广西科技大学，2014.

[14] 张正龙，赵亮. 基于悬架运动模型的传动轴空间动态运动分析和优化[J]. 工程设计学报，2013，20（1）：22-26+59.

[15] 王孝鹏，陈秀萍，刘建军，等. 基于 ABAQUS 的 H5G 型重卡钢板弹簧有限元仿真研究[J]. 三明学院学报，2017，34（2）：47-56.

[16] 董学锋. 乘用车传动系与底盘的技术特征[J]. 汽车技术，2012（8）：1-5+10.

[17] 孙营. 重型商用车转向系统建模及整车动力学仿真研究[D]. 武汉：华中科技大学，2011.

[18] 侯宇明. 商用车板簧建模及整车性能指标分解与综合关键技术研究[D]. 武汉：华中科技大学，2011.

[19] 王孝鹏，刘建军. 弯道制动模式下 FSAE 赛车稳定性研究[J]. 机械设计与制造，2019（10）：110-114.

[20] 朱毅杰. 重型卡车两种悬架模型的开发与仿真[D]. 长春：吉林大学，2009.

[21] 陶坚，任恒山. 三轴平衡悬架载货汽车平顺性建模研究[J]. 广西工学院学报，2006（2）：41-44.

[22] 胡涛. 轻型货车转向杆系优化设计方法研究[D]. 北京：清华大学，2005.

[23] 王孝鹏. 平衡悬架精准建模与推杆特性研究[J]. 机械设计与制造，2020（5）：214-217+223.